基礎數理統計學

黃學亮 著

第二版

五南圖書出版公司 印行

序 言

　　本書是以機率統計學為藍本予以精簡並將原書謬誤與語焉不詳處或更正或重新改寫，使其更適合教學。

　　本書既稱基礎數理統計學，因此在內容上均屬研修數理統計學最基本部分，而所用的分析工具，僅限微積分、線性代數（第九章），基本統計學並非絕對必要。但拙著之基礎統計學（五南）在架構上較像以高中代數為工具之數理統計，因此在研讀本書過程中如果能同時參閱在效果上自然更佳。

　　本書內容上，是以機率與統計推論為主，包含機率、抽樣、估計、檢定與線性模式五大範疇，若是一學期之機率學，可教授機率、抽樣及部分估計方法，兩學期課程，若無線性代數之先修知識，可只教機率、抽樣、估計、檢定全部或部分，較難之章節或較難之習題，初學之讀者亦可略之。數理統計學不是一門易於學習的課程，但我們相信只要同學認真學習、思考、做作業，一定可以由本書打下很好的基礎，由這個基礎，同學可藉參考一些更深入的教材而逐步提升他在數理統計學的學養。

　　對有志投考研究所之同學而言，本書對統計學、機率統計或數理統計之考科而言極具參考而有一定程度的幫助。

　　作者係在公餘完成本書，加以作者學淺，其中錯植之處在所難免，希望學者專家不吝賜正以及建議，至為感荷。

黃學亮　敬上

目　錄

CHAPTER 1

機率

1.1 機率之定義及基本定理

隨機實驗

　　如擲骰子，丟銅板等，其**結果**（outcome）（註：亦有人譯作出象、成果等）在實驗前無法確定預知，但它的每一個可能結果都能在實驗前加以描述，如果這種實驗能在相同條件下反覆進行，便稱此種實驗為**隨機實驗**（random experiment）、統計實驗，或逕稱實驗。

定義

1.2-1

隨機實驗之所有可能結果所成之集合稱為**樣本空間**（sample space），以 S 表之，樣本空間之元素稱為**樣本點**（sample point）；**事件**（event）為樣本空間之部分集合。

◇ **例 1**　擲一銅板 2 次，(a)試求其樣本空間，(b)若 E 表示第一、二次擲出結果不同之事件，試書出此事件。

✤ **解**

(a)$S = \{(正, 正), (正, 反), (反, 正), (反, 反)\}$

(b)$E = \{(正, 反), (反, 正)\}$

◇ **例 2**　自一生產線任取 3 個產品，G、D 分表產品是完好或瑕疵，抽驗方式是直到第 2 個瑕疵出現或 3 個產品均已驗完則停止抽驗。(a)試書出此抽驗之樣本空間，(b)若 E 為完好、瑕疵品交互出現之事件，試書出此事件之元素。

解

$S = \{(G, D, G), (G, D, D), (G, G, D), (G, G, G),$
$\quad (D, G, D), (D, G, G), (D, D)\}$

(b)$E = \{(G, D, G), (D, G, D)\}$

基本事件

A, B 為定義於樣本空間 S 之二事件，因 A, B 間之集合運算，將衍生出下列幾種事件：

(1)和事件：A, B 之和事件以 $A \cup B$ 表示，其意義是「事件 A 發生或事件 B 發生」。

(2)積事件：A, B 之積事件以 $A \cap B$ 表示，其意義是「事件 A 發生且事件 B 發生」。

(3)餘事件：事件 A 之餘事件以 $\overline{A}$（或 A^c）表示，其意義是「事件 A 外之其餘事件」。

(4)差事件：A, B 之差事件以 $A - B$ 表示，其意義是「事件 A 發生且事件 B 不發生」。（根據集合運算：$A - B = A \cap \overline{B}$）。

(5)零事件：事件 A 若為零事件則以 ϕ 表示，其意義是「事件 A 不發生」。其它還有獨立事件，將在 1-3 節中討論。

(6)**互斥事件**（mutually exclusive events）：若 A, B 不能同時發生則稱此二事件為互斥事件。

樣本空間之任一部分集合均與一事件作一對應，所以我們在處理機率問題時，常先定義事件然後確定其集合表示法。讀者在解題時對問題陳述中之「至少」、「恰好」、「至多」等字樣應特別注意。

例 3　設 A, B, C 為三事件，試以集合表示：(a)至少有一事件發生，(b)恰好有一事件發生，(c)恰好有二事件發生，(d)所有事件均不發生，(e)至少有二事件發生。

■ 解

(a)$A \cup B \cup C$。此表示 A 發生或 B 發生或 C 發生。

(b) $(A \cap \overline{B} \cap \overline{C}) \cup (\overline{A} \cap B \cap \overline{C}) \cup (\overline{A} \cap \overline{B} \cap C)$。

此表示（A 發生且 B、C 均不發生）或（B 發生且 A、C 均不發生）或（C 發生且 A、B 均不發生）。

(c) $(\overline{A} \cap B \cap C) \cup (A \cap \overline{B} \cap C) \cup (A \cap B \cap \overline{C})$。

此表示（B、C 均發生且 A 不發生）或（A、C 均發生且 B 不發生）或（A、B 均發生且 C 不發生）。

(d)$\overline{A} \cap \overline{B} \cap \overline{C}$。

此表示 A 不發生且 B 不發生且 C 不發生，即 A, B, C 均不發生。

(e) $(\overline{A} \cap B \cap C) \cup (A \cap \overline{B} \cap C) \cup (A \cap B \cap \overline{C}) \cup (A \cap B \cap C)$。

此表示至少有二事件發生，即恰有二事件發生或恰有三事件發生。

機率之定義

> **定義**
>
> **1.2-2**
>
> （古典機率）令事件 A 為某實驗 E 之樣本空間 S 的部分集合，設該實驗有 N 個互斥且同等可能發生之結果，即 $n(S)=N$，若事件 A 恰含有 m 個此項結果，即 $n(A)=m$，則稱事件 A 發生的機率 $P(A)$ 為：
>
> $$P(A) = \frac{m}{N}$$

除古典機率外還有主觀機率學派，持此派說法之學者如 L. J. Savage、Raiffa 等，認為有許多事件之成功機率等很難經過實驗得到，而是取決於決策者對特定事件所抱之信任程度，因此對機率的配置是持主觀的態度會因人而異。

雖然學者們對機率的哲學看法有所爭論，但機率的代數性質及運算則毫無二致。

機率的公理體系及有關之運算定理

機率論中之三大公理

①事件 A 發生之機率 $P(A)$ 為一實數且 $P(A) \geq 0$

②設 S 為樣本空間則 $P(S)=1$

③設 $A_1, A_2, \cdots A_n$ 為 n 個互斥事件則

$$P(A_1 \cup A_2 \cdots \cup A_n) = P(A_1) + P(A_2) \cdots + P(A_n)$$

由機率定義與上述三條公理，可導出下列幾個重要之定理：

定理 1.2-1　$P(\phi)=0$，即零事件發生之機率為 0

證

$\because S$ 與 ϕ 互斥，且 $S \cup \phi = S$　$\therefore P(S \cup \phi) = P(S) + P(\phi)$

又 $P(S \cup \phi) = P(S)$

$\therefore P(S) + P(\phi) = P(S)$　即　$P(\phi) = 0$　∎

定理 1.2-2　$P(\overline{A}) = 1 - P(A)$，即一事件發生之機率與該事件之餘事件發生機率和為 1

證

$P(S) = P(A \cup \overline{A}) = P(A) + P(\overline{A})$

但 $P(S) = 1$

得 $P(\overline{A}) = 1 - P(A)$　∎

推論 1.2-2-1　$P(A \cup B) = 1 - P(\overline{A} \cap \overline{B})$

▨ 證

$\because \overline{A \cup B} = \overline{A} \cap \overline{B}$

$\therefore P(\overline{A \cup B}) = P(\overline{A} \cap \overline{B})$

但 $P(A \cup B) = 1 - P(\overline{A \cup B})$

$\therefore P(A \cup B) = 1 - P(\overline{A} \cap \overline{B})$ ∎

定理 1.2-3　$1 \geq P(A) \geq 0$，即一事件發生之機率恒介於 0 與 1 之間

▨ 證

$P(\overline{A}) = 1 - P(A) \geq 0$

$\therefore \quad 1 \geq P(A)$

但 $\quad P(A) \geq 0 \quad$ 得 $\quad 1 \geq P(A) \geq 0$ ∎

定理 1.2-4　$P(A \cup B) = P(A) + P(B) - P(A \cap B)$

▨ 證

由右圖

$A \cup B = (A \cap \overline{B}) \cup (A \cap B) \cup (\overline{A} \cap B)$

$\therefore P(A \cup B) = P[(A \cap \overline{B}) \cup (A \cap B) \cup (\overline{A} \cap B)]$

　　　　……*

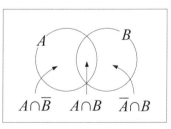

但 $(A \cap B) \cap (A \cap \overline{B}) = \phi$

$\therefore A \cap B$ 與 $A \cap \overline{B}$ 為二互斥事件，

又 $(A \cap B) \cup (A \cap \overline{B}) = A \cap (B \cup \overline{B}) = A$，

得 $P(A) = P(A \cap B) + P(A \cap \overline{B})$，

故 $P(A \cap \overline{B}) = P(A) - P(A \cap B)$，代之入*得

$* = P(A \cap \overline{B}) + P(A \cap B) + P(\overline{A} \cap B)$

$\quad = [P(A) - P(A \cap B)] + P(A \cap B) + [P(B) - P(A \cap B)]$

$\quad = P(A) + P(B) - P(A \cap B)$ ∎

推論
1.2-4-1

$$P(A\cup B\cup C)=P(A)+P(B)+P(C)-P(A\cap B)-P(A\cap C)$$
$$-P(B\cap C)+P(A\cap B\cap C)$$

◎ 證

$$P〔(A\cup B)\cup C〕=P(A\cup B)+P(C)-P〔(A\cup B)\cap C〕$$

$$=P(A)+P(B)-P(A\cap B)+P(C)-P〔(A\cap C)\cup(B\cap C)〕$$

$$=P(A)+P(B)+P(C)-P(A\cap B)$$

$$-〔P(A\cap C)+P(B\cap C)-P(A\cap B\cap C)〕$$

$$=P(A)+P(B)+P(C)-P(A\cap B)-P(A\cap C)-P(B\cap C)$$

$$+P(A\cap B\cap C)$$

◎ 例 4 設 A, B 為二互斥事件，證明：$P(A)\leq P(\overline{B})$。

◎ 解

$$1\geq P(A\cup B)=P(A)+P(B)-P(A\cap B)$$

$$=P(A)+P(B)$$

$$\therefore 1-P(B)\geq P(A)\quad 即\quad P(\overline{B})\geq P(A)$$

★ 組合分析在機率之應用

組合分析（combinatorial analysis）在機率計算上是很重要的，但因組合分析內容極為廣泛，茲舉一些例子供讀者參考。

◎ 例 5 （生日問題），求 r 個人（$r<365$）在一年中之生日都不同之機率

◎ 解

(1) r 個人在 365 天之生日情況有：第 1 個人可在 1 月 1 日～12 月 31 日間任一天生日，其情況有 365 種，第 2……r 個人也都有 365 種，故 r 個人在 365 天生日之情況有 365^r 種。

(2) r 個人在 365 天生日不同之排法有 365、364……365 − (r − 1)

$$\therefore p = \frac{365 \cdot 364 \cdots (365 - (r-1))}{365^r}$$

$$= \frac{365}{365} \cdot \frac{364}{365} \cdots \frac{365 - (r-1)}{365}$$

$$= 1 \left(1 - \frac{1}{365}\right)\left(1 - \frac{2}{365}\right) \cdots \left(1 - \frac{r-1}{365}\right)$$

r 大約為 23 時，$p > \dfrac{1}{2}$

○ **例 6** （佔據問題 occupancy problem）有 r 個球放到 n 個盒子中，求某一特定盒子含 k 個球（$k = 0, 1, 2 \cdots r$）之機率（設球均為互異，盒子亦均為互異且 $r \geq k$）。

解

(1) r 個球放入 n 個盒子之放法有：第一個球可放到第 $1, 2 \cdots n$ 個盒子，其情況有 n 種，第 $2 \cdots r$ 個球之放法也各有 n 種，$\therefore r$ 個球放入 n 個盒子之放法有 n^r 種。

(2) 某盒恰含 k 個球之排法：它的排法是二段式，先挑 k 個球其挑法有 $\binom{r}{k}$ 種，剩下之 $r - k$ 個球放入 $n - 1$ 個盒子之放法有 $(n-1)^{r-k}$ 種，得某盒恰含 k 個球之方法有 $\binom{r}{k}(n-1)^{r-k}$ 種。

$$\therefore p = \frac{\binom{r}{k}(n-1)^{r-k}}{n^r} = \binom{r}{k}\left(\frac{1}{n}\right)^k\left(1 - \frac{1}{n}\right)^{r-k}$$

習題 *1-1*

1. $P(A)=0.4$，$P(B)=0.5$，$P(A\cap B)=0.1$，求：

(a)$P(A\cap\overline{B})$　(b)$P(\overline{A}\cap\overline{B})$　(c)$P(\overline{A}\cap B)$　(d)$P[(A-B)\cup B]$

2. 若 $A_1\subset A_2\subset A_3$，$P(A_1)=\dfrac{1}{6}$，$P(A_2)=\dfrac{1}{2}$，$P(A_3)=\dfrac{2}{3}$，求：

(a)$P(\overline{A_1}\cap A_2)$，(b)$P(\overline{A_1}\cap A_3)$，(c)$P(A_1\cap\overline{A_2}\cap\overline{A_3})$，(d)$P(\overline{A_1}\cap\overline{A_2}\cap\overline{A_3})$。

3. 試證 $\min\{P(A),P(B)\}\geq P(A\cap B)\geq\max\{0,1-P(\overline{A})-P(\overline{B})\}$。

4. A,B 為二事件，試證(a)$P^2(A\cap B)\leq P(A)P(B)$

及(b)$P(A\cap B)\leq\dfrac{1}{2}\left[P(A)+P(B)\right]$。

5. 若 $A\subset B$，則 $P(A)\leq P(B)$，試用日常的例子，說明它的意義。

6. 若 $P(A)=P(B)=1$，試證 $P(A\cap B)=1$，再以此結果證明

若 $P(A)=P(B)=P(C)=1$，則 $P(A\cap B\cap C)=1$。

7. （是非題）下列敘述何者為真？

(a)$P(\phi)=0$

(b)$P(A)\neq 0$ 則 $A\neq\phi$

(c)$P(A)=0$ 則 $A=\phi$

(d)$P(A)=P(B)$ 則 $A=B$

8. 試證 $P(E_1\cap E_2\cap E_3\cdots E_n)\geq\sum\limits_{i=1}^{n}P(E_i)-(n-1)$。

9. n 個球放入 n 個盒中，求恰有 1 個盒子是空之機率。

10. A, B, C 為三事件，若 $A \cap B \subset C$，試證 $P(\overline{A}) + P(\overline{B}) \geq P(\overline{C})$。

11. 一袋中有 b 個黑球 w 個白球，每次以抽出後放回方式抽一個球，直到第一個白球被取出為止。求經取出之黑球之次數為 k 次才取出第 1 個白球之機率。

1.2 條件機率、機率獨立與貝氏定理

條件機率之定義

設 A, B 為定義在實驗 E 之二事件，在已知事件 B 發生下，事件 A 發生之機率應如何求得？

令 B，$A \cap B$ 發生之次數分別為 n_B，$n_{A \cap B}$ 則在已知事件 B 發生下事件 A 發生之**條件相對次數**（conditional relative frequency）為：

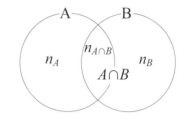

$$\frac{n_{A \cap B}}{n_B} = \frac{n_{A \cap B}/n}{n_B/n} = \frac{P(A \cap B)}{P(B)},$$

n 為樣本空間之個數，因此我們可導引出條件機率如下：

> **定義**
>
> **1.3-1**
>
> 設 A, B 為二事件，已知事件 B 發生下，A 發生之**條件機率**（conditional probability）$P(A|B)$ 定義為：
>
> $$P(A|B) = \frac{P(A \cap B)}{P(B)}, \quad P(B) \neq 0$$

例 1　擲二粒骰子，(a)已知第一粒骰子出現 5 求點數和為 9 之機率。(b)已知二骰子點數和為 9，求第一粒骰子出現 5 之機率。

解

令 $X_i = $ 第 i 粒骰子出現之點數　$i = 1, 2$

(a) $P(X_1 + X_2 = 9 | X_1 = 5) = \dfrac{P(X_1 + X_2 = 9 \text{ 且 } X_1 = 5)}{P(X_1 = 5)}$

$= \dfrac{P(X_1 = 5 \text{ 且 } X_2 = 4)}{P(X_1 = 5)} = \dfrac{\dfrac{1}{36}}{\dfrac{1}{6}} = \dfrac{1}{6}$

$$(b)P(X_1=5\,|\,X_1+X_2=9)=\frac{P(X_1=5 \text{ 且 } X_1+X_2=9)}{P(X_1+X_2=9)}$$

$$=\frac{P(X_1=5 \text{ 且 } X_2=4)}{P(X_1+X_2=9)}=\frac{\frac{1}{36}}{\frac{4}{36}}=\frac{1}{4}$$

◎ **例 2**　擲 3 粒骰子，出現點數均不相同，求其中一個是么點之機率

▦ **解**

P（3 個點數中有一么點 | 3 個點數均不同）

$$=\frac{P（3 \text{ 個點數中有一么點且 } 3 \text{ 個點數均不同}）}{P（3 \text{ 個點數均不同}）}$$

$$=\frac{\dfrac{\binom{3}{1}\times 5\times 4}{6^3}}{\dfrac{6\times 5\times 4}{6^3}}=\frac{1}{2}$$

全機率定理

> **定理 1.3-1**　（**全機率定理** total probability theorem）：A、B 為定義於樣本空間 S 的兩個事件，若 $P(B)\neq 0$ 或 1，則 $P(A)=P(A|B)P(B)+P(A|\overline{B})P(\overline{B})$

▦ **證**

$$P(A|B)P(B)+P(A|\overline{B})P(\overline{B})=\frac{P(A\cap B)}{P(B)}P(B)+\frac{P(A\cap\overline{B})}{P(\overline{B})}P(\overline{B})$$

$$=P(A\cap B)+P(A\cap\overline{B})=P(A)$$　　　　■

　　不是每個條件機率都要用定義去機械地計算，有時它可由問題的敘述而得到我們要的條件機率，如果適當地定義事件 A、B，條件機率 $P(A|B)$ 可解釋成「若合乎 B 條件，則 A 事件發生之機率」。

○ **例 3** 某地區有男性居民 m 人，女性居民 n 人，男性得某種遺傳性疾病 X 之機率為 p，女性得此疾病之機率為 r，求(a)在此地區任找一人得疾病 X 之機率，(b)在此地區任找一人，他沒得疾病 X 之機率為何？

解

設 $M=$ 男性居民之事件，$\overline{M}$ 為女性居民之事件，X 為得疾病 X 之事件，則 $P(X|M)=$ 若為男性則他得疾病 X 之機率，$P(X|\overline{M})=$ 若為女性則她得疾病 X 之機率

$\therefore$(a)$P(X)=P(X|M)P(M)+P(X|\overline{M})P(\overline{M})$

$\quad = p \cdot \dfrac{m}{m+n} + r \cdot \dfrac{n}{m+n}$

(b)$P(\overline{X})=P(\overline{X}|M)P(M)+P(\overline{X}|\overline{M})P(\overline{M})$

$\quad = (1-p)\dfrac{m}{m+n}+(1-r)\dfrac{n}{m+n}$

○ **例 4** 設一袋中有 r 個紅球及 b 個黑球，任取一球，放回袋後再補充 c 個同色球，（$c>0$），問第一次取出為紅球之機率與第二次取出為紅球之機率孰大？

解

設 $R_i=$ 第 i 次取出之球為紅球之事件　$i=1, 2$

依題意：$P(R_1)=\dfrac{r}{b+r}$，$P(R_2|R_1)=\dfrac{r+c}{b+r+c}$

$\quad P(\overline{R_1})=\dfrac{b}{b+r}$，$P(R_2|\overline{R_1})=\dfrac{r}{b+r+c}$

$\therefore P(R_2)=P(R_1)P(R_2|R_1)+P(\overline{R_1})P(R_2|\overline{R_1})$

$\quad = \dfrac{r}{b+r}(\dfrac{r+c}{b+r+c})+\dfrac{b}{b+r}(\dfrac{r}{b+r+c})=\dfrac{r}{b+r}$

即 $P(R_1)=P(R_2)$

○ **例 5** 設 m 張獎券中有 n 張中獎，$m>n$，問先買與後買者，那一位中獎機率較大？

■ **解**

第一個人中獎之機率為 $\dfrac{n}{m}$，第二個人中獎之機率 $p = P$（第二個人中獎｜第一個人未中）P（第一個人未中）$+ P$（第二個人中獎｜第一個人中獎）P（第一個人中獎）$= \dfrac{n}{m-1} \cdot \dfrac{m-n}{m} + \dfrac{n-1}{m-1} \cdot \dfrac{n}{m} = \dfrac{n}{m}$ ∴ 先買後買中獎機率均相同。

乘法定理

由條件機率定義，

$$P(B|A) = \frac{P(B \cap A)}{P(A)}, \ P(A) \neq 0$$

得 $P(A \cap B) = P(A) \cdot P(B|A)$，此結果可推廣如下：

定理 1.3-2　　$P(A \cap B \cap C) = P(A)P(B|A)P(C|A \cap B)$

　　　　　　$P(A \cap B \cap C \cap D) = P(A)P(B|A)P(C|A \cap B)P(D|A \cap B \cap C)$

■ **證**

(a)$P(A \cap B \cap C) = P[(A \cap B) \cap C] = P(A \cap B)P(C|A \cap B)$

　$= P(A)P(B|A)P(C|A \cap B)$

(b)$P(A \cap B \cap C \cap D) = P[(A \cap B \cap C) \cap D] = P(A \cap B \cap C) \cdot P(D|A \cap B \cap C)$

　$= P[(A \cap B) \cap C] \cdot P(D|A \cap B \cap C)$

　$= P(A \cap B)P(C|A \cap B)P(D|A \cap B \cap C)$

　$= P(A)P(B|A) \cdot P(C|A \cap B) \cdot P(D|A \cap B \cap C)$ ■

機率獨立

二事件獨立之條件

> **定義**
>
> **1.3-2**
>
> 若 A, B 為定義於樣本空間 S 之二事件，若滿足下列條件之一，則稱 A, B 為獨立，否則稱為**相依**（dependent）
>
> (1) $P(A \cap B) = P(A)P(B)$，或
>
> (2) $P(A \mid B) = P(A)$，或
>
> (3) $P(B \mid A) = P(B)$，但 $P(A) \cdot P(B) \neq 0$

定義中之三個條件均為等值的，因為

$P(A \cap B) = P(A)P(B)$，則

$$P(A \mid B) = \frac{P(A \cap B)}{P(B)} = \frac{P(A)P(B)}{P(B)} = P(A)，$$

但 $P(B) \neq 0$，即第一個條件可導致第二個條件。

同法可證第二個條件可導致第三個條件及第三個條件可導致第一個條件。

例 6 擲兩次骰子，令 A 表示點數和為奇數之事件，B 表示第一次擲骰子出現么點之事件，C 表示點數和為 7 之事件。問 (a) A, B 獨立否？(b) A, C 獨立否？(c) B, C 獨立否？

解

(a) $P(A) = \dfrac{1}{2}$，$P(A \mid B) = \dfrac{P(A \cap B)}{P(B)} = \dfrac{3/36}{1/6} = \dfrac{1}{2} = P(A)$

　　$\therefore A, B$ 獨立

(b) $P(A \mid C) = \dfrac{P(A \cap C)}{P(C)} = \dfrac{P(C)}{P(C)} = 1 \neq P(A)$

　　$\therefore A, C$ 不獨立

(c) $P(C \mid B) = \dfrac{P(B \cap C)}{P(B)} = \dfrac{1/36}{1/6} = \dfrac{1}{6} = P(C)$

　　$\therefore B, C$ 獨立

> **定理 1.3-3**　若 A, B 為二獨立事件，則
>
> (1)$\overline{A}$ 與 B 為二獨立事件
>
> (2)A 與 $\overline{B}$ 為二獨立事件
>
> (3)$\overline{A}$ 與 $\overline{B}$ 為二獨立事件

證

(1)$P(\overline{A} \cap B) = P(B) - P(A \cap B) = P(B) - P(A)P(B)$

$\quad = P(B)[1 - P(A)] = P(\overline{A})P(B)$

(2)同法可證 $P(A \cap \overline{B}) = P(A)P(\overline{B})$

(3)$P(\overline{A} \cap \overline{B}) = 1 - P(A \cup B) = 1 - [P(A) + P(B) - P(A \cap B)]$

$\quad = [1 - P(A)] - [P(B) - P(A \cap B)]$

$\quad = P(\overline{A}) - P(\overline{A} \cap B)$

$\quad = P(\overline{A}) - P(\overline{A})P(B) = P(\overline{A})(1 - P(B)) = P(\overline{A})P(\overline{B})$ ∎

上述定理之逆定理成立。如例 7。

例 7　若 $P(\overline{A} \cap \overline{B}) = P(\overline{A})P(\overline{B})$，則 A, B 獨立。

解

$$P(\overline{A} \cap \overline{B}) = 1 - P(A \cup B)$$
$$= 1 - P(A) - P(B) + P(A \cap B)$$
$$P(\overline{A})P(\overline{B}) = (1 - P(A))(1 - P(B))$$
$$= 1 - P(A) - P(B) + P(A)P(B)$$
$$\because P(\overline{A} \cap \overline{B}) = P(\overline{A})P(\overline{B})$$
$$\therefore P(A \cap B) = P(A)P(B)，即 A, B 獨立。$$

例 8　A, B 為二獨立事件，若 $P(A) > 0$，$P(B) > 0$，則 A, B 不可能互斥。

解

利用反證法：假定 A, B 互斥，則 $P(A \cap B) = P(A)P(B) = 0$ 與 $P(A) > 0$，$P(B) > 0$ 矛盾，推得 $P(A) > 0$，$P(B) > 0$ 下，A, B 不可能互斥。 ∎

三事件獨立之條件

> **定義**
>
> **1.3-3**
>
> A, B, C 為三事件，若且惟若 A, B, C 同時滿足下列四條件，則稱 $A, B,$ C 為三獨立事件，否則為**對對獨立**（pairwise independent）
>
> (1)$P(A \cap B) = P(A)P(B)$　(2)$P(A \cap C) = P(A)P(C)$
>
> (3)$P(B \cap C) = P(B)P(C)$　(4)$P(A \cap B \cap C) = P(A)P(B)P(C)$

n 個獨立事件需幾個條件式？

二個事件間彼此獨立要有 $\binom{n}{2}$ 個條件式

三個事件間彼此獨立之要有 $\binom{n}{3}$ 個條件式

n 個事件間彼此獨立之要有 $\binom{n}{n}$ 個條件式

$\therefore n$ 個事件若其為獨立需　$\binom{n}{2} + \binom{n}{3} + \cdots + \binom{n}{n} = 2^n - n - 1$ 個條件式

$$\left[\because \binom{n}{0} + \binom{n}{1} + \binom{n}{2} + \cdots + \binom{n}{n} = 2^n \quad \therefore \binom{n}{2} + \binom{n}{3} + \cdots + \binom{n}{n} = 2^n - \binom{n}{1} \right.$$

$$\left. - \binom{n}{0} = 2^n - n - 1 \right]$$

例 9　擲兩粒骰子，茲定義 A, B, C 三事件如下：

　　$A = \{$第一粒骰子出現偶數點$\}$

　　$B = \{$第二粒骰子出現奇數點$\}$

　　$C = \{$二粒骰子同時出現偶數點，或同時出現奇數點$\}$

　　則　$P(A) = P(B) = P(C) = \dfrac{1}{2}$

　　　　$P(A \cap B) = P(A \cap C) = P(B \cap C) = \dfrac{1}{4}$

$$P(A \cap B) = P(A)P(B) \text{，} P(A \cap C) = P(A)P(C) \text{，}$$

$$P(B \cap C) = P(B)P(C)$$

但　　$P(A \cap B \cap C) = 0 \neq P(A) \cdot P(B) \cdot P(C)$

故 A, B, C 三事件不獨立。

例 9 說明了對對獨立並不保證獨立。

貝氏定理

定理 1.3-4　（**貝氏定理** Bayes' theorem）：將樣本空間 S 劃分成 n 個互斥事件 B_1, $B_2, \cdots B_n$，事件 B_i 發生之機率 $P(B_i) \neq 0$，$i = 1, 2, 3, \cdots, n$，A 為 S 中之任一事件且 $P(A) \neq 0$，則

$$P(B_k|A) = \frac{P(B_k \cap A)}{\displaystyle\sum_{i=1}^{n} P(B_i \cap A)} = \frac{P(A|B_k)P(B_k)}{\displaystyle\sum_{i=1}^{n} P(A|B_i)P(B_i)}$$

證

$$\because P(B_k|A) = \frac{P(B_k \cap A)}{P(A)} = \frac{P(B_k)P(A|B_k)}{P(A)}$$

但 $P(A) = P(B_1)P(A|B_1) + P(B_2)P(A|B_2) + \cdots + P(B_n)P(A|B_n)$

$$= \Sigma P(B_i)P(A|B_i)$$

$$\therefore P(B_k|A) = \frac{P(B_k)P(A|B_k)}{\Sigma P(A|B_i)P(B_i)}$$

例 10　設有愛滋病反應測試一種，對患者測試 98%呈陽性反應，而對非患者測試 3%呈陽性反應。已知某城市愛滋病患者佔 5%，今在該城市隨機抽驗一人，經測試呈陽性反應，問此市民未患愛滋病之機率為何？

解

設 A＝愛滋病患者之事件。

B＝陽性反應之事件。

依題意：

$P(B|A)=0.98，P(B|\overline{A})=0.03 \quad P(A)=0.05$

$\therefore P(\overline{A}|B)=1-P(A|B)$

$\qquad = 1 - \dfrac{P(B|A)P(A)}{P(B|A)P(A)+P(B|\overline{A})P(\overline{A})}$

$\qquad = 1 - \dfrac{0.98 \times 0.05}{0.98 \times 0.05 + 0.03 \times 0.95}$

$\qquad \doteqdot \dfrac{57}{155}$

○ **例 11** 測驗試題中含有 m 個可能答案，其中只有一個是正確的，設受測者知道答案之機率為 p，不知答案之機率為 $1-p$，又若知道答案則答對之機率為 1，否則猜對之機率為 $1/m$，今已知受測者答對，求其知道答案之機率。

解

設 $K=$受測者知道答案之事件，$Y=$受測者答對之事件，則

$$P(Y|K)=1，P(Y|\overline{K})=\frac{1}{m}，P(K)=p$$

$\therefore P(K|Y)=\dfrac{P(Y|K)P(K)}{P(Y|K)P(K)+P(Y|\overline{K})P(\overline{K})}$

$\qquad = \dfrac{p}{p+\dfrac{1}{m}(1-p)}$

$\qquad = \dfrac{mp}{(m-1)p+1}$

讀者可驗證 $P(K|Y)$為 p 之遞減函數，即 $\dfrac{d}{dp}P(K|Y)<0$

習題 *1-2*

1. 下列二式何者為真？（設各事件之機率均不為 0）

   (a)若 $P(A|B) > P(A)$，則 $P(B|A) > P(B)$

   (b)若 $P(A) > P(B)$，則 $P(A|C) > P(B|C)$

2. A, B, C 為樣本空間 S 之三個事件，$P(B) > 0$，$P(C) > 0$，B, C 為獨立，試證

   $P(A|B) = P(A|B \cap C)P(C) + P(A|B \cap \overline{C})P(\overline{C})$。

3. 設 A, B 為二獨立事件，A, C 亦為二獨立事件，若 $B \cap C = \phi$，則 A 與 $B \cup C$ 亦為獨立事件。

4. 若 A, B 二事件滿足 $P(B|A) = P(B|\overline{A})$，則 A, B 為二獨立事件，但 $P(A) \neq 1$ 或 0。

5. 甲袋中有 n 個白球 m 個黑球，乙袋中有 N 個白球 M 個黑球，茲從甲袋中任取一球放入乙袋，經混合後再由乙袋任取一球放入甲袋，今由甲袋任取一球，其為白球之機率？

6. A, B, C 三事件，若 $P(A \cap B \cap C) = P(A \cap \overline{B} \cap \overline{C}) = P(\overline{A} \cap B \cap \overline{C}) = P(\overline{A} \cap \overline{B} \cap C)$ $= \dfrac{1}{4}$，問 A, B, C 為對對獨立？是否獨立？

7. $A_1, A_2 \cdots A_n$ 為 n 個獨立事件，$P(A_i) = p_i$，若 ρ 為沒有一事件發生之機率，試證 $\rho \leq e^{-\Sigma p_i}$

8. A, B, C 為三獨立事件，試證 $\overline{A}, \overline{B}, \overline{C}$ 亦互為獨立

9. 若 $P(A_j) = \dfrac{j}{10}$，$P(A|A_j) = \dfrac{4-j}{10}$，$j = 1, 2, 3, 4$

求 $P(A_j|A)$ 及 $P(A_2|A)$

10. 若 $P(A) = \alpha$，$P(B) = \beta$，試證 $P(A|B) \geq (\alpha + \beta - 1)/\beta$

11. 二事件 A, B，先證 $P(A) + P(B) - 1 \leq P(A \cap B)$ 並證若 $P(A) > 0, P(A) + P(B) > 1$

則 $P(B|A) \geq 1 - [P(\overline{B})/P(A)]$

12. A, B 為互斥事件，試證若且惟若 $P(A) \cdot P(B) = 0$，則 A, B 互為獨立事件。

CHAPTER 2

一元隨機變數

2.1 隨機變數之概念

擲一銅板三次，其可能結果有 8 個，若定義 $X=$ 出現正面之次數，則有以下之對應：{(正, 正, 正)}→3，{(正, 正, 反), (正, 反, 正), (反, 正, 正)}→2，{(正, 反, 反), (反, 正, 反), (反, 反, 正)}→1，{(反, 反, 反)}→0。上述對應即為**隨機變數**（random variable 簡寫為 r.v.）。

定義

2.1-1

設 S 為一實驗 ε 之一樣本空間，X 為定義於 S 之**實函數**（real-valued function），則 $X(s)$ 為一隨機變數。

○ **例 1** 擲一銅板二次之樣本空間 $S=\{\omega_1, \omega_2, \omega_3, \omega_4\}$，令 $\omega_1=($ 正, 正$)$，$\omega_2=($ 正, 反$)$，$\omega_3=($ 反, 正$)$，$\omega_4=($ 反, 反$)$，定義 $X=$ 出現正面之次數。則

$X(\omega_1)=2$，$X(\omega_2)=X(\omega_3)=1$，$X(\omega_4)=0$

隨機變數有二大分類：

1. **離散型隨機變數**（discrete random variable）：若隨機變數之發生值為有限的，或**無限可數的**（infinite countable），如二項隨機變數，卜瓦松隨機變數、負二項隨機變數等。

2. **連續型隨機變數**（continuous random variable）：若隨機變數之值域為數域區間 I 之任何部分集合，如常態隨機變數、Gamma 隨機變數、指數隨機變數等。

2.2 機率密度函數

機率密度函數之定義

定義

2.2-1

X 為一離散型隨機變數，若 X 之函數 $f(x)$ 滿足 (1)$f(x) \geq 0$，$\forall x$
(2)$\sum\limits_{x} f(x) = 1$，則稱 $f(x)$ 為一**機率密度函數**（probability density function），簡稱 p.d. f.或稱**機率質量函數**（probability mass function，簡稱 p.m.f.）。
若 X 為連續型隨機變數，$f(x)$ 滿足 (1)$f(x) \geq 0$
(2)$\int_{-\infty}^{\infty} f(x)\,dx = 1$，則 $f(x)$ 為一機率密度函數 p.d.f.。

定義

2.2-2

$f(x)$ 為 r.v. X 之 p.d.f.，則事件 A ($A \subset S$) 發生之機率

$$P(A) = P(X \in A) = \begin{cases} \int_{A} f(x)\,dx \cdots X \text{ 為連續 r.v.} \\ \sum\limits_{x_i \in A} f(x_i) \cdots X \text{ 為離散 r.v.} \end{cases}$$

例 1 試定 c 值以使下列各函數滿足機率函數之定義

(a)$f(x) = c(\dfrac{2}{3})^x$，$x = 1, 2, 3, \cdots$　$f(x) = 0$，其它

(b)$f(x) = \begin{cases} c \cdot 2^x & x = 1, 2, 3 \cdots N \\ 0 & \text{其它} \end{cases}$

解

(a)$f(x) \geq 0$

$$又 \sum_{x=1}^{\infty} c\left(\frac{2}{3}\right)^x = c \sum_{x=1}^{\infty} \left(\frac{2}{3}\right)^x = c \cdot \frac{\frac{2}{3}}{1-\frac{2}{3}} = 2c = 1 \quad \therefore c = \frac{1}{2}$$

(b)$f(x) \geq 0$ 對 $x = 1, 2 \cdots N$ 均成立，

$$S = 2 + 2^2 + \cdots + 2^N \tag{1}$$

$$-) \, 2S = \quad 2^2 + \cdots + 2^N + 2^{N+1} \tag{2}$$

$$S = 2^{N+1} - 2$$

$$\therefore \sum_{x=1}^{N} c \cdot 2^x = c \cdot S = c \cdot (2^{N+1} - 2) = 1 \quad \therefore c = \frac{1}{2^{N+1} - 2}$$

☆ **例 2** $f(x) = \begin{cases} kx, & -1 < x < 2 \\ 0, & 其它 \end{cases}$ 是否可為−p.d.f.若是，請求 k 值

▓ **解**

$\because f(x)$ 在 $-1 < x < 0$ 時為一負值函數 $\therefore f(x)$ 不可能為−p.d.f.

☆ **例 3** 若 $f(x) = \begin{cases} c\,e^{-6x}, & x > 0 \\ -cx, & 0 \geq x > -1 \\ 0 & 其它 \end{cases}$ 為 p.d.f.，試定 c 值

▓ **解**

$$c \int_0^{\infty} e^{-6x} dx + \int_{-1}^{0} (-c) x \, dx = \frac{2}{3} c = 1 \quad \therefore c = \frac{3}{2}$$

$P(a \leq X \leq b)$ 為 $f(x)$ 在 $a \leq X \leq b$ 間與 X 軸所夾之面積，因連續 r.v. X 之 $P(X=a) = P(X=b) = 0$（直線無面積），故 $P(a \leq X \leq b) = P(a < X < b) + P(X=a) + P(X=b) = P(a < X < b)$，從而 **$X$ 為連續型 r.v. 時，我們有：**

$P(a \leq X \leq b) = P(a < X \leq b) = P(a \leq X < b) = P(a < X < b)$

$= \int_a^b f(x) \, dx$，但若 X 為離散型 r.v.，則上述四個機率之等號關係便不成立。

☆ 例 4　$f(x)=\begin{cases}2e^{-2x}, & x>0\\ 0, & \text{其它}\end{cases}$ 為一p.d.f，求(a)$P(X>1)$　(b)$P(X<2|X>1)$

解

(a)$P(X>1)=\int_1^\infty 2e^{-2x}dx=-e^{-2x}\Big]_1^\infty=e^{-2}$

(b)$P(X<2|X>1)=\dfrac{P(X<2\text{ 且 }X>1)}{P(X>1)}=\dfrac{P(2>X>1)}{P(X>1)}=\dfrac{\int_1^2 2e^{-2x}dx}{e^{-2}}$

$=e^2\left[-e^{-2x}\big|_1^2\right]=e^2\left[e^{-2}-e^{-4}\right]=1-e^{-2}$

★ 例5　一盒中有 9 個球上分別標有 1, 2……9。今後盒中任取一球後放回再取一球。令 $Z=$盒中取出二數字中較大者，求 Z 之 p.d.f.

解

令 $A=\{(x,y)\,|\,k=y\geq x\}$，$B=\{(x,y)\,|\,k=x\geq y\}$

$\therefore P(Z=k)=P(A\cup B)=P(A)+P(B)-P(A\cap B)$

$=P(k\geq X,Y=k)+P(X=k,Y\leq k)-P(X=k,Y=k)$

$=P(k\geq X)P(Y=k)+P(X=k)P(Y\leq k)-$

$\quad P(X=k)P(Y=k)$

$=\dfrac{k}{9}\cdot\dfrac{1}{9}+\dfrac{1}{9}\cdot\dfrac{k}{9}-\dfrac{1}{9}\cdot\dfrac{1}{9}$

$=\dfrac{2k-1}{81}$，$k=1,2,\cdots\cdots 9$

別解

本題之樣本空間共含 $9\times 9=81$ 個元素，X, Y 為第 1、2 次抽出之點數，則 $P(Z\leq k)=P(\max(X,Y)\leq k)$

$=P(X\leq k,Y\leq k)=\dfrac{k^2}{81}$

$\therefore P(Z=k)=P(\max(X,Y)=k)=P(\max(X,Y)\leq k)-P(\max(X,Y)\leq k-1)$

$=P(X\leq k\text{ 且 }Y\leq k)-P(X\leq k-1\text{ 且 }Y\leq k-1)$

$=P(X\leq k)P(Y\leq k)-P(X\leq k-1)P(Y\leq k-1)$

$=\dfrac{k^2}{81}-\dfrac{(k-1)^2}{81}=\dfrac{2k-1}{81}$，$k=1,2\cdots\cdots 9$

分配函數

定義

2.2-3

r.v. X 之 p.d.f 為 $f(x)$，其**累積分配函數**（cumulative distribution function，簡稱分配函數） $F(x)$ 定義為：

$$F(x) = P(X \leq x)$$

分配函數之性質

1. $1 \geq F(x) \geq 0$

（$0 \leq F(x) = P(X \leq x) \leq 1$）

2. 若 $x_1 < x_2$，則 $F(x_1) \leq F(x_2)$

證

$$F(x_2) = P(X \leq x_2) = P((X \leq x_1) \cup (x_1 < X \leq x_2))$$
$$= P(X \leq x_1) + P(x_1 < X \leq x_2) \geq P(X \leq x_1) = F(x_1)$$

此為分配函數之單調不減性，或稱 $F(x)$ 為 x 之非遞減函數。

3. $F(\infty) = 1$，$F(-\infty) = 0$〔嚴格的說法是：$\lim\limits_{x \to \infty} F(x) = 1$，$\lim\limits_{x \to -\infty} F(x) = 0$〕

證

由定義顯然成立。

4. $P(a < X \leq b) = F(b) - F(a)$

證

$P(X \leq b) = P(X \leq a) + P(a < X \leq b)$

$\therefore \quad F(b) = F(a) + P(a < X \leq b)$

得 $\quad P(a < X \leq b) = F(b) - F(a)$

5. $F(x)$ 滿足右連續性（right-continuous）

證

$$\lim_{h \to 0} P(a < X \leq a+h) = \lim_{h \to 0} [F(a+h) - F(a)]$$

又 $h>0$ 時 $F(a+)-F(a)=\lim\limits_{h\to 0}P(a<X\le a+h)=P(\phi)=0$

但 $F(a+)$ 為 $F(x)$ 在 $x=a$ 之右極限

∴ $F(x)$ 在 $x=a$ 為右連續。

6. $P(X=b)=\lim\limits_{h\to 0}P(b-h<X\le b)=F(b)-F(b-)$

證

在 5.中取 $a=b-\varepsilon$ 則

$P(b-\varepsilon<X\le b)=F(b)-F(b-\varepsilon)$

令 $\varepsilon\to 0$ 得

$P(X=b)=F(b)-F(b^-)$

由性質 6.，我們可知若 **X 為連續型隨機變數則 $P(X=b)=0$**

○ 例 6

x	0	1	2
$P(X)$	$\dfrac{1}{3}$	$\dfrac{1}{6}$	$\dfrac{1}{2}$

求 X 之 $F(x)$

解

$$F(x)=\begin{cases} 0 & x<0 \\ \dfrac{1}{3} & 0\le x<1 \\ \dfrac{1}{2} & 1\le x<2 \\ 1 & x\ge 2 \end{cases}$$

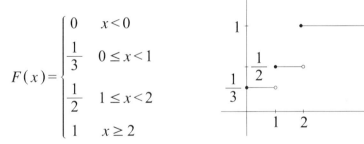

○ 例 7 $f(x)=\begin{cases} 2x & 1>x>0 \\ 0 & 其它 \end{cases}$ 求 X 之 $F(x)$

解

$$F(x)=\begin{cases} 0 & x<0 \\ x^2 & 1>x\ge 0 \\ 1 & x\ge 1 \end{cases}$$

☼ **例 8** 求 $f(x)=\begin{cases}0.2 & x=1 \\ 0.5 & 2 \geq x \geq 1 \\ 0.3 & x=2\end{cases}$，之累積分配函數並畫圖。

解

$x<1$ 時 $F(x)=P(X \leq x)=0$

$2>x \geq 1$ 時

$F(x)=P(X \leq x)=P(X=1)$

$\quad + \int_1^x \frac{1}{2} dx = 0.2 + \int_1^x \frac{1}{2} dx$

$\quad = 0.2 + \frac{x-1}{2} = \frac{x}{2} - \frac{3}{10}$

$x \geq 2$ 時 $F(x)=P(X \leq x)=1$

累積分配函數與 p.d.f.之關係

(a) X 為連續型 r.v.時：$f(x)=\dfrac{d}{dx} F(x)$

例如：$F(x)=\begin{cases}0 & , x<0 \\ \dfrac{x}{1+x} & , x \geq 0\end{cases}$ 則 $f(x)=\dfrac{d}{dx} F(x)=\dfrac{1}{(1+x)^2}$，$x \geq 0$

(b) X 為離散型 r.v.時：$P(X=x)=F(x)-F(x-)$

由例 6，7 可知：

若 r.v. X 為離散型時，分配函數 $F(x)$ 為**階梯**（stair-case）狀

若 r.v. X 為連續型時，分配函數 $F(x)$ 為遞增函數。

對稱連續型 p.d.f.之分配函數性質

在統計推論常用之常態分配，t 分配等均屬對稱分配，因此我們常需利用一些對稱函數之性質以利查表。

性質 1° r.v. X 之 p.d.f.為 $f(x)$，若 $f(x)$ 為對稱於原點之函數則 $F(0)=\dfrac{1}{2}$

證 $\because \int_{-\infty}^0 f(x)dx + \int_0^\infty f(x)dx = 1$，但

$\quad \int_0^\infty f(x)dx = -\int_0^{-\infty} f(-y)dy = \int_{-\infty}^0 f(y)dy = \int_{-\infty}^0 f(x)dx$

$$\therefore \quad \int_{-\infty}^{0} f(x)\,dx + \int_{0}^{\infty} f(x)\,dx = 2\int_{-\infty}^{0} f(x)\,dx = 1$$

得 $\quad \int_{-\infty}^{0} f(x)\,dx = F(0) = \dfrac{1}{2}$

性質 2° $\quad F(-a) = 1 - F(a)$

證

$$\begin{aligned}
F(-a) + F(a) &= \int_{-\infty}^{-a} f(x)\,dx + \int_{-\infty}^{a} f(x)\,dx \\
&= \int_{\infty}^{a} f(-t)\,d(-t) + \int_{-\infty}^{a} f(x)\,dx \\
&= \int_{a}^{\infty} f(t)\,dt + \int_{-\infty}^{a} f(x)\,dx = 1
\end{aligned}$$

$$\therefore F(-a) = 1 - F(a)$$

截斷機率函數

在應用機率上，**截斷後之 p.d.f.**（truncated p.d.f.）是很重要的，例如我們常要了解 *r.v. X* 之 p.d.f. $f(x) = \dfrac{e^{-\lambda}\lambda^x}{x!}$, $x = 0, 1, 2\cdots$，在 $X \ge 10$ 以後予以截斷，那麼新的 p.d.f. 是什麼？

情況一 $\quad$ *r.v. X* 之 p.d.f. 為 $f(x)$，$f(x \mid X \le a) = \dfrac{f(x)}{F(a)}$，$x \le a$，$F(a) \ne 0$

證

$$\begin{aligned}
F(x \mid X \le a) &= P(X \le x \mid X \le a) \\
&= \frac{P(X \le x \text{ 且 } X \le a)}{P(X \le a)} \qquad *
\end{aligned}$$

(1) $x > a$ 時

$$* = \frac{P(X \le a)}{P(X \le a)} = 1$$

(2) $x \le a$ 時

$$* = \frac{P(X \le x)}{P(X \le a)} = \frac{F(x)}{F(a)}$$

$$\therefore f(x \mid X \le a) = \begin{cases} \dfrac{f(x)}{F(a)} & x \le a \\[2mm] 0 & x > a \end{cases}$$

> **情況二** $r.v.X$ 之 pdf 為 $f(x)$，$f(x\mid b<X\le a)=\dfrac{f(x)}{F(a)-F(b)}$

證

$$F(x\mid b<X\le a)=\frac{P(X\le x \text{ 且 } b<X\le a)}{P(b<X\le a)} \qquad **$$

(1) $x>a$ 時

$$** =\frac{P(b<X\le a)}{P(b<X\le a)}=1$$

(2) $b<x\le a$ 時

$$** =\frac{P(b<X\le x)}{P(b<X\le a)}=\frac{F(x)-F(b)}{F(a)-F(b)}$$

(3) $x<b$

$$** =\frac{P(\phi)}{P(b<X\le a)}=0$$

$$\therefore f(x\mid b<X\le a)=\begin{cases}\dfrac{f(x)}{F(a)-F(b)} & ,a\ge x>b\\[2mm] 0 & ,\text{其它}\end{cases}$$

其它情況，讀者亦同法可推之。

習題 *2-2*

1. 若 $f(x) = \dfrac{1+3c}{4}, \dfrac{1-c}{4}, \dfrac{1+2c}{4}, \dfrac{1-4c}{4}$ 為 p.d.f.求 c 之範圍。

2. 設下表為某離散型 p.d.f.之分配，

x	-2	-1	0	1	2	3
$P(X=x)$	$\dfrac{1}{12}$	$\dfrac{1}{3}$	$\dfrac{5}{24}$	$\dfrac{1}{6}$	$\dfrac{1}{12}$	$\dfrac{1}{8}$

   求(a)$P(X \geq 2)$　　(b)$P(X > 2)$　　(c)$P(-1.6 \leq X < 2.3)$

   (d)$P(|X| \leq 2)$　　(e)$P(X^2 \leq 2)$　　(f)$P(X(X+1) < 2)$

3. $f(x) = \dfrac{1}{2}e^{-|x|}, x \in R$ 為 $r.v. X$ 之 p.d.f.，求

   (a)$P(X^3 - X^2 - X - 2 < 0)$　　(b)$P(1 \leq |X| \leq 2)$　　(c)$P(|X| \leq 2)$

   (d)$P(|X| \leq 2$ 或 $X \geq 0)$　　(e)$P(|X| \leq 2$ 且 $X \leq -1)$

4. 擲一均勻骰子2次，定義隨機變數 X 為此二次點數和，試求 $r.v. X$ 之 p.d.f.。

5. 若已知 Logistic 分配之分配函數為

   $$F(x) = \dfrac{1}{1+e^{-(ax+b)}}, a > 0, \infty > x > -\infty$$

   試證 $f(x) = aF(x)[1-F(x)]$

6. 若 Cauchy 分配為

   $$f(x) = \dfrac{k}{1+x^2}, \infty > x > -\infty$$

   (a)求 k 值　　(b)若 $F(x) = \dfrac{1}{4}$，求 x

7.試用分配函數表示

(a)$P(a \leq X \leq b)$　　(b)$P(a \leq X < b)$

(c)$P(a < X \leq b)$　　(d)$P(a < X < b)$　　(e)$P(X > b)$

8.若 $f(x) = \begin{cases} \dfrac{1}{2}e^x, & x < 0 \\ \dfrac{1}{4}, & 0 \leq x < 2 \\ 0, & x \geq 2 \end{cases}$ 　求 X 之分配函數。

9.$f(x) = \begin{cases} \dfrac{1}{3} & 0 < x < 1 \\ \dfrac{1}{3} & 2 < x < 4 \\ 0 & \text{其他} \end{cases}$ 　求 X 之分配函數。

10.$F(x) = \begin{cases} 0, & x < 0 \\ (1/8)x + 1/8, & 0 \leq x < 1 \\ 1/2, & 1 \leq x < 2 \\ (1/8)x + 1/2, & 2 \leq x < 4 \\ 1, & x \geq 4 \end{cases}$

試求(a)$P(X=2)$　(b)$P(X=3)$　(c)$P(X>0)$　(d)$P(X<2)$

(e)$P(1<X<3)$　(f)$P(X<3 \mid X>1)$

11.若 $r.v. X$ 之 p.d.f.為

$$f(x) = \begin{cases} pq^{x-1}, & x = 1, 2 \cdots (\text{此為幾何分配}), \text{定義 } Y = \dfrac{X}{n}, \quad \lambda = np \\ 0 & \text{其它} \end{cases}$$

試證 $\lim_{n \to \infty} P(Y \leq a) \approx 1 - e^{-\lambda a}$

12. 驗證下列各函數均滿足機率密度函數之定義

(a) $f(x) = \begin{cases} \dfrac{1}{b-a} & , \ b \geq x \geq a \\ 0 & , \ 其它 \end{cases}$

(b) $f(x) = \begin{cases} \dfrac{e^{-\lambda}\lambda^x}{x!} & , \ x = 0, 1, 2, 3 \cdots \\ 0 & , \ 其它 \end{cases}$

(c) $f(x) = \begin{cases} \dbinom{n}{x} p^x (1-p)^{n-x} & , \ x = 0, 1, 2 \cdots n \\ 0 & , \ 其它 \end{cases}$

(d) $f(x) = \begin{cases} \lambda e^{-\lambda x} & , \ x > 0, \lambda > 0 \\ 0 & , \ 其它 \end{cases}$

(e) $f(x) = \dfrac{1}{\sqrt{2\pi}\sigma} e^{-\frac{(x-\mu)^2}{2\sigma^2}} , \ x \in R$

2.3 衍生性 p.d.f.

$r.v.X$ 之 p.d.f. 為 $f(x)$，假定我們想透過 $y=g(x)$ 之變數變換，則 $r.v.Y$ 之 p.d.f. 是什麼？本章先討論一維 $r.v.$ 之情形，高維情形將留在第五章討論。我們先從最簡單之離散型 $r.v.$ 開始。

離散型隨機變數

離散型 $r.v.X$ 透過 $y=g(x)$ 變數變換時，則 Y 亦為隨機變數，y 值對應原先之機率，若有相同之 y 值，則需將所有相同 y 值對應之機率相加即可，$r.v.Y$ 之 p.d.f. 自然需符合 p.d.f. 之條件。

○ 例 1

x	-1	0	1	3
$P(X=x)$	p_1	p_2	p_3	p_4

p_1, p_2, p_3, p_4 均 ≥ 0 且 $p_1+p_2+p_3+p_4=1$

求 (a) $Y=2X+1$　(b) $Y=X^2$　(c) $Y=\sqrt{X}$

▪ 解

x	-1	0	1	3
$P(X=x)$	p_1	p_2	p_3	p_4

∴

(a)

$y=2x+1$	-1	1	3	7
$P(Y=y)$	p_1	p_2	p_3	p_4

(b)

$y=x^2$	0	1	9
$P(Y=y)$	p_2	p_1+p_3	p_4

相同

$y=x^2$	1	0	1	9
$P(Y=y)$	p_1	p_2	p_3	p_4

合併

(c) ∵ $x=-1$ 時　$y=\sqrt{x} \notin R$

∴ $Y=\sqrt{X}$ 無意義。

○ 例 2 $P(X=x)=\dfrac{4+x}{35}, x=-3,-1,0,1,2,3,5$

Z=3X-4 之 p.d.f.

解

$$z=3x-4 \quad \therefore x=\dfrac{z+4}{3}$$

$$\therefore P(Z=z)=f\left(\dfrac{4+z}{3}\right)=\dfrac{4+\dfrac{z+4}{3}}{35}=\dfrac{z+16}{105}$$

$$z=-13,-7,-4,-1,2,5,11$$

如果讀者不習慣上述作法時，亦可將 p.d.f.展成機率表之形式。

連續型隨機變數

設 $f(x)$ 在 $c \geq x \geq a$ 時為 $r.v.X$ 之 $p.d.f.$。① $y=h(x)$ 為 x 之單值函數時，則 Y 之 $p.d.f.g(y)$ 為：

$$g(y)=f(h^{-1}(y))\cdot\left|\dfrac{dx}{dy}\right|$$

$\left|\dfrac{dx}{dy}\right|$ 為 $\dfrac{dx}{dy}$ 之絕對值

② 若 $y=h(x)$ 不為 x 之單調函數，但我們可將 $[a,c]$ 劃分成若干互斥之子區間，使得每個子區間之 $h(x)$ 均為 x 之單調函數，從而求出每個子區間之 $g_i(y)$ 然後將定義域相同之 $g(y)$ 相加即得（如同一般函數之加法）。

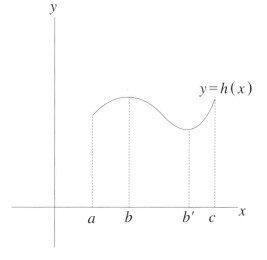

若 $f(x)$ 在區間 I 中為連續，且 $f'(x)>0$ 或 $f'(x)<0$，在所有 $x\in I$ 均成立，則 $f(x)$ 在 I 中為單調函數。

☼ 例 3　$r.v. X$ 之 pdf 為 $f(x) = \begin{cases} \dfrac{1}{\pi} & , \dfrac{\pi}{2} > x > -\dfrac{\pi}{2} \\ 0 & , \text{其它} \end{cases}$ 取 $Y = \tan X$ 求 Y 之 $p.d.f.$

解

$$f(x) = \frac{1}{\pi}, \frac{\pi}{2} > x > -\frac{\pi}{2}, x = \tan^{-1} y$$

$$|J| = \left| \frac{dx}{dy} \right| = \frac{1}{1+y^2}, \infty > y > -\infty$$

$$\therefore f(y) = \frac{1}{\pi} \frac{1}{1+y^2}, y \in R \text{（此即 Cauchy 分配）}$$

☼ 例 4　若 $r.v. X$ 之 p.d.f. 為

$$f(x) = \begin{cases} \dfrac{8}{x^3} & , \infty > x > 2 \\ 0 & \text{其它} \end{cases} \quad 求 Y = 2X + 1 \text{ 之 p.d.f.}$$

解

$$y = 2x + 1 \text{ 在 } \infty > x > 2 \text{ 內為一單值函數}, x = h^{-1}(y) = \frac{y-1}{2}$$

$$|J| = \left| \frac{dx}{dy} \right| = \frac{1}{2}$$

$$\therefore f(y) = \begin{cases} \dfrac{8}{\left(\dfrac{y-1}{2} \right)^3} \cdot \dfrac{1}{2} = \dfrac{32}{(y-1)^3} & , \infty > y > 5 \\ 0 & , \text{其它} \end{cases}$$

☼ 例5　$f(x) = \begin{cases} \dfrac{1}{2} & , 1 > x > -1 \\ 0 & , \text{其它} \end{cases} \quad 求 Y = X^2 \text{ 之 p.d.f.}$

解

$(1) 1 > x > 0, x = \sqrt{y}$

$\quad \therefore |J| = \left| \dfrac{dx}{dy} \right| = \dfrac{1}{2\sqrt{y}}, f(y) = \dfrac{1}{2} \cdot \dfrac{1}{2\sqrt{y}} = \dfrac{1}{4\sqrt{y}}, 1 > y > 0$

$(2) 0 > x > -1, x = -\sqrt{y}$

$\quad \therefore |J| = \left| \dfrac{dx}{dy} \right| = \dfrac{1}{2\sqrt{y}}, f(y) = \dfrac{1}{2} \cdot \dfrac{1}{2\sqrt{y}} = \dfrac{1}{4\sqrt{y}}, 1 > y > 0$

$(1), (2)$ 相加得：

$$f(y) = \begin{cases} \dfrac{1}{2\sqrt{y}} & 1 > y > 0 \\ 0 & \text{其它} \end{cases}$$

分配函數在求衍生性 p.d.f.上之應用

○ 例 6　$f(x), \infty > x > -\infty$ 為 $-$ p.d.f.，求 $Y = |X|$ 之 p.d.f.

解

$$G(y) = P(Y \le y) = P(|X| \le y) = P(-y \le X \le y)$$

$$= P(X \le y) - P(X \le -y) = F(y) - F(-y)$$

$$\therefore g(y) = \frac{d}{dy} G(y) = \frac{d}{dy} [F(y) - F(-y)] = f(y) + f(-y), y > 0$$

$Y = F(X) \sim U(0, 1)$

若 $r.v.X$ 之機率密度函數為 $f(x) = \begin{cases} \dfrac{1}{b-a} & , b > x > a \\ 0 & , \text{其它} \end{cases}$ 我們稱它為一致分配

（uniform distribution），以 $r.v.X \sim U(a, b)$ 表之。詳 4.5 節。

定理
2.3-1　若 $F(x)$ 為 $r.v.X$ 之分配函數，則
$$f_Y(y) = \begin{cases} 1, & 1 > y > 0 \\ 0, & \text{其它} \end{cases}, \text{ 即 } Y = F(X) \sim U(0, 1)$$

證

$$F_Y(y) = P(Y \le y) = P(F(X) \le y) = P(X \le F^{-1}(y))$$

$$= F(F^{-1}(y)) = y$$

$$\therefore f_Y(y) = \begin{cases} 1 & 1 \ge y \ge 0 \\ 0 & \text{其它} \end{cases}$$

上述定理在模擬（simulation）理論上很重要。

☼ **例 7**　下列各 p.d.f.應如何轉換，才能服從 $U(0,1)$

$$\text{(a)} f(x) = \begin{cases} 2x & 1 > x > 0 \\ 0 & \text{其它} \end{cases} \qquad \text{(b)} f(x) = \frac{1}{\sqrt{2\pi}} e^{-\frac{x^2}{2}}, \ \infty > x > -\infty$$

▥ **解**

$$\text{(a)} Y = F(X) = \int_0^X 2t \, dt = X^2$$

$$\text{(b)} Y = F(X) = \int_{-\infty}^X \frac{1}{\sqrt{2\pi}} e^{-\frac{t^2}{2}} \, dt$$

習題 *2-3*

1. 若 X 為一間斷隨機函數，其機率函數為：

$$P(X=x)=\begin{cases} \dfrac{|x|}{12} & , \quad x=-1,-2,-3,1,2,3 \\ 0 & , \quad 其它值。 \end{cases}$$

即 $Y=X^4$ 之機率函數為何？

2. 若 $r.v.X\sim P_0(\lambda)$，求 $Y=2X^3+1$ 之 pdf。

3. 設 $r.v.X$ 之 p.d.f.為

$$f(x)=\begin{cases} 1 & \dfrac{1}{3}>x>-\dfrac{2}{3} \\ 0 & 其它 \end{cases}$$

求 $Y=X^2$ 之 p.d.f.。

4. $f(x)=\begin{cases} \dfrac{8}{x^3} & , \quad \infty>x>2 \\ 0 & , \quad 其它 \end{cases}$ 求 $Y=1+\dfrac{1}{X}$ 之 p.d.f.。

5. 若 $r.v.X\sim U(0,1),Y=-\dfrac{1}{\lambda}\ln(1-X),\lambda>0,$ 求 Y 之 p.d.f.。

6. 若 $r.v.X$ 之 p.d.f.為

$$f(x)=\begin{cases} \lambda e^{-\lambda x} & , \quad x>0 \\ 0 & , \quad 其它 \end{cases}$$

定義 $m\leq X<m+1$ 時 $Y=m$，求 Y 之 p.d.f.。

7. 設一球半徑 x 為一隨機變數，且其 p.d.f.為 $f(x)=6x(1-x),1>x>0$，求體積 V 之 p.d.f.。

8. $r.v.X$ 之分配函數為 $F_X(x)$，定義 $Y=3F_X(x)+7$，求 $f_r(y)$。

9. 設 X 為一連續變數，其值在（0, 1）間，而且 $P(X \leq 0.29)=0.75$，如果 $Y=1-X, P(Y \leq K)=0.25$，試求 K 值。

10. $f(x)$，$\infty > x > -\infty$ 是 $r.v.X$ 之 pdf，求 $Y=X^2$ 之 pdf。

2.4 隨機變數之期望值與變異數

> **定義**
>
> **2.4-1**
>
> $r.v.\,X$ 服從 p.d.f. $f(x)$，則我們定義 $r.v.\,X$ 之**期望值**（expected value 或 expectation）或平均值為：
>
> $$E(X)=\begin{cases} \int_{-\infty}^{\infty} xf(x)\,dx \cdots X \text{ 為連續型 } r.v. \\ \text{或} \\ \sum xf(x) \cdots\cdots X \text{ 為離散型 } r.v. \end{cases}$$
>
> X 之期望值記做 $E(X)$、μ_x 或 μ。

若 $\sum xf(x)$ 為一無窮數列，則需為**絕對收歛**（absolutly convergent），否則期望值便不成立矣。

> **定義**
>
> **2.4-2**
>
> 若 $E(X^2)<\infty$，則 X 之**變異數**（variance）為 $E\{(X-\mu)^2\}$，X 之變異數，記做 $V(X)$、σ_X^2 或 σ^2，變異數之正平方根 σ 稱為**標準差**（standard deviation）。

> **定理 2.4-1** 隨機變數 X 之變異數為
>
> $$\sigma_X^2 = V(X) = E(X^2) - \mu^2$$

證

$$V(X) = E(X-\mu)^2 = E(X^2 - 2\mu X + \mu^2)$$
$$= E(X^2) - 2\mu E(X) + E(\mu^2)$$
$$= E(X^2) - 2\mu \cdot \mu + \mu^2 = E(X^2) - \mu^2$$

由上述定理：$V(X) = E(X^2) - \mu^2 \geq 0 \quad \therefore E(X^2) \geq \mu^2$

> **定理 2.4-2**　$E[g(X)+h(X)]=E[g(X)]+E[h(X)]$

■ **證**

$$E[g(X)+h(X)] = \int_{-\infty}^{\infty}[g(x)+h(x)]f(x)dx$$
$$= \int_{-\infty}^{\infty}g(x)f(x)dx+\int_{-\infty}^{\infty}h(x)f(x)dx$$
$$=E(g(X))+E(h(X))$$　■

> **定理 2.4-3**　設隨機變數 X 之機率分配為 $f(x)$，函數 $g(X)$ 之變異數為
> $$V[g(X)]=E[g(X)-(Eg(X))]^2$$
> $$=E(g^2(X))-[E(g(X))]^2$$

■ **證**

可由變異數定義得證。

> **定理 2.4-4**　設 X 為隨機變數，a, b 為常數，則
> $$V(aX+b)=a^2V(X)$$

■ **證**

$$V(aX+b)=E[(aX+b)-E(aX+b)]^2$$
$$=E[(aX+b)-(aE(X)+b)]^2$$
$$=E[a(X-E(X))]^2$$
$$=a^2E(X-\mu)^2=a^2V(X)$$　■

> **定理 2.4-5**　$V(X)\le E(X-c)^2$，c 為任意常數。

■ **證**

$$E(X-c)^2=E\{(X-\mu)+(\mu-c)\}^2=E(X-\mu)^2+2E(X-\mu)(\mu-c)+$$
$$E(\mu-c)^2=\sigma^2+(\mu-c)^2\ge\sigma^2 \text{（等號在 } c=\mu \text{ 時成立）}$$　■

> **定理 2.4-6** 設 $f(x)$ 為 r.v. X 之 p.d.f.，若 $f(x)$ 對稱 $x=a$ 即 $f(a+x)\equiv f(a-x)$，則 $E(X)=a, a$ 為定值。（假定 $E(X)$ 存在）

證

若 $f(z)$ 對稱於 $z=0$，且 $\int_{-\infty}^{\infty} zf(z)\,dz$ 存在，現要證 $\int_{-\infty}^{\infty} zf(z)\,dz=0$：

令 $t(\omega)=\omega f(\omega)$，則 $t(-\omega)=-\omega f(-\omega)=-\omega f(\omega)=-t(\omega)$

$\therefore t(\omega)=\omega f(\omega)$ 為一奇函數，得

$$\int_{-\infty}^{\infty} zf(z)\,dz=0$$

又 $f(x)$ 對稱於 $x=a$，取 $y=x-a$，即將 $x=a$ 平移於 $x=0$，則新的 pdf 對稱於 y 軸　$\therefore E(Y)=0$，但 $E(Y)=E(X-a)=E(X)-a=0.$　即 $E(X)=a.$ ■

若 r.v. X 之 $E(X)$ 不存在，則上述定理便不成立，如 Cauchy 分配

$f(x)=\dfrac{1}{\pi}\dfrac{1}{1+x^2}$，$x\in R$ 對稱於 $x=0$，但 $E(X)$ 不存在，當然 $E(X)=0$ 也就不成立。

這個定理可推廣到若 p.d.f. $f(x)$ 對稱於 $x=0$，則 $E(X^{2m+1})=0$，$\forall m\in N$，當然其成立之先決條件為 $E(X^{2m+1})$ 存在。

◌ **例 1**　求 $p.d.f.\ f(x)=\begin{cases}\dfrac{1}{2b} & |x-a|\le b\\[2mm] 0 & \text{其它}\end{cases}$ 之 $E(X)$ 及 $V(X)$

解

$$E(X)=\int_{a-b}^{a+b} x\left(\frac{1}{2b}\right)dx=a$$

$$E(X^2)=\int_{a-b}^{a+b} x^2\left(\frac{1}{2b}\right)dx=\frac{b^2}{3}+a^2$$

$$\therefore V(X)=E(X^2)-[E(X)]^2=\frac{b^2}{3}$$

◌ **例 2**　求 $p.d.f.\ f(x)=\begin{cases}\sqrt{\dfrac{2}{\pi}}\dfrac{x^2}{\sigma^3}e^{-\frac{x^2}{2\sigma^2}} & x>0\\[3mm] 0 & \text{其它}\end{cases}$ 之 $E(X)$ 及 $V(X)$

解

$$E(X) = \int_0^\infty x \cdot \sqrt{\frac{2}{\pi}} \frac{x^2}{\sigma^3} e^{-\frac{x^2}{2\sigma^2}} dx$$

$$= \int_0^\infty \sqrt{\frac{2}{\pi}} \frac{1}{\sigma^3} x^3 e^{-\frac{x^2}{2\sigma^2}} dx$$

$$= \sqrt{\frac{2}{\pi}} \frac{1}{\sigma^3} \frac{\left(\frac{3-1}{2}\right)!}{2\left(\frac{1}{2\sigma^2}\right)^{4/2}}$$

$$= \sqrt{\frac{8}{\pi}} \sigma$$

$$E(X^2) = \int_0^\infty x^2 \sqrt{\frac{2}{\pi}} \frac{x^2}{\sigma^3} e^{-\frac{x^2}{2\sigma^2}} dx$$

$$= \sqrt{\frac{2}{\pi}} \frac{1}{\sigma^3} \frac{\Gamma\left(\frac{5}{2}\right)}{2\left(\frac{1}{2\sigma^3}\right)^{5/2}}$$

$$= 3\sigma^2$$

$$\therefore V(X) = E(X^2) - [E(X)]^2 = \left(3 - \frac{8}{\pi}\right)\sigma^2$$

$$E(X|A)$$

定義

2.4-3

$E(X|A)$ 為給定事件 A 下之條件密度期望值，規定

$$E(X|A) = \begin{cases} \int_{-\infty}^\infty x f(x|A) \, dx & r.v. X \text{ 為連續} \\ \sum_i x_i f(X=x_i|A) & r.v. X \text{ 為離散} \end{cases}$$

例 3　試導出 $E(X|X \geq a)$ 之公式

解

$$f(x|X \geq a) = \frac{f(x)}{1 - F(a)}, \, x \geq a$$

$$\therefore E(X|X \geq a) = \int_a^\infty \frac{xf(x)}{1-F(a)}dx = \frac{\int_a^\infty xf(x)\,dx}{\int_a^\infty f(x)\,dx}$$

例 3 之結果可推廣成 $E(X|b \geq X > a) = \dfrac{\int_a^b xf(x)\,dx}{F(b)-F(a)}$

○ **例 4** 設 $r.v.\,X$ 之 pdf 為

$$f(x) = \begin{cases} 1 & , \quad 1 > x > 0 \\ 0 & , \quad 其它 \end{cases}$$

求 $E\left(X \middle| \dfrac{1}{2} > X > \dfrac{1}{3}\right)$

解

$$f\left(x \middle| \frac{1}{2} > X > \frac{1}{3}\right) = \frac{f(x)}{\int_{\frac{1}{3}}^{\frac{1}{2}} 1\,dx} = 6, \; \frac{1}{2} > x > \frac{1}{3}$$

$$\therefore E\left(X \middle| \frac{1}{2} > X > \frac{1}{3}\right) = \int_{\frac{1}{3}}^{\frac{1}{2}} x f\left(x \middle| \frac{1}{2} > X > \frac{1}{3}\right)dx = \int_{\frac{1}{3}}^{\frac{1}{2}} x \cdot 6\,dx$$

$$= 3x^2 \Big]_{\frac{1}{3}}^{\frac{1}{2}} = \frac{5}{12}$$

○ **例 5** 有 n 個隨機變數 $X_1, X_2, \cdots, X_n$，若 $a < X_i < b$，$i = 1, 2 \cdots n$，

證明：$V(X) \leq \dfrac{(b-a)^2}{4}$

解

$\because a \leq X_i \leq b$

$\therefore a - \dfrac{b+a}{2} \leq X_i - \dfrac{b+a}{2} \leq b - \dfrac{b+a}{2}$

得 $\left|\left(X_i - \dfrac{b-a}{2}\right)\right| \leq \dfrac{b-a}{2}$

因此 $\left(X_i - \dfrac{b-a}{2}\right)^2 \leq \dfrac{(b-a)^2}{2}$

$$E\left(X - \frac{b-a}{2}\right)^2 \leq E\left(\frac{b-a}{2}\right)^2 = \left(\frac{b-a}{2}\right)^2$$

定理
2.4-7

（Schwarz 不等式），若 $E(X^2) < \infty$，$E(Y^2) < \infty$，

則 $[E(XY)]^2 \leq E(X^2)E(Y^2)$

證

對任一實數 λ 而言

$E(X-\lambda Y)^2 \geq 0 \Rightarrow E(X^2) - 2\lambda E(XY) + E(Y^2) \geq 0$

由二次式判別式知

$[E(XY)]^2 \leq E(X^2)E(Y^2)$　■

期望值與變異數之近似式

定理
2.4-8

$r.v.X$ 之 $E(X)=\mu$, $V(X)=\sigma^2$ 若 $Y=H(X)$ 則 $E(Y) \simeq H(\mu) +$

$\dfrac{H''(\mu)}{2}\sigma^2$, $V(Y) \simeq [H'(\mu)]^2\sigma^2$

證

(a)由 Taylor 展開式

$Y = H(\mu) + (X-\mu)H'(\mu) + \dfrac{(X-\mu)^2 H''(\mu)}{2} + 餘式$

若將餘式忽略不計則

$E(Y) \simeq E\left[H(\mu) + (X-\mu)H'(\mu) + \dfrac{(X-\mu)^2 H''(\mu)}{2} \right]$

$= H(\mu) + H'(\mu)E[(X-\mu)] + \dfrac{H''(\mu)}{2}E(X-\mu)^2$

$= H(\mu) + \dfrac{H''(\mu)}{2}\sigma^2$

(b)由 Taylor 展開式

$Y = H(\mu) + (X-\mu) \cdot H'(\mu) + 餘式$

若將餘式忽略不計則

$V(Y) \simeq V(H(\mu) + (X-\mu)H'(\mu))$

$= [H'(\mu)]^2 V(X-\mu) = [H'(\mu)]^2 \sigma^2$　■

○ 例6 設 $r.v. X$ 之期望值 $E(X)=\mu$，變異數 $V(X)=\sigma^2$，試證

$$E\left(\frac{1}{X}\right) \approx \frac{1}{\mu}\left[1+\left(\frac{\sigma}{\mu}\right)^2\right] \quad 又 \quad V\left(\frac{1}{X}\right) \approx ?$$

解

取 $Y=H(X)=\frac{1}{X}$ 則，$H'(\mu)=-\frac{1}{\mu^2}$, $H''(\mu)=\frac{2}{\mu^3}$

$$E(Y) \approx H(\mu)+\frac{H''(\mu)}{2}\sigma^2=\frac{1}{\mu}+\frac{1}{2}\frac{2}{\mu^3}\sigma^2=\frac{1}{\mu}\left[1+\left(\frac{\sigma}{\mu}\right)^2\right]$$

$$V(Y) \approx [H'(\mu)]^2\sigma^2=\left[-\frac{1}{\mu^2}\right]^2\sigma^2=\frac{\sigma^2}{\mu^4}$$

期望值與分配函數之關係

> 定理 2.4-9　若 X 為正值 $r.v.$ 其分配函數 $F(x)$ 為連續函數，則 $E(X)=\int_0^\infty (1-F(x))dx$，若 X 為任意 $r.v.$ 則 $E(X)=\int_0^\infty [1-F(x)]dx-\int_{-\infty}^0 F(x)dx$

證

(a) X 為正值 $r.v.$ 時：

$\int_0^\infty (1-F(x))dx=\int_0^\infty\left[\int_x^\infty f(t)dt\right]dx=\int_0^\infty\int_0^t f(t)\,dx\,dt$（改變積分順序） $=\int_0^\infty t f(t)\,dt$

(b) $E(X)=\int_{-\infty}^\infty x f(x)\,dx=\int_0^\infty x f(x)dx+\int_{-\infty}^0 x f(x)\,dx$

又 $\int_{-\infty}^0 F(x)dx=\int_{-\infty}^0\left[\int_{-\infty}^x f(t)dt\right]dx=\int_{-\infty}^0\int_t^0 f(t)\,dx\,dt$

$=\int_{-\infty}^0 (-t f(t))dt=-\int_{-\infty}^0 x f(x)\,dx$

$\therefore E(X)=\int_0^\infty [1-F(x)]dx-\int_{-\infty}^0 F(x)dx$ ■

在上例中，(a)部分若直接積分：$\int_0^\infty (1-F(x))dx=x(1-F(x))\Big|_0^\infty -\int_0^\infty x\,d[1-F(x)]=\int_0^\infty x f(x)dx=E(X)$ 可能有所不妥，因為 $\lim_{x\to\infty} x(1-F(x))=0$ 是否成立，要經過高等數學分析而超過本書程度。

動差母函數

一隨機變數 X 之**動差母函數**（moment generating function，或稱為生矩函數簡記 $m.g.f.$）以 $m(t)$ 表示，$m(t)=E(e^{tX})$，下式顯示出 $m(t)$ 為何稱為動差母函數之原因？

$r.v.\,X$ 若其 $E(X^r)<\infty,\ \forall\ r=1,2\cdots\cdots$ 則

$$m(t)=E(e^{tX})=E\left(1+tX+\frac{(tX)^2}{2!}+\frac{(tX)^3}{3!}+\cdots\cdots\right)=\sum_{n=0}^{\infty}(EX^n)\frac{t^n}{n!}$$

因為許多重要機率分配均屬**指數族**（exponential family），因此我們可用 $r.v.\,X$ 之 $E(e^{tX})$ 求出其期望值與變異數，或許有人會問：根據 Maclaurine 展開式 $\frac{1}{1-tx}=1+tx+t^2x^2+t^3x^3+\cdots\cdots$ $E\left(\frac{1}{1-tX}\right)$ 應該也可定義一動差母函數，但因 $E\left(\frac{1}{1-tX}\right)$ 不便於多數重要機率分配之數學計算而不把它當作動差母函數。

$m.g.f.$ 之重要性質

定理 **2.4-10**	若 $m(t)$ 存在則必與 X 對應之 $p.d.f.$ 間有一對一關係，即由 X 之 $m(t)$ 即可確定其 $p.d.f.\,X$ 之（若 $m(t)$ 存在的話）。

定理 **2.4-11**	(1)$m(0)=1$ (2)$m'(0)=\mu$ (3)$m''(0)-[m'(0)]^2=\sigma^2$

證

(1)$m(0)=E(e^{tX})\big|_{t=0}=E(1)=1$

(2)$m'(0)=\dfrac{d}{dt}E(e^{tX})\Big|_{t=0}=E(Xe^{tX})\Big|_{t=0}=E(X)=\mu$

(3)$m''(0)=\dfrac{d^2}{dt^2}E(e^{tX})\Big|_{t=0}=\dfrac{d}{dt}E(Xe^{tX})\Big|_{t=0}$

$\qquad=E(X^2e^{tX})\big|_{t=0}=E(X^2)$

$$\therefore V(X) = m''(0) - [m'(0)]^2$$

$m'(0)$ 或 $m''(0)$ 有時可能為 **不定式** （indeterminate form） 如 $r.v. X \sim$

$U(0,1)$，則 X 之 $m(t) = \int_0^1 e^{tx} dx = \dfrac{e^t - 1}{t}$，$m'(t) = \dfrac{te^t - e^t + 1}{t^2}$，$m'(0)$ 不

存在，所以必須用 *L'Hospital* 法則，求得 $\mu = \lim\limits_{t \to 0} m'(t)$

$$\lim_{t \to 0} m'(t) = \lim_{t \to 0} \frac{te^t}{2t} = \frac{1}{2} = \mu$$

而 $E(X^2)$ 則為

$$E(X^2) = \lim_{t \to 0} m''(t) = \lim_{t \to 0} \frac{(t^2 - 2t + 2)e^t}{t^3} = \frac{1}{3}$$

$$\therefore V(X) = E(X^2) - [E(X)]^2 = \frac{1}{12}$$ ∎

我們定義一個新的函數 $c(t)$，$c(t) = \ln m(t)$，$c(t)$ 稱為 **累差** （cumulant）。在許多情況下用 $c(t)$ 比 $m(t)$ 更便於求 μ 及 σ^2，尤其是指數族。

定理 2.4-12	令 $c(t) = \ln m(t)$ 則 $c'(0) = \mu$，$c''(0) = \sigma^2$

證

$c(t) = \ln m(t)$

$$\therefore c'(t)\Big|_{t=0} = \frac{m'(t)}{m(t)}\Big|_{t=0} = \frac{m'(0)}{m(0)} = \frac{\mu}{1} = \mu$$

$$c''(t)\Big|_{t=0} = \frac{d}{dt}(c'(t)) = \frac{d}{dt}\frac{m'(t)}{m(t)}\Big|_{t=0}$$

$$= \frac{m(t)m''(t) - m'(t)m'(t)}{m^2(t)}\Big|_{t=0}$$

$$= m''(0) - [m'(0)]^2 = \sigma^2$$ ∎

要注意的是 **$m(t)$ 不恆存在**，因此在高等機率學裡有所謂之 **特徵函數** （characteristic function，記做 $\varphi(t)$），定義 $\varphi(t) = E(e^{itX}), i = \sqrt{-1}$，對任何 p.d.f. $\varphi(t)$ 均存在，因其涉及複變數分析超過本書範圍，故從略。

◌ **例 7** 母數是 λ 之 Poisson 分配之 p.d.f.為

$$f(x) = \frac{e^{-\lambda}\lambda^x}{x!}, \ x = 0, 1, 2 \cdots\cdots$$

求對應之動差母函數 $m(t)$，並據此求 μ, σ^2

▣ **解**

$$m(t) = E(e^{tX}) = \sum_{x=0}^{\infty} e^{tx} \cdot \frac{e^{-\lambda}\lambda^x}{x!}$$

$$= \sum_{x=0}^{\infty} \frac{e^{-\lambda}(\lambda e^t)^x}{x!} = e^{-\lambda} \sum_{x=0}^{\infty} \frac{(\lambda e^t)^x}{x!} = e^{-\lambda} \ e^{\lambda e^t} = e^{\lambda(e^t-1)}$$

取 $c(t) = \ln m(t) = \ln e^{\lambda(e^t-1)} = \lambda(e^t - 1)$

$$\therefore \mu = c'(0) = \lambda e^t \big|_{t=0} = \lambda$$

$$\sigma^2 = c''(0) = \lambda e^t \big|_{t=0} = \lambda$$

◌ **例 8** 若 $r.v. X \sim n(\mu, \sigma^2)$ 求 $m(t), \mu$ 及 σ^2

▣ **解**

$$m(t) = E(e^{tX}) = \int_{-\infty}^{\infty} e^{tx} \frac{1}{\sqrt{2\pi}\sigma} e^{-\frac{(x-\mu)^2}{2\sigma^2}} dx$$

$$= \int_{-\infty}^{\infty} \frac{1}{\sqrt{2\pi}\sigma} e^{-\frac{-2\sigma^2 tx + x^2 - 2\mu x + \mu^2}{2\sigma^2}} dx$$

$$= \int_{-\infty}^{\infty} \frac{1}{\sqrt{2\pi}\sigma} e^{-\left[\frac{x^2 - 2(\mu+\sigma^2 t)x + (\mu+\sigma^2 t)^2}{2\sigma^2}\right]} \cdot e^{\frac{(\mu+\sigma^2 t)^2 - \mu^2}{2\sigma^2}} dx$$

$$= \underbrace{\int_{-\infty}^{\infty} \frac{1}{\sqrt{2\pi}\sigma} e^{-\frac{[x-(\mu+\sigma^2 t)]^2}{2\sigma^2}} dx}\ e^{\frac{2\mu\sigma^2 t + \sigma^4 t^2}{2\sigma^2}}$$

（此相當於 $n(\mu + \sigma^2 t, \sigma^2)$）

$$= e^{\mu t + \frac{\sigma^2 t^2}{2}}$$

$$c(t) = \ln m(t) = \mu t + \frac{\sigma^2 t^2}{2}$$

$$\therefore \mu = c'(0) = \mu, \quad \sigma^2 = c''(0) = \sigma^2$$

◌ **例 9** 考慮下列 p.m.f.表：

x	a_1	a_2	$\cdots$	a_k
$P(X=x)$	p_1	p_2	$\cdots$	p_k

$p_1 + p_2 + \cdots + p_k = 1, \ p_i \geq 0$

則

$$m(t) = E(e^{tX})$$

$$= p_1 e^{ta_1} + p_2 e^{ta_2} + \cdots + p_k e^{ta_k}$$

○ 例 10　若 $r.v. X$ 之 $m(t) = \dfrac{1}{8} e^{-2x} + \dfrac{c}{4} e^{-x} + \dfrac{c}{8} e^x + \dfrac{1}{2}$

　　　　求(a)c　(b)$E(X)$　(c)$V(X)$　(d)$P(X \le -1 \mid X \le 0)$

解

題給之 $m(t)$ 對應之 p.m.f.表為

x	-2	-1	0	1
$P(X=x)$	$\dfrac{1}{8}$	$\dfrac{c}{4}$	$\dfrac{1}{2}$	$\dfrac{c}{8}$

(a)∵ $\dfrac{1}{8} + \dfrac{c}{4} + \dfrac{1}{2} + \dfrac{c}{8} = 1$　∴$c = 1$

(b)$E(X) = (-2) \times \dfrac{1}{8} + (-1) \times \dfrac{1}{4} + 0 \times \dfrac{1}{2} + 1 \times \left(\dfrac{1}{8}\right) = -\dfrac{3}{8}$

(c)$E(X^2) = (-2)^2 \times \dfrac{1}{8} + (-1)^2 \times \dfrac{1}{4} + 0^2 \times \dfrac{1}{2} + 1^2 \times \left(\dfrac{1}{8}\right) = \dfrac{7}{8}$

∴$V(X) = E(X^2) - [E(X)]^2 = \dfrac{7}{8} - \left(-\dfrac{3}{8}\right)^2 = \dfrac{47}{64}$

(d)$P(X \le -1 \mid X \le 0) = \dfrac{P(X \le -1 \text{ 且 } X \le 0)}{P(X \le 0)} = \dfrac{P(X \le -1)}{P(X \le 0)}$

$$= \dfrac{\dfrac{1}{8} + \dfrac{1}{4}}{\dfrac{1}{8} + \dfrac{1}{4} + \dfrac{1}{2}} = \dfrac{3}{7}$$

定理
2.4-13　　$m(t) = \sum\limits_{k=1}^{\infty} E(X^k) \dfrac{t^k}{k!}$

證

$m(t) = E(e^{tx})$

$\quad = \displaystyle\int_{-\infty}^{\infty} e^{tx} f(x) dx$

$\quad = \displaystyle\int_{-\infty}^{\infty} \left(1 + tx + \dfrac{t^2 x^2}{2!} + \dfrac{t^3 x^3}{3!} + \cdots\cdots\right) f(x) dx$

$$= 1 + tE(X) + \frac{t^2}{2!}E(X^2) + \frac{t^3}{3!}E(X^3) + \cdots\cdots$$

$$= \sum_{k=1}^{\infty} E(X^k)\frac{t^k}{k!}$$ ∎

由定理 2.4-13，只要知道 r.v. X 之 $E(X^k)$，可得到 $m(t)$ 從而找出其機率密度函數。

幾個基本的機率不等式

Chebyshev 不等式

定理 2.4-14	（Chebyshev 不等式） $P(|X-\mu|>k\sigma) \leq \dfrac{1}{k^2}, k>1$

證

$$\sigma^2 = \sum_x (x-\mu)^2 P(X=x), \ \diamondsuit\, A=\{x\,|\,|x-\mu|>k\sigma\}$$

$$= \sum_{x\in A} (x-\mu)^2 P(X=x) + \sum_{x\notin A} (x-\mu)^2 P(X=x)$$

$$\geq \sum_{x\in A} (x-\mu)^2 P(X=x)$$

$$\geq \sum_{x\in A} k^2\sigma^2 P(X=x)$$

$$\therefore \frac{1}{k^2} \geq \sum_{x\in A} P(X=x) = P(|X-\mu|>k\sigma)$$ ∎

根據 Chebyshev 不等式，只要有 μ 及 σ^2 便可估出某些具有特殊形式事件發生機率之下界。

例 11　若 r.v. X 之 $\mu=2$，$E(X^2)=13$ 試以 Chebyshev 不等式求 $P(-6<X<12)$ 之下界。

解

$$\mu = 3, \sigma^2 = E(X^2) - \mu^2 = 13 - 4 = 9, \sigma = 3$$

$$\therefore P(-6 < X < 12)$$

$$= P(-6 - 3 < X - 3 < 12 - 3) = P(|X - 3| < 9 = 3\sigma) \geq 1 - \frac{1}{9} = \frac{8}{9}$$

Markov 不等式

定理 2.4-15	Markov 不等式（Markov's inequality）：$r.v. X$ 滿足 $P(X \leq 0) = 0$（即 $r.v. X$ 為非負），若 $E(h(X))$ 存在，則 $P(h(X) \geq a) \leq \dfrac{E(h(X))}{a}$, $a \neq 0$

證

$$E(h(X)) = \int_0^\infty h(x)f(x)\,dx$$

$$= \int_A h(x)f(x)\,dx + \int_{\bar{A}} h(x)f(x)\,dx, A = (x \mid h(x) \geq a)$$

$$\geq \int_A a f(x)\,dx = a \int_A f(x)\,dx = a P(h(X) \geq a)$$

$$\therefore P(h(X) \geq a) \leq \frac{E(h(X))}{a}$$ ∎

例 12 若 $r.v. X$ 滿足 $P(X \geq 0) = 1$，試證 $P(X \geq 3\mu) \leq \dfrac{1}{3}, \mu = E(X) \neq 0$

解

X 為非負 $r.v.$

$$\therefore P(X \geq 3\mu) \leq \frac{E(X)}{3\mu} = \frac{\mu}{3\mu} = \frac{1}{3}$$

推論 2.4-15-1	$P(X \leq x + \mu) \geq \dfrac{x^2}{x^2 + \sigma^2}$，$x > 0$

證

$$P(X \geq x + \mu) = P(X - \mu \geq x) \underline{\underline{Y = X - \mu}} P(Y \geq x) = P(Y + t \geq x + t) \leq \frac{\sigma^2 + t^2}{(x + t)^2},$$

取 $h(t) = \frac{\sigma^2 + t^2}{(x+t)^2}$　令 $h'(t) = 0$ 得　$h(t)$ 在 $t = \frac{\sigma^2}{x}$ 處有極小值

$$\therefore P(X \geq x + \mu) \leq \left. \frac{\sigma^2 + t^2}{(x+t)^2} \right|_{t = \frac{\sigma^2}{x}} = \frac{\sigma^2}{\sigma^2 + x^2}$$

得　$P(X \leq x + \mu) \geq \frac{x^2}{\sigma^2 + x^2}$ ∎

推論 2.4-15.1 又稱為 Cantelli 不等式 Cantelli 不等式又有許多有趣的發展，例如：若 $Z = \frac{X - \mu}{\sigma}$ 則 $P(Z \geq k) \leq \frac{1}{1 + k^2}$。

Jensen 不等式

定理 2.4-16	若 $h(x)$ 為一**凸函數**（convex function）則 $E[h(X)] \geq h[E(X)]$，此即著名之 Jensen 不等式

▪ 證

由 Taylor 展開式

$$h(x) = h(\mu) + h'(\mu)(x - \mu) + \frac{h''(\varepsilon)}{2}(x - \mu)^2 , \; x > \varepsilon > \mu$$

$\because h(x)$ 為凸函數　$\therefore h''(\varepsilon) \geq 0$

從而

$h(x) \geq h(\mu) + h'(\mu)(x - \mu)$

　$\Rightarrow h(X) \geq h(\mu) + h'(\mu)(X - \mu)$

　$\Rightarrow E[h(X)] \geq h(\mu) + h'(\mu)E(X - \mu) = h(\mu) = h[E(X)]$ ∎

例如　$h(x) = x^2$，則 $h''(x) = 2 > 0$ 為一凸函數　$\therefore E(X)^2 \geq [E(X)]^2$

Chernoff 界限

定理 2.4-17	若 r.v. X 之 mgf(t)在 $-h < t < h$ 存在，則 $P(X \geq a) \leq e^{-at} m(t)$，$\forall a$，$0 < t < h$

證

$$m(t) = \int_{-\infty}^{\infty} e^{tx} f(x) dx$$

$$= \int_{-\infty}^{a} e^{tx} f(x) dx + \int_{a}^{\infty} e^{tx} f(x) dx$$

$$\geq \int_{a}^{\infty} e^{tx} f(x) dx \geq \int_{a}^{\infty} e^{ta} f(x) dx$$

$$= e^{at} \int_{a}^{\infty} f(x) dx$$

$$= e^{at} P(X \geq a)$$

$$\therefore P(X \geq a) \leq e^{-at} m(t)$$

習題 *2-4*

1. $r.v.X$ 之 p.d.f.為

$$f(x)=\begin{cases} \lambda e^{-\lambda x} & ,x>0,\ \lambda>0 \\ 0 & ,其它 \end{cases}$$

求(a)μ, σ^2 及(b)$P(\mu-\sigma<X<\mu+\sigma)$

2. 是否存在一個 $r.v.X$ 滿足 $P(\mu-2\sigma<X<\mu+2\sigma)=0.7$？

3. 若 $r.v.X\sim b(n,p)$ 求 X 之 $m(t)$, μ, σ^2，$\left[b(n,p):f(x)=\dbinom{n}{x}p^x(1-p)^{n-x}, \right.$

$\left. 1\ge p\ge 0，x=0,1,2\cdots n \right]$

4. $r.v.X\sim G(\alpha,\beta)$

$$\left[G(\alpha,\beta):f(x)=\frac{1}{\Gamma(\alpha)\beta^\alpha}x^{\alpha-1}e^{-\frac{x}{\beta}},x>0 \right]$$

求 $m(t),\mu,\sigma^2$

5. 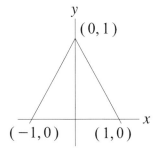 若 $r.v.X$ 在左列三角形中呈均勻分配，

求(a)$r.v.X$ 之 p.d.f.

(b)$E(X)$

(c)$V(X)$

(d)若 $P(|X|\le a)=\dfrac{1}{2}$ 求 a

6. 設 $r.v.X$ 之 p.d.f.為

$$f(x)=\begin{cases} \dfrac{x}{2} & ,\ 0\le x<2 \\ 0 & ,\ 其它 \end{cases}$$

令 $Y = (X-1)^2$

求：(a) Y 的 p.d.f.。

(b)用兩種不同方法求 $E(Y)$。

7. $r.v. X$ 之 $E(X) = \mu, V(X) = \sigma^2, m.g.f.$ 為 $M_1(t)$, 若 $r.v. Y$ 之 $m.g.f.$ 為

$M_2(t) = \exp\{c[M_1(t) - 1]\}, c > 0, t \in R$ 試用 μ, σ^2 表 $E(Y)$ 及 $V(Y)$

8. $f(x)$ 為一 p.d.f.，若 $m_n = \int_{-\infty}^{\infty} x^n f(x)\,dx$, $M_n = \int_{-\infty}^{\infty} (x-\mu)^n f(x)\,dx$ 試證

$$m_n = \sum_{k=1}^{n} \binom{n}{k} M_k\, \mu^{n-k}$$

9. 設 X 為一隨機變數，其發生值為 $1, 2, 3 \cdots \infty$，$E(X) < \infty$，證明：

(a) $E(X) = \sum_{i=1}^{\infty} P(X \geq j)$

(b) 利用(a)之結果證明 $E(X) \geq 2 - P(X=1)$ 及

$E(X) \geq 3 - 2P(X=1) - P(X=2)$

10. 若 $r.v. X$ 之 m.g.f. 為 $m(t) = \dfrac{1}{5} e^{-t} + \dfrac{2}{5} e^t + k e^{3t}$，求

(a) k (b) $E(X)$ (c) $P(-1 < X < 2.7)$

11. (a) $r.v. X$ 之 p.d.f. 為

$f(x) = e^{-x}, x > 0$，求 X 之 m.g.f.

(b) 若 $r.v. X$ 之 $E(X^n) = n!$ 求 X 之 p.d.f.。

12. 若 $r.v. X$ 之 $m(t) = (1-t)^{-3}$ 求 $E(X^n)$

★ 13. 說明何以不存在一個隨機變數 X，其動差母函數為 $m(t) = \dfrac{te^t}{1+t^2}$

14. 利用第 10 題(a)，若 X 為一隨機變數，其發生值為 $1, 2, 3 \cdots$，試證

$$\sum_{n=1}^{\infty} n P(N \geq n) = E\left(\frac{X(X+1)}{2}\right)$$

15. 若 $r.v. X$ 之 $\mu = 10$，$\sigma^2 = 4$，且 $P(|X-10| \geq c) \leq \frac{1}{25}$，求 c，$c \geq 0$

16. 若 $r.v. X$ 滿足 $P(X \geq 0) = 1, P(X \geq 6) = \frac{1}{2}$，試證 $E(X) \geq 3$

17. 若 $E(X) = 8, P(X \leq 5) = 0.2, P(X \geq 11) = 0.3$，試用 Chebyshev 不等式估計 $V(X)$ 之下界。

18. 若 $r.v. X \sim b(1, p), 1 > p > 0$,

(a)證 $E(X-p)^2 \leq \frac{1}{4}$

(b)利用(a)之結果證明 $P(|X-p| \geq a) \leq \frac{1}{4a^2}$，$a > 0$

CHAPTER 3

多變量隨機變數

3.1 結合機率密度函數及結合分配函數

前言——一個引例

在談多元隨機變數前,我們不妨先以一個例子勾勒出多變數隨機變數一些基本概念:

假定某系有 200 名學生,其交叉表如下:

	大一	大二	大三	大四
男生	40	35	30	15
女生	20	25	15	20

（表 3-1）

顯然,我們由交叉表縱和得到這 200 名學生之年級別分配,同時,由交叉表列和可得到這 200 名學生之性別分配。

	大一	大二	大三	大四	
男生	40	35	30	15	120
女生	20	25	15	20	80
	60	60	45	35	

性別分配

年級分配

（表 3-2）

表 3-1 相當於二個變數 (X, Y)（X 表年級,Y 表性別）之結合機率密度分配〔表 3-1 之各元除上總學生數（200 人）〕,經由縱和與列和得到兩個不同分配:年級分配與性別分配,若分別除上總人數 200 人,則可得到年級與

性別兩個邊際密度分配，在本例中男生佔 $\frac{120}{200}=0.6$，女生佔 $\frac{80}{200}=0.4$，因此 Y（性別）之邊際密度分配為：

y	1	2
$P(Y=y)$	0.6	0.4

（在此 1 表男生，2 表女生）

同法可得到年級分配：

x	1	2	3	4
$P(X=x)$	0.3	0.3	0.225	0.175

（在此 x 表第 x 年級）

由表 3-2，可得大二男、女生之條件分配情況：

$$P(\text{男生}|\text{大二生})=\frac{35}{60}, P(\text{女生}|\text{大二生})=\frac{25}{60}$$

令 $X=2$ 表大二生，$Y=1$ 表男生，$Y=2$ 表女生

則 $P(Y=1|X=2)=\frac{35}{60}, P(Y=2|X=2)=\frac{25}{60}$

從而得到給定大二生下性別之條件機率密度函數

y	1	2
$P(Y|X=2)$	$\frac{35}{60}$	$\frac{25}{60}$

同法可得到 $P(Y|X=i), i=1, 3, 4$ 等三組之條件密度函數。

我們可由二元隨機變數之結合密度函數得到邊際密度函數、條件密度函數，以及期望值與變異數。

最後，機率獨立之觀念亦應順便一提：在第一章中，我們知道二個事件 A, B 獨立之條件是 $P(A\cap B)=P(A)P(B)$，因此，可引申出兩個重要結果：(1)在表列式之聯合機率分配表中，X, Y 獨立之條件為 $P(X=x, Y=y)=P(X=x_i)P(Y=y_i), \forall i, j$，如果存在一組 (x_i, y_i) 使得 $P(X=x_i, Y=y_i)\neq P(X=x_i)P(Y=y_i)$ 則 X, Y 便不獨立。(2)由(1)可引申出如果 $f(x, y)\neq f_1(x)f_2(y)$ 則 X, Y 不為獨立矣。

結合機率密度函數

> **定義**
>
> **3.1-1**
>
> 設二個隨機變數 X, Y 滿足下列條件，則函數 $f(x, y)$ 為 X, Y 之 **結合機率密度函數**（joint probability density function，簡寫成 $j.p.d.f$）或簡稱結合密度函數
>
> X, Y 為離散型隨機變數：
>
> (A) $f(x, y) \geq 0 \quad \forall (x, y)$
>
> (B) $\sum_x \sum_y f(x, y) = 1$
>
> 又對 xy 平面之任一區域 A 而言
>
> $P[(x, y) \in A] = \sum_A \sum f(x, y)$
>
> X, Y 為連續型隨機變數：
>
> (A) $f(x, y) \geq 0$
>
> (B) $\int_{-\infty}^{\infty} \int_{-\infty}^{\infty} f(x, y)\,dx\,dy = 1$
>
> 又對 xy 平面之任一區域 A 而言
>
> $P[(x, y) \in A] = \int_A \int f(x, y)\,dx\,dy$

○ **例 1** 設 X, Y 之結合機率密度函數為

$$f(x, y) = \begin{cases} \dfrac{x+y}{32}, & x = 1, 2, \ y = 1, 2, 3, 4 \\ 0, & \text{其它 } x, y \text{ 值} \end{cases}$$

求 (a) $P(X > Y)$ (b) $P(Y = 2X)$ (c) $P(X + Y = 3)$

    (d) $P(X \leq 3 - Y)$

解

(a) $P(X > Y) = P(X = 2, Y = 1) = \dfrac{3}{32}$

(b) $(Y = 2X) = P[(X = 1, Y = 2) \cup (X = 2, Y = 4)]$

$$= P(X=1, Y=2) + P(X=2, Y=4)$$

$$= \frac{3}{32} + \frac{6}{32} = \frac{9}{32}$$

(c)$P(X+Y=3) = P[(X=1, Y=2) \cup (X=2, Y=1)]$

$$= P(X=1, Y=2) + P(X=2, Y=1)$$

$$= \frac{3}{32} + \frac{3}{32} = \frac{3}{16}$$

(d)$P(X \le 3 - Y) = P(X+Y \le 3)$

$$= P[(X=1, Y=1) \cup (X=1, Y=2) \cup (X=2, Y=1)]$$

$$= P(X=1, Y=1) + P(X=1, Y=2) + P(X=2, Y=1)$$

$$= \frac{2}{32} + \frac{3}{32} + \frac{3}{32} = \frac{1}{4}$$

上例中，我們可求出 $P(X=1, Y=1) = \frac{1+1}{32} = \frac{2}{32}$, $P(X=2, Y=1) = \frac{3}{32}$,

$P(X=1, Y=4) = \frac{5}{32}$, $P(X=2, Y=4) = \frac{6}{32}$……結合機率分配表如下：

x \ y	1	2	3	4
1	$\frac{2}{32}$	$\frac{3}{32}$	$\frac{4}{32}$	$\frac{5}{32}$
2	$\frac{3}{32}$	$\frac{4}{32}$	$\frac{5}{32}$	$\frac{6}{32}$

例2 $f(x,y) = \begin{cases} 1 & , 1 \ge x \ge 0, 1 \ge y \ge 0 \text{ 為隨機變數 } X, Y \text{ 之結合機率密度函數} \\ 0 & , 0 \end{cases}$

求(a)$P(X+Y \le 1)$ (b)$P\left(\frac{1}{3} \le X+Y \le \frac{2}{3}\right)$ (c)$P(X \ge 2Y)$

解

(a)$P(X+Y \le 1) = \int_0^1 \int_0^{1-x} 1 \, dy \, dx = \int_0^1 (1-x) \, dx$

$$= x - \frac{x^2}{2} \Big]_0^1 = \frac{1}{2}$$

(b)$P\left(\frac{1}{3} \le X+Y \le \frac{2}{3}\right)$

$$= P\left(X+Y \le \frac{2}{3}\right) - P\left(X+Y \le \frac{1}{3}\right)$$

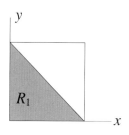

$$= \int_0^{\frac{2}{3}} \int_0^{\frac{2}{3}-x} 1 \, dy \, dx - \int_0^{\frac{1}{3}} \int_0^{\frac{1}{3}-x} 1 \, dy \, dx$$

$$= \int_0^{\frac{2}{3}} \left(\frac{2}{3}-x\right) dx - \int_0^{\frac{1}{3}} \left(\frac{1}{3}-x\right) dx$$

$$= \frac{2}{3}x - \frac{x^2}{2}\Big]_0^{\frac{2}{3}} - \left(\frac{x}{3}-\frac{x^2}{2}\Big]_0^{\frac{1}{3}}\right)$$

$$= \frac{1}{6}$$

(c)$P(X \geq 2Y)$

$$= \int_0^1 \int_0^{\frac{x}{2}} 1 \Big| \, dy \, dx = \int_0^1 \frac{x}{2} \, dx = \frac{1}{4}$$

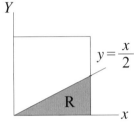

☆ **例 3** 設隨機變數 X, Y 之 j.p.d.f. 為

$$f(x,y) = \begin{cases} ky & , \ 2 \geq y \geq x \geq 0 \\ 0 & , \ \text{其它} \end{cases}$$

(a)求 k (b)$P(X+Y \leq 2)$

▦ **解**

(a)$\int_0^2 \int_0^y ky \, dx \, dy$

$$= k\int_0^2 xy\Big]_0^y \, dy$$

$$= k\int_0^2 y^2 \, dy = 1$$

$$\therefore k = \frac{3}{8}$$

(a)亦可用 $\int_0^2 \int_x^2 ky \, dy \, dx = 1$ 解出 k 值

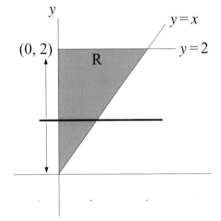

(b)$P(X+Y \leq 2)$

$$= k\int_{R_1} \int \frac{3}{8} y \, dx \, dy$$

$$= \int_0^1 \int_x^{2-x} \frac{3}{8} y \, dy \, dx$$

$$= \int_0^1 \frac{3}{16} y^2\Big]_x^{2-x} \, dx$$

$$= \int_0^1 \frac{3}{16} \left[(2-x)^2 - x^2\right] dx$$

$$= \int_0^1 \frac{3}{4}(1-x) \, dx$$

$$= \frac{3}{8}$$

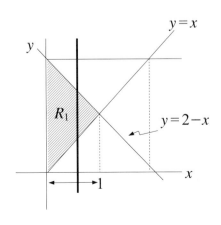

結合分配函數

> **定義**
>
> **3.1-2**
>
> 二元隨機變數 (X, Y) 之結合分配函數（joint distribution function），
> 記做 $F(x, y)$ 定義為
> $$F(x, y) = P(X \leq x, Y \leq y)$$

由定義：連續型之二元隨機變數 (X, Y) 之分配函數為

$$F(x, y) = \int_{-\infty}^{x} \int_{-\infty}^{y} f(s, t) \, ds \, dt$$

由微積分知識易知 $\dfrac{\partial^2}{\partial x \, \partial y} F(x, y) = f(x, y)$，此即 (X, Y) 之 j.p.d.f.。

○ **例 4** 設 $f(x, y) = \begin{cases} x + y & 0 \leq x \leq 1, \ 0 \leq y \leq 1 \\ 0 & \text{其它} \end{cases}$ 為隨機變數 X, Y 之 j.p.d.f.

求對應之分配函數。

解

在區域 I 中：$(1 \geq x \geq 0, 1 \geq y \geq 0)$

$$F(x, y) = \int_0^x \int_0^y (s + t) \, ds \, dt = \frac{1}{2}(x^2 y + x y^2)$$

在區域 II 中：$(x \geq 1, 1 \geq y \geq 0)$

$$F(x, y) = P(X \leq x, Y \leq y) = P(X \leq 1, Y \leq y)$$
$$= \int_0^1 \int_0^y (s + t) \, ds \, dt = \frac{1}{2}(y + y^2)$$

在區域 III 中：$(1 \geq x \geq 0, y \geq 1)$

$$F(x,y) = P(X \leq x, Y \leq y) = P(X \leq x, Y \leq 1)$$
$$= \int_0^x \int_0^1 (s+t)\, ds\, dt = \frac{1}{2}(x+x^2)$$

在區域 IV 中：$(x > 1, y > 1)$

$$F(x,y) = P(X \leq x, Y \leq y) = P(X \leq 1, Y \leq 1)$$
$$= \int_0^1 \int_0^1 (s+t)\, ds\, dt = 1$$

在區域 V 中 $(x < 0, y < 0)$ 即斜線區域：$F(x,y) = 0$

◎ 例 5　試證 $P(a \leq X \leq b, c \leq Y \leq d) = F(b,d) - F(b,c) + F(a,c) - F(a,d)$

▦ 解

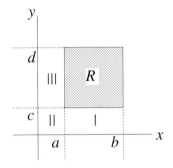

由上圖易知區域 R 為 $x=b, y=d$ 圍成區域減去 I、II、III 三個區域

$\therefore P(a \leq X \leq b, c \leq Y \leq d)$

$\quad = P(X \leq b, Y \leq d) - (P(X \leq b, Y \leq c) + P(X \leq a, Y \leq d) - P(X \leq a, Y \leq c))$

$\quad = F(b,d) - (F(b,c) + F(a,d) - F(a,c))$

$\quad = F(b,d) - F(b,c) - F(a,d) + F(a,c)$

習題 *3-1*

1. $f(x,y) = \begin{cases} k(1-y) & , 1 \geq y \geq x \geq 0 \\ 0 & , 其它 \end{cases}$ 為 $r.v.X,Y$ 之 j.p.d.f.

   求(a)k (b)$P(X \leq \frac{3}{4}, Y \geq \frac{1}{2})$

2. $f(x,y) = \begin{cases} kxy & , 0<x<1, 0<y<1 \\ 0 & , 其它 \end{cases}$ 為 $r.v.X,Y$ 之 j.p.d.f.

   求(a)k (b)$P(X \geq Y)$

3. $f(x,y) = \begin{cases} kx^2y & , 0 \leq x \leq 1, x^2 \leq y \leq 1 \\ 0 & , 其它 \end{cases}$ 為 $r.v.X,Y$ 之 j.p.d.f.求

   求(a)k (b)$P(X \geq Y)$

4. 設二元隨機變數(x,y)之分配函數為

   $F(x,y) = \begin{cases} (1-e^{-x})(1-e^{-y}) & , x>0, y>0 \\ 0 & , 其它 \end{cases}$

   求(a)$f(x,y)$ (b)$P(X<1)$ (c)$P(X+Y<2)$

5. 試證$F(x)+F(y)-1 \leq F(x,y) \leq \sqrt{F(x)F(y)}, x,y \in R$

6. 求$f(x,y) = \begin{cases} \dfrac{1}{8}(6-x-y) & , 0<x<2, 2<y<4 \\ 0 & , 其它 \end{cases}$ 之結合分配函數

7. 問下列 $F(x,y)$ 是否可為X,Y之結合分配函數

   $F(x,y) = \begin{cases} 1 & x+3y \geq 1 \\ 0 & x+3y < 1 \end{cases}$

8. $F(x,y)$ 為 $r.v.(X,Y)$ 在 (x,y) 處之結合分配函數，若 $a<b,\ c<d$，

   試證 $F(a,c)\le F(b,d)$

9. 若 $r.v.X,Y$ 之 j.p.d.f.如下表所示

x \ y	1	2
1	p_{11}	p_{12}
2	p_{21}	p_{22}

$p_{11}+p_{12}+p_{21}+p_{22}=1$，且 $p_{11},p_{12},p_{21},p_{22}\ge 0$

求 $F(x,y)$

10. $f(x,y)=\begin{cases} x^2+\dfrac{1}{3}xy & ,0\le x\le 1,\ 0\le y\le 2, \\ 0 & ,其它 \end{cases}$

   (a)求結合分配函數 $F(x,y)$　(b)$P\left(0\le Y\le \dfrac{1}{2},0\le X\le \dfrac{1}{2}\right)$

3.2 邊際密度函數、條件密度函數與機率獨立

定義

3.2-1

設離散隨機變數 X, Y，其結合密度函數為 $f(x, y)$，則

(1) X 之**邊際機率密度函數**（marginal probability density function）$f_1(x)$（或 $f_X(x)$）$= P(X \le x, Y < \infty)$，在不致混淆之情況下，亦可簡稱邊際密度函數。

即 $f_1(x) = \begin{cases} \sum\limits_{y} f(x, y) \text{ 或} \\ \int_{-\infty}^{\infty} f(x, y) \, dy \end{cases}$

(2) Y 之邊際機率密度函數 $f_2(y)$（或 $f_Y(y)$）$= P(X \le \infty, Y < y)$

則 $f_2(y) = \begin{cases} \sum\limits_{x} f(x, y) \text{ 或} \\ \int_{-\infty}^{\infty} f(x, y) \, dx \end{cases}$

(3) 已知 Y 出現下，X 之**條件機率密度函數**（conditional probability density function）或稱為條件密度函數為

$g(x|y) = \dfrac{f(x, y)}{f_2(y)}, f_2(y) \ne 0$

(4) 已知 X 出現下 Y 之條件機率密度函數為

$h(y|x) = \dfrac{f(x, y)}{f_1(x)}, f_1(x) \ne 0$

在求邊際密度函數時可用所謂之「棒子法」，來輕易地決定積定上、下限或加總上、下足碼：

先畫有關 x、y 定義域之概圖，

1. 當我們要求 X 之邊際密度函數時，想像有一個垂直於 x 軸之指針在 x 之範圍移動：

這個指針會和 x 範圍的邊界有兩個交點，上交點對應之函數為積分上限，

下交點對應之函數為積分下限，我們可由指針在 x 軸移動之範圍決定 X 邊際密度函數之定義域。

2. 當我們要求 Y 之邊際密度函數時，想像有一個平行於 y 軸之指針在 y 之範圍移動：

這個指針會和 y 範圍的邊界有兩個交點，右交點對應之函數為積分上限，左交點對應之函數為積分下限，我們可由指針移動之範圍決定 Y 邊際密度函數之定義域。

定義

3.2-2

n 個隨機變數 $X_1, X_2 \cdots X_n$ 之結合密度函數 $f(x_1, x_2 \cdots x_n)$, $f_j(x_j)$, $j = 1, 2 \cdots n$ 為 X_j 之邊際密度函數，若 $f(x_1, x_2 \cdots x_n) = f_1(x_1) f_2(x_2) \cdots f_n(x_n)$ 則稱 $X_1, X_2 \cdots X_n$ 為獨立。

◎ **例 1** 設隨機變數 X, Y 之機率表如下：

		y		
		1	2	3
x	1	$\dfrac{1}{7}$	$\dfrac{1}{7}$	$\dfrac{4}{35}$
	2	$\dfrac{1}{7}$	$\dfrac{1}{21}$	$\dfrac{2}{21}$
	3	$\dfrac{4}{35}$	$\dfrac{2}{21}$	$\dfrac{2}{35}$

求 (a) X, Y 之邊際密度函數　(b) X, Y 獨立否？

▒ 解

		y		小計
	1	2	3	
x 1	$\dfrac{1}{7}$	$\dfrac{1}{7}$	$\dfrac{4}{35}$	$\dfrac{2}{5}$
2	$\dfrac{1}{7}$	$\dfrac{1}{21}$	$\dfrac{2}{21}$	$\dfrac{1}{3}$
3	$\dfrac{4}{35}$	$\dfrac{2}{21}$	$\dfrac{2}{35}$	$\dfrac{4}{15}$
	$\dfrac{2}{5}$	$\dfrac{1}{3}$	$\dfrac{4}{15}$	1

∴X之邊際密度函數：

x	1	2	3
$P(X=x)$	$\dfrac{2}{5}$	$\dfrac{1}{3}$	$\dfrac{4}{15}$

Y之邊際密度函數：

y	1	2	3
$P(Y=y)$	$\dfrac{2}{5}$	$\dfrac{1}{3}$	$\dfrac{4}{15}$

(b)∵$P(X=1,Y=1)=\dfrac{1}{7} \neq P(X=1)P(Y=1)=\dfrac{2}{5} \times \dfrac{2}{5}=\dfrac{4}{25}$

∴X,Y不為獨立。

定理 **3.2-1** 若 $r.v. X, Y$ 為獨立，則有

$$f(x|y)=f_1(x)$$

▒ 證

$$f(x|y)=\frac{f(x,y)}{f_2(y)}=\frac{f_1(x)f_2(y)}{f_2(y)}=f_1(x)$$ ▪

▫ 例2 若 $r.v. X, Y$ 之 j.p.d.f.為

$$f(x,y)=\begin{cases} 2e^{-(x+y)} & \infty > x \geq y > 0 \\ 0 & 其它 \end{cases}$$

求(a)$f_1(x),\ f_2(y)$ (b)判斷 X, Y 是否獨立？ (c)$f(x|y)$ 及 $f(y|x)$

■ 解

$$(a) f_1(x) = \int_0^x 2 e^{-(x+y)} dy$$

$$= 2 e^{-x} \int_0^x e^{-y} dy = 2 e^{-x}(1 - e^{-x}), \ \infty > x > 0$$

$$f_2(y) = \int_y^\infty 2 e^{-(x+y)} dx$$

$$= 2 e^{-y} \int_y^\infty e^{-x} dx = 2 e^{-y} e^{-y}$$

$$= 2 e^{-2y}, \ \infty > y > 0$$

(b) $\because f(x,y) \neq f_1(x) f_2(y)$

$\therefore X, Y$ 不為獨立。

$$(c) f(x|y) = \frac{f(x,y)}{f_2(y)} = \frac{2 e^{-(x+y)}}{2 e^{-2y}}$$

$$= e^{-x+y} \quad \infty > x \geq y \geq 0$$

$$f(y|x) = \frac{f(x,y)}{f_1(x)} = \frac{2 e^{-(x+y)}}{2 e^{-x}(1 - e^{-x})}$$

$$= \frac{e^{-y}}{1 - e^{-x}} \quad x \geq y \geq 0$$

○ 例 3　若 $r.v. X, Y$ 均勻地分布在以 $(1,0),(0,1),(-1,0),(0,-1)$ 為頂點之正方形內，求 X, Y 之邊際密度函數

■ 解

依題意 $f(x,y) = \dfrac{1}{2}, \ -1 < x+y < 1, \ -1 < x-y < 1$

$$f_1(x) = \begin{cases} \displaystyle\int_{-1+x}^{1-x} \frac{1}{2} dy = -x+1, & 1 > x > 0 \\[3mm] \displaystyle\int_{-1-x}^{1+x} \frac{1}{2} dy = x+1, & 0 > x > -1 \end{cases}$$

$$f_2(y) = \begin{cases} \displaystyle\int_{y-1}^{1-y} \frac{1}{2} dx = 1-y, & 1 > y > 0 \\[3mm] \displaystyle\int_{-1-y}^{1+y} \frac{1}{2} dx = 1+y, & 0 > y > -1 \end{cases}$$

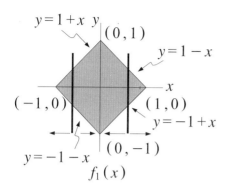

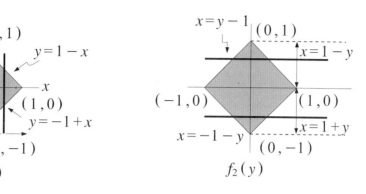

定理 3.2-2 若且惟若 r.v. $X_1, X_2 \cdots X_n$ 之 j.p.d.f. $f(x_1, x_2 \cdots x_n) = g_1(x_1)g_2(x_2)\cdots g_n(x_n)$，且 $x_1, x_2 \cdots x_n$ 之定義域為卡氏分割（即均為 $a \le x_i \le b$ 之形式，a, b 可為 ∞ 或 $-\infty$）則 $X_1, X_2 \cdots X_n$ 為獨立。

上述定理之 $g_1, g_2 \cdots g_n$ 不需為 p.d.f.，因此我們可用「視察法」即可判斷出 $X_1, X_2 \cdots X_n$ 是否獨立，例如：

1. $f(x, y) = \begin{cases} \dfrac{x+y}{32}, & x = 1, 2 \\ 0, & y = 1, 2, 3, 4 \end{cases}$ ，因為找不到二個函數 $g(x), g(y)$ 使得

   $f(x, y)$ 為 $g(x), g(y)$ 之乘積，故 X, Y 不為獨立。

2. $f(x, y) = \begin{cases} \dfrac{3}{8}y, & 2 \ge y \ge x \ge 0 \\ 0, & 其它 \end{cases}$ ，因定義域不為卡氏分割，故 X, Y 不

   為獨立。

3. $f(x, y) = \begin{cases} 1, & 1 \ge x \ge 0, \ 1 \ge y \ge 0 \\ 0, & 其它 \end{cases}$ ，X, Y 為獨立。

4. $f(x, y) = \begin{cases} 4xy, & 1 > x > 0, \ 1 > y > 0 \\ 0, & 其它 \end{cases}$ ，X, Y 為獨立。

條件分配在機率求算上之應用

例4 若 X, Y 為二獨立之連續隨機變數，試證 $P(X \le Y) = \displaystyle\int_{-\infty}^{\infty} F_X(y) f_Y(y) dy$

■ **解**

$$P(X \le Y) = \int_{-\infty}^{\infty} P(X \le Y \mid Y = y) f_Y(y) dy$$

$$= \int_{-\infty}^{\infty} P(X \le y) f_Y(y) dy$$

$$= \int_{-\infty}^{\infty} F_X(y) f_Y(y) dy$$

◌ **例 5** 設 X, Y 為獨立服從同一幾何分配 $P(X = k) = pq^k$, $k = 0, 1, 2$，求

　　(a) $P(X = Y)$

　　(b) $P(X \ge 2Y)$

■ **解**

(a) $P(X = Y) = \sum_{y=0}^{\infty} P(X = Y \mid Y = y) P(Y = y) = \sum_{y=0}^{\infty} P(X = y) P(Y = y)$

$$= \sum_{y=0}^{\infty} pq^y \cdot pq^y = p^2 \sum_{y=0}^{\infty} q^{2y} = \frac{p^2}{1 - q^2} = \frac{p}{1 + q}$$

(b) $P(X \ge 2Y) = \sum_{y=0}^{\infty} P(X \ge 2Y \mid Y = y) P(Y = y)$

$$= \sum_{y=0}^{\infty} P(X \ge 2y) P(Y = y) = \sum_{y=0}^{\infty} q^{2y} \cdot pq^y = p \sum_{y=0}^{\infty} q^{3y}$$

$$= \frac{p}{1 - q^3} = \frac{1}{1 + q + q^2}$$

習題 *3-2*

1. 若 r.v. (X, Y) 在 x 軸，y 軸及 $y = 2(1-x)$ 所圍成區域作均勻分佈，求 $f(y|x)$。

2. $r.v. X, Y$ 之 j.p.d.f.為

$$f(x, y) = \begin{cases} ke^{-y} & , \infty > y > x > 0 \\ 0 & ,其它 \end{cases}$$

求(a) k (b) $f_1(x), f_2(y)$ (c) $f(x|y)$

    (e) $P(2 > X > 1 | Y = 3)$

3. 求下列 (X, Y) 之 j.p.d.f.

$$f(x, y) = \begin{cases} \lambda^2 e^{-\lambda y} & y \geq x \geq 0, \lambda > 0 \\ 0 & 其它 \end{cases}$$ 之(a) $f(y|x)$、(b) $f(x|y)$ 及(c) $P(0 < Y < 2 | X = 0)$

4. $r.v. X, Y$ 之 j.p.d.f.為

$$f(x, y) = \begin{cases} 1 & -y < x < y, 0 < y < 1 \\ 0 & ,其它 \end{cases}$$

求(a) $f_1(x)$ (b) $f_2(y)$ (c) $f(x|y)$

5. (a)試依據 $r.v. X, Y$ 之邊際分配（如下表），求 X, Y 之 j.p.d.f.

   (b)若 $e = \dfrac{1}{4}$ 時，X, Y 是否獨立？

Y \ X	-1	0	1	
1	a	b	c	$1/3$
2	d	e	f	$2/3$
	$\dfrac{1}{4}$	$\dfrac{1}{2}$	$\dfrac{1}{4}$	

6.若 $r.v.X,Y$ 為獨立，試求右表 $a,b,c,\cdots,h$ 各值

Y \\ X	-1	0	2	
0	i	$\dfrac{1}{20}$	h	a
1	e	$\dfrac{1}{20}$	g	b
2	$\dfrac{4}{20}$	f	$\dfrac{4}{20}$	$\dfrac{1}{2}$
	c	d	$\dfrac{2}{5}$	1

7.$f(x,y)=\begin{cases} e^{-(x+y)}, & \infty>x,y>0 \\ 0 & \text{其它} \end{cases}$，求 $P(X<Y\,|\,X<2Y)$

8.X,Y,Z 為 3 個隨機變數，$Z=\min(X,Y)$，試證

$$P(X\geq a\,|\,Z\leq a)=\frac{F_Y(a)-F_{XY}(a,a)}{F_X(a)+F_Y(a)-F_{XY}(a,a)}$$

9.二元隨機變數 X,Y 之 j.p.d.f. 為

$$f(x,y)=\begin{cases} ke^{-\lambda y} & ,\ 0\leq x\leq y \\ 0 & ,\ \text{其它} \end{cases}$$

求(a)k (b)Y 之 $M(t)$ (c)X,Y 是否獨立？

10.二元隨機變數 X,Y 之 j.p.d.f. 為

$$f(x,y)=\begin{cases} \dfrac{3}{8}y & ,\ 0\leq x\leq y\leq 2 \\ 0 & ,\ \text{其它} \end{cases}$$

求(a)$f_1(x)$ (b)$E(X)$

11.二元隨機變數之 j.p.d.f.為

$$f(x,y)=\begin{cases}2 & 1<x<y<2\\0 & 其它\end{cases}$$

求(a)$f_1(x)$　(b)$E(X)$　(c)X,Y是否獨立？

12.二元隨機變數 X,Y 之 j.p.d.f.為

$$f(x,y)=\begin{cases}k & ,|y|<x,0<x<1\\0 & ,其它\end{cases}$$

求(a)k　(b)$f(y|x)$　(c)X,Y是否獨立？

13.二隨機變數 X,Y 之 j.p.d.f.為

$$f(x,y)=\begin{cases}kx & ,\ 0\le x\le 1,0\le y\le x\\0 & ,\ 其它\end{cases}$$

(a)求 k　(b)$P(Y\le\frac{1}{8}|X\le\frac{1}{4})$　(c)$P(Y\le\frac{1}{8}|X=\frac{1}{4})$

14. X,Y 為二獨立隨機變數，$f(x,y)$ 為其 j.p.d.f.若 $f(x,y)=h(x)h(y)$，求 $P(X>Y)$

15. X,Y,Z 為三獨立隨機變數，$f(x,y,z)$ 為其 j.p.d.f.，若 $f(x,y,z)=h(x)h(y)h(z)$，求 $P(X>Y>Z)$

3.3 多變量隨機變數之期望值

隨機變數函數之期望值

定義

3.3-1

設 $g(X_1, X_2 \cdots X_n)$ 為 $r.v. X_1, X_2 \cdots X_n$ 之函數，則 $g(X_1, X_2 \cdots X_n)$ 之期望值 $E[g(X_1, X_2 \cdots X_n)]$ 定義為：

$$E(g(X_1, X_2 \cdots X_n)) = \begin{cases} ① \sum \cdots \sum g(x_1, x_2 \cdots x_n) \cdot f(x_1, x_2 \cdots x_n), x_1, x_2 \cdots x_n \\ \quad 若\ X_1 \cdots X_n\ 為離散型\ r.v. \\ ② \int_{-\infty}^{\infty} \cdots \int_{-\infty}^{\infty} g(x_1, x_2 \cdots x_n) \cdot f(x_1, x_2 \cdots x_n) \\ \quad dx_1 dx_2 \cdots dx_n, 若\ X_1 \cdots X_n\ 為連續型\ r.v. \end{cases}$$

在本定義下，我們有 2 個特例：

$1°\ g(X_1, X_2 \cdots X_n) = X_i$ 時 $E(g(X_1, X_2 \cdots X_n)) = E(X_i) = \mu_i$

$2°\ g(X_1, X_2 \cdots X_n) = (X_i - \mu_i)^2$ 時 $E(g(X_1, X_2 \cdots X_n))$

$$= E(X_i - \mu_i)^2 = V(X_i)$$

因此，在求 $E(X_i)$ 時有 2 種算法：

$1°$ 由定義：$E(X_i) = \int_{-\infty}^{\infty} \int_{-\infty}^{\infty} \cdots \int_{-\infty}^{\infty} x_i f(x_1, x_2 \cdots x_i \cdots x_n) dx_1 dx_2 \cdots dx_n$

$2°$ 求出 X_i 之邊際密度函數 $f(x_i)$，則

$$E(X_i) = \int_{-\infty}^{\infty} x_i f(x_i) dx_i$$

$V(X_i)$ 之情況亦然。

多元隨機變數之期望值算子亦保有單一變數期望值算子之特性，如下定理所述：

定理 **3.3-1** 設 X、Y 為二 $r.v.$ ，$f(x,y)$ 為彼等之 $j.p.d.f.$

(1) $E(ag(X,Y))=aE(g(X,Y))$ ，g 為 X、Y 之函數，a 為一常數。

(2) $E(g(X,Y)+h(X,Y))=E(g(X,Y))+E(h(X,Y))$

(3) 若 X、Y 為獨立時

$$E(g(X)h(Y))=E(g(X))E(h(Y))$$

證

(3)之證明

$$E(g(X)h(Y))=\int_{-\infty}^{\infty}\int_{-\infty}^{\infty}g(x)h(y)f(x,y)dxdy$$

$$=\int_{-\infty}^{\infty}\int_{-\infty}^{\infty}g(x)h(y)f_1(x)f_2(y)dxdy$$

$$=\int_{-\infty}^{\infty}g(x)f_1(x)dx\int_{-\infty}^{\infty}h(y)f_2(y)dy$$

$$=E(g(X))E(h(Y))$$

例 1 求 $f(x,y)=\begin{cases}\dfrac{x+y}{12} & , x=1,2,y=1,2 \\ 0 & , \text{其它}\end{cases}$ 之 $E(X)$, $E(Y)$, $V(X)$ 及 $V(Y)$

解

		x		
		1	2	$f_2(y)$
y	1	$\dfrac{2}{12}$	$\dfrac{3}{12}$	$\dfrac{5}{12}$
	2	$\dfrac{3}{12}$	$\dfrac{4}{12}$	$\dfrac{7}{12}$
$f_1(x)$		$\dfrac{5}{12}$	$\dfrac{7}{12}$	

$E(X)=1\times\dfrac{5}{12}+2\times\dfrac{7}{12}=\dfrac{19}{12}$

$E(X^2)$

$$\therefore V(X)=E(X^2)-[E(X)]^2$$

$$=\dfrac{33}{12}-(\dfrac{19}{12})^2=\dfrac{35}{144}$$

同法 $E(Y)=\dfrac{19}{12}$, $V(Y)=\dfrac{35}{144}$

○ 例2　若 $f(x,y) = \begin{cases} k, 0<x<1, 0<y<x \\ 0, \text{其它} \end{cases}$ 為 X,Y 之 j.p.d.f.

求(a)k　(b)$E(XY)$　(c)$E(X)$　(d)$E(Y)$

◾ 解

(a) $\int_0^1 \int_y^1 k\,dxdy = 1$，則 $k = 2$

(b) $E(XY) = \int_0^1 \int_y^1 xy2\,dxdy = \dfrac{1}{4}$

(c) $E(X) = 2\int_0^1 \int_y^1 x\,dxdy = \dfrac{2}{3}$，或

(c)' $f_1(x) = \int_0^x 2\,dy = 2x, 1 > x > 0$

$\therefore E(X) = \int_0^1 x \cdot 2x\,dx = \dfrac{2}{3}$

(d) $E(Y) = 2\int_0^1 \int_y^1 y\,dxdy = \dfrac{1}{3}$，或

(d)' $f_2(y) = \int_y^1 2\,dx = 2(1-y), 1 > y > 0$

$\therefore E(Y) = \int_0^1 y(1-y)\,dy = \dfrac{1}{3}$

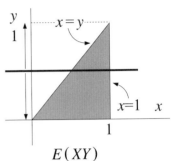

$E(XY)$

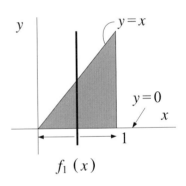

$f_1(x)$

○ 例3　$r.v. X, Y$ 之 j.p.d.f.為

$$f(x,y) = \begin{cases} \dfrac{1}{\pi(1+x^2+y^2)^2} & , \infty > x > -\infty, \infty > y > -\infty \\ 0 & , \text{其它} \end{cases}$$

求 $E(X), V(X)$

◾ 解

(a) $E(X) = \int_{-\infty}^{\infty} \int_{-\infty}^{\infty} \dfrac{x}{\pi(1+x^2+y^2)^2}\,dxdy = 0$

（$\because \int_{-\infty}^{\infty} \dfrac{x}{(1+x^2+y^2)^2}\,dx$ 中 $f(x) = \dfrac{x}{(1+x^2+y^2)^2}$ 為奇函數，故積分

為 0）；同法 $E(Y) = 0$

(b) $V(X) = E(X^2) = \int_{-\infty}^{\infty} \int_{-\infty}^{\infty} \dfrac{x^2}{\pi(1+x^2+y^2)^2}\,dxdy$，取 $x = r\cos\theta, y = r\sin\theta$,

$|J| = r, \infty > r > 0$,

$\therefore E(X^2) = 4\int_0^{\frac{\pi}{2}} \int_0^{\infty} r\dfrac{r^2\cos^2\theta}{\pi(1+r^2)^2}\,drd\theta = 4\int_0^{\frac{\pi}{2}} \cos^2\theta \int_0^{\infty} \dfrac{r^3}{(1+r^2)^2}\,drd\theta$

但 $\int_0^\infty \dfrac{r^3}{(1+r^2)^2}dr$ 為發散，$E(X^2)$不存在，即 $V(X)$不存在，同法 $V(Y)$亦不存在。

推論
3.3-1-1 若 X, Y 為二獨立隨機變數則 $E(XY)=E(X)E(Y)$，（若$E(X)$，$E(Y)$，$E(XY)$均存在）

證

$$E(XY)=\int_{-\infty}^{\infty}\int_{-\infty}^{\infty} xyf(x,y)\,dxdy=\int_{-\infty}^{\infty}\int_{-\infty}^{\infty} xy\,f_1(x)f_2(y)\,dxdy$$
$$=\int_{-\infty}^{\infty} xf_1(x)\,dx\int_{-\infty}^{\infty} y\,f_2(y)\,dy=E(X)E(Y)$$

推論
3.3-1-2 X,Y 之二獨立隨機變數則 $E(X^mY^n)=E(X^m)E(Y^n)$（假若$E(X^mY^n)$，$E(X^m)$，$E(Y^n)$ 均存在）

讀者可自證之。

○ **例 4** 設電流系統中，電流之安培數 I 與電阻歐姆 R 為二獨立隨機變數，I 之 *pdf* 為$f(i)=3i^2, 1>i>0, R$ 之 p.d.f.為 $g(r)=6r(1-r), 1>r>0$，求電壓 $V=IR$ 之期望值與變異數。

解

(a)$E(V)=E(IR)=E(I)E(R)$

$E(I)=\int_0^1 i\cdot 3i^2di=\dfrac{3}{4}$

$E(R)=\int_0^1 r\cdot 6r(1-r)dr=\dfrac{1}{2}$

$\therefore E(V)=E(I)E(R)=\dfrac{3}{4}\cdot\dfrac{1}{2}=\dfrac{3}{8}$

(b)$V(V)=V(IR)=E(I^2R^2)-(EIR)^2=E(I^2)E(R^2)-(EI)^2(ER)^2$

$E(I^2)=\int_0^1 i^2\,3i^2di=\dfrac{3}{5}$

$$E(R^2) = \int_0^1 r^2 6r(1-r)dr = \frac{3}{10}$$

$$\therefore V(V) = \frac{3}{5} \times \frac{3}{10} - (\frac{1}{2})^2 \times (\frac{3}{4})^2 = \frac{63}{1600}$$

多維隨機變數之動差母函數

二維隨機變數之動差母函數定義為 $E(e^{t_1X+t_2Y})$，如同一維隨機變數之動差母函數，$E(e^{t_1X+t_2Y})$ 亦可決定 $E(X)$、$E(Y)$……。取 $m(t_1,t_2) = E(e^{t_1X+t_2Y})$，易得：

$$E(X) = \frac{\partial m(t_1,t_2)}{\partial t_1}\Big|_{(0,0)}, \quad E(Y) = \frac{\partial m(t_1,t_2)}{\partial t_2}\Big|_{(0,0)}$$

$$E(XY) = \frac{\partial^2 m(t_1,t_2)}{\partial t_1 \partial t_2}\Big|_{(0,0)}, \quad E(X^2) = \frac{\partial^2 m(t_1,t_2)}{\partial t_1^2}\Big|_{(0,0)}$$

顯然，$M(0,0) = 1$

定理 3.3-2　若 $C(t_1,t_2) = \ln m(t_1,t_2)$ 則 $\mu_1 = \frac{\partial}{\partial t_1}\phi(t_1,t_2)|_{(0,0)}$，

$\sigma_1^2 = \frac{\partial^2}{\partial t_1^2}\phi(t_1,t_2)|_{(0,0)}$

證明見本節作業第 6 題。

☼ **例 5**　設 $r.v.X,Y$ 之 j.p.d.f.為 $f(x,y) = \begin{cases} e^{-y}, & \infty > y > x > 0 \\ 0 & 其它 \end{cases}$

求(a)$m(t_1,t_2)$　(b)$E(X)$　(c)$E(Y)$。

▦ **解**

(a)$m(t_1,t_2) = E(e^{t_1X+t_2Y}) = \int_0^\infty \int_x^\infty e^{t_1x+t_2y} \cdot e^{-y}dydx$

$= \frac{1}{(1-t_1-t_2)(1-t_2)}$

其中 $t_1+t_2 < 1, t_2 < 1$

(b)$E(X) = \dfrac{\partial m(t_1, t_2)}{\partial t_1}\bigg|_{(0,0)} = 1$

(c)$E(Y) = \dfrac{\partial m(t_1, t_2)}{\partial t_2}\bigg|_{(0,0)} = 2$

例 6 設 *r.v. X, Y* 之 j.p.d.f.為$f(x,y) = \dfrac{1}{2\pi\sigma^2} e^{-\frac{x^2+y^2}{2\sigma^2}}$, $\infty > x, y > -\infty$,

求(a)$m(t_1, t_2)$ (b)由(a)求 $E(X)$ 及 $V(X)$

解

$m(t_1, t_2)$： $E(e^{t_1 X + t_2 Y}) = \displaystyle\int_{-\infty}^{\infty}\int_{-\infty}^{\infty} e^{t_1 x + t_2 y} \dfrac{1}{2\pi\sigma^2} e^{-\frac{x^2+y^2}{2\sigma^2}} dx dy$

$= \displaystyle\int_{-\infty}^{\infty} \dfrac{1}{\sqrt{2\pi}\sigma} e^{t_2 y} e^{-\frac{y^2}{2\sigma^2}} \int_{-\infty}^{\infty} \dfrac{1}{\sqrt{2\pi}\sigma} e^{-t_1 x} e^{-\frac{x^2}{2\sigma^2}} dx dy \cdots\cdots *$

$\displaystyle\int_{-\infty}^{\infty} \dfrac{1}{\sqrt{2\pi}\sigma} e^{t_1 x} e^{-\frac{x^2}{2\sigma^2}} dx = \int_{-\infty}^{\infty} \dfrac{1}{\sqrt{2\pi}\sigma} e^{-\frac{x^2 - 2\sigma^2 t_1 x + (\sigma^2 t_1)^2}{2\sigma^2}} \cdot e^{\frac{(\sigma^2 t_1)^2}{2\sigma^2}} dx$

$= \displaystyle\int_{-\infty}^{\infty} \dfrac{1}{\sqrt{2\pi}\sigma} e^{-\frac{(x - \sigma^2 t_1)^2}{2\sigma^2}} dx \cdot e^{\frac{(\sigma^2 t_1)^2}{2\sigma^2}} = e^{\frac{t_1^2 \sigma^2}{2}}$

同法 $\displaystyle\int_{-\infty}^{\infty} \dfrac{1}{\sqrt{2\pi}\sigma} e^{t_2 y} e^{-\frac{y^2}{2\sigma^2}} dy = e^{\frac{t_2^2 \sigma^2}{2}}$

$\therefore * = e^{\frac{t_1^2 \sigma^2}{2}} \cdot e^{\frac{t_2^2 \sigma^2}{2}} = e^{\frac{(t_1^2 + t_2^2)\sigma^2}{2}}$, $C(t_1, t_2) = \ln m(t_1, t_2) = \dfrac{1}{2}(t_1^2 + t_2^2)\sigma^2$

(b)$E(X) = \dfrac{\partial}{\partial t_1} C(t_1, t_2)|_{(0,0)} = 0$

(c)$V(X) = \dfrac{\partial^2}{\partial t_1^2} C(t_1, t_2)|_{(0,0)}$

$= \sigma^2$

習題 3-3

1. $r.v. X, Y$ 之 j.p.d.f. 為

$$f(x,y) = \begin{cases} kx & , \ 1 > x > 0, 1-x > y > 0 \\ 0 & , \ 其它 \end{cases}$$

(a)求 k (b)$f_1(x)$ (c)$f_2(y)$ (d)$E(X)$ (e)$V(X)$ (f)X, Y是否獨立？

2. $r.v. X, Y$ 之 j.p.d.f. 為

$$f(x,y) = \begin{cases} 1 & , \ -y < x < y, 0 < y < 1 \\ 0 & , \ 其它 \end{cases}$$

求(a)$f_1(x)$ (b)$f_2(y)$ (c)$E(X)$ (d)$E(XY)$ (e)X, Y獨立否？

3. 若 $r.v. X, Y$ 之 j.p.d.f. 為

$$f(x,y) = \begin{cases} xe^{-x(1+y)} & , x > 0, y > 0 \\ 0 & , 其它 \end{cases}$$

求(a)$E(XY) = ?$，(b)$E(X)$，(c)$E(Y)$，(d)由(a)～(c)你可得到什麼結論？

4. 若 $r.v. X, Y$ 之 m.g.f. 為 $m(t_1, t_2)$，取 $c(t_1, t_2) = \ln m(t_1, t_2)$，試證

(a)$\left. \dfrac{\partial}{\partial t_1} c(t_1, t_2) \right|_{(0,0)} = \mu_1$

(b)$\left. \dfrac{\partial^2}{\partial t_1^2} c(t_1, t_2) \right|_{(0,0)} = \sigma_1^2$

5. 若 $E(X) < \infty$，$E(Y) < \infty$，問

(a)$E[\max(X,Y)]$ 與 $\max[E(X), E(Y)]$ 孰大？

(b)$E[\min(X,Y)]$ 與 $\min[E(X), E(Y)]$ 孰小？

(c)$E[\max(X,Y) + \min(X,Y)] = E(X+Y)$ 是否成立。

6.設隨機變數 X, Y 在單位圓上均勻分布，即它們的 j.p.d.f.為

$$f(x,y)=\begin{cases} \dfrac{1}{\pi} & , x^2+y^2 \le 1 \\ 0 & , \text{其它} \end{cases}$$

求(a)$f_1(x)$　(b)$f_2(y)$　(c)$E(X)$　(d)$E(Y)$　(e)$E(XY)$　(f)X, Y 獨立是 $E(XY)$
$=E(X)E(Y)$ 之＿＿＿條件（充分，必要，充要？）

3.4 條件期望值

定義

多變量機率分配之各種期望值中以**條件期望值**（conditional expectation）最為重要。

定義

3.4-1

(X,Y)為二維隨機變數，則給定$X=x$下，隨機函數$g(X,Y)$之條件期望值$E(g(X,Y)|X=x)$定義為

$$E(g(X,Y)|X=x) = \int_{-\infty}^{\infty} g(x,y)f(y|x)\,dy$$

或

$$E(g(X,Y)|X=x) = \sum_{all\ y} g(x,y_j)f(y_j|x)$$

下列二個特例是最重要的：

1. **給定$X=x$，Y之之條件期望值**（conditional mean of Y, given $X=x$）記做

$E(Y|x)$或$\mu_{Y|x}$定義為$E(Y|x)=\mu_{Y|x}=\begin{cases}\int_{-\infty}^{\infty} yf(y|x)\,dy \\ \sum_{all\ y} yf(y|x)\end{cases}$ 當$E(Y|x)=a+bx$

時，a,b竟與$\mu_X, \mu_X, \sigma_X, \sigma_Y, \rho$（相關係數）有關而引發了迴歸研究之動機。

2. **給定$X=x$，Y之條件變異數**（conditional variance of Y, given $X=x$），記做$V(Y|x)$或$\sigma_{Y|x}^2$，定義為：

$$V(Y|x)=\sigma_{Y|x}^2=\begin{cases}\int_{-\infty}^{\infty} [y-E(Y|x)]^2 f(y|x)\,dy \text{ 或} \\ \sum_{all\ y} (y-E(Y|x))^2 f(y|x)\end{cases}$$

$E(Y|X=x)=E(Y|x)$ 及 $E(g(X,Y)|X=x) = E(g(X,Y)|x)$，都是$x$的函數。而$x$是$r.v.X$之一個實現值，故$E(Y|x)$或$E(g(X,Y)|x)$都不是隨

機變數。但 $E(Y|X)$ **則為隨機變數。**

◌ **例 1** 試證：(a)$E[(Y+c)|x]=E(Y|x)+c$

(b)$E[cY|x]=cE(Y|x)$

解

(a)$E[(Y+c)|x]$

$= \int_{-\infty}^{\infty}(y+c)f(y|x)dy=\int_{-\infty}^{\infty}yf(y|x)dy+\int_{-\infty}^{\infty}cf(y|x)dy$

$= E(Y|x)+c$

(b)$E[cY|x]=\int_{-\infty}^{\infty}cyf(y|x)dy=c\int_{-\infty}^{\infty}yf(y|x)dy=cE(Y|x)$

◌ **例 2** 設 $f_1(x)=\dfrac{1}{10}$, $x=0,1,2\cdots9$, $h(y|x)=\dfrac{1}{10-x}$

$y=x,x+1,\cdots9$，求 $E(Y|x)$

解

$E(Y|x)=\sum_y yh(y|x)=\sum_{y=x}^{9}y\cdot\dfrac{1}{10-x}=\dfrac{1}{10-x}\sum_{y=x}^{9}y$

$=\dfrac{1}{10-x}\left(\sum_{y=1}^{9}y-\sum_{y=1}^{x-1}y\right)=\dfrac{1}{10-x}\left(\dfrac{90-x(x-1)}{2}\right)$

$=\dfrac{1}{10-x}\cdot\dfrac{(10-x)(9+x)}{2}=\dfrac{x+9}{2}$

◌ **例 3** $f(x,y)=\begin{cases}4y(x-y)e^{-(x+y)} & \infty>x>0,x\ge y\ge0\\0 & \text{其它}\end{cases}$，求 $E(X|y)$

解

$f_2(y)=\int_{y}^{\infty}4y(x-y)e^{-(x+y)}dx$，取 $z=x-y$

$=\int_{0}^{\infty}4yze^{-(z+2y)}dz$

$=4ye^{-2y}\int_{0}^{\infty}ze^{-z}dz=4ye^{-2y}$, $\infty>y>0$

$f(x|y)=\dfrac{f(x,y)}{f_2(y)}=\dfrac{4y(x-y)e^{-(x+y)}}{4ye^{-2y}}=(x-y)e^{-(x-y)}$, $\infty\ge x\ge y\ge0$

$E(X|y)=\int_{y}^{\infty}xf(x|y)dx=\int_{y}^{\infty}x(x-y)e^{-(x-y)}dx$，取 $t=x-y$

$=\int_{0}^{\infty}(t+y)te^{-t}dt=\int_{0}^{\infty}t^2e^{-t}dt+y\int_{0}^{\infty}te^{-t}dt=2+y$

$E(E(Y|X))=E(Y)$之應用

> **定理 3.4-1** 若$E(Y|X)$存在則$E(E(Y|X))=E(Y)$

▪ 證

$$E(E(Y|X))=\int_{-\infty}^{\infty}\left[\int_{-\infty}^{\infty}yg(y|x)dy\right]f_1(x)dx$$

$$=\int_{-\infty}^{\infty}\int_{-\infty}^{\infty}yg(y|x)f_1(x)dydx$$

$$=\int_{-\infty}^{\infty}\int_{-\infty}^{\infty}yf(x,y)dydx=E(Y)$$

同法可證若$E(Y|X)$存在則$E(E(X|Y))=E(X)$

上述定理**僅當$E(Y|X)$存在（即$E(Y|X)<\infty$）時才有$E(E(Y|X))$**結果，換言之，$E(Y|X)$不存在時$E(E(Y|X))$未必等於$E(Y)$。當X為離散型$r.v.$時，上述定理亦可寫成$E(Y)=\sum_{x}E(Y|x)P(X=x)$

○ **例 4** 若$r.v.X\sim U(0,1),f(y|x)=\binom{n}{y}x^y(1-x)^{n-y},y=0,1,2\cdots n$，求$E(Y)$

▪ 解

$$E(Y)=E(E(Y|X))$$

$$=E(nX)\ (利用\ Y|X=x\sim b(n,x)\quad\therefore E(Y|X)=nX)$$

$$=nE(X)$$

$$=\frac{n}{2}$$

○ **例 5** 某人從甲地到乙到若乘汽車需a小時，乘火車需b小時，乘船需c小時，現某人以擲骰子決定由甲至乙之交通工具：若出現 1, 3, 6 點搭汽車，2, 5 點搭火車，4 點搭船，求某人由甲地到乙地之期望旅行時間

解

令 B：搭汽車之事件，T：搭火車之事件，S：搭船之事件，X：旅行時間，

依題意：

$$E(X|B)=a\,,P(B)=\frac{3}{6}$$

$$E(X|T)=b\,,P(T)=\frac{2}{6}$$

$$E(X|S)=c\,,P(S)=\frac{1}{6}$$

$$\therefore E(X)=E(X|B)P(B)+E(X|T)P(T)+E(X|S)P(S)$$

$$=\frac{3a}{6}+\frac{2b}{6}+\frac{1}{6}c$$

$$=\frac{3a+2b+c}{6}$$

定理 3.4-2　若 $E(X^2)<\infty$ 則 $V(X)=V[E(X|Y)]+E[V(X|Y)]$

證

$$V[E(X|Y)]+E[V(X|Y)]$$

$$=E[E^2(X|Y)]-\{E[E(X|Y)]\}^2+E[E(X^2|Y)-(E(X|Y))^2]$$

$$=E[E^2(X|Y)]-[E(X)]^2+E(X^2)-E[E^2(X|Y)]$$

$$=E(X^2)-E^2(X)=V(X)$$

同法可證：若 $E(Y^2)<\infty$ 則 $V(Y)=V[E(Y|X)]+E[V(Y|X)]$

定理 3.4-3　若 $E(X^2)<\infty$ 則 $V(X)\geq V(E(X|Y))$

證

由上定理即得

$$E(\sum_{i=1}^{N} X_i) = E(X) E(N)$$

定理 3.4-4	若 $r.v.X$ 與 N 為獨立隨機變數則 $E(\sum_{i=1}^{N} X_i) = E(X) E(N)$

證

$X_1, X_2 \cdots X_n$ 為服從同一機率分配之隨機變數，若 X 與 N 為獨立則

$$E(\sum_{i=1}^{N} X_i | N = n) = E(\sum_{i=1}^{n} X_i) = nE(X)$$

$$\therefore E(\sum_{i=1}^{N} X_i | N) = NE(X)$$

$$E(\sum_{i=1}^{N} X_i) = E[E(\sum_{i=1}^{N} X_i | N)] = E[NE(X)] = E(X) E(N)$$

上述定理在隨機過程中甚為重要。

習題 *3-4*

1. $r.v.X,Y$ 之結合機率分配如表

$Y \diagdown X$	0	1
0	$\dfrac{6}{15}$	$\dfrac{4}{15}$
1	$\dfrac{4}{15}$	$\dfrac{1}{15}$

求(a)$f(y \mid X=1)$ (b)$E(Y \mid X=1)$ (c)$V(Y \mid X=1)$ (d)$E(Y \mid X)=\phi(X)$
求 $E(\phi(X))$

2. $r.v.X,Y$ 之結合機率密度

$$f(x,y)=\begin{cases} 6xy(2-x-y) , & 0<x<1 , 0<y<1 \\ 0 & , \ 其它 \end{cases}$$

求 $E(X \mid Y=y)$

3. $r.v.X,Y$ 之結合機率密度函數為

$$f(x,y)=\begin{cases} \dfrac{1}{2} & 0<x \le y \le 2 \\ 0 & 其它 \end{cases}$$

求(a)$E(Y \mid x)$ 及(b)$V(Y \mid x)$

4. 試證 $E(XY \mid Y=y)=y E(X \mid Y=y)$

5. 考慮下列給定 x 下 y 之條件分配表

$y \backslash x$	1	2	3	4
-1	$\frac{1}{3}$	0	$\frac{1}{3}$	$\frac{1}{3}$
0	0	$\frac{1}{2}$	0	$\frac{1}{2}$
1	$\frac{1}{4}$	$\frac{1}{4}$	$\frac{1}{4}$	$\frac{1}{4}$

且 $P(X=-1) = P(X=0) = P(X=1) = \frac{1}{3}$

求(a) $E(Y|x)$　(b) Y 之 pdf.　(c) $E(Y)$　(d)驗證 $E(E(Y|X)) = E(Y)$

6. 證明　$E(E(g(X,Y))|X) = E(g(X,Y))$

7. $r.v.X,Y$ 之機率表如下

		\multicolumn{3}{c}{x}
		-1	0	1
y	-1	$\frac{1}{6}$	$\frac{1}{9}$	$\frac{1}{9}$
	0	$\frac{1}{9}$	0	$\frac{1}{6}$
	1	$\frac{1}{18}$	$\frac{1}{9}$	$\frac{1}{6}$

求 $E(Y|x=1)$, $V(Y|x=1)$

8. 若二隨機變數 X,Y 之 j.p.d.f.為

$$f(x,y) = \begin{cases} 2 & 2>y>x>1 \\ 0 & 其它 \end{cases}$$

求 $E(X|y=\frac{3}{2})$

9. 求例 2 之 $f(x, y)$

10. 自 1, 2, …… n 中任取一數 X，再由 1, 2, …… X 中抽出一數 Y，求 $E(Y)$

11. X, Y 之 j.p.d.f. 為

$$f(x, y) = \begin{cases} \dfrac{e^{-y}}{y} & , \ 0 < x < y < \infty \\ 0 & , \ 其它 \end{cases}$$

　求(a)$f_2(y)$　(b)給定 $Y = y$ 之條件下，X 之條件分配　(c)$E(X^2 | Y)$

3.5 相關係數

共變數

> **定義**
>
> **3.5-1**
>
> 令 X 與 Y 為定義於同一機率空間之二個隨機變數，則 X, Y 之**共變數**
> （covariance） σ_{XY} 或 $\text{cov}(X, Y)$ 定義為
> $$\sigma_{XY} = \text{cov}(X, Y) = E[(X - \mu_X)(Y - \mu_Y)]$$

由定義顯然我們可得以下結果：

(1)當 $X = Y$ 時 $\text{cov}(X, X) = \sigma_X^2$

(2) $\text{cov}(X, Y) = \text{cov}(Y, X)$

> **定理** $\quad \text{cov}(X, Y) = E(XY) - E(X)E(Y)$
>
> **3.5-1**

證

$$\begin{aligned}
\text{cov}(X, Y) &= E[(X - \mu_X)(Y - \mu_Y)] \\
&= E[XY - \mu_X \cdot Y - \mu_X \cdot X + \mu_X \mu_Y)] \\
&= E(XY) - \mu_X E(Y) - \mu_Y E(X) + \mu_X \mu_Y \\
&= E(XY) - \mu_X \mu_Y \\
&= E(XY) - E(X)E(Y)
\end{aligned}$$

由上述定理，我們易知若 X, Y 為二獨立隨機變數，則 $\text{cov}(X, Y) = 0$

下面定理是計算二組變線之線性組合間之共變數與相關係數之最重要工具。

定理 3.5-2	$\operatorname{cov}(\sum\limits_{i=1}^{n} a_i X_i , \sum\limits_{j=1}^{m} b_j Y_j) = \sum\limits_{i=1}^{n}\sum\limits_{j=1}^{m} a_i b_j \operatorname{cov}(X_i , Y_j)$

○ **例 1** 設 X_1 , X_2 , X_3 為三獨立隨機變數若 $V(X_i) = \sigma_i^2$, $i = 1 , 2 , 3$, 求
$\operatorname{cov}(X_1 - X_2 , 2X_1 - X_2 - 3X_3)$

解

$$\operatorname{cov}(X_1 - X_2 , 2X_1 - X_2 - 3X_3)$$
$$= \operatorname{cov}(X_1 , 2X_1) + \operatorname{cov}(X_1 , -X_2) + \operatorname{cov}(X_1 , -3X_3)$$
$$+ \operatorname{cov}(-X_2 , 2X_1) + \operatorname{cov}(-X_2 , -X_2) + \operatorname{cov}(-X_2 , -3X_3)$$
$$= 2\operatorname{cov}(X_1 , X_1) - \operatorname{cov}(X_1 , X_2) - 3\operatorname{cov}(X_1 , X_3)$$
$$- 2\operatorname{cov}(X_2 , X_1) + \operatorname{cov}(X_2 , X_2) + 3\operatorname{cov}(X_2 , X_3)$$
$$= 2\sigma_1^2 + \sigma_2^2$$

例 1 可圖解如下（不考慮 X_1 , X_2 , X_3 之係數與正負號）

$$\operatorname{cov}(X_1 + X_2 , X_1 + X_2 + X_3)$$

定理 3.5-3	$V(X + Y) = V(X) + V(Y) \pm 2\operatorname{cov}(X , Y)$

證

$$V(X + Y) = E(X + Y)^2 - [E(X + Y)]^2$$
$$= EX^2 + 2EXY + EY^2 - (EX)^2 - 2EX\,EY - (EY)^2$$
$$= V(X) + V(Y) + 2\operatorname{cov}(X , Y)$$

同法可證

$$V(X - Y) = V(X) + V(Y) - 2\operatorname{cov}(X , Y)$$

■

> **定理 3.5-4** $V(X_1 + X_2 + \cdots + X_n) = \sum_{i=1}^{n} V(X_i) + 2\sum\sum_{i>j} \text{cov}(X_i, Y_j)$

相關係數

> **定義 3.5-2**
>
> 二隨機變數 X, Y 之**相關係數**（correlation coefficient）（記做 ρ_{XY}，$\rho(X, Y)$ 或 ρ）定義為
>
> $$\rho = \frac{\text{cov}(X, Y)}{\sigma_X \sigma_Y} = \frac{E[(X - \mu_X)(Y - \mu_Y)]}{\sigma_X \sigma_Y} = \frac{E(XY) - E(X)E(Y)}{\sigma_X \sigma_Y}$$

由相關係數之定義，我們極易得到下列結果：

$V(aX + bY) = a^2 V(X) + b^2 V(Y) + 2ab\,\text{cov}(X, Y)$

$= a^2 \sigma_X^2 + b^2 \sigma_Y^2 + 2ab\,\sigma_X \sigma_Y \rho$

（ρ 為 X, Y 之相關係數）

○ **例 2** X, Y 為二隨機變數，其中 $\mu_X = 1$，$\mu_Y = 4$，$\sigma_X^2 = 6$，$\sigma_Y^2 = 6$ 若 $\rho = \dfrac{1}{3}$，取 $Z = 2X + Y$ 求 (a)$E(Z)$　(b)$V(Z)$

解

(a)$E(Z) = E(2X + Y) = 2E(X) + E(Y) = 2 \cdot 1 + 4 = 6$

(b)$V(Z) = V(2X + Y) = 4V(X) + V(Y) + 4\rho\sigma_X\sigma_Y$

$\quad = 4\sigma_X^2 + \sigma_Y^2 + 4\rho\sigma_X\sigma_Y$

$\quad = 4 \times 6 + 6 + 4 \times \dfrac{1}{3} \times \sqrt{6}\sqrt{6}$

$\quad = 38$

相關係數之重要性質

> **定理 3.5-5**　$-1 \le \rho \le 1$

證

$$(1)\ 0 \le V\left(\frac{X}{\sigma_X} + \frac{Y}{\sigma_Y}\right) = \frac{V(X)}{\sigma_X^2} + \frac{V(Y)}{\sigma_Y^2} + \frac{2\,\text{cov}(X,Y)}{\sigma_X \sigma_Y}$$

$$= 1 + 1 + 2\rho = 2(1+\rho) \quad \therefore \rho \ge -1$$

$$(2)\ V\left(\frac{X}{\sigma_X} - \frac{Y}{\sigma_Y}\right) = \frac{V(X)}{\sigma_X^2} + \frac{V(Y)}{\sigma_Y^2} - \frac{2\,\text{cov}(X,Y)}{\sigma_X \sigma_Y}$$

$$= 1 + 1 - 2\rho = 2(1-\rho) \ge 0 \quad \therefore \rho \le 1$$

由(1)，(2)知　$1 \ge \rho \ge -1$　　　　■

> **定理 3.5-6**　若 X, Y 獨立，則 $\rho = 0$

證

$\because$ 若 X, Y 獨立則 $E(XY) = EXEY$

$\therefore \rho = 0$　　　　■

上面定理之逆定理不恆成立。若 $\rho = 0$ 我們只說 X, Y 為不相關，而不能說 X, Y 為獨立，即「不相關」與「獨立」在意義上並非等值的。若 X, Y 為不相關則 X, Y 不一定為獨立，但若 X, Y 為獨立，則 X, Y 必為不相關。

例 3　X_1, X_2, X_3 為獨立之隨機變數，$V(X_i) = i\sigma^2, i = 1, 2, 3$ 求 $\rho(X_1 + 2X_2, X_2 + 3X_3)$

解

$$\text{cov}(X_1 + 2X_2, X_2 + 3X_3)$$

$$= \text{cov}(X_1, X_2) + 3\text{cov}(X_1, X_3) + 2\text{cov}(X_2, X_2) + 6\text{cov}(X_2, X_3)$$

$$= 2\sigma_2^2 = 2 \cdot 2\sigma^2 = 4\sigma^2$$

$$V(X_1 + 2X_2) = V(X_1) + V(2X_2) = \sigma_1^2 + 4\sigma_2^2 = \sigma^2 + 4 \cdot 2\sigma^2 = 9\sigma^2$$

$$V(X_2 + 3X_3) = V(X_2) + V(3X_3) = \sigma_2^2 + 9\sigma_3^2 = 2\sigma^2 + 9 \cdot 3\sigma^2 = 29\sigma^2$$

$$\therefore \rho(X_1 + 2X_2, X_2 + 3X_3) = \frac{4\sigma^2}{\sqrt{9\sigma^2}\sqrt{29\sigma^2}} = \frac{4}{3\sqrt{29}}$$

○ **例 4** 若 X, Y 為二獨立隨機變數，試以 X_1, X_2 之平均數 μ_1, μ_2 與變異數 σ_1^2, σ_2^2 表示 $Y = X_1X_2$ 與 X_1 之相關係數 ρ。

▪ **解**

$$\begin{aligned}
\operatorname{cov}(X_1, Y) &= \operatorname{cov}(X_1, X_1X_2) \\
&= E(X_1, X_1X_2) - E(X_1)E(X_1X_2) \\
&= E(X_1^2X_2) - E(X_1)E(X_1)E(X_2) \\
&= E(X_1^2)E(X_2) - [E(X_1)]^2E(X_2) \\
&= \{E(X_1^2) - [E(X_1)]^2\}E(X_2) \\
&= \sigma_1^2\mu_2
\end{aligned}$$

$$\begin{aligned}
V(Y) &= V(X_1X_2) = E(X_1^2X_2^2) - [(X_1X_2)]^2 \\
&= E(X_1^2)E(X_2^2) - (\mu_1\mu_2)^2 \\
&= (V(X_1) + E^2(X_1))(V(X_2) + E^2(X_2)) - (\mu_1\mu_2)^2 \\
&= (\sigma_1^2 + \mu_1^2)(\sigma_2^2 + \mu_2^2) - \mu_1^2\mu_2^2 \\
&= \sigma_1^2\sigma_2^2 + \mu_1^2\sigma_2^2 + \mu_2^2\sigma_1^2
\end{aligned}$$

$$\therefore \rho = \frac{\operatorname{cov}(X, Y)}{\sigma_X\sigma_Y} = \frac{\mu_2\sigma_1^2}{\sqrt{\sigma_1^2\sigma_2^2 + \mu_1^2\sigma_2^2 + \mu_2^2\sigma_1^2}}$$

迴歸方程式與相關係數

若條件期望值滿足：

(1) $E(Y|x) = a + bx$ 時稱為 **Y 在 X 之迴歸直線**（regression line of Y on X）

(2) $E(X|y) = c + dy$ 時稱為 **X 在 Y 之迴歸直線**（regression line of X on Y）

本子節先證明下列重要定理並討論它們之應用，到第九章我們將作較深

入之研析。

定理
3.5-7　(X,Y) 為二維 $r.v.$, $E(X)=\mu_X, E(Y)=\mu_Y, V(X)=\sigma_X{}^2, V(Y)=\sigma_Y{}^2$, ρ 為 X,Y

之相關係數，若 $E(Y|x)=a+bx$ 則 $E(Y|x)=\mu_Y+\rho\dfrac{\sigma_Y}{\sigma_X}(x-\mu_X)\Big[$ 若 $E(X|y)$

$=c+dy$ 則 $E(X|y)=\mu_X+\rho\dfrac{\sigma_X}{\sigma_Y}(y-\mu_Y)\Big]$

證

$$E(Y|x)=\int_{-\infty}^{\infty}yf(y|x)dy$$

$$=\int_{-\infty}^{\infty}yf(x,y)dy\,/\,f_1(x)=a+bx$$

$$\therefore E(Y|x)=(a+bx)f_1(x)\cdots\cdots\cdots\cdots\cdots\cdots\cdots(1)$$

① 由(1)：

$$E(Y)=\int_{-\infty}^{\infty}(a+bx)f_1(x)\,dx$$

$$=a+bE(X)$$

即 $\mu_Y=a+b\mu_X$ $\cdots\cdots\cdots\cdots\cdots\cdots\cdots\cdots\cdots\cdots\cdots(2)$

② 在(1)：

$$E(XY|x)=xE(Y|x)=x(a+bx)$$

$$\therefore E(XY|X)=X(a+bX)=aX+bX^2$$

$$\Rightarrow E(XY)=E(XY|X)=aE(X)+bE(X^2)$$

$$=a\mu_X+b(\sigma_X{}^2+\mu_X{}^2)$$

或 $\rho\sigma_X\sigma_Y+\mu_X\mu_Y=a\mu_X+b(\sigma_X{}^2+\mu_X{}^2)$ $\cdots\cdots\cdots\cdots\cdots\cdots\cdots(3)$

解(2),(3)之 a,b 值：

$$\begin{cases}a+b\mu_X=\mu_Y\\ a\mu_X+b(\sigma_X{}^2+\mu_X{}^2)=\rho\sigma_X\sigma_Y+\mu_X\mu_Y\end{cases}$$

解之

$$a=\mu_Y-\rho\frac{\sigma_Y}{\sigma_X}\mu_X,\ b=\rho\frac{\sigma_Y}{\sigma_X}$$

即 $E(Y|x)=\mu_Y+\rho\dfrac{\sigma_Y}{\sigma_X}(x-\mu_X)$ ∎

由此可得下面極其重要之推論

推論 3.5-7-1 若 $E(Y|x)=a+bx$, $E(X|y)=\alpha+\beta y$ 則 X,Y 之相關係數 $\rho=\pm\sqrt{b\beta}$ （ $b,\beta>0$ 時 $\rho>0$, $b,\beta<0$ 時 $\rho<0$ ）

證

$\because b=\rho\dfrac{\sigma_Y}{\sigma_X}$, $\beta=\rho\dfrac{\sigma_X}{\sigma_Y}$

$\therefore \rho^2=b\beta\Rightarrow\rho=\pm\sqrt{b\beta}$

$b,\beta>0$ 時 $\rho>0$ 　 $b,\beta<0$ 時 $\rho<0$ ，即 ρ 與 b,β 同號

注意：**b,β 必為同號，不可能為異號。**

例 5 若 Y 在 X 及 X 在 Y 之迴歸方程式均為線性

$$E(Y|x)=-\frac{3}{2}x-2 , \quad E(X|y)=-\frac{3}{5}y-3$$

求 (a) X,Y 之相關係數 (b) $E(X)$ 及 $E(Y)$

解

(a) $\rho=-\sqrt{\left(-\dfrac{3}{2}\right)\left(-\dfrac{3}{5}\right)}=-\dfrac{3}{\sqrt{10}}$

(b) $E(Y)=E(E(Y|X))=-\dfrac{3}{2}E(X)-2$

$E(X)=E(E(X|Y))=-\dfrac{3}{5}E(Y)-3$

即

$$\begin{cases} E(Y)+\dfrac{3}{2}E(X)=-2 \\ \dfrac{3}{5}E(Y)+E(X)=-3 \end{cases}$$

$\therefore E(X)=-18 , E(Y)=25$

例 6 設 $f(x,y)=\begin{cases} 2 & 0<x<y , 0<y<1 \\ 0 & \text{其它} \end{cases}$ 為 $r.v.\,X$ 及 Y 之 j.p.d.f. 求 X,Y 之相關係數。

解

$$f_1(x) = \int_x^1 2\,dy = 2(1-x),\ 0 < x < 1$$

$$f_2(y) = \int_0^y 2\,dx = 2y,\ 1 > y > 0$$

$$f(x|y) = \frac{2}{2y} = \frac{1}{y},\ 0 < x < y,\ 0 < y < 1$$

$$得\ E(X|y) = \int_0^y x \cdot \frac{1}{y}dx = \frac{y}{2},\ 0 < y < 1$$

$$同法\ f(y|x) = \frac{2}{2(1-x)} = \frac{1}{1-x}$$

$$E(Y|x) = \int_x^1 \frac{y}{1-x}dy = \frac{1+x}{2},\ 1 > x > 0$$

$$\therefore 相關係數為\ \rho = \sqrt{\left(\frac{1}{2}\right)\left(\frac{1}{2}\right)} = \frac{1}{2}$$

$f_1(x)$

$f_2(y)$

定理 **3.5-8** 若 X, Y 之相關係數為 ± 1 則 Y 與 X 有直線關係

證

考慮 $Z_1 = \dfrac{X - \mu_x}{\sigma_x}$, $Z_2 = \dfrac{Y - \mu_Y}{\sigma_Y}$, 則

$$V(Z_1 \pm Z_2) = V(Z_1) \pm 2Cov(Z_1 \cdot Z_2) + V(Z_2) = 2 \pm 2\rho = 2(1 \pm \rho)$$

(i) $\rho = 1$ 時

$$V(Z_1 - Z_2) = 2(1-\rho) = 0 \quad \therefore Z_2 - Z_1 = c\ ,\ 即 \quad \frac{Y - \mu_Y}{\sigma_Y} - \frac{X - \mu_X}{\sigma_X} = c$$

$$\therefore Y = \frac{\sigma_Y}{\sigma_X}X + 常數$$

(ii) $\rho = -1$ 時

$$V(Z_1 + Z_2) = 2(1+\rho) = 0 \quad \therefore Z_2 + Z_1 = c \quad 即 \quad \frac{Y - \mu_Y}{\sigma_Y} + \frac{X - \mu_X}{\sigma_X} = c$$

$$\therefore Y = -\frac{\sigma_Y}{\sigma_X}X + 常數$$

綜(i),(ii),X, Y 之相關係數為 ± 1 時,Y 與 X 有直線關係,其逆敘述亦成立。

習題 3-5

1. 設三獨立隨機變數 X_1, X_2, X_3 之變異數分別為 $\sigma_1^2, \sigma_2^2, \sigma_3^2$，求 $\rho(X_1 - X_2, X_2 + X_3)$。

2. 若 X, Y 間之相關係數為 ρ，證 $g(\alpha) = V(X + \alpha Y)$ 之極小值為 $(1 - \rho^2)V(X)$。

3. 設一盒中有 2 紅球 3 黑球，以抽出不投返方式任取二球，令 X 為抽出紅球個數，Y 為抽出之黑球個數，求 $\rho(X, Y)$。

4. $X_1, X_2 \cdots X_n$ 為 n 個隨機變數，若 $E(X_i) = m$, $V(X_i) = \sigma^2$, $\forall_i$ 且 $\text{cov}(X_i, Y_j) = \rho\sigma^2$, $\forall_i \neq j$ 證明

   (a) $V(\bar{X}) = [1 + (n-1)\rho] \dfrac{\sigma^2}{n}$

   (b) $\dfrac{-1}{n-1} \leq \rho \leq 1$

5. X, Y, Z 為三個 $r.v.$ 若 $\rho_{XY}, \rho_{XZ}, \rho_{YZ}$ 分表 $X, Y; X, Z; Y, Z$ 間之相關係數，試證 $\dfrac{-3}{2} \leq \rho_{XY} + \rho_{XZ} + \rho_{YZ} \leq 3$。

6. 設二元 $r.v.X, Y$ 均勻分布於 R 上，$R = \{(x, y) \mid x^2 + y^2 \leq 1, y \geq 0\}$，求 ρ。

7. (a) 設 X_1, X_2, X_3 三 rv 之變異數分別為 $\sigma^2, 3\sigma^2$ 及 σ^2 其中 X_1 與 X_2 為獨立，X_2 與 X_3 為獨立，若 $X_1 - X_2$ 與 $X_2 + X_3$ 之相關係數為 -0.8，求 X_1 與 X_2 之相關係數。

   (b) 已知 $E(Y|x) = 2.25 - 2.25x$, $E(X|y) = 3 - y$, $\sigma_1\sigma_2 = 2$，求 $\mu_1, \mu_2, \sigma_1^2, \sigma_2^2$ 與 ρ。

8. $r.v.X,Y$ 之 j.p.d.f. 為

$$f(x,y) = \begin{cases} e^{-y} & , \infty > y > x > 0 \\ 0 & , \text{其它} \end{cases} \quad 求 \rho$$

9. 若有關期望值均成立，試證 $\text{cov}(X,Y) = \text{cov}(E(X|Y),Y)$

10. 仿本節定理，證 $E(X|y) = a + by$ 時 $E(X|y) = \mu_x + \rho \dfrac{\sigma_X}{\sigma_Y}(y - \mu_Y)$

11. $r.v.X,Y$ 之 j.p.d.f. 為

$$f(x,y) = \begin{cases} 1 & , \ |y| < x, 0 < x < 1 \\ 0 & , \ \text{其它} \end{cases} \quad 求 \rho 。$$

12. 設二 $r.v.X,Y$ 滿足 ① $E(X) = E(Y)$ ② $\sigma(X) = \sigma(Y)$ 及 ③ $\rho(X,Y) = 1$

試證 $X = Y$

3.6 二元隨機變數之函數

本節將研究二元隨機變數之變數變換，在此，我們先考慮一對一轉換之函數：

(1)將 x_1x_2 平面上之二維集合 A 透過一對一且映成之轉換 $y_1 = \mu_1(x_1, x_2)$，$y_2 = \mu_2(x_1, x_2)$ 到 y_1y_2 平面之二維集合 B，

(2)設 $x_1 = w_1(y_1, y_2)$，$x_2 = w_2(y_1, y_2)$ 則我們可得 Jocobian，記做 $|J|$

$$|J| = \begin{vmatrix} \dfrac{\partial x_1}{\partial y_1} & \dfrac{\partial x_1}{\partial y_2} \\[2mm] \dfrac{\partial x_2}{\partial y_1} & \dfrac{\partial x_2}{\partial y_2} \end{vmatrix}_+ , \quad \begin{vmatrix} \dfrac{\partial x_1}{\partial y_1} & \dfrac{\partial x_1}{\partial y_2} \\[2mm] \dfrac{\partial x_2}{\partial y_1} & \dfrac{\partial x_2}{\partial y_2} \end{vmatrix}_+ \quad \text{表行列式} \begin{vmatrix} \dfrac{\partial x_1}{\partial y_1} & \dfrac{\partial x_1}{\partial y_2} \\[2mm] \dfrac{\partial x_2}{\partial y_1} & \dfrac{\partial x_2}{\partial y_2} \end{vmatrix} \text{之絕對值，假設}$$

$J \neq 0$

(3) X_1, X_2 之 j.p.d.f. 為 $\phi(x_1, x_2)$，若 $A \subset \mathcal{A}$，且 B 為透過上述轉換映成之集合，$B \subset \mathcal{B}$，因事件 $(X_1, X_2) \in A, (Y_1, Y_2) \in B$ 為等價（equivalent），

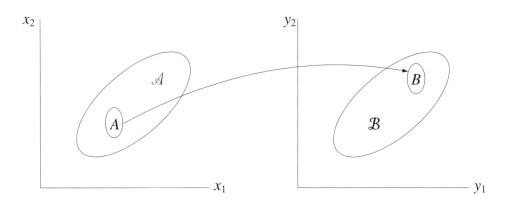

因此可得
$$P[(Y_1, Y_2) \in B] = P[(X_1, X_2) \in A]$$
同時
$$P[(X_1, X_2) \in A] = \int_A \int \phi(x_1, x_2)\, dx_1 dx_2$$
$$= \int_B \int \phi[w_1(y_1, y_2), w_2(y_1, y_2)] \cdot |J|\, dy_1 dy_2$$

$$\therefore g(y_1,y_2)=\begin{cases}\phi[\,w_1(y_1,y_2),w_2(y_1,y_2)\,]\,|\,J\,|,\;(y_1,y_2)\in B\\ \quad\quad\quad 0 \quad\quad\quad\quad\quad\quad\quad\quad 其它\end{cases}$$

有了 Y_1,Y_2 之 j.p.d.f.我們便可求得 Y_1,Y_2 之邊際密度函數。

若問題是「已知 r.v. X_1,X_2 之 j.p.d.f.若 $Y_1=U_1(X_1,X_2)$，求 Y_1 之 p.d.f.」。此時，我們必須另找到一個輔助函數 $Y_2=U_2(X_1,X_2)$，再按照上述方法求得 Y_1,Y_2 之 j.p.d.f.，從而得到 Y_1 之邊際密度函數 $h(y_1)$。$Y_2=U_2(X_1,X_2)$ 之建立並無定則可循，以便於求 Y_1 之邊際密度函數是最大原則。

○ **例 1** r.v. X_1，X_2 均獨立服從 $f(x)=\begin{cases}e^{-x},\;x>0\\ 0\quad\quad 其它\end{cases}$ 令 $Y_1=X_1+X_2$，

$Y_2=\dfrac{X_1}{X_1+X_2}$，求 Y_1,Y_2 之 p.d.f.各為何？

解

$$\begin{cases}y_1=x_1+x_2\\ y_2=\dfrac{x_1}{x_1+x_2}\end{cases}\quad\therefore\begin{cases}x_1=y_1y_2\\ x_2=y_1-y_1y_2\end{cases}$$

$$\Rightarrow|J|=\begin{vmatrix}\dfrac{\partial x}{\partial y_1}&\dfrac{\partial x}{\partial y_2}\\ \dfrac{\partial y}{\partial y_1}&\dfrac{\partial y}{\partial y_2}\end{vmatrix}_+=\begin{vmatrix}y_2&y_1\\ 1-y_2&-y_1\end{vmatrix}_+=y_1$$

次考慮 y_1,y_2 之範圍，y_1 範圍顯然為 $\infty>y_1>0$，

又 $x_1+x_2>x_1>0$ $\therefore y_1>y_1y_2>0$，即 $1>y_2>0$

$\quad f(x_1,x_2)=e^{-(x_1+x_2)}$

$\therefore f(y_1,y_2)=y_1e^{-y_1}$，$\infty>y_1>y_2>0$，$1>y_2>0$

得 $f_1(y_1)=\displaystyle\int_0^1 y_1e^{y_1}dy_2=y_1e^{-y_1}$，$\infty>y_1>0$

$\quad f_2(y_2)=\displaystyle\int_0^\infty y_1e^{y_1}dy_1=1$，$1>y_2>0$

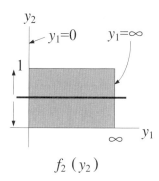

○ **例 2** r.v. X_1，X_2 均獨立服從 $n(0,1)$，求 $Y=\dfrac{X_1}{X_2}$ 之中 p.d.f.。

解

令 $y_1=x_2$ 則 $x_1=x_2y$

$$\therefore \begin{cases} x_1 = y_1 y \\ x_2 = y_1 \end{cases}, \ \text{得} |J| = \begin{vmatrix} \dfrac{\partial x_1}{\partial y_1} & \dfrac{\partial x_1}{\partial y} \\ \dfrac{\partial x_2}{\partial y_1} & \dfrac{\partial x_2}{\partial y} \end{vmatrix}_+ = \begin{vmatrix} y & y_1 \\ 1 & 0 \end{vmatrix}_+ = |y_1|$$

$$f(x_1, x_2) = \frac{1}{\sqrt{2\pi}} e^{-\frac{x_1^2}{2}} \cdot \frac{1}{\sqrt{2\pi}} e^{-\frac{x_2^2}{2}} = \frac{1}{2\pi} e^{-\frac{x_1^2 + x_2^2}{2}}, x_1, x_2 \in R$$

$$\therefore g(y_1, y) = \frac{1}{\sqrt{2\pi}} e^{-\frac{y_1^2 y^2 + y_1^2}{2}} \cdot |J| = \frac{|y_1|}{2\pi} e^{-\frac{(y^2+1)y_1^2}{2}}, \infty > y_1, y > -\infty$$

$$\text{得} \ g(y) = \int_{-\infty}^{\infty} \frac{|y_1|}{2\pi} e^{-\frac{(y^2+1)y_1^2}{2}} dy_1 = 2 \cdot \frac{1}{2\pi} \int_0^{\infty} y_1 e^{-\frac{(y^2+1)y_1^2}{2}} dy_1$$

$$= \frac{1}{\pi} \frac{1}{1+y^2}, \infty > y > -\infty$$

（即 $Y \sim$ Cauchy 分配）

☼ **例 3** $r.v.\, X, Y$ 均獨立服從 $U(0,1)$，求 $Z = X - Y$ 之 p.d.f.。

▪ **解**

X, Y 之 j.p.d.f.為

$$f(x, y) = \begin{cases} 1, & 1 > x > 0, 1 > y > 0 \\ 0, & \text{其它} \end{cases}$$

令 $\begin{cases} z = x - y \\ w = y \end{cases}$ 則 $\begin{cases} z + w = x \\ w = y \end{cases}$

$$\therefore \begin{cases} 1 > x > 0 \\ 1 > y > 0 \end{cases} \quad \therefore \begin{cases} 1 > z + w > 0 \\ 1 > w > 0 \end{cases},$$

$$|J| = \begin{vmatrix} \dfrac{\partial x}{\partial z} & \dfrac{\partial x}{\partial w} \\ \dfrac{\partial y}{\partial z} & \dfrac{\partial y}{\partial w} \end{vmatrix}_+ = \begin{vmatrix} 1 & 1 \\ 0 & 1 \end{vmatrix}_+ = 1$$

得

$$f(z, w) = 1$$

$$\therefore f(z) = \begin{cases} \displaystyle\int_0^{1-z} dw = 1 - z, & 1 > z > 0 \\ \displaystyle\int_{-z}^{1} dw = 1 + z, & 0 > z > -1 \end{cases}$$

☼ **例 4** $r.v.\, X, Y$ 均獨立服從 $U(0,1)$，求：$Z = XY$ 之 p.d.f.。

◈ **解**

X, Y 之 j.p.d.f.為

$$f(x,y)=\begin{cases}1 \text{ , } 1>x>0 \text{ , } 1>y>0\\0 \text{ , 其它}\end{cases}$$

令 $z=xy$, $w=x$

則 $\begin{cases}x=w \quad 1>x>0 \therefore 1>w>0\\y=\dfrac{z}{w} \quad 1>y>0 \therefore 1>\dfrac{z}{w}>0, \text{即 } w>z>0\end{cases}$

$$|J|=\begin{vmatrix}\dfrac{\partial x}{\partial w} & \dfrac{\partial x}{\partial z}\\[2mm]\dfrac{\partial y}{\partial w} & \dfrac{\partial y}{\partial z}\end{vmatrix}_{+}=\begin{vmatrix}1 & 0\\[2mm]-\dfrac{z}{w^2} & \dfrac{1}{w}\end{vmatrix}_{+}=\dfrac{1}{w}$$

$$f(z,w)=\dfrac{1}{w}$$

$$\therefore f(z)=\int_z^1 \dfrac{1}{w}dw=-\ln z , 1>z>0$$

◌ **例 5** $r.v.\ X, Y$ 均獨立服從 $f(x,y)=\begin{cases}2 & 1>x>y>0\\0 & \text{其它}\end{cases}$, $W=X-Y$ 求 $E(W)$

◈ **解**

方法一：

$$E(W)=\int_0^1\int_0^x (x-y)2dydx$$

$$=2\int_0^1 xy-\dfrac{y^2}{2}\Big]_0^x dx=2\int_0^1 \dfrac{x^2}{2}dx=\dfrac{1}{3}$$

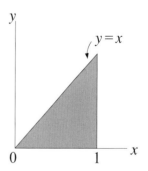

方法二：

$$f_1(x)=\int_0^x 2dy=2x \qquad\qquad 1>x>0$$

$$f_2(y)=\int_y^1 2dx=2(1-y) \quad 1>y>0$$

$$\therefore E(W)=E(X-Y)=E(X)-E(Y)$$

$$=\int_0^1 x\cdot 2xdx-\int_0^1 y\cdot 2(1-y)dy$$

$$=\dfrac{2}{3}-\dfrac{1}{3}=\dfrac{1}{3}$$

方法三：

令 $w=x-y, w_1=x$ 則 $x=w_1$, $y=w_1+w$

$$\therefore |J| = 1$$

$$f(w, w_1) = 2, \, 0 \leq w \leq 1, \, 0 \leq w + w_1 \leq 1$$

$$\therefore f(w) = \int_0^{1-w} 2 dw_1 = 2(1-w), \, 1 \geq w \geq 0$$

$$E(W) = \int_0^1 w \, 2(1-w) \, dw = \frac{1}{3}$$

習題 *3-6*

1. X,Y 均獨立服從 $U(0,1)$，$Z=X+Y$ 之 Z 之 p.d.f.。

2. 承上題求 $Z=\dfrac{X}{Y}$ 之 p.d.f.。

3. $f(x,y)=3x$，$0<y<x$，$0<x<1$ 為 $r.v. X,Y$ 之 j.p.d.f.，求 $Z=X-Y$ 之 p.d.f.。

4. 承第 1 題求 $W=\dfrac{Y}{X^2}$ 之 p.d.f.。

5. X, Y 為二獨立 $r.v.$ 它們的 p.d.f.分別為

$$f_X(x)=\begin{cases} 1 , & 1 \ge x \ge 0 \\ 0 , & 其它 \end{cases} \qquad f_Y(y)=\begin{cases} e^{-y} , & y \ge 0 \\ 0 , & y<0 \end{cases}$$

求 $Z=X+Y$ 之 p.d.f.。

6. 若 $r.v. X,Y$ 之 j.p.d.f.為

$$f(x,y)=\begin{cases} 4xye^{-(x^2+y^2)} , & x>0, y>0 \\ 0 , & 其它 \end{cases}$$

$Z=\sqrt{X^2+Y^2}$，求 $f_Z(z)$、$E(Z)$ 及 $V(Z)$

CHAPTER 4

重要機率分配

前言

在第二章，我們曾對二項分配、超幾何分配有所介紹，本章將介紹一些重要之機率分配，它們在爾後之統計推論中均極為重要。因此，本章學習重點在於掌握這些重要分配之應用，尤其它們間之關聯性。

4.1 超幾何分配

定理 4.1-1 設一袋中有 r 個紅球 b 個黑球，從中以抽出不放回方式抽取 n 個球，則含有 x 個紅球 $n-x$ 個黑球之機率為

$$\frac{\binom{r}{x}\binom{b}{n-x}}{\binom{a+b}{n}} \quad r \geq x \geq 0,\ b \geq n-x \geq 0$$

■ 證

自袋中任取 n 個球之方法有 $\binom{r+b}{n}$ 種，又自 r 個紅球取出 x 個之方法有 $\binom{r}{x}$ 種，自 b 個黑球取出 $n-x$ 個方法有 $\binom{b}{n-x}$ 種，因此所求之機率為

$$\frac{\binom{r}{x}\binom{b}{n-x}}{\binom{r+b}{n}}$$

■

下一推論是上一定理之推廣：

推論 4.1-1-1	設一袋中含有 r 個紅球個 b 個黑球 w 個白球,從中以抽出不放回之方式任取 n 個球,則此 n 個球中有 x 個紅球,y 個黑球,$n-x-y$ 個白球之機率為 $$\frac{\binom{r}{x}\binom{b}{y}\binom{w}{n-x-y}}{\binom{r+b+w}{n}} \quad r \geq x \geq 0,\, b \geq y \geq 0,\, w \geq n-x-y \geq 0$$

證明方法同前定理。

超幾何分配在古典機率模式中甚為重要,在此有以下幾個重點值得注意:

1. **超幾何分配是一個適用於「抽出後不放回」(draw without replacement)之機率模式,與二項分配之「抽出後放回」(draw with replacement)不同。**

2. 超幾何分配是根據問題之意旨而加以「分類」,各分類必須滿足周延及互斥二種要求,這是解題之關鍵。

3. 就外型而言,超幾何分配之特徵如下:

(1)二分類時:$P(x) = \dfrac{\binom{a}{x}\cdots\binom{\cdots b\cdots}{n-x}}{\binom{a+b}{n}}$ 和

(2)三分類時:$P(x) = \dfrac{\binom{a}{x}\cdots\binom{b}{y}\cdots\binom{\cdots\cdots c\cdots\cdots}{n-x-y}}{\binom{a+b+c}{n}}$ 和

讀者可推廣到更一般化之情況。

○ 例 1 設有 10 個號球,其上分別標明 $1, 2 \cdots\cdots 10$,茲以抽出不投返方式任取 5 球,求以下事件之機率

(a)2 個奇數號球,3 個偶數號球

(b)7 為最大號

■ **解：** (a)

$$
\begin{array}{|ccccc|ccccc|}
2 & 4 & 6 & 8 & 10 & 1 & 3 & 5 & 7 & 9
\end{array}
$$

$$\underbrace{\qquad}_{3} \qquad \underbrace{\qquad}_{2}$$

$$P_1 = \frac{\binom{5}{3}\binom{5}{2}}{\binom{10}{5}} = \frac{25}{63}$$

(b)

$$
\begin{array}{|cccccc|c|ccc|}
1 & 2 & 3 & 4 & 5 & 6 & 7 & 8 & 9 & 10
\end{array}
$$

$$\underbrace{\qquad}_{4} \quad \underbrace{}_{1} \quad \underbrace{}_{0}$$

$$P_2 = \frac{\binom{6}{4}\binom{1}{1}\binom{3}{0}}{\binom{10}{5}} = \frac{\binom{6}{4}}{\binom{10}{5}} = \frac{5}{84}$$

○ **例 2** 設一袋中有 3 綠球、2 藍球與 4 紅球，任取 5 球，求有 2 藍球且至少 1 紅球之機率。

■ **解**

P（2 藍球且至少 1 紅球）

=P〔（2 藍球 1 紅球 2 綠球）或（2 藍球 2 紅球 1 綠球）或（2 藍球 3 紅球 0 綠球）〕

=P（2 藍球 1 紅球 2 綠球）+P（2 藍球 2 紅球 1 綠球）+P（2 藍球 3 紅球 0 綠球）

$$= \frac{\binom{2}{2}\binom{4}{1}\binom{3}{2}}{\binom{9}{5}} + \frac{\binom{2}{2}\binom{4}{2}\binom{3}{1}}{\binom{9}{5}} + \frac{\binom{2}{2}\binom{4}{3}\binom{3}{0}}{\binom{9}{5}} = \frac{34}{126} = \frac{17}{63}$$

○ **例 3** 自 3 個紅球 2 個白球 2 個黑球抽出 3 個球，令 X, Y 分表抽出紅、白球個數之 $r.v.$，試求(a)X, Y 之結合密度函數；(b)X, Y 之邊際密度函

數；(c)$f(x|y)$ 及 $f(y|x)$。

解

(a)利用多元超幾何分配

$$f(x|y) = \frac{\binom{3}{x}\binom{2}{y}\binom{2}{3-x-y}}{\binom{7}{3}}, \ 0 \le x \le 3 , \ 0 \le y \le 2 , \ 0 \le x+y \le 3$$

(b)$f_1(x) = \sum_y f(x,y) = \sum_y \left[\frac{\binom{3}{x}\binom{2}{y}\binom{2}{3-x-y}}{\binom{7}{3}} \right] = \frac{\binom{3}{x}\sum_y \binom{2}{y}\binom{2}{3-x-y}}{\binom{7}{3}}$

$$= \frac{\binom{3}{x}\binom{4}{3-x}}{\binom{7}{3}}, \ 0 \le x \le 3 , \ 同法：$$

$$f_2(y) = \sum_x f(x,y) = \sum_x \left[\frac{\binom{3}{x}\binom{2}{y}\binom{2}{3-x-y}}{\binom{7}{3}} \right] = \frac{\binom{2}{y}\binom{5}{3-y}}{\binom{7}{3}}, \ 0 \le y \le 2$$

(c)$f(x|y) = \dfrac{f(x,y)}{f_2(y)} = \dfrac{\dfrac{\binom{3}{x}\binom{2}{y}\binom{2}{3-x-y}}{\binom{7}{3}}}{\dfrac{\binom{2}{y}\binom{5}{3-y}}{\binom{7}{3}}} = \dfrac{\binom{3}{x}\binom{2}{3-x-y}}{\binom{5}{3-y}}, \ 0 \le x+y \le 1$

$$f(x|y) = \frac{f(x,y)}{f_1(x)} = \frac{\dfrac{\binom{3}{x}\binom{2}{y}\binom{2}{3-x-y}}{\binom{7}{3}}}{\dfrac{\binom{3}{x}\binom{4}{3-x}}{\binom{7}{3}}} = \frac{\binom{2}{y}\binom{2}{3-x-y}}{\binom{4}{3-x}}, \ \begin{array}{l} 1 \le x+y \le 3 \\ 0 \le y \le 2 \end{array}$$

超幾何分配之特徵值

定理 4.1-2 若 $r.v.x.$ 之 p.d.f.為

$$f(x) = \frac{\binom{a}{x}\binom{b}{n-x}}{\binom{a+b}{n}}, \quad x=0,1,2\cdots n, \quad a \geq x, b \geq n-x, \quad a,b,n,x \in N \text{則}$$

$$E(X) = n \cdot \frac{a}{a+b}, \quad V(X) = \frac{a+b-n}{a+b-1} \cdot n \cdot \frac{a}{a+b} \cdot \frac{b}{a+b}$$

若令 $p = \frac{a}{a+b}$, $q = \frac{b}{a+b}$, $a+b = N$ 則上述結果可寫成 $E(X) = np$,

$$V(X) = \frac{N-n}{N-1}npq$$

▓ 證

我們只證 $E(X) = n \cdot \dfrac{a}{a+b}$ 的部分：

$$E(X) = \sum_{x=0}^{n} x \frac{\binom{a}{x}\binom{b}{n-x}}{\binom{a+b}{n}} \text{ ；茲計算分子部分：}$$

$$\sum_{x=0}^{n} x \binom{a}{x}\binom{b}{n-x} = \sum_{x=0}^{n} x \cdot \frac{a!}{x!(a-x)!}\binom{b}{n-x}$$

$$= a \sum_{x=1}^{n} \frac{(a-1)!}{(x-1)!(a-x)!}\binom{b}{n-x}$$

$$= a \sum_{x=1}^{n} \binom{a-1}{x-1}\binom{b}{n-x}$$

$$= a\binom{a+b-1}{n-1}$$

$$\therefore E(X) = \frac{a\binom{a+b-1}{n-1}}{\binom{a+b}{n}} = \frac{na}{a+b} = \frac{na}{N} = np$$

習題 *4-1*

1. 承例 1 求(a)7 為第二大號　(b)3 為最小且 7 為最大之機率。

2. 一副橋牌中任取 5 張，若已知至少一張超過 10 點（含 10 點），求沒有一張點數小於 7（含 7 點）之機率（規定 A 為 14 點）。（列組合式即可）

3. 設有 6 個袋子，其中一袋含 8 白球 4 黑球，二袋含 6 白球 6 黑球，三袋含 4 白球 8 黑球，任取一袋然後從該袋中取 3 球得 2 白球，1 黑球，問所抽之一袋含 8 白球 4 黑球之機率。

4. 利用二項展開式導出：

(a) $\sum_{r=0}^{n}\binom{a}{r}\binom{b}{n-r}=\binom{a+b}{n}$ （提示：應用 $(1+t)^a(1+t)^b=(1+t)^{a+b}$）

(b) $\sum_{r=0}^{n}\binom{n}{r}\binom{n}{n-r}=\binom{2n}{n}$

(c) $\sum_{v=0}^{n}\dfrac{(2n)!}{(v!)^2[(n-v)!]^2}=\binom{2n}{n}^2$

5. 一袋中含有 a 個紅球 b 個黑球，任取 n 個球放於一旁，不計色彩，（$0<n<\min(a,b)$）然後再從剩下來的 $a+b-n$ 個球中任取 1 球，求其為紅球之機率。

6. $h(x\,;n,N,k)=\dfrac{\binom{k}{x}\binom{N-k}{n-x}}{\binom{N}{n}}$ ，$x=0,1,2\cdots n$，$x\le k$ 且 $n-x\le N-k$

試證 $h(x+1\,;n,N,k)=\dfrac{(n-x)(k-x)}{(x+1)(N-k-n+x+1)}h(x\,;n,N,k)$

7. 求證 $\sum_{x=0}^{n}x(x-1)\binom{a}{x}\binom{b}{n-x}=a(a-1)\binom{a+b-2}{n-2}$

4.2 Bernoulli 試行及其有關之機率分配

有許多像擲銅板這類**試行**（trial），每次試行之結果只有兩種（如「如正面或反面」，「成功」或「失敗」）且每次試行之結果互為獨立，即每次試行發生之結果均不受上次試行之影響，且每次試行發生之機率均不變，對具有這種特質之試行，我們稱之為 Bernurlli 試行。

本節所述之分布，如 Bernoulli 分配、二項分配、**幾何分配**（geometric distribution）及**負二項分配**（negative binomial distribution）均與 Bernoulli 試行有關。

Bernoulli 分配

定義

4.2-1

若 $r.v.\,X$ 之 $p.\,d.\,f$ 為

$$f(x) = \begin{cases} p^x q^{1-x} & x = 0, 1\,; p+q=1 \\ 0 & \text{其它} \end{cases}$$

則稱 X 服從母數為 p 之 Bernoulli 分配，通常以 $b(1,p)$ 表示。

定理 4.2-1　若 $r.v.\,X \sim b(1,p)$ 則 $E(e^{tX}) = pe^t + q$，$\mu = p$，$\sigma^2 = pq$

證

$$m(t) = E(e^{tX}) \sum_{x=0}^{1} e^{tx} p^x (1-p)^{1-x} = (1-p) + pe^t = pe^t + q$$

$$\mu = m'(0) = pe^t]_{t=0} = p,\ m''(0) = pe^t]_{t=0} = p$$

$$\therefore \sigma^2 = m''(0) - [m'(0)]^2 = p - p^2 = pq$$

二項分配

定理
4.2-2

重複進行某實驗 n 次，設每次實驗成功之機率均為 p，失敗之機率為 $1-p=q$，則此 n 次實驗中恰有 k 個成功之機率為

$$\binom{n}{k}p^k(1-p)^{n-k}$$

證

令 $A=$ 實驗成功之事件

$\overline{A}=$ 實驗失敗之事件

在 n 次實驗中，若前 k 次是成功而後 $n-k$ 次為失敗，則

$$P\underbrace{[A\cap\cdots\cap A\cdots}_{k\text{ 個}}\cap\underbrace{\overline{A}\cap\cdots\overline{A}]}_{n-k\text{ 個}}$$

$$=P(A)\cdots P(A)\cdot P(\overline{A})P(\overline{A})\cdots P(\overline{A})$$

$$=p^kq^{n-k}, q=1-p$$

k 個 A 及 $n-k$ 個 $\overline{A}$ 有 $\binom{n}{k}$ 個選法，故在 n 次實驗中有 k 次成功之機率為

$$\binom{n}{k}p^kq^{n-k}=\binom{n}{k}p^k(1-p)^{n-k}$$ ∎

定義

4.2-2

若 $r.v.X$ 之 $p.d.f$ 為

$$f(x)=\binom{n}{k}p^k(1-p)^{n-k}, x=0,1,2\cdots n$$

則稱 $r.v.X$ 服從母數為 n,p 之二項分配，以 $X\sim b(x;n,p)$ 表之，在不致混淆之情況下，亦可逕以 $X\sim b(n,p)$ 表之。

二項分配之重要性質

> **定理 4.2-3** 若 $r.v. X \sim b(n,p)$ 則 $m(t) = (pe^t + q)^n$
>
> $\mu = np$，$\sigma^2 = npq$

▣ **證**

（見 2.4 節作業第 3 題）

> **定理 4.2-4** 若 X, Y 為二獨立 $r.v.$，$X \sim b(n,p)$，$Y \sim b(m,p)$
>
> 則 $Z = X + Y \sim b(z; m+n, p)$

▣ **證**

$$E(e^{tZ}) = E(e^{t(X+Y)}) = E(e^{tX}) E(e^{tY})$$
$$= (pe^t + q)^n \cdot (pe^t + q)^m = (pe^t + q)^{n+m}$$
$$\therefore Z = X + Y \sim b(z; m+n, p)$$ ■

此定理又稱為二項分配之加法性，上述結果可推廣到 n 個二項隨機數之加法性。

Bernonlli 分配相當於 $n=1$，發生機率為 p 之二項分配。若自 $b(1,p)$ 抽出 $X_1, X_2, \cdots X_n$ 為一組隨機樣本，則 $Y = X_1 + X_2 + \cdots X_n \sim b(y; n, p)$，因此我們可建立下列定理：

> **定理 4.2-5** 自 $b(1,p)$ 抽出 $X_1, X_2, \cdots X_n$ 為一隨機樣本，則 $Y = X_1 + X_2 + \cdots X_n \sim b(y; n, p)$

▣ **證**

$$\because E(e^{tX}) = \sum_{x=0}^{1} e^{tx} p^x q^{1-x} = pe^t + q$$
$$E(e^{tY}) = E(e^{tY}) = E(e^{t\Sigma X_i}) = \prod_{i=1}^{n} E(e^{tX_i}) = (pe^t + q)^n$$

故 $Y \sim b(y; n, p)$ ■

○ **例 1** A,B 二人作擲骰子遊戲，A 擲 6 粒骰子，若至少出現 1 次么點則 A 勝，B 擲 12 粒骰子，若 B 至少擲出 2 次么點則 B 勝，問 A,B 何者之勝算較大？

解

$$A 之成功率 = 1 - P(X=0) = 1 - \binom{6}{0}\left(\frac{1}{6}\right)^0\left(\frac{5}{6}\right)^6 = 1 - \left(\frac{5}{6}\right)^6 \fallingdotseq 0.6651$$

$$B 之成功率 = 1 - P(X \le 1) = 1 - \left[\binom{12}{0}\left(\frac{1}{6}\right)^0\left(\frac{5}{6}\right)^{12} + \binom{12}{1}\left(\frac{1}{6}\right)\left(\frac{5}{6}\right)^{11}\right]$$

$$= 1 - \left[\left(\frac{5}{6}\right)^{12} + 2\left(\frac{5}{6}\right)^{11}\right] \fallingdotseq 1 - 0.3814 = 0.6186$$

$\therefore A$ 之勝算較大。

○ **例 2** 擲一骰子 10 次，已知至少出現一次么點下，求么點至少出現 2 次（含）以上之機率

解

令 X = 出現么點之次數

$$\therefore P(X \ge 2 \mid X \ge 1) = \frac{P(X \ge 1 \ 且 \ X \ge 2)}{P(X \ge 1)} = \frac{P(X \ge 2)}{P(X \ge 1)}$$

$$= \frac{1 - P(X=0) - P(X=1)}{1 - P(X=0)}$$

$$= \frac{1 - \left[\binom{10}{0}\left(\frac{1}{6}\right)^0\left(\frac{5}{6}\right)^{10} + \binom{10}{1}\left(\frac{1}{6}\right)\left(\frac{5}{6}\right)^9\right]}{1 - \binom{10}{0}\left(\frac{1}{6}\right)^0\left(\frac{5}{6}\right)^{10}}$$

$$= \frac{1 - \left(\frac{5}{6}\right)^{10} - 10\left(\frac{1}{6}\right)\left(\frac{5}{6}\right)^9}{1 - \left(\frac{5}{6}\right)^{10}} = 1 - \frac{10 \times 5^9}{6^{10} - 5^{10}}$$

○ 例 3　若 $r.v. X \sim b(x; n, p)$，求 $E(X | X \geq 2)$

■ 解

$$\because f(x | x \geq 2) = \frac{f(x)}{1 - F(1)} ; F(x) \text{為} X \text{之分配函數}$$

$$\therefore E(X | X \geq 2) = \frac{\sum_{k=2}^{n} k \binom{n}{k} p^k (1-p)^{n-k}}{1 - \binom{n}{0} p^0 (1-p)^n - \binom{n}{1} p (1-p)^{n-1}}$$

$$= \frac{np - \sum_{k=0}^{1} k \binom{n}{k} p^k (1-p)^{n-k}}{1 - (1-p)^n - np(1-p)^{n-1}}$$

$$= \frac{np - np(1-p)^{n-1}}{1 - (1-p)^n - np(1-p)^{n-1}}$$

超幾何分配與二項分配之關係

定理 4.2-6	$\dfrac{\binom{a}{x}\binom{b}{n-x}}{\binom{a+b}{n}} \quad \underset{\substack{N \to \infty \\ (N = a+b)}}{\xrightarrow{p = \frac{a}{a+b}}} \quad \binom{n}{x} p^x (1-p)^{n-x}$

■ 證

$$\frac{\binom{a}{x}\binom{b}{n-x}}{\binom{a+b}{n}} = \frac{\dfrac{a!}{x!(a-x)!} \cdot \dfrac{b!}{(b-n+x)!(n-x)!}}{\dfrac{(a+b)!}{n!(a+b-n)!}}$$

$$= \frac{n!}{x!(n-x)!} \cdot \frac{(a+b-n)! \, a! \, b!}{(a-x)!(b-n+x)!(a+b)!}$$

$$= \binom{n}{x} \frac{a(a-1)\cdots(a-x+1) \cdot b(b-1)\cdots(b-n+x+1)}{(a+b)(a+b-1)\cdots(a+b-n+1)}$$

$$= \binom{n}{x} \frac{a(a-1)\cdots(a-x+1) \cdot b(b-1)\cdots(b-n+x+1)}{N(N-1)\cdots(N-n+1)}$$

$$= \binom{n}{x} \left[\frac{a}{N} \cdot \frac{a-1}{N-1} \cdots \cdot \frac{a-x+1}{N-x+1} \right] \left[\frac{b}{N-x} \cdot \frac{b-1}{N-x-1} \cdots \cdot \frac{b-n+x+1}{N-n+1} \right]$$

$$= \binom{n}{x} \left[\frac{a}{N} \frac{\frac{a}{N} - \frac{1}{N}}{1 - \frac{1}{N}} \cdots \frac{\frac{a}{N} - \frac{x-1}{N}}{1 - \frac{x-1}{N}} \right] \left[\frac{b}{N} \frac{\frac{b}{N} - \frac{1}{N}}{1 - \frac{x}{N}} \frac{\frac{b}{N} - \frac{n-x-1}{N}}{1 - \frac{x+1}{N}} \cdots \frac{\frac{b}{N} - \frac{n-x-1}{N}}{1 - \frac{n-1}{N}} \right]$$

$$N = a + b \to \infty \text{ 時} \frac{a}{N} \to p, \frac{b}{N} \to p, p + q = 1$$

$\therefore$ 上式 $= \binom{n}{x} p^x q^{n-x}$ ∎

上個定理指出：雖然二項分配與超幾何分配之最大差別在於試行進行方式不同，前者係以抽出放回方式而後者則採抽出不放回方式，但當 N 很大時，超幾何分配竟趨近於二項分配，亦即在 N 很大時超幾何分配之機率值可以用二項分配近似求得，兩者差距極微。

⚙ **例 4** 一袋中有 3000 個紅球、2000 個白球，從中任取 3 球，問其中有 2 紅球 1 白球之機率。

解

(一)用超幾何分配：

$$P(R=2, W=1) = \frac{\binom{3000}{2}\binom{2000}{1}}{\binom{5000}{3}} \fallingdotseq 0.2160576\cdots$$

(二)用二項分配：

令 P 表抽出紅球之機率，$p = \frac{3000}{3000+2000} = \frac{3}{5}$，則抽出白球之機率 $q = 1 - p = \frac{2}{5}$

$$P(R=2, W=1) = \binom{3}{2}\left(\frac{3}{5}\right)^2\left(\frac{1}{5}\right) = \frac{27}{125} \fallingdotseq 0.216$$

Bernoulli 大數法則

定理 4.2-7 設 $r.v.\ Y$ 為在 n 次獨立試行中成功之次數，p 為每次實驗之成功機率，即 $Y \sim b(n, p)$，則

$$\lim_{n \to \infty} P\left(\left|\frac{Y}{n} - p\right| \geq \varepsilon\right) = 0 \left(\frac{Y}{n} \text{可視為成功之相對次數}\right)$$

證

$$P\left(\left|\frac{Y}{n} - p\right| < \varepsilon\right) = P(|Y - np| < n\varepsilon)$$

$$= P\left(|Y - np| < \frac{\sqrt{n}\varepsilon}{\sqrt{pq}} \cdot \sqrt{npq}\right)$$

$$= P\left(|Y - \mu| < \frac{\sqrt{n}\varepsilon}{\sqrt{pq}} \cdot \sigma\right) \geq 1 - \frac{1}{\left(\frac{\sqrt{n}\varepsilon}{\sqrt{pq}}\right)^2}$$

$$= 1 - \frac{pq}{n\varepsilon^2} \quad (\text{根據 Chebyshev 不等式})$$

$$\therefore \lim_{n \to \infty} P\left(\left|\frac{Y}{n} - p\right| < \varepsilon\right) = \lim_{n \to \infty}\left(1 - \frac{pq}{n\varepsilon^2}\right) = 1$$

從而 $\lim_{n \to \infty} P\left(\left|\frac{Y}{n} - p\right| \geq \varepsilon\right) = 0$ ∎

Bernoulli 大數法則只是許多著名之大數法則中的一種。

Bernoulli 大數法則亦可用下面這種方式表達：若 $\{X_n\}$ 為獨立 $r.v.$ 敘列，X_n 服從 Bernoulli 分布，則對任意給定之正數 ε 而言

$$P\left(\left|\frac{X_1 + X_2 + \cdots + X_n}{n} - p\right| < \varepsilon\right) = 1$$

亦即 $\dfrac{X_1 + X_2 + \cdots + X_n}{n}$ 機率收斂於 p。

○ **例 5** 若 $r.v.\ X \sim b(200, p)$ 依(a)$p = 0.6$ (b)p 未知，分別用大數法則求 $P\left(\left|\dfrac{X}{200} - p\right| < 0.05\right)$ 之下界。

解

(a)$X \sim b(200, 0.6)$

$$pq = 0.6 \times 0.4 = 0.24$$

在本例中 $\varepsilon = 0.05$ $\therefore P\left(\left|\dfrac{X}{200} - p\right| < 0.05\right) \geq 1 - \dfrac{pq}{n\varepsilon^2}$

$$= 1 - \dfrac{0.24}{200 \times 0.05^2}$$

$$= 0.52$$

(b)當 p 未知時，我們可用 $p = \dfrac{1}{2}$ 時 pq 為極大之事實：

$$\varepsilon = 0.05，p = q = \dfrac{1}{2}$$

$$\therefore P\left(\left|\dfrac{X}{200} - p\right| < 0.05\right) \geq 1 - \dfrac{pq}{n\varepsilon^2} = 1 - \dfrac{\dfrac{1}{2} \times \dfrac{1}{2}}{200 \times 0.05^2} = 0.5$$

在第一章我們已知道若 A 為一樣本空間之一事件，則 A 發生之頻率具穩定性，即 A 發生之頻率越接近某個固定數值，這個固定數值即為 A 發生之機率。當重複獨立試行之次數增加時，這種現象益加明顯，Bernoulli 大數法則即針對上述事實提供了理論依據。

多項分配

> **定義**
>
> **4.2-3**
>
> 設實驗之 k 種結果 $E_1, E_2, \cdots E_k$ 發生之機率分別為 $p_1, p_2, \cdots \cdots p_k$
> $(p_1 + p_2 + \cdots + p_k = 1)$，而隨機變數 $X_1, X_2, \cdots X_k$ 分表其發生次數，則
> $X_1, X_2, \cdots X_k$ 之聯合機率函數為
>
> $$f(x_1, x_2, \cdots x_k) = \binom{n}{x_1, x_2, \cdots x_k} p_1^{x_2} p_2^{x_2} \cdots p_k^{x_k}$$
>
> $$x_1 + x_2 + \cdots + x_k = n$$
>
> $$\binom{n}{x_1, x_2, \cdots x_k} = \dfrac{n!}{x_1! \, x_2! \cdots x_k!}$$
>
> 該分配稱為**多項分配**（multionmial distribution）。

由定義，可導證 $X_i \sim b(x_i, n, p_i)$

○ **例6** 若 $n \to \infty$，$p_i \to 0$ 且 $np_i \to \lambda_i$，$i = 1, 2$，試證

$$\binom{n}{x_1, x_2, n - x_1 - x_2} p_1^{x_1} p_2^{x_2} p_3^{n - x_1 - x_2} \to \frac{\lambda_1^{x_1} \lambda_2^{x_2}}{x_1! \, x_2!} e^{-(\lambda_1 + \lambda_2)}, \quad x_1 + x_2 \leq n$$

■ **解**

$$\binom{n}{x_1, x_2, n - x_1 - x_2} p_1^{x_1} p_2^{x_2} p_3^{n - x_1 - x_2}$$

$$= \frac{n!}{x_1! \, x_2! (n - x_1 - x_2)!} \left(\frac{\lambda_1}{n}\right)^{x_1} \left(\frac{\lambda_2}{n}\right)^{x_2} \left(\frac{\lambda_3}{n}\right)^{n - x_1 - x_2}$$

$$= \frac{n!}{x_1! \, x_2! (n - x_1 - x_2)!} \frac{\lambda_1^{x_1} \lambda_2^{x_2}}{n^{x_1 + x_2}} \left(1 - \frac{\lambda_1 + \lambda_2}{n}\right)^{n - x_1 - x_2}$$

$$= \frac{n!}{x_1! \, x_2! (n - x_1 - x_2)!} \frac{\lambda_1^{x_1} \lambda_2^{x_2}}{n^{x_1 + x_2}} \left(1 - \frac{\lambda_1 + \lambda_2}{n}\right)^{n} \left(1 - \frac{\lambda_1 + \lambda_2}{n}\right)^{-(x_1 + x_2)}$$

$$\lim_{n \to \infty} \frac{\lambda_1^{x_1} \lambda_2^{x_2}}{x_1! \, x_2!} \frac{n(n-1)(n-2)\cdots(n - x_1 - x_2 + 1)}{n \cdot n \cdot n \cdots n} \left(1 - \frac{\lambda_1 + \lambda_2}{n}\right)^{n} \left(1 - \frac{\lambda_1 + \lambda_2}{n}\right)^{-(x_1 + x_2)}$$

$$= \frac{\lambda_1^{x_1} \lambda_2^{x_2}}{x_1! \, x_2!} \lim_{n \to \infty} \frac{n}{n} \cdot \frac{n-1}{n} \frac{n-2}{n} \cdots \frac{n - x_1 - x_2 + 1}{n} \cdot \lim_{n \to \infty} \left(1 - \frac{\lambda_1 + \lambda_2}{n}\right)^{n}$$

$$\lim_{n \to \infty} \left(1 - \frac{\lambda_1 + \lambda_2}{n}\right)^{-(x_1 + x_2)}$$

$$= \frac{\lambda_1^{x_1} \lambda_2^{x_2}}{x_1! \, x_2!} e^{-(\lambda_1 + \lambda_2)}$$

幾何分配與負二項分配

本節我們將討論與 Bernoulli 試行有關之另一組機率分配：幾何分配與負二項分配

幾何分配與負二項分配之關係猶如 Bernonlli 分配與二項分配之關係。

幾何分配

獨立重複進行某種試行，若每次試行成功之機率均為 p，失敗之機率為 $q(q = 1 - p)$，進行此試行直到第一次成功為止，若 X 表示所需試行之次數，則 X 為一 $r.v.$，且 $P(X = k) = pq^{k-1}$，$k = 1, 2 \cdots\cdots$ 因此有下列定義

定義

4.2-4

設一 $r.v.X$ 之 $p.m.f.$ 為 $\quad f(x) = \begin{cases} pq^{x-1}, & x=1,2\cdots\cdots,p+q=1 \\ 0 & \text{其它} \end{cases}$

則稱 $r.v.X$ 服從母數為 p 之**幾何分配**（geometric distribution）

幾何分配密度還有另一種形式，即

$$f(x) = \begin{cases} pq^x, & x=0,1,2\cdots\cdots,p+q=1 \\ 0 & \text{其它} \end{cases}$$

當然，這種函數形式之幾何分配與定義中之幾何分配在意義上是不同的。

負二項分配

獨立進行某種試行，第 r 次成功（r 為固定值）恰於第 n 次試行時發生，假定每次試行成功之機率為 p，失敗之機率為 q，$p+q=1$ 且 $1>p>0$，若隨機變數 X 為此種試行所需進行之次數，則 $P(X=n)$ 可用下述方法得到：

$P(X=n) = P$（第 n 次試行成功，且在前 $n-1$ 次試行中成功了 $r-1$ 次）

$\qquad = P$（第 n 次試行成功）P（前 $n-1$ 次試行中成功了 $r-1$ 次）

$\qquad = p \cdot \binom{n-1}{r-1} p^{r-1} q^{n-r} = \binom{n-1}{r-1} p^r q^{n-r}$

因此有下列定義

定義

4.2-5

設 $r.v.X$ 其 $p.d.f.$ 為 $\quad f(x) = \begin{cases} \binom{x-1}{r-1} p^r q^{x-r}, & x=r,r+1,r+2\cdots\cdots \\ 0 & , \text{其它} \end{cases}$

則稱 $r.v.X$ 服從母數為 r、p 之負二項分配。

以 $X \sim NB(x;r,p)$ 表之

> **預備定理 4.2-1** 設 $f(x)=(1-x)^{-r}$，則 $(1-x)^{-r}=\sum\limits_{k=0}^{\infty}\binom{r+k-1}{r-1}x^k$，$|x|<1$

證

$$f(x)=(1-x)^{-r}$$

$$f'(x)=r(1-x)^{-(r+1)}$$

$$f''(x)=r(r+1)(1-x)^{-(r+2)}$$

如此，我們可得一般化結果 $f^{(n)}(x)=r(r+1)\cdots\cdots(r+n-1)(1-x)^{-(r+n)}$

$\therefore f^{(n)}(0)=r(r+1)\cdots\cdots(r+n-1)=(r+n-1)!/(r-1)!$

由此可得 $f(x)=(1-x)^{-r}=1+\dfrac{(r+1-1)!}{(r-1)!\,1!}x+\dfrac{(r+2-1)!}{(r-1)!\,2!}x^2+\cdots+$

$$\dfrac{(r+k-1)!}{(r-1)!\,k!}x^k+\cdots=\sum_{k=0}^{\infty}\binom{r+k-1}{r-1}x^k$$

讀者可由微積分之**比較審斂法**（comparison test）知上述冪級數在 $|x|<1$ 時為收斂。

我們將利用此結果證明

$$f(x)=\binom{x-1}{r-1}p^r q^{x-r}，x=r,r+1,r+2\cdots\cdots 滿足\ p.d.f.條件。$$

① $f(x)\geq 0$，$x=r,r+1,\cdots\cdots$ 顯然成立。

② $\sum\limits_{x=r}^{\infty}\binom{x-1}{r-1}p^r q^{x-r}\overset{y=x-r}{=\!=\!=}\sum\limits_{y=0}^{\infty}\binom{y+r-1}{r-1}p^r q^{y+r-r}$

$$=p^r\sum_{y=0}^{\infty}\binom{y+r-1}{r-1}q^y=p^r(1-q)^{-r}=1$$

> **定理 4.2-8** 若 $r.v.\ X\sim NB(x;r,p)$ 則 $(1)\,m(t)=\dfrac{(pe^t)^r}{(1-qe^t)^r}$，$t<-\ln q$
>
> $(2)\,E(X)=\dfrac{r}{p}$
>
> $(3)\,V(X)=\dfrac{rq}{p^2}$

證

$$m(t) = \sum_{x=r}^{\infty} e^{tx} \binom{x-1}{r-1} p^r q^{x-r}$$

$$= \sum_{x=r}^{\infty} \binom{x-1}{r-1} (pe^t)^r (qe^t)^{x-r}$$

$$= (pe^t)^r \sum_{x=r}^{\infty} \binom{x-1}{r-1} (qe^t)^{x-r}$$

$$= \frac{(pe^t)^r}{(1-qe^t)^r} \ , \ t < -\ln q$$

取 $C(t) = \ln m(t)$

$$= r\ln p + rt - r\ln(1-qe^t)$$

$$\therefore \mu = C'(0) = r + \frac{rqe^t}{1-qe^t}\bigg|_{t=0} = r + \frac{rq}{p} = \frac{r}{p}$$

$$\sigma^2 = C''(0) = \frac{d}{dt}\left[r + \frac{rqe^t}{1-qe^t}\right]\bigg|_{t=0} = \frac{rq}{p^2}$$

定理
4.2-9
（負二項分配之加法性）：

若 $r.v. X \sim NB(x;r_1,p)$，$Y \sim NB(y;r_2,p)$ 若 X, Y 獨立則

$Z = X + Y \sim NB(z;r_1+r_2,p)$

證

$$M_{X+Y}(t) = E(e^{t(X+Y)}) = E(e^{tX})E(e^{tY})$$

$$= \frac{(pe^t)^{r_1}}{(1-qe^t)^{r_1}} \cdot \frac{(pe^t)^{r_2}}{(1-qe^t)^{r_2}}$$

$$= \frac{(pe^t)^{r_1+r_2}}{(1-qe^t)^{r_1+r_2}}$$

$$\therefore Z \sim NB(z;r_1+r_2,p)$$

上述定理可一般化成：若 $X_1, X_2, \cdots X_n$ 為服從 $NB(x_i;r_i,p)$ 之獨立隨機變數，則 $Y = X_1 + X_2 + \cdots X_n \sim NB(y;r_1+r_2+\cdots r_n,p)$

負二項分配在應用時，可直接用圖解配合二項分配即可迎刃而解。

☆ **例 6** 設一骰子其擲出出現么點之機率為 p

求(a)第一次么點在第 6 次擲出

(b)第三次么點在第 6 次擲出

▣ **解**

(a)$P = P$（前 5 次均未擲出么點且

第 6 次擲出么點）

$= P$（前 5 次均未擲出么點）P（第 6 次擲出么點）

$= \binom{5}{0} p^0 (1-p)^5 \cdot p = p(1-p)^5$

(b)P（前 5 次擲出 2 個么點且第

6 次擲出么點）

$= P$（前 5 次擲出 2 個么點）P（第 6 次擲出么點）

$= \binom{5}{2} p^2 (1-p)^3 \cdot p = 10p^3(1-p)^3$

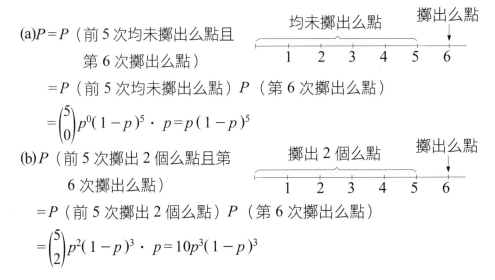

負二項分配與幾何分配之關係

> **定理 4.2-10** 若 $r.v. X_i , i=1,2\cdots n$ 均獨立服從母數為 p 之幾何分配，則 $Y = \sum\limits_{i=1}^{n} X_i \sim NB(y;n,p)$

▣ **證**

$r.v. X$ 之 p.d.f. 為 $f(x) = \begin{cases} pq^{x-1}, & x=1,2\cdots\cdots \\ 0 & \text{其它} \end{cases}$ 則 $r.v. X$ 之動差母函數

$m(t) = \sum\limits_{x=1}^{\infty} e^{tx} pq^{x-1} = \frac{p}{q} \sum\limits_{x=1}^{\infty} (qe^t)^x = \frac{p}{q} \frac{qe^t}{1-qe^t} = \frac{pe^t}{1-qe^t}$

$\therefore E(e^{tY}) = E(e^{t\sum\limits_{i=1}^{n} X}) = \left(\frac{pe^t}{1-qe^t}\right)^n \sim NB(y;n,p)$

習題 *4-2*

1. 試證 $b(x;n,p)=b(n-x;n,1-p)$。

2. 試證 $\sum_{v=0}^{k} b(v;m,p)b(k-v;n,p)=b(k;m+n,p)$。

3. 計算以下各題之機率（假定各試行成功機率均為 p 之 Bernoulli 試行）

   (a)15 次試行中恰有 3 次成功

   (b)第 1 次成功恰在第 15 次試行時發生

   (c)第 5 次成功恰在第 15 次試行時發生

   (d)前 15 次試行中至少有 4 次成功下，其成功次數有 8 次

   (e)第 1 次成功發生在第 5 次，第 2 次成功發生在第 15 次

   (f)15 次試行中至少發生一次下，成功次數之條件期望值

4. 擲一對均勻骰子，$r.v.X$ 為第一次點數和 7 出現所需擲出之次數，求 $E(X)$。

5. 若 $r.v.X$ 之 $m(t)=(0.8+0.2\,e^t)^{100}$，求 $P(8\le X\le 32)$ 之下界。

6. $r.v.X\sim b(n,p)$，求 $E(t^X)$。

7. 若 $r.v.X,Y$ 為二獨立隨機變數，$X\sim b(x;m,p)$，$Y\sim b(y;n,p)$，求
   $E(X|X+Y=s)$。

8. 設 X,Y 均獨立服從 $f(x)=pq^x, x=0,1,2\cdots$ 之幾何分配，求
   $P(X=k|X+Y=n)$。

9. 若 $r.v.X$ 服從母數為 p 之幾何分配，取 $Y = \dfrac{X}{n}$，$\lambda = np$，則當 n 很大時，試證

$P(Y \leq a) \approx 1 - e^{-\lambda a}$。

10. 若 X, Y 均獨立服從 $g(x) = pq^x$，$x = 0, 1, 2 \cdots$ 求 $Y - X$ 之分配。

4.3 卜瓦松分配，指數分配與 Gamma 分配

定義

4.3-1

設一隨機變數 X 之機率密度函數為下列形式：

$$P(X=x)=\frac{e^{-\lambda}\lambda^x}{x!} \ , \ x=0\,,1\,,2\cdots \ (\text{以 } P_0(x;\lambda) \text{ 或 } P_0(\lambda) \text{ 表之})$$

則稱 X 為服從母數是 λ 之**卜瓦松分配**（Poisson distribution）

就實務上，$n \geq 20$，$p \leq 0.05$ 之二項分配可近似地以卜瓦松分配來近似求解。在 $n \geq 100$ 及 $np \leq 10$ 時二項分配用卜瓦松分配之計算結果相當接近。卜瓦松分配多應用在稀少事件之機率分配研究上。

卜瓦松分配之重要性質

定理 4.3-1 若 $r.v.X \sim P_0(x;\lambda)$，則 $m(t)=e^{\lambda(e^t-1)}$ 且 $\mu=\sigma^2=\lambda$

證明見 2.4 節例 18

定理 4.3-2 若 X,Y 為二獨立隨機變數，$r.v.X \sim P_0(x;\lambda)$，$r.v.Y \sim P_0(y;\mu)$，則 $Z=X+Y \sim P_0(z;\lambda+\mu)$。此即卜瓦松分配之加法性

證

$$E(e^{tZ})=E(e^{t(X+Y)})=E(e^{tX})E(e^{tY})=e^{\lambda(e^t-1)} \cdot e^{\mu(e^t-1)}$$
$$=e^{(\lambda+\mu)(e^t-1)} \quad \therefore Z \sim P_0(z;\lambda+\mu)$$

例 1 若 $r.v.X \sim P_0\left(x;\frac{1}{2}\right)$，$r.v.Y \sim P_0\left(y;\frac{1}{4}\right)$，$X,Y$ 為二獨立隨機變數，求 (a)$Z=X+Y$ 之 p.d.f.　(b)$E(Z)$

解

(a)$Z = X + Y \sim P_0\left(z\,;\frac{1}{2}+\frac{1}{4}\right) = P_0\left(z\,;\frac{3}{4}\right)$

(b)$E(Z) = \frac{3}{4}$ （或$E(Z) = E(X+Y) = E(X) + E(Y) = \frac{1}{2}+\frac{1}{4}=\frac{3}{4}$）

卜瓦松分配在應用上必須先確定λ值（$\lambda = np$)後才能求機率。

○ 例2 某工廠每二個月發生一次意外，假定各個意外是獨立發生，求(a)一年平均發生意外之次數，(b)每年意外次數標準差，(c)對某特定月，無意外發生之機率。

解

(a)$\lambda = np = 12 \times \frac{1}{2} = 6$

（平均2個月發生一次意外相當於1個月發生0.5次意外）

(b)$\sigma = \sqrt{\lambda} = \sqrt{6}$

(c)$P(X=0) = 0.0025$（查表）

定理 4.3-3　當$n \to \infty$時，$np \to \lambda < \infty$則二項分配之極限為卜瓦松分配，即

$$\lim_{\substack{n \to \infty \\ np \to \lambda}} \binom{n}{x} p^x (1-p)^{n-x} \approx \frac{e^{-\lambda}\lambda^x}{x!}$$

證

令$\lambda = np$，即$p = \frac{\lambda}{n}$，代入二項分配：

$$\binom{n}{x} p^x (1-p)^{n-x} = \binom{n}{x}\left(\frac{\lambda}{n}\right)^x\left(1-\frac{\lambda}{n}\right)^{n-x}$$

$$= \frac{n!}{x!(n-x)!} \cdot \frac{\lambda^x}{n^x} \cdot \left(1-\frac{\lambda}{n}\right)^{n-x}$$

$$= \frac{n \cdot (n-1)\cdots(n-x+1)}{x!}\frac{\lambda^x}{n^x}\left(1-\frac{\lambda}{n}\right)^{n-x}$$

$$\therefore \lim_{n \to \infty} \binom{n}{x} p^x (1-p)^{n-x}$$

$$= \lim_{n \to \infty} \frac{n \cdot (n-1) \cdots (n-x+1)}{x!} \cdot \frac{\lambda^x}{n^x} \left(1 - \frac{\lambda}{n}\right)^{n-x}$$

$$= \lim_{n \to \infty} \frac{n(n-1) \cdots (n-x+1)}{n^x} \cdot \frac{\lambda^x}{x!} \left(1 - \frac{\lambda}{n}\right)^n \left(1 - \frac{\lambda}{n}\right)^{-x}$$

$$= \lim_{n \to \infty} \left[1 \cdot \left(\frac{n-1}{n}\right) \cdots \left(1 - \frac{x-1}{n}\right) \right] \cdot \frac{\lambda^x}{x!} \cdot \lim_{n \to \infty} \left(1 - \frac{\lambda}{n}\right)^n \cdot \lim_{n \to \infty} \left(1 - \frac{\lambda}{n}\right)^{-x}$$

$$= \frac{\lambda^x e^{-\lambda}}{x!}$$

當 n 很大，p 很小時，二項分配之機率可用卜瓦松分配求解。

○ **例 3** 若某鎮共有 50000 戶，每天每戶火災之機率為 $p = \frac{1}{10000}$，求某天該鎮有 2 戶失火之機率。

解

(一)用二項分配：$P(X=2) = \binom{50000}{2} \left(\frac{1}{10000}\right)^2 \left(\frac{9999}{10000}\right)^{49998}$

(二)用卜瓦松分配：$\lambda = 50000 \times \frac{1}{10000} = 5$

$$\therefore P(X=2) = \left. \frac{e^{-\lambda}\lambda^x}{x!} \right|_{x=2} = \frac{e^{-5} 5^2}{2!} = 0.084 \ (查表)$$

○ **例 4** 若 $r.v.\ X, Y$ 為二獨立之卜瓦松隨機變數，$X \sim P_0(x; \lambda)$，$Y \sim P_0(y; \mu)$，求 $E(X | X+Y=n)$

解

先求 $P(X=k | X+Y=n)$

$$P(X=k | X+Y=n) = P(X=k \ 且 \ X+Y=n) \, / \, P(X+Y=n)$$

$$= P(X=k, Y=n-k) \, / \, P(X+Y=n)$$

$$= P(X=k) P(Y=n-k) \, / \, P(X+Y=n) \cdots\cdots ※$$

$$\because Z = X+Y \sim P_0(z; \lambda+\mu)$$

$$\therefore ※ = \frac{\dfrac{e^{-\lambda}\lambda^k}{k!} \dfrac{e^{-\mu}\mu^{n-k}}{(n-k)!}}{\dfrac{e^{-(\lambda+\mu)}(\lambda+\mu)^n}{n!}} = \frac{n!}{k!(n-k)!} \frac{\lambda^k \mu^{n-k}}{(\lambda+\mu)^n} = \binom{n}{k} \left(\frac{\lambda}{\lambda+\mu}\right)^k \left(\frac{\mu}{\lambda+\mu}\right)^{n-k}$$

$$= \binom{n}{k}\left(\frac{\lambda}{\lambda+\mu}\right)^k\left(1-\frac{\lambda}{\lambda+\mu}\right)^{n-k} \text{，即 } b\left(z\,;\,n\,,\frac{\lambda}{\lambda+\mu}\right)$$

$$\text{得 } E(X|X+Y=n)=n \cdot \frac{\lambda}{\lambda+\mu}=\frac{n\lambda}{\lambda+\mu}$$

○ 例 5 求卜瓦松分配之眾數

◎ 解

設眾數發生在 $x=k$ 處，則

(1) $P(X=k) \geq P(X=k-1) \Rightarrow \dfrac{e^{-\lambda}\lambda^k}{k!} \geq \dfrac{e^{-\lambda}\lambda^{k-1}}{(k-1)!} \therefore \lambda \geq k$

且 (2) $P(X=k) \geq P(X=k+1) \Rightarrow \dfrac{e^{-\lambda}\lambda^k}{k!} \geq \dfrac{e^{-\lambda}\lambda^{k+1}}{(k+1)!} \therefore k+1 \geq \lambda$

由 (1)，(2) $P_0(\lambda)$ 之眾數為 $k=[\lambda]$，$[x]$ 表最大整數函數。

例如： $P(X=x) = \dfrac{e^{-3.1}(3.1)^x}{x!}$，$x=0,1,2\cdots$ 之眾數在 $x=3$ 處

要注意的是，因為卜瓦松分配是離散型隨機變數，因此我們不可用微分法求其相對極值，（因為微分學有一定理：若 $f(x)$ 不連續則不可微分），例 5 是求離散型 $r.v.$ 機率分配眾數之標準解法。

指數分配

定義

4.3-2

若 $r.v.X$ 之 p.d.f.為 $f(x)=\begin{cases} \dfrac{1}{\lambda}e^{-\frac{x}{\lambda}}, & x>0 \\ 0, & \text{其它} \end{cases}$

則稱 $r.v.X$ 服從期望值（平均數）為 λ 之**指數分配**（exponential distribution），以 $X\sim Exp(\lambda)$ 表之。

指數分配還有一種形式為 $f(x)=\begin{cases} \lambda e^{-\lambda x}, & x>0 \\ 0, & \text{其它} \end{cases}$，這種形式之指數分配

之期望值（平均數）為 $\frac{1}{\lambda}$，它常用在卜瓦松過程之等候問題。

定理 4.3-4 　若 $r.v.X \sim Exp(\lambda)$ 則 $\mu = E(X) = \frac{1}{\lambda}$，$\sigma^2 = \frac{1}{\lambda}$，$m(t) = \frac{1}{1 - \lambda t}$，$\frac{1}{\lambda} > t$

證

$m(t) = E(e^{tX}) = \int_0^\infty e^{tx} \frac{1}{\lambda} e^{-\frac{x}{\lambda}} dx = \frac{1}{\lambda} \int_0^\infty e^{-(\frac{1}{\lambda} - t)x} dx = \frac{1}{\lambda} \frac{\lambda}{1 - \lambda t} = \frac{1}{1 - \lambda t}$（上述積分僅在 $\frac{1}{\lambda} - t > 0$ 時收斂）， $\frac{1}{\lambda} > t$

取累差 $c(t) = \ln m(t) = -\ln|1 - \lambda t|$

$\therefore \mu = \frac{d}{dt} c(t) \Big|_{c=0} = \frac{d}{dt}(-\ln|1 - \lambda t|) \Big|_{t=0} = \frac{1}{\lambda}$

$\sigma^2 = \frac{d^2}{dt^2} c(t) \Big|_{t=0} = \frac{d^2}{dt^2}(-\ln|1 - \lambda t|) \Big|_{t=0} = \frac{1}{\lambda^2}$

定義 4.3-3

若一 $r.v.X$ 滿足 $P(X > s + t | X > s) = P(X > t)$，則稱 $r.v.X$ 有**無記憶性**（memoryless）

定理 4.3-5 　若且惟若 $r.v.X \sim Exp(\lambda)$ 則 X 滿足無記憶性。

證

充分性：

$P(X > s + t | X > s) = \frac{P(X > s + t \text{ 且 } X > s)}{P(X > s)} = \frac{P(X > s + t)}{P(X > s)} = \frac{\int_{s+t}^\infty \frac{1}{\lambda} e^{-\frac{x}{\lambda}} dx}{\int_s^\infty \frac{1}{\lambda} e^{-\frac{x}{\lambda}} dx}$

$= \frac{-e^{-\frac{x}{\lambda}}\Big]_{s+t}^\infty}{-e^{-\frac{x}{\lambda}}\Big]_s^\infty} = \frac{e^{-(s+t)/\lambda}}{e^{-s/\lambda}} = e^{-t/\lambda}$

$P(X > t) = \int_t^\infty \frac{1}{\lambda} e^{-\frac{x}{2}} dx = -e^{-\frac{x}{\lambda}}\Big]_t^\infty = e^{-t/\lambda}$

$$\therefore P(X>S+t\,|\,X>s)=P(x>t)$$ ∎

本定理必要性之證明因涉及微分方程式，故證明從略。

○ **例 6** 一燈泡之壽命服從平均數為 500 小時之指數分配，若該燈泡已使用超過了 400 小時，求使用能超過 600 小時之機率。

▥ **解**

令 X 為燈泡使用之壽命，$f(x)=\dfrac{1}{500}e^{-\frac{x}{500}}$

$$P(X>600\,|\,X>400)=P(X>200)=e^{-\frac{200}{500}}=e^{-\frac{2}{5}}$$

○ **例 7** 若 $r.v.X$ 之 p.d.f. 為

$$f(x)=\frac{1}{4}e^{-\frac{x}{4}}\ ,\ x>0\ ,\ 求(a)P(X>2\,|\,X>0)\quad(b)P(X=2\,|\,X>0)$$

(c)$P(X>2\,|\,X<1)$　　(d)$P(X<2\,|\,X>0)$

▥ **解**

(a)$P(X>2\,|\,X>0)=P(X>2)=e^{-\frac{2}{4}}=e^{-\frac{1}{2}}$

(b)$P(X=2\,|\,X>0)=0$

(c)$P(X>2\,|\,X<1)=\dfrac{P(X>2\ 且\ X<1)}{P(X<1)}=\dfrac{P(\phi)}{P(X<1)}=0$

(d)$P(X<2\,|\,X>0)=1-P(X>2\,|\,X>0)=1-e^{-\frac{1}{2}}$

Gamma 分配

┌───┐
◆ **定義**

4.3-4

若 $r.v.X$ 之 p.d.f. 為

$$f(x)=\begin{cases}\dfrac{1}{\beta^{\alpha}\Gamma(\alpha)}x^{\alpha-1}e^{-x/\beta} & x>0\\[2mm] 0 & 其它\end{cases}$$

則稱 $r.v.X$ 服從母數為 $\alpha\,\beta$ 之 Gamma 分配，$r.v.X\sim G(\alpha,\beta)$ 表之
└───┘

Gamma 分配之性質

> **定理 4.3-6**　若 $r.v. X \sim G(\alpha, \beta)$ 則動差母函數 $m(t)$ 為
>
> $$m(t) = E(e^{tX}) = (1 - \beta t)^{-\alpha} \ , \ t < \frac{1}{\beta} \ , \ \mu = \alpha\beta \ , \ \sigma^2 = \alpha\beta^2$$

證

$$m(t) = \int_0^\infty \frac{e^{tx}}{\Gamma(\alpha)\beta^\alpha} x^{\alpha-1} e^{-\frac{x}{\beta}} dx$$

$$= \frac{1}{\Gamma(\alpha)\beta^\alpha} \int_0^\infty x^{\alpha-1} e^{-\left(\frac{1}{\beta} - t\right)x} dx$$

$$= \frac{1}{\Gamma(\alpha)\beta^\alpha} \cdot \frac{\Gamma(\alpha)}{\left(\frac{1}{\beta} - t\right)^\alpha}$$

$$= \frac{1}{(1 - \beta t)^\alpha}$$

$$E(X) = \frac{d \ln m(t)}{dt}\bigg|_{t=0} = \alpha\beta$$

$$V(X) = \frac{d^2 \ln m(t)}{dt^2}\bigg|_{t=0} = \alpha\beta^2 \qquad \blacksquare$$

由函數結構觀之，指數分配相當於 $\alpha = 1$ 之 Gamma 分布。

（不同自由度之 Gamma 分配）

○ **例 8**　若 r.v. X 之 $E(X^n) = (n+1)!$ 求 X 服從何分配？

解

在解本例，我們要應用定理 2.4-13：

$$m(t) = \sum_{n=0}^\infty E(X^n)\frac{t^n}{n!} = \sum_{n=0}^\infty (n+1)!\frac{t^n}{n!} = \sum_{n=0}^\infty (n+1)t^n$$

$$令 \ T = \sum_{n=0}^\infty (n+1)t^n = 1 + 2t + 3t^2 + \cdots\cdots$$

$$-) \ tT = \qquad\qquad t + 2t^2 + \cdots\cdots$$

$$\overline{\qquad\qquad\qquad\qquad\qquad\qquad\qquad\qquad}$$

$$(1-t)T = \qquad\quad 1 + t + t^2 + \cdots\cdots = \frac{1}{1+t}$$

$$\therefore T = \frac{1}{(1-t)^2} \ , \ 即 \ m(t) = \frac{1}{(1-t)^2}$$

由定理 4.3-6 知 r.v. $X \sim G(2, 1)$

定理 4.3-7 若 $X_i \sim G(\alpha_i, \beta)$，$i = 1, 2 \cdots n$ 為獨立隨機變數，則 $Y = \sum\limits_{i=1}^{n} X_i \sim G\left(\sum\limits_{i=1}^{n} \alpha_i, \beta\right)$

證

$$E(e^{tY}) = E(e^{t(X_1 + X_2 + \cdots + X_n)}) = \prod_{i=1}^{n} E(e^{tX_i}) = \prod_{i=1}^{n}(1 - \beta t)^{-\alpha_i} = (1 - \beta t)^{-\sum \alpha_i}$$

$$\therefore Y \sim G\left(\sum_{i=1}^{n} \alpha_i, \beta\right)$$

定理 4.3-8 若 $X_1, X_2 \cdots X_n$ 均獨立服從平均數為 $\dfrac{1}{\lambda}$ 之指數分配，則 $Y = \sum\limits_{i=1}^{n} X_i \sim G(n, \lambda)$。

證

$\because$ 平均數為 $\dfrac{1}{\lambda}$ 之指數分配，相當於 $G(1, \lambda)$

$\therefore \sum\limits_{i=1}^{n} X_i \sim G(n, \lambda)$

習題 *4-3*

1. $r.v. X \sim \text{Exp}\left(\frac{1}{\lambda}\right)$，求 $E(X|X>1)$。

2. $r.v. X$ 之 p.d.f. 為 $f(x)=\lambda e^{-\lambda x}$，$x>0$，$Y=\min(X,3)$，求 Y 之分配函數，又它是否為連續函數？

3. $r.v. X, Y$ 之結合分配
$$F(x,y)=\begin{cases}1-e^{-0.001x}-e^{-0.001y}+e^{0.01(x+y)}, & x\geq 0, y\geq 0\\ 0 & ,其它\end{cases}$$
(a)X, Y 是否獨立；(b) 求 $P(X>500, Y>500)$；(c) $P(X>500|Y>500)$；(d) $P(X\geq Y)$

4. 若 $r.v. X$ 服從母數為 m 之卜瓦松分配，試證
$$P(0<X<2(m+1))\geq \frac{m}{m+1}$$

5. 設 $r.v. X, Y$ 之 j.p.d.f. 為
$$P(X=m, Y=n)=\frac{\lambda^n p^m(1-p)^{n-m}}{m!(n-m)!}e^{-\lambda}, \lambda>0, 1>p>0, m=0,1,2\cdots, n=0,1,2\cdots m$$
求 X, Y 之邊際密度函數。

6. $r.v. X \sim P_0(x;\lambda)$，求 $E\left(\frac{1}{1+X}\right)$

7. 若給定 λ 下 X 之條件分配為母數是 λ 之卜瓦松分配，又 $h(\lambda)=\frac{e^{-\theta\lambda}\theta^n\lambda^{n-1}}{\Gamma(n)}$，$\lambda>0$，求 $P(X=k)$。

8. 若修理機器所需時間 T 是服從平均數為 $\frac{1}{3}$ 小時之指數分配，T 為隨機變數，求 (a) 修理時間超過 $\frac{1}{3}$ 小時之機率；(b) 若修理時間超過 1 小時下，求修理時間超過 $\frac{4}{3}$ 小時之機率。

9. 若 X, Y 分別為服從平均數為 $\frac{1}{\lambda}$，$\frac{1}{\mu}$ 之指數分配之二獨立 $r.v.$，求 $P(X < Y)$。

10. $r.v. X_1, X_2$ 獨立服從 $\mathrm{Exp}\left(\frac{1}{\lambda}\right)$，求 $Y = \frac{X_1}{X_2}$ 及 $Y_2 = X_1 + X_2$ 之邊際分配。

11. 台北市火災發生次數 X 是服從卜瓦松分配，其平均數為 1 天 1 次，求 (a) 一週內發生火災超過 8 次（含）之機率；(b) 兩次火災時間間隔不超過 3 天之機率。

12. X, Y 為二獨立 $r.v.$，X, Y 分別服從平均數為 2, 3 之指數分配，求 $Z = X + Y$ 之 p.d.f.。

13. 若 $r.v. X \sim Be(m, n)$，求 $E(X)$ 及 $V(X)$。

14. 試證 $\sum\limits_{x=0}^{k-1} \binom{n}{x} p^x q^{n-x} = \frac{\Gamma(n+1)}{\Gamma(k)\Gamma(n-k+1)} \int_p^1 z^{k-1}(1-z)^{n-k} dz$，$k, x, n \in N$，$n$ 為定值。

15. 試證

$$\int_\mu^\infty \frac{1}{\Gamma(k)} z^{k-1} e^{-z} dz = \sum\limits_{x=0}^{k-1} \frac{e^{-\mu}\mu^x}{x!}，x, k \in N$$

4.4 常態分配

常態分配之定義

> **定義**
>
> **4.4-1**
>
> 若 $r.v. X$ 服從期望值為 μ，變異數為 σ^2 之常態分配，意指 X 之 $p.d.f.$
> 為
>
> $$f(x) = \begin{cases} \dfrac{1}{\sqrt{2\pi}\sigma} e^{-\frac{(x-\mu)^2}{2\sigma^2}}, & x \in R \\[2mm] 0 & \text{其它} \end{cases}$$
>
> 通常以 $X \sim n(\mu, \sigma^2)$ 表之。

常態分配之特徵數

> **定理** 設 $r.v. X \sim n(\mu, \sigma^2)$ 則 X 之動差母函數 $m(t)$ 為
> **4.4-1**
> (1) $m(t) = \exp\left(\mu t + \dfrac{1}{2}\sigma^2 t^2\right)$, $\forall t \in R$ (2) $E(X) = \mu$，$V(X) = \sigma^2$

證（見第 2.4 節例 9）

例 1 若一 $r.v. X$ 滿足：$E(X^{2n+1}) = 0$，$E(X^{2n}) = \dfrac{(2n)!}{2^n(n!)}$，$n = 0, 1, 2, \cdots$，利

用 $m_X(t) = \displaystyle\sum_{n=0}^{\infty} E(X^n) \dfrac{t^n}{n!}$ 之性質證明 $X \sim n(0, 1)$

解

$$m_X(t) = \sum_{n=0}^{\infty} E(X^n) \frac{t^n}{n!}$$

$$= 1 + E(X)t + E(X^2)\frac{t^2}{2!} + E(X^3)\frac{t^3}{3!} + E(X^4)\frac{t^4}{4!} + \cdots\cdots$$

$$= 1 + 0 + \frac{2!}{2(1!)} \cdot \frac{t^2}{2!} + 0 + \frac{4!}{2^2(2!)} \cdot \frac{t^4}{4!} + 0 + \frac{6!}{2^3(3!)} \cdot \frac{t^6}{6!} + \cdots\cdots$$

$$= 1 + \frac{1}{1!}\left(\frac{t^2}{2}\right) + \frac{1}{2!}\left(\frac{t^2}{2}\right)^2 + \frac{1}{3!}\left(\frac{t^2}{2}\right)^3 + \cdots\cdots$$

$$= e^{\frac{t^2}{2}}$$

$$\therefore r.v. X \sim n(0,1)$$

所有連續型 $p.d.f.$ 中以常態分配最為重要，其主要性質有：

1. **標準化之常態分配**（standarized normal distribution）之 $\mu = 0$，$\sigma = 1$ 以 $n(0,1)$ 表之，其分配函數以 $N(x)$ 表之，即

$$N(x) = \int_{-\infty}^{x} \frac{1}{\sqrt{2\pi}} e^{-\frac{t^2}{2}} dt$$

定理 4.4-2　若 $X \sim n(u, \sigma^2)$ 取 $Z = \dfrac{X - \mu}{\sigma}$ 則 $Z \sim n(0,1)$

■ 證

$$\because Z = \frac{X - \mu}{\sigma}, \ \left|\frac{dx}{dz}\right| = \sigma$$

$$\therefore f(z) = \sigma \cdot \frac{1}{\sqrt{2\pi}\sigma} e^{-\frac{z^2}{2}}$$

$$= \frac{1}{\sqrt{2\pi}} e^{-\frac{z^2}{2}}, \ \infty > z > -\infty$$

本書所附之常態曲線面積表之機率值就是用標準常態分配求出的。

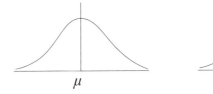

$$\because X \sim n(\mu, \sigma^2) \quad \therefore Z = \frac{X - \mu}{\sigma} \sim n(0,1)$$

$$P(X < x_2) = P\left(\frac{X - \mu}{\sigma} < \frac{x_2 - \mu}{\sigma}\right) = P\left(Z < \frac{x_2 - \mu}{\sigma}\right)$$

$$= N\left(Z < \frac{x_2 - \mu}{\sigma}\right) = N(z_2)$$

同理　$P(X<x_1)=P\left(Z<\dfrac{x_1-\mu}{\sigma}\right)=N\left(\dfrac{x_1-\mu}{\sigma}\right)=N(z_1)$

則　　$\begin{aligned}P(x_1<X<x_2)&=P(X<x_2)-P(X<x_1)\\&=N\left(\dfrac{x_2-\mu}{\sigma}\right)-N\left(\dfrac{x_1-\mu}{\sigma}\right)\\&=N(z_2)-N(z_1)\end{aligned}$

2. $n(\mu,\sigma^2)$ 為對稱於 $x=\mu$ 之**鐘形分配**（bell-shaped distribution），$n(0,1)$則對稱於 y 軸之鐘形分配，因此其分配函數有 $N(-x)=1-N(x)$ 之性質，此性質在查表中極具功用。

◎ **例 2**　若 $X\sim n(18,2.5^2)$求(a)$P(X<15)$，(b)$P(X<K)=0.2578$ 之 K，(c)$P(17<X<21)$。

解

$$\begin{aligned}(a)\,P(X<15)&=P\left(\dfrac{X-18}{2.5}<\dfrac{15-18}{2.5}\right)\\&=P(Z<-1.2)=N(-1.2)\\&=0.1151\end{aligned}$$

$$\begin{aligned}(b)\,P(X<K)&=P\left(\dfrac{X-\mu}{\sigma}<\dfrac{K-18}{2.5}\right)=P\left(Z<\dfrac{K-18}{2.5}\right)=0.2578\\&=N(-0.65)\end{aligned}$$

即 $\dfrac{K-18}{2.5}=-0.65\quad\therefore K=16.375$

$$\begin{aligned}(c)\,P(17<X<21)&=P(X<21)-P(X<17)\\&=P\left(\dfrac{X-18}{2.5}<\dfrac{21-18}{2.5}\right)-P\left(\dfrac{X-18}{2.5}<\dfrac{17-18}{2.5}\right)\\&=N(1.2)-N(-0.4)=0.8849-0.3446=0.5403\end{aligned}$$

◎ **例 3**　若隨機變數 X 服從 $\mu=75$，$\sigma^2=25$ 之常態分配，求 $P(X>80\,|\,X>77)$。

解

$$P(X>80\,|\,X>77)=\dfrac{P(X>77\ \text{且}\ X>80)}{P(X>77)}=\dfrac{P(X>80)}{P(X>77)}$$

$$= \frac{1-P(X<80)}{1-P(X<77)} = \frac{1-N\left(\frac{80-75}{5}\right)}{1-N\left(\frac{77-75}{5}\right)}$$

$$= \frac{1-N(1)}{1-N(0.4)} = \frac{1-0.841}{1-0.655} = 0.461$$

◎ **例 4** 設 X_1, X_2 均獨立服從 $n(0,1)$，若 $Y_1 = \frac{1}{\sqrt{2}}(X_1+X_2)$，

$Y_2 = \frac{1}{\sqrt{2}}(X_1-X_2)$ 求 Y_1, Y_2 之 j.p.d.f.？又 Y_1, Y_2 是否獨立？

解

$$\begin{cases} y_1 = \frac{1}{\sqrt{2}}(x_1+x_2) & \therefore x_1 = \frac{1}{\sqrt{2}}(y_1+y_2) \\ y_2 = \frac{1}{\sqrt{2}}(x_1-x_2) & x_2 = \frac{1}{\sqrt{2}}(y_1-y_2) \end{cases} \quad , |J| = \begin{vmatrix} \frac{1}{\sqrt{2}} & \frac{1}{\sqrt{2}} \\ \frac{1}{\sqrt{2}} & -\sqrt{2} \end{vmatrix}_+ = 1$$

$$f(x_1, x_2) = \frac{1}{2\pi} e^{-\frac{x_1^2+x_2^2}{2}}$$

得 $f(y_1, y_2) = \frac{1}{2\pi} e^{-\frac{\left(\frac{1}{\sqrt{2}}(y_1+y_2)\right)^2 + \left(\frac{1}{\sqrt{2}}(y_1-y_2)\right)^2}{2}} \cdot 1$

$$= \frac{1}{2\pi} e^{-(y_1^2+y_2^2)/2}$$

$$\therefore f_{Y_1}(y_1) = \int_{-\infty}^{\infty} \frac{1}{2\pi} e^{-\frac{y_1^2+y_2^2}{2}} dy_2 = \frac{1}{\sqrt{2\pi}} e^{-\frac{y_1^2}{2}}, \ \infty > y_1 > -\infty$$

同法

$$f_{Y_2}(y_2) = \frac{1}{\sqrt{2\pi}} e^{-\frac{y_2^2}{2}}, \ \infty > y_2 > -\infty$$

$\because f_{Y_1, Y_2}(y_1, y_2) = f_{Y_1}(y_1) f_{Y_2}(y_2)$

$\therefore Y_1$, Y_2 為獨立

習題 *4-4*

1.若 $r.v. X \sim n(\mu, \sigma^2)$，求 $E(|X - \mu|)$。

2.若 $r.v. Y$ 在 $b > y > a$ 時之 $p.d.f.$ 為

$$g(y) = \frac{n(y)}{N(b) - N(a)} , n(y) = \frac{1}{\sqrt{2\pi}} e^{-\frac{y^2}{2}} , \infty > y > -\infty$$

$$N(y) = \int_{-\infty}^{y} \frac{1}{\sqrt{2\pi}} e^{-\frac{t^2}{2}} dt , 試證 E(Y) = \frac{n(a) - n(b)}{N(b) - N(a)}$$

3.若 X_1, X_2 為服從 $n(0, 1)$ 之二獨立 $r.v.$，求 $Y = \frac{X_1}{X_2}$ 之 p.d.f.。

4.若 X_1, X_2 為服從 $n(0, 1)$ 之二獨立 $r.v.$，令 $Y = X_1^2 + X_2^2$，$Z = \frac{X_1}{\sqrt{X_1^2 + X_2^2}}$，試證 Y, Z 為獨立。

5. $r.v. X \sim n(\mu, \sigma^2)$，則 $Y = e^X$ 之 p.d.f. 為**對數常數分配**（lognormal distribution），求 Y 之 p.d.f.，$E(Y)$ 與 $v(Y)$。

6.若 $r.v. X \sim n(\mu, \sigma^2)$ 求 $\sigma^2 \to 0$ 時之機率分配。

7.若 $r.v. X, Y$ 均獨立服從 $n(\mu, \sigma^2)$，試證 $E[\max(X, Y)] = \mu + \frac{\sigma}{\sqrt{\pi}}$
（提示：$\max(X, Y) = (X + Y|X - Y|) / 2$）

8.試證若 $r.v. X \sim n(0, 1)$ 則 $P(X \geq a) \leq e^{-at}$

4.5 一致分配

一致分配（uniform distribution）又譯等分配、均等分配、矩形分配，分為離散型一致分配與連續型一致分配兩種。

定義

4.5-1

(1)X為連續型隨機變數，若X之$p.d.f.$為

$$f(x) = \begin{cases} \dfrac{1}{\beta - \alpha} & \beta \geq x \geq \alpha \\ \\ 0 & 其它 \end{cases}$$

則稱$r.v.X$為布於$[\alpha, \beta]$間之一致分配記做$r.v.X \sim U(\alpha, \beta)$。

(2)X為離散型隨機變數，若X之$p.d.f.$為

$$f(x) = \begin{cases} \dfrac{1}{n} & x = x_1, x_2 \cdots \cdots x_n \\ \\ 0 & 其它 \end{cases}$$

則稱$r.v.X$為離散型之一致隨機變數。

○ **例 1** 若$r.v.X \sim U(\alpha, \beta)$則$m(t) = \begin{cases} \dfrac{e^{\beta t} - e^{\alpha t}}{(\beta - \alpha)t} & , t \neq 0 \\ \\ 0 & , t = 0 \end{cases}$

$$E(X) = \frac{\alpha + \beta}{2} \ , \ V(X) = \frac{(\alpha - \beta)^2}{12}$$

證

$$m(t) = \int_\alpha^\beta \frac{1}{\beta - \alpha} e^{tx} \, dx = \frac{e^{\beta t} - e^{\alpha t}}{(\beta - \alpha)t} \ , \ t \neq 0$$

$t = 0$ 時 $\lim_{t \to 0} m(t) = 0$

$$E(X) = \int_\alpha^\beta x \left(\frac{1}{\beta - \alpha} \right) dx = \frac{\alpha + \beta}{2}$$

$$V(X) = E(X^2) - [E(X)]^2 = \int_\alpha^\beta x^2 \left(\frac{1}{\beta - \alpha} \right) dx - \left(\frac{\alpha + \beta}{2} \right)^2$$

$$= \frac{(\alpha - \beta)^2}{12}$$

○ 例2　1, 2,⋯n 中任取一數 X，再由 1, 2,⋯X 中任取一數 Y，求 E(Y)。

○ 解

$$E(Y) = \sum_y yP(Y=k|X=x)P(X=x)$$
$$= \sum_{x=1}^{n} \sum_{y=1}^{x} y \cdot \frac{1}{x} \cdot \frac{1}{n}$$
$$= \sum_{x=1}^{n} \frac{x(x+1)}{2} \cdot \frac{1}{x} \cdot \frac{1}{n} = \frac{1}{2n}\sum_{x=1}^{n}(x+1)$$
$$= \frac{1}{2n}\left[\frac{n(n+1)}{2}+n\right] = \frac{n+3}{4}$$

○ 例3　設 A, B 二人約在 12：30PM 在某地見面，若 A 在 12：15PM 至 12：
　　　45PM 間到達，B 在 12：00PM 至 13：00PM 間到達，假設他們到達
　　　時間均分別獨立服從均等分配求：
　　　(a)二人等候時間不超過 5 分鐘之機率
　　　(b)A 先到之機率

○ 解

設 X 為表 A 到時間之 r.v., X~U(15, 45)，Y 為 B 到之時間，Y~U(0, 60)

(a)$P = P(|X-Y| \le 5) = P(-5 \le X-Y \le 5) = \dfrac{\text{圖 } a \text{ 斜線面積}}{\text{矩形面積}} = \dfrac{1}{6}$

(b)$P = P(Y \ge X) = \dfrac{\text{圖 } b \text{ 斜線面積}}{\text{矩形面積}} = \dfrac{1}{2}$

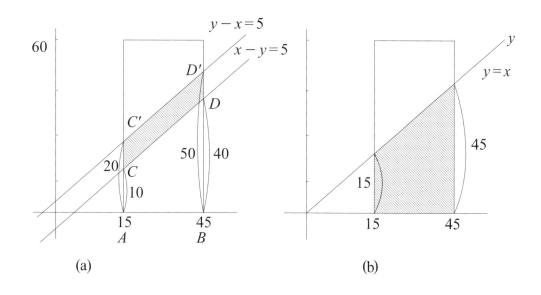

(a)　　　　　　　　　　　(b)

習題 4-5

1. 若 $r.v.X \sim U(0, a)$，取 $Y = \min\left(X, \dfrac{a}{2}\right)$，求 $E(Y)$。

2. $r.v.X$，Y 均獨立服從 $U(-1, 1)$，求 z 之二次方程式 $z^2 + Xz + Y = 0$ 有實根之機率。

3. $r.v.X$ 之 p.d.f.為 $f(x) = \begin{cases} \dfrac{1}{n}, & x = 1, 2, \cdots\cdots n \\ 0, & \text{其它} \end{cases}$，

   求證 $E\left[kX^{k-1} + \binom{k}{2}X^{k-2} + \cdots\cdots + 1 \right] = \dfrac{(n+1)^k - 1}{n}$

4. 設 $r.v.X$ 之 pdf 為 $f(x) = e^{-X}(1 - e^{-X})^{-2}$，$\infty > X > -\infty$，求 $Y = (1 - e^{-X})^{-1}$ 之 pdf。

5. 設 $r.v.X$ 平均數為 $\dfrac{1}{\lambda}$ 之指數分配，求 $Y = 1 - e^{-\lambda X}$ 之 p.d.f.。

6. 設 $r.v.X$，平均獨立服從 $U(a, b)$，求 $T = max(X, Y)$ 之 p.d.f.。

7. 承上題求 $W = \min(X, Y)$ 之 p.d.f.。

8. 若 X, Y 均獨立服從 $U(0, 1)$，求 $T = \dfrac{X}{Y}$ 之 p.d.f.。

9. $Z \sim n(0, 1)$，$N(z) = \displaystyle\int_{-\infty}^{z} \dfrac{1}{\sqrt{2\pi}} e^{-\frac{x^2}{2}} dx$ 求 $E(N(z))$。

4.6 二元常態分配

定義

4.6-1

二元隨機變數 (X, Y) 若其 jpdf 如下式，則稱 (X, Y) 服從二元常態分配：

$$f(x, y) = \frac{1}{2\pi \sigma_1 \sigma_2 \sqrt{1 - \rho^2}} \exp\left(-\frac{q}{2}\right)$$

$$q = \frac{1}{1 - \rho^2}\left[\left(\frac{x - \mu_1}{\sigma_1}\right)^2 - 2\rho\left(\frac{x - \mu_1}{\sigma_1}\right)\left(\frac{y - \mu_2}{\sigma_2}\right) + \left(\frac{y - \mu_2}{\sigma_2}\right)^2\right]$$

由上述定義我們要導出以下諸基本性質：

(a) $f(x, y)$ 為一結合機率密度函數。

(b) $X \sim n(\mu_1, \sigma_1^2)$，$Y \sim n(\mu_1, \sigma_2^2)$

先證(b)

(b) 在定義式中令 $z_1 = \dfrac{x - \mu_1}{\sigma_1}$，$z_2 = \dfrac{x - \mu_2}{\sigma_2}$ 行變數變換則

$$f(z_1, z_2) = \frac{1}{2\pi \sqrt{1 - \rho^2}} \exp\left\{-\frac{1}{2(1 - \rho^2)}[z_1^2 - 2\rho z_1 z_2 + z_2^2]\right\}$$

$$\infty > z_1 > -\infty，\infty > z_2 > -\infty$$

$$\therefore f_1(z_1) = \int_{-\infty}^{\infty} \frac{1}{2\pi \sqrt{1 - \rho^2}} \exp\left\{\frac{-1}{2(1 - \rho^2)}[(z_2 - \rho z_1)^2 - \rho^2 z_1^2 + z_1^2]\right\} dz_2$$

$$= \frac{1}{\sqrt{2\pi}} e^{-\frac{z_1^2}{2}} \left\{\underbrace{\int_{-\infty}^{\infty} \frac{1}{\sqrt{2\pi} \sqrt{1 - \rho^2}} \exp\left[\frac{-(z_2 - \rho z_1)^2}{2(1 - \rho^2)}\right] dz_2}_{\int_{-\infty}^{\infty} n\left(\rho z_1, \frac{1}{1 - \rho^2}\right) dz_2 = 1}\right\} \cdots\cdots **$$

$$= \frac{1}{\sqrt{2\pi}} e^{-\frac{z_1^2}{z}}，\infty > z_1 > -\infty \text{ 即 } Z_1 \sim n(0, 1)$$

得 r. v. $X \sim n(\mu_1, \sigma_1^2)$

同法可證 r. v. $Y \sim n(\mu_2, \sigma_2^2)$

(a)$\because f(x,y) \geq 0$ 又由(b)易得 $\int_{-\infty}^{\infty}\int_{-\infty}^{\infty} f(x,y)\,dx\,dy = 1$

$\therefore f(x,y)$ 為 X, Y 之 j. p. d. f.

(c)$E(Y|x) = \mu_2 + \rho\dfrac{\sigma_2}{\sigma_1}(x - \mu_1)$ 及 $E(X|y) = \mu_1 + \rho\dfrac{\sigma_1}{\sigma_2}(y - \mu_2)$

$V(Y|x) = \sigma_2^2(1 - \rho^2)$，$V(X|y) = \sigma_1^2(1 - \rho^2)$

證　令 $u = \dfrac{x - \mu_1}{\sigma_1}$，$v = \dfrac{y - \mu_2}{\sigma_2}$ 　　　　　　　　(1)

則 $f(y|x) = \dfrac{f(x,y)}{f_1(x)}$

$$= \dfrac{\dfrac{1}{2\pi\sigma_1\sigma_2\sqrt{1-\rho^2}}\exp\left\{-\dfrac{1}{2(1-\rho^2)}[u^2 - 2\rho uv + v^2]\right\}}{\dfrac{1}{\sqrt{2\pi}\sigma_1}\cdot\exp\left(-\dfrac{u^2}{2}\right)}$$

$$= \dfrac{1}{\sqrt{2\pi}\sigma_2\sqrt{1-\rho^2}}\exp\left\{-\dfrac{1}{2}\left[\dfrac{v - \rho u}{\sqrt{1-\rho^2}}\right]^2\right\} \cdots\cdots\cdots(2)$$

代(1)入(2)得

$$(2) = \dfrac{1}{\sigma_2\sqrt{2\pi}\sqrt{1-\rho^2}}\exp\left\{\dfrac{-1}{2}\left[\dfrac{y - (\mu_2 + \rho\dfrac{\sigma_2}{\sigma_1}(x - \mu_1))}{\sigma_2\sqrt{1-\rho^2}}\right]^2\right\}$$

即　$Y|x \sim n(\mu_2 + \dfrac{\sigma_2}{\sigma_1}\rho(x - \mu_1), \sigma_2^2(1 - \rho^2))$

故　$E(Y|x) = \mu_2 + \rho\dfrac{\sigma_2}{\sigma_1}(x - \mu_1)$ 與 $V(Y|x) = \sigma_2^2(1 - \rho^2)$

同法　$E(X|y) = \mu_1 + \rho\dfrac{\sigma_1}{\sigma_2}(y - \mu_2)$ 與 $V(X|y) = \sigma_1^2(1 - \rho^2)$

◎ 例 1　已知 X，Y 為二變量常態分配，其母數為 $\mu_X = 1$，$\mu_Y = 0$，$\sigma_X = 5$，

$\sigma_Y = 3$ 及 $\rho = \dfrac{1}{3}$ 求(a)$P(3 < X < 8)$，(b)$P(3 < Y < 8 | X = 6)$

解

(a)$X \sim n(1, 25)$

$\therefore P(3 < X < 8) = P\left(\dfrac{3 - 1}{5} < \dfrac{X - 1}{5} < \dfrac{8 - 1}{5}\right)$

$$= P(0.4 < Z < 1.4) = 0.919 - 0.655 = 0.264$$

(b) $Y|x \sim n\left(\mu_Y + \dfrac{\sigma_Y}{\sigma_x}\rho(x - \mu_x), \sigma_Y^2(1 - \rho^2)\right)$

$$\mu_Y + \frac{\sigma_Y}{\sigma_x}\rho(x - \mu_x) = 0 + \frac{3}{5} \times \frac{1}{3}(7 - 2) = 1$$

$$\sigma_Y^2(1 - \rho^2) = 9\left(1 - \left(\frac{1}{9}\right)\right) = 8$$

$$\therefore Y|_{x=7} \sim n(1, 8)$$

$P(3 < Y < 8 | x = 7)$ 相當於求 "若 $W \sim n(1, 8)$ 則 $P(3 < W < 8) = ?$"

$$P(3 < W < 8) = P\left(\frac{3 - 1}{\sqrt{8}} < \frac{W - 1}{\sqrt{8}} < \frac{8 - 1}{\sqrt{8}}\right)$$

$$\doteqdot N(2.47) - N(0.71)$$

$$= 0.9932 - 0.7611 = 0.2321$$

例 2　$f(x, y) = c\exp[(-x^2 + xy - 4y^2)/2]$，$\infty > x$，$y > \infty$ 為一 p.d.f. 求 c 及 $f_2(y)$

解

$$\int_{-\infty}^{\infty} \int_{-\infty}^{\infty} c\exp\left(-\frac{x^2 - xy + 4y^2}{2}\right)dx\,dy$$

$$= \int_{-\infty}^{\infty} \int_{-\infty}^{\infty} \exp\left[-\frac{\left(x - \frac{y}{2}\right)^2 + \frac{15}{4}y^2}{2}\right]dx\,dy$$

$$= c\int_{-\infty}^{\infty} \int_{-\infty}^{\infty} \exp\left\{-\frac{\left(x - \frac{y}{2}\right)^2}{2}\right\}dx\,\exp\left(-\frac{15}{8}y^2\right)dy$$

$$= c\sqrt{2\pi}\int_{-\infty}^{\infty} \exp\left(-\frac{15}{8}y^2\right)dy$$

$$= 2\sqrt{2\pi}\int_{0}^{\infty} e^{-\frac{15}{8}y^2}dy$$

$$= 2\sqrt{2\pi} \cdot \frac{\Gamma\left(\frac{1}{2}\right)}{2\left(\frac{15}{8}\right)^{\frac{1}{2}}}c$$

$$= \frac{4\pi}{\sqrt{15}}c = 1$$

$$\therefore c = \frac{\sqrt{15}}{4\pi}$$

$$f_2(y) = c \int_{-\infty}^{\infty} e^{-\frac{x^2 - xy + 4y^2}{2}} dx$$

$$= c \int_{-\infty}^{\infty} e^{-\frac{\left(x - \frac{y}{2}\right)^2 + \frac{15}{4}y^2}{2}} dx$$

$$= c e^{-\frac{15}{8}y^2} \int_{-\infty}^{\infty} e^{-\frac{\left(x - \frac{y}{2}\right)^2}{2}} dx$$

$$= \frac{\sqrt{15}}{4\pi} \cdot e^{-\frac{15}{8}y^2} \sqrt{2\pi}$$

$$= \frac{1}{\sqrt{2\pi} \frac{2}{\sqrt{15}}} e^{-\frac{y^2}{2(4/15)}} \quad 即 \quad Y \sim n\left(0, \frac{4}{15}\right)$$

定理 4.6-1　$f(x, y)$為一二元常態分配如定義 4.6-1，則 $m(t_1, t_2) = \exp\{\mu_1 t_1 + \mu_2 t_2 + \frac{1}{2}(\sigma_1^2 t_1^2 + \sigma_2^2 t^2 + 2\rho\sigma_1\sigma_2 t_1 t_2)\}$

▥ 證

讀者可由 $m(t_1, t_2) = \int_{-\infty}^{\infty} \int_{-\infty}^{\infty} e^{t_1 x + t_2 y} f(x, y) dx dy$ 即可證出。

推論 4.6-1-1　隨機變數(X, Y)服從二元常態分配如定義 4.6-1，若且惟若 $\rho = 0$ 則 X, Y為獨立。

▥ 證

由定理 4.6-1 立即得出。

習題 *4-6*

1.若一二變量常態分配之 $\mu_1 = \mu_2 = 0$，$\rho = 0$，$\sigma_1 = \sigma_2 = 16$，求
   (a)$P(X \le 8, Y \le 8)$，(b)$P\{X^2 + Y^2 \le 64\}$

2.求例 2 之 $f_1(x)$

3.若 $\mu_X = -3$，$\mu_Y = 4$，$\sigma_X = 4$，$\sigma_Y = 3$，$\rho = \dfrac{4}{5}$，求
   (a)$E(Y|x)$ (b)$V(Y|x)$ (c)$f(y|x)$ (d)$f_1(x)$ (e)$P(5 > X > -7)$ (f)$f_2(y)$
   (g)$P(16 > Y > 7)$ (h)$E(X|y)$ (i)$E(X|y) = ay + b$，$E(Y|x) = cx + d$ 驗 證
   $\rho^2 = ac$ (j)驗證 $E(E(Y|X)) = E(Y)$ (k)$V(E(Y|X)) + E(V(Y|X)) = \sigma_r^2$

4.若(X, Y)為服從二元常態分配如定義 4.6-1，求 $Z = aX + bY + 1$ 之機率分配，
   a, b, c 均為異於零之常數。

5. $f(x, y, z) = \left(\dfrac{1}{2\pi}\right)^{\frac{3}{2}} \exp\left[-(x^2 + y^2 + z^2)/2\right] \{1 + xyz \exp\left[-(x^2 + y^2 + z^2)/2\right]\}$，
   $-\infty < x, y, z < \infty$
   (a)X, Y, Z是否獨立？
   (b)證明：X, Y 為隨機獨立之常態變數。

6. r.v. X, Y 之 j.p.d.f. 為 $f(x, y) = \dfrac{1}{2\pi} \exp\left[-\dfrac{1}{2}(x^2 + y^2)\right]$
   $\left\{1 + xy \exp\left[-\dfrac{1}{2}(x^2 + y^2) - 2\right]\right\}$，$-\infty < x, y < \infty$
   (a)試證 $f(x, y) = f_1(x) f_2(y)$，其中 $X \sim n(0, 1)$，$Y \sim n(0, 1)$
   (b)能否說明(a)之機率上之意義？

7. $r.v.\,X, Y$ 為二獨立之隨機變數：$r.v.\,X \sim n(\mu_X, \sigma_X^2)$，$r.v.\,Y \sim n(\mu_Y, \sigma_Y^2)$，$N(\cdot)$ 為分配函數，試證 $P(XY < 0) = N\left(\dfrac{\mu_X}{\sigma_X}\right) + N\left(\dfrac{\mu_Y}{\sigma_Y}\right) - 2N\left(\dfrac{\mu_X}{\sigma_X}\right) N\left(\dfrac{\mu_Y}{\sigma_Y}\right)$。

8. X, Y 服從 $\mu_X = -3, \mu_Y = 10, \sigma_X = 5, \sigma_Y = 3, \rho = \dfrac{3}{5}$，求

  (a) $E(Y \mid x)$ (b) $V(Y \mid x)$ (c) $f(y \mid x)$ (d) $f_2(y)$ (e) $E(X \mid y)$

  (f) $V(X \mid y)$ (g) $f(x \mid y)$ (h) $f_1(x)$ (i) $P(-5 < X < 5)$

  (j) $P(-5 < X < 5 \mid Y = 13)$ (k) $P(7 < Y < 16)$ (l) $P(7 < Y < 16 \mid X = 2)$

CHAPTER 5

抽樣分配

5.1 抽樣分配

在學**抽樣分配**（sampling distribution）前我們先定義何謂**統計量**（statistic）。

定義

5.1-1

不含未知母數之隨機樣本所成之函數稱為**統計量**。

例如 $X_1, X_2 \cdots \cdots X_n$ 為一組隨機樣本，則 $X_1 + X_2$，$\dfrac{X_3}{X_4}$，$\dfrac{1}{n}\Sigma X$，$\Sigma X^2 \cdots \cdots$ 均為統計量，像 $X_1 - \mu$，X_2^2/σ^2，$\sum\limits_{i=1}^{n} (X_i - \mu)^2$，$\dfrac{X_1 + X_2 - 2\mu}{\sigma}$ 中只要有一個母數為未知時則上述各式便不為統計量。

顯然統計量為一隨機變數。統計量之實現值則為一數而非隨機變數，習慣上，統計量以英文大寫表示，而其實現值則以英文小寫表之，如 $\overline{X} = \dfrac{1}{3}$ $(X_1 + X_2 + X_3)$，若 $x_1 = 1$，$x_2 = 2$，$x_3 = 3$，則 $\bar{x} = 2$。

定理
5.1-1
自 $p.d.f.\ f(x)$ 中抽出 n 個變量 $X_1, X_2 \cdots \cdots X_n$ 為一組隨機樣本，則

(1) $E(\overline{X}) = \mu$ $\overline{X}$ 為樣本平均數，或以 $\mu_{\bar{x}}$ 表之

(2) $V(\overline{X}) = \dfrac{\sigma^2}{n}$ （抽出放回）

(3) $V(\overline{X}) = \dfrac{N-n}{N-1} \dfrac{\sigma^2}{n}$ （抽出不放回）

或以 $\sigma_{\bar{x}}^2$ 表之

證

（因抽出不放回之情況導證部分較煩雜，故只證抽出放回部分）

$$E(\overline{X}) = E\left(\frac{X_1 + X_2 + \cdots + X_n}{n}\right)$$

$$= \frac{1}{n} E(X_1 + X_2 + \cdots + X_n)$$

$$= \frac{1}{n} \left[E(X_1) + E(X_2) + \cdots + E(X_n) \right]$$

$$= \frac{1}{n} \cdot n\mu = \mu$$

$$V(\overline{X}) = V\left(\frac{X_1 + X_2 + \cdots + X_n}{n} \right)$$

$$= \frac{1}{n^2} V(X_1 + X_2 + \cdots + X_n)$$

$$= \frac{1}{n^2} \left[\underbrace{V(X_1)}_{\sigma^2} \sigma^2 + \underbrace{V(X_2)}_{\sigma^2} + \cdots + \underbrace{V(X_n)}_{\sigma^2} \right]$$

$$= \frac{1}{n^2} \cdot (n\sigma^2) = \frac{\sigma^2}{n}$$
∎

定理中之 $\frac{N-n}{N-1}$ 稱為**有限母體校正係數**（finite population correction，簡稱 f.p.c.），**母體大小**（population size） N 已知，且 $\frac{N}{n} > 5$ 之情況下，計算 $V(\overline{X})$ 時都要考慮到使用 f.p.c.。

◌ **例 1**　自平均數為 μ，變異數為 σ^2 之 p.d.f. $f(x)$ 中抽出 n 個獨立隨機變數 $X_1, X_2 \cdots X_n$ 為一組隨機樣本，若 $Y = \frac{1}{2(n-1)} \sum\limits_{i=2}^{n} (X_i - X_{i-1})^2$，求 $E(Y)$。

解

$$E(Y) = E\left[\frac{1}{2(n-1)} \sum_{i=2}^{n} (X_i - X_{i-1})^2 \right]$$

$$= \frac{1}{2(n-1)} \sum_{i=2}^{n} E(X_i - X_{i-1})^2$$

$$= \frac{1}{2(n-1)} \left[E(X_2^2 + X_3^2 + \cdots + X_n^2) + E(X_1^2 + X_2^2 + \cdots + X_{n-1}^2) \right]$$

$$\quad - 2 \left[E(X_2 X_1) + E(X_3 X_2) + \cdots + E(X_n X_{n-1}) \right]$$

$$= \frac{1}{2(n-1)} \left[(n-1)(\mu^2 + \sigma^2) + (n-1)(\mu^2 + \sigma^2) - 2(n-1)\mu^2 \right]$$

$$= \sigma^2$$

> **定義**
>
> **5.1-2**
>
> 自母體中抽出所有**個數**（size）相同之樣本，其統計量所成之機率分配稱為抽樣分配。

○ **例2** 自 $b(n,p)$，$1 > p > 0$ 抽出 X_1, X_2 為一組樣本，求 $Y = X_1 + X_2$ 之抽樣分配。

$Y = X_1 + X_2$，X_1, X_2 均獨立服從 $b(n,p)$ ∴依二項分配之加法性得 $Y \sim b(2n, p)$，即：

$$f(y) = \binom{2n}{y} p^y (1-p)^{2n-y}, \quad y = 0, 1, 2 \cdots\cdots 2n$$

○ **例3** 自 $\{-2, 0, 2, 4\}$ 以抽出不放回方式任抽 3 個數 X_1, X_2, X_3 為一組獨立隨機樣本，求(a)$\overline{X} = \frac{1}{3}(X_1 + X_2 + X_3)$ 之抽樣分配；(b)$E(\overline{X})$；(c)$V(\overline{X})$；(d)並繪出 $\overline{X}$ 之機率分配圖。

▦ **解**

(a)

	$\overline{x}$
-2, 0, 2	$\frac{1}{3}(-2+0+2) = 0$
-2, 0, 4	$\frac{1}{3}(-2+0+4) = \frac{2}{3}$
-2, 2, 4	$\frac{1}{3}(-2+2+4) = \frac{4}{3}$
0, 2, 4	$\frac{1}{3}(0+2+4) = 2$

∴

$\overline{x}$	0	$\frac{2}{3}$	$\frac{4}{3}$	2
$P(\overline{X} = \overline{x})$	$\frac{1}{4}$	$\frac{1}{4}$	$\frac{1}{4}$	$\frac{1}{4}$

(b)$E(\overline{X}) = 0 \times \frac{1}{4} + \frac{2}{3} \times \frac{1}{4} + \frac{4}{3} \times \frac{1}{4} + 2 \times \frac{1}{4} = 1$

(c)$E(\overline{X}^2) = (0)^2 \times \frac{1}{4} + \left(\frac{2}{3}\right)^2 \times \frac{1}{4} + \left(\frac{4}{3}\right)^2 \times \frac{1}{4} + (2)^2 \times \frac{1}{4} = \frac{14}{9}$

$V(\overline{X}) = E(\overline{X}^2) - [E(\overline{X})]^2 = \frac{14}{9} - 1 = \frac{5}{9}$

我們也可直接用定理：

(b)$E(\overline{X}) = \mu = (-2) \times \dfrac{1}{4} + 0 \times \dfrac{1}{4} + 2 \times \dfrac{1}{4} + 4 \times \dfrac{1}{4} = 1$

(c)$\sigma^2 = E(X^2) - \mu^2 = (-2)^2 \times \dfrac{1}{4} + 0^2 \times \dfrac{1}{4} + 2^2 \times \dfrac{1}{4} + 4^2 \times \dfrac{1}{4} - 1^2 = 5$

$\therefore V(\overline{X}) = \dfrac{N-n}{N-1} \cdot \dfrac{\sigma^2}{n} = \dfrac{4-3}{4-1} \cdot \dfrac{5}{3} = \dfrac{5}{9}$

(d)$\overline{X}$ 之機率分配圖為

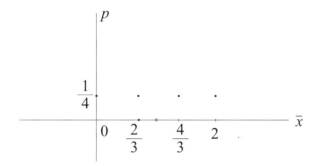

定理 5.1-2 $E(S^2) = \sigma^2$，$S^2 = \dfrac{1}{n-1} \sum\limits_{i=1}^{n} (X_i - \overline{X})^2$

證

$E(\Sigma (X - \overline{X})^2)$

$= \Sigma E(X - \overline{X})^2 = \Sigma E[(X - \mu) + (\mu - \overline{X})]^2$

$= \Sigma E[(X - \mu)^2 + 2(X - \mu)(\mu - \overline{X}) + (\mu - \overline{X})^2]$

$= \Sigma E(X - \mu)^2 + 2 \Sigma E(X - \mu)(\mu - \overline{X}) + \Sigma E(u - \overline{X})^2$

$= n\sigma^2 - 2 \Sigma E(X - \mu)(\overline{X} - \mu) + \Sigma E(\overline{X} - \mu)^2$ (1)

上式中：

$\Sigma E(\overline{X} - \mu)^2 = \Sigma V(\overline{X}) = n \cdot \dfrac{\sigma^2}{n} = \sigma^2$ (2)

$E(X - \mu)(\overline{X} - \mu)$

$= Cov(X, \overline{X})$ (3)

關於(3)，在不失一般性下，我們考察 $Cov(X_i, \overline{X})$：

$Cov(X_i, \overline{X}) = Cov\left(X_i, \dfrac{X_1 + X_2 + \cdots + X_i + \cdots + X_n}{n}\right)$

$$= \frac{1}{n} Cov(X_i, X_1 + X_2 + \cdots + X_i + \cdots + X_n)$$

$$= \frac{1}{n} \left[\underbrace{Cov(X_i, X_1)}_{0} + \underbrace{Cov(X_i, X_2)}_{=0} + \cdots + \underbrace{Cov(X_i, X_i)}_{\sigma_i^2 = \sigma^2} + \cdots \right.$$

$$\left. + \underbrace{Cov(X_i, X_n)}_{0} \right] = \frac{\sigma^2}{n}$$

$$\therefore \Sigma E(X-\mu)(\overline{X}-\mu)$$

$$= \Sigma \frac{\sigma^2}{n} = n \cdot \frac{\sigma^2}{n} = \sigma^2 \tag{4}$$

代(2)，(4)結果入(1)得，

$$(1) = n\sigma^2 - 2 \Sigma E(X-\mu)(\overline{X}-\mu) + \Sigma E(\overline{X}-\mu)^2$$

$$= n\sigma^2 - 2\sigma^2 + \sigma^2 = (n-1)\sigma^2$$

$$\therefore E(\Sigma(X-\overline{X})^2) = (n-1)\sigma^2$$

$$E\left[\frac{\Sigma(X-\overline{X})^2}{n-1} \right] = \sigma^2 ，即 E(S^2) = \sigma^2 \qquad \blacksquare$$

定理 5.1-3 自 $n(0,1)$ 抽出 $X_1, X_2 \cdots X_n$ 為一組隨機樣本，$\overline{X}$ 與 $\sum\limits_{i=1}^{n}(X_i - \overline{X})^2$ 為隨機獨立。

▪ 證明見 7.3 節例 6。

這是一個很漂亮而重要的結果，因為**除了常態分配外，沒有一個機率分配，它的樣本平均數與樣本變異數是獨立的。**

$\overline{X}$ 之抽樣分配

定理 5.1-4 $X_{11}, X_{12} \cdots X_{1m}$ 抽自平均數為 μ_1，變異數為 σ_1^2 之母體，$X_{21}, X_{22} \cdots X_{2n}$ 抽自平均數為 μ_2，變異數為 σ_2^2 之另一個母體，假設二個母體大小均為無限，且 $X_{11}, X_{12} \cdots X_{1m}, X_{21}, X_{22} \cdots X_{2n}$ 均為獨立，則 $E(\overline{X}_1 - \overline{X}_2) = \mu_1 - \mu_2$；$V(\overline{X}_1 - \overline{X}_2) = \frac{\sigma_1^2}{m} + \frac{\sigma_2^2}{n}$；其中 $\overline{X}_1 = \sum\limits_{i=1}^{m} X_{1i}/m$，$\overline{X}_2 = \sum\limits_{i=1}^{n} X_{2i}/n$。

證

$$E(\overline{X}_1 - \overline{X}_2) = E(\overline{X}_1) - E(\overline{X}_2) = \mu_1 - \mu_2$$

$$V(\overline{X}_1 - \overline{X}_2) = V(\overline{X}_1) + V(X_2) - 2Cov(\overline{X}_1, \overline{X}_2)$$

$$= \frac{\sigma_1^2}{m} + \frac{\sigma_2^2}{n} - 2Cov\left(\frac{X_{11} + X_{12} + \cdots X_{1m}}{m}, \frac{X_{21} + X_{22} + \cdots + X_{2n}}{n}\right)$$

$$= \frac{\sigma_1^2}{m} + \frac{\sigma_2^2}{n}$$

■

同理我們可得下列推論：

推論 5.1-4-1	延續上一定理，$E(\overline{X}_1 \pm \overline{X}_2) = \mu_1 \pm \mu_2$，$V(\overline{X}_1 \pm \overline{X}_2) = \frac{\sigma_1^2}{m} \pm \frac{\sigma_2^2}{n}$

定理 5.1-5	自 $n(\mu_1, \sigma_1^2)$ 抽出 $X_1, X_2 \cdots X_m$ 為一組隨機樣本，自 $n(\mu_2, \sigma_2^2)$ 抽出 $Y_1, Y_2 \cdots Y_n$ 為另一組隨機樣本，若此二組樣本為獨立，則 $$\frac{(\overline{X} - \overline{Y}) - (\mu_1 - \mu_2)}{\sqrt{\frac{\sigma_1^2}{m} + \frac{\sigma_2^2}{n}}} \sim n(0, 1)$$

證

$$\overline{X} \sim n\left(\mu_1, \frac{\sigma_1^2}{m}\right) 且 \overline{Y} \sim n\left(\mu_2, \frac{\sigma_2^2}{n}\right)$$

$$\therefore \overline{X} - \overline{Y} \sim n\left(\mu_1 - \mu_2, \frac{\sigma_1^2}{m} + \frac{\sigma_1^2}{n}\right)$$

$$\frac{(\overline{X} - \overline{Y}) - (\mu_1 - \mu_2)}{\sqrt{\frac{\sigma_1^2}{m} + \frac{\sigma_2^2}{n}}} \sim n(0, 1)$$

■

習題 5-1

1. 自一平均數為 μ，變異數為 σ^2 之母體（設母體大小為 N）抽出 n 個觀測值為一隨機樣本，$\bar{x}$ 是樣本平均數，試證

$$\sigma \geq \sqrt{\frac{n}{N}} |\bar{x} - \mu| \text{。}$$

2. 自母數 $\{1, 2, 3\}$ 中以抽出放回方式，每次抽取二個變量為一隨機樣本
   (a)求母體平均數 μ 與變異數 σ^2
   (b)求樣本平均數 $\overline{X}$ 之機率分配表
   (c)求樣本變異數 S^2 之機率分配表
   (d)求 $E(\overline{X})$
   (e)求 $E(S^2)$

3. 以抽出不放回方式重做上題(b)～(e)。

4. 自母數為 λ 之卜瓦松分配抽出 $X_1, X_2 \cdots X_n$ 為一組隨機樣本，求樣本平均數 $\overline{X}$ 之樣本分配。

5. 自 $n(\mu, \sigma^2)$ 抽出 $X_1, X_2 \cdots X_n$ 為一組隨機樣本，(a)求 $E(\Sigma X)^2$。
   (b)$E(\Sigma X^2)$　(c)由(a)，(b)證 $E[(n+1)\Sigma X^2 - 2(\Sigma X)^2] = n(n-1)(\sigma^2 - \mu^2)$

6. 自平均數為 μ，變異數為 σ^2 之母體中抽出 n 個獨立隨機變數 $X_1, X_2 \cdots X_n$ 為一組隨機樣本，求 X_i 與 $\overline{X}$ 相關係數。

7. 承上題求 $X_i - \overline{X}$ 與 $X_j - \overline{X}$ $(i \neq j)$ 之相關係數。

8. 自平均數為 μ_1 變異數為 σ^2 之母體抽出 $X_1, X_2 \cdots X_{2n}$ 為一組隨機樣本，設

$\rho(X_i, X_j) = \rho, \forall i, j$，令 $Y_1 = X_1 + X_2 + \cdots + X_n$，$Y_2 = X_{n+1} + X_{n+2} + \cdots + X_{2n}$，求 X_1，Y_2 之相關係數。

9. 自 $f(x) = \begin{cases} \lambda e^{-\lambda x} & ,x>0 \\ 0 & ,\text{其它} \end{cases}$ 抽出 $X_1, X_2 \cdots X_n$ 為一組隨機樣本，$\overline{X}$ 為樣本平均數，求 $E\left(\dfrac{1}{\overline{X}}\right)$ 及 $E\left(\dfrac{1}{\overline{X}}\right)^2$。

5.2 順序統計量

X_1、X_2、X_3……X_n 為一組隨機樣本,若將隨機樣本中的元素由小而大排列,其**順序統計量**(order statistic)Y_1、Y_2、Y_3……Y_n 定義是 $Y_n > Y_{n-1} > Y_{n-2} > …… > Y_1$;亦即

$Y_1 = X_1$、X_2、X_3……X_n 最小者

$Y_2 = X_1$、X_2、X_3……X_n 次小者

……

$Y_n = X_1$、X_2、X_3……X_n 最大者

☼ **例 1** 自 $G(\alpha, \beta)$ 中抽出 $X_1, X_2 \cdots X_5$ 為一組隨機樣本,若

$x_1 = 3.2$,$x_2 = 0.67$,$x_3 = 4.18$,$x_4 = 5.37$,$x_5 = 1.53$ 則 $y_5 = 5.37$,$y_4 = 4.18$,$y_3 = 3.2$,$y_2 = 1.53$,$y_1 = 0.67$

一般而言,我們討論順序統計量時都假設隨機樣本是來自連續型隨機變數,因此 $P(Y_k = \alpha) = 0$,α 為定值。

☼ **例 2** 自 $P(X = x_i) = \dfrac{1}{6}$,$x_i = -2, -1, 0, 1, 2, 3$ 抽出 5 個數為一隨機樣本,求 (a)Y_5(Y_5 為 5 個數中最大者)(b)Y_1(Y_1 為 5 個數中最小者)(c)Y_2(Y_2 為 5 個數中第二個最小者)(d)$Z = Y_5 - Y_1$,之 *pdf*

▨ **解**

自 $P(X = x_i) = \dfrac{1}{6}$,$x_i = -2, -1, 0, 1, 2, 3$ 中抽 5 個數之可能組合有 $\dbinom{6}{5} = 6$ 種

可能組合					y_5	y_1	y_2	y_5-y_1
-2	-1	0	1	2	2	-2	-1	4
-2	-1	0	1	3	3	-2	-1	5
-2	-1	0	2	3	3	-2	-1	5
-2	-1	1	2	3	3	-2	-1	5
-2	0	1	2	3	3	-2	0	5
-1	0	1	2	3	3	-1	0	4

(a)Y_5 之 p.d.f.

y_5	2	3
$P(Y_5=y_5)$	$\dfrac{1}{6}$	$\dfrac{5}{6}$

(c)Y_2 之 p.d.f.

y_2	0	-1
$P(Y_2=y_2)$	$\dfrac{2}{3}$	$\dfrac{1}{3}$

(b)Y_1 之 p.d.f.

y_1	-2	-1
$P(Y_1=y_1)$	$\dfrac{5}{6}$	$\dfrac{1}{6}$

(d)Z 之 p.d.f.

z	4	5
$P(Z=z)$	$\dfrac{1}{3}$	$\dfrac{2}{3}$

順序統計量 $P(Y_r \le x)$ 之計算

自 p.d.f.$f(x)$ 抽出 X_1, X_2, ……X_n 為一組隨機樣本，$Y_1<Y_2<Y_3<……Y_r<……<Y_n$ 為順序統計量，我們計算 $P(Y_r \le x)$ 如下：

$P(Y_r \le x)=P$（至少有 r 個 $X \le x$）

$$=\sum_{i=r}^{n} P（恰有 i 個 X \le x 且有 (n-i) 個 X>x）$$

$$=\sum_{i=r}^{n} \binom{n}{i} F^i(x)[1-F(x)]^{n-i}$$

◯ **例3** 自 $f(x)=3x^2$，$1>x>0$ 中抽出 X_1，X_2，X_3，X_4，X_5 為一組隨機樣本，求 $P\left(Y_4 \le \dfrac{1}{2}\right)$

解

$$p=P\left(X \le \dfrac{1}{2}\right)=\int_0^{\frac{1}{2}} 3x^2\,dx=\dfrac{1}{8}$$

$$\therefore P\left(Y_4 \leq \frac{1}{2}\right) = \binom{5}{4}\left(\frac{1}{8}\right)^4\left(\frac{7}{8}\right) + \binom{5}{5}\left(\frac{1}{8}\right)^5\left(\frac{7}{8}\right)^0 = \frac{36}{8^5}$$

我們也可先求出 Y_4 之 p.d.f.，再求出 $P\left(Y_4 \leq \frac{1}{2}\right)$

○ **例4** 自 $U(0,1)$ 抽出 $X_1, X_2 \cdots X_5$ 為一組隨機樣本，求(a) $Y_5 = \max(X_1, X_2 \cdots X_5)$
(b) $Y_1 = \min(X_1, X_2 \cdots X_5)$

▓ **解**

(a)$F(Y_5 \leq y_5) = P(\max(X_1, X_2 \cdots X_5) \leq y_5) = P(X_1 \leq y_5, X_2 \leq y_5, X_3 \leq y_5,$
$X_4 \leq y_5, X_5 \leq y_5) = P(X_1 \leq y_5)P(X_2 \leq y_5)\cdots P(X_5 \leq y_5) = y_5^5$
$$\therefore f(y_5) = \frac{d}{dy_5} y_5^5 = 5y_5^4 \qquad 0 < y_5 < 1$$

(b)$F(Y_1 \leq y_1) = P(\min(X_1, X_2 \cdots X_5) \leq y_1) = 1 - P(\min(X_1, X_2 \cdots X_5) > y_1)$
$= 1 - P(X_1 > y_1, X_2 > y_1 \cdots X_5 > y_1) = 1 - P(X_1 > y_1)P(X_2 > y_1)$
$\cdots P(X_5 > y_1) = 1 - (1 - y_1)^5$
$$\therefore f(y_1) = \frac{d}{dy_1}\left[1 - (1 - y_1)^5\right] = 5(1 - y_1)^4 \quad 0 < y_1 < 1$$

下列定理是本節之核心公式：

定理 5.2-1	自連續性 p.d.f. $f(x)$ 中抽出 $X_1, X_2 \cdots X_n$ 為一組隨機樣本，Y_r 第 r 個順序統計量則 Y_r 之機率密度函數為 $$f(y_r) = \frac{n!}{(r-1)!(n-r)!}\left[F(y_r)\right]^{r-1}\left[1 - F(y_r)\right]^{n-r}f(y_r)$$

▓ **證**

將實軸劃分成 3 個區間如右（$n > 0$），自 $f(x)$ 抽出之 n 個觀測點中在
$(-\infty, y_r)$、$(y_r, y_r + h)$ 及 $(y_r + h, \infty)$ 應分別有 $r-1$，1 及 $n-r$ 個觀測
點，依多項分配，其發生之機率為：
$$\because P(y_r < Y \leq y_r + h) \approx f(y_r) \cdot h$$
$$\therefore f(y_r) \cdot h = \frac{n!}{(r-1)!\,1!\,(n-r)!}\left[\int_{-\infty}^{y_r} f(x)\,dx\right]^{r-1}\left[\int_{y_r}^{y_r+h} f(x)\,dx\right]$$

$$\left[\int_{y_r+h}^{\infty} f(x)\, dx \right]^{n-r}$$

$$= \frac{n!}{(r-1)!\,(n-r)!}\left[F(y_r) \right]^{r-1} \left[\int_{y_r}^{y_r+h} f(x)\, dx \right]\left[1-F(y_r+h) \right]^{n-r} *$$

依積分中值定理：

$$\int_{y_r}^{y_r+h} f(x)\, dx = f(\xi)\cdot h，\quad y_r \leq \xi \leq y_r+h$$

當 $h \to 0$ 時

$$\int_{y_r}^{y_r+h} f(x)\, dx \to f(y_r)h，\left[1-F(y_r+h) \right]^{n-r} \to \left[1-F(y_r) \right]^{n-r} 代入 *，消去 h$$

$$\therefore f(y_r) = \frac{n!}{(r-1)!\,(n-r)!}\left[F(y_r) \right]^{r-1}\left[1-F(y_r) \right]^{n-r} f(y_r)，\infty > y_r > -\infty \ \blacksquare$$

由上一定理，我們很容易得到下列重要推論：

推論
5.2-1-1　自連續性 $f(x)$ 中抽出 $X_1 \cdots X_n$ 為一組隨機樣本，Y_n 為最大順序統計量，Y_1 為最小順序統計量

$$f_1(y_1) = n\left[1-F(y_1) \right]^{n-1} f(y_1)$$

$$f_n(y_n) = n\left[F(y_n) \right]^{n-1} f(y_n)$$

分位數

定義

5.2-1

若 x 滿足 $P(X \leq x) \geq p$ 且 $P(X \geq x) \geq 1-p$，$0 < p < 1$，則稱 r.v.X 之 p

百分位數（$(100p)$ th quantile）

---

p 百分位數中最重要的是**中位數**（medium）若 x 滿足 $P(X \leq x) \geq \dfrac{1}{2}$ 且 $P(X \geq x) \geq \dfrac{1}{2}$，則 x 為 r.v.X 之中位數。

若 X 為連續型 r.v.，則其 p 百分位數是 $F(x) = p$ 之解，同時若 $F(x)$ 為嚴格遞增則 $F(x) = p$ 有惟一解，否則 $F(x) = p$ 之解可能不只一個（也可能有無限多個）。

○ **例5** 若一離散型 $r.v. X$ 其 p.d.f.為

x	-2	0	1	2
$P(X=x)$	$\frac{1}{6}$	$\frac{1}{3}$	$\frac{1}{4}$	$\frac{1}{4}$

求(a)四分位數　(b)中位數

解

(a)四分位數

$$P(X \le 0) = P(X=-2) + P(X=0) = \frac{1}{2} \ge \frac{1}{4}$$

$$P(X \ge 0) = P(X=0) + P(X=1) + P(X=2) = \frac{5}{6} \ge 1 - \frac{1}{4} = \frac{3}{4}$$

$\therefore x=0$ 為四分位數

(b)中位數

讀者可驗證 $1 > x > 0$ 時，x 滿足 $P(X \le x) \ge \frac{1}{2}$，$P(X \ge x) \ge \frac{1}{2}$

故 $1 > x > 0$ 中任一數均為中位數。

○ **例6** 設隨機樣本 X_1，X_2，X_3，X_4，X_5 之順序統計量為 Y_1，Y_2，Y_3，Y_4，Y_5，若 X 之中位數為 m，求 $P(Y_3 \ge m)$。

解

$$g(y_3) = \frac{5!}{2! \, 2!} [F(y_3)]^2 [1-F(y_3)]^2 f(y_3)$$

$$= 30 [F(y_3)]^2 [1-F(y_3)]^2 f(y_3)$$

$\therefore P(Y_3 \ge m)$

$$= \int_m^\infty 30 [F(y_3)]^2 [1-F(y_3)]^2 f(y_3) \, dy_3$$

$$= \int_m^\infty 30 [F(y_3)]^2 [1-F(y_3)]^2 \, dF(y_3)$$

$$= 30 \int_m^\infty [F^2(y_3) - 2F^3(y_3) + F^4(y_3)] \, dF(y_3)$$

$$= 30 \left[\frac{F^3(y_3)}{3} - \frac{F^4(y_3)}{2} + \frac{F^5(y_3)}{5} \right]_m^\infty = \frac{1}{2}$$

定理
5.2-2

自母體 p.d.f. $f(x)$ 抽出 $X_1, X_2, \cdots\cdots X_n$ 為一隨機樣本，$Y_1 < Y_2 \cdots\cdots < Y_r < \cdots < Y_n$ 為順序統計量，π_p 表 p 分位數則 $P(Y_r \le \pi_p \le Y_s) = \sum\limits_{j=r}^{s-1} \binom{n}{j} p^j (1-p)^{n-j}$

▦ 證

$$\because P(Y_r \le x) = \sum\limits_{j=r}^{n} \binom{n}{j} F^j(x)(1-F(x))^{n-j}$$

$$\therefore P(Y_r \le \pi_p \le Y_s) = P(Y_r \le \pi_p) - P(Y_s \le \pi_p)$$

$$= \sum\limits_{j=r}^{n} \binom{n}{j} F^j(x)(1-F(x))^{n-j} - \sum\limits_{j=s}^{n} \binom{n}{j} F^j(x)(1-F(x))^{n-j}$$

$$= \sum\limits_{j=r}^{s-1} \binom{n}{j} F^j(x)(1-F(x))^{n-j}$$

$$= \sum\limits_{j=r}^{s-1} \binom{n}{j} p^j(1-p)^{n-j} \qquad\blacksquare$$

○ 例 7　自某連續分配抽出 $X_1, X_2 \cdots X_{50}$ 而形成一順序統計量 $Y_1 < Y_2 \cdots < Y_{50}$

(a) 若已知母體中位數 $\pi_{0.5} = 30$，求 $P(Y_{12} \le 30 \le Y_{36})$，(b) 若已知 $\pi_{0.25} = 30$（即上四分位數為 30）求 $P(Y_{12} \le 30 \le Y_{20})$

▦ 解

(a) $P(Y_{12} \le \pi_{0.5} = 30 \le Y_{36})$

$$= \sum\limits_{k=12}^{35} \binom{50}{k} \left(\frac{1}{2}\right)^k \left(1-\frac{1}{2}\right)^{50-k} = \sum\limits_{k=12}^{35} \binom{50}{k} \left(\frac{1}{2}\right)^{50}$$

(b) $P(Y_{12} \le \pi_{0.25} = 30 \le Y_{20})$

$$= \sum\limits_{k=12}^{19} \binom{50}{k} \left(\frac{1}{4}\right)^k \left(1-\frac{1}{4}\right)^{50-k} = \sum\limits_{k=12}^{19} \binom{50}{k} \left(\frac{1}{4}\right)^k \left(\frac{3}{4}\right)^{50-k}$$

○ 例 8　自 $U(0, 1)$ 抽出 $X_1, X_2 \cdots\cdots X_9$ 為一組隨機樣本，m 為樣本中位數，求 $P(m \le 0.3)$

■ 解

$$P(m \leq 0.3) = P(Y_5 \leq 0.3) = \sum_{i=5}^{9} \binom{9}{i} F^i(0.3)[1-F(0.3)]^{9-i}$$

$$= \sum_{i=5}^{9} \binom{9}{i} (0.3)^i (0.7)^{9-i}$$

$$= 1 - \sum_{i=0}^{4} \binom{9}{i} (0.3)^i (0.7)^{9-i} \text{ （查表）}$$

$$= 1 - 0.9012 = 0.0988$$

定理 5.2-3 自 p.d.f. $f(x)$ 抽出 $X_1, X_2 \cdots X_n$ 為一組隨機樣本，$Y_n > Y_{n-1} \cdots > Y_2 > Y_1$ 為其順序統計量，則 $Y_1, Y_2 \cdots Y_n$ 之 j.p.d.f.為

$$g(y_1, y_2 \cdots y_n) = n! \, f(y_1) f(y_2) \cdots f(y_n) \text{，} y_1 < y_2 \cdots < y_n$$

■ 證

我們只證 $n=2$ 之情形：

$n=2$ 時

X_1, X_2 之 j.p.d.f.為

$$f(x_1, x_2) = f(x_1) f(x_2)$$

X_1, X_2 之定義域可分 $A_1 = \{(x_1, x_2) \mid \infty > x_1 > x_2 > -\infty\}$ 與 $A_2 = \{(x_1, x_2) \mid \infty > x_2 > x_1 > -\infty\}$ 兩個互斥區域：

(i) $A_1 = \{(x_1, x_2) \mid \infty > x_1 > x_2 > -\infty\}$ 時，取 $y_2 = x_1$，$y_1 = x_2$ 則

$$|J| = \begin{vmatrix} \dfrac{\partial x_1}{\partial y_1} & \dfrac{\partial x_1}{\partial y_2} \\ \dfrac{\partial x_2}{\partial y_1} & \dfrac{\partial x_2}{\partial y_2} \end{vmatrix}_+ = \begin{vmatrix} 0 & 1 \\ 1 & 0 \end{vmatrix}_+ = 1$$

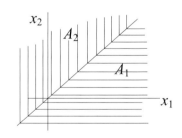

$$\therefore g(y_1, y_2) = |J| f(y_1, y_2) = f(y_1) f(y_2) ,$$
$$\infty > y_2 > y_1 > -\infty$$

(ii) $A = \{(x_1, x_2) \mid \infty > x_2 > x_1 > -\infty\}$ 時，

取 $y_2 = x_2$，$y_1 = x_1$

$$|J| = \begin{vmatrix} \dfrac{\partial x_1}{\partial y_1} & \dfrac{\partial x_1}{\partial y_2} \\ \dfrac{\partial x_2}{\partial y_1} & \dfrac{\partial x_2}{\partial y_2} \end{vmatrix}_+ = \begin{vmatrix} 1 & 0 \\ 0 & 1 \end{vmatrix}_+ = 1$$

$\therefore g(y_1, y_2) = |J| f(y_1, y_2) = f(y_1) f(y_2)$，$\infty > y_2 > y_1 > -\infty$

因 (i)，(ii) 之 $g(y_1, y_2)$ 之定義域相同，故相加：

$g(y_1, y_2) = 2f(y_1) f(y_2) = 2! f(y_1) f(y_2)$，$\infty > y_2 > y_1 > -\infty$　∎

定理 5.2-4　自 $f(x)$ 抽出 $X_1, X_2 \cdots X_n$ 為一組隨機樣本，$Y_1, Y_2 \cdots Y_n$ 為對應之順序統計量，則 Y_1，Y_n 之 j.p.d.f. 為

$$g(y_1, y_n) = n(n-1) f(y_1) f(y_n) \left[\int_{y_1}^{y_n} f(x)\, dx \right]^{n-2}, \quad -\infty < y_1 < y_n < \infty$$

證

將實數軸分割如右：

自 $f(x)$ 抽出 n 個觀測點，落在

$[y_1, y_1 + h], [y_1 + h, y_n], [y_n, y_n + h]$

區域之個數分別有 1，$n-2$，1 個，依多項分配，其發生機率為

$$\frac{n!}{1!\,(n-2)!\,1!} \left[\int_{y_1}^{y_1+h} f(x)\, dx \right] \left[\int_{y_1+h}^{y_n} f(x)\, dx \right]^{n-2} \left[\int_{y_n}^{y_n+h} f(x)\, dx \right]$$

$$= n(n-1) f(y_1) \left[\int_{y_1}^{y_n} f(x)\, dx \right]^{n-2} f(y_n)$$

$\therefore Y_1$，Y_n 之 j.p.d.f. 為

$$f(y_1, y_n) = n(n-1) f(y_1) \left[\int_{y_1}^{y_n} f(x)\, dx \right]^{n-2} f(y_n)$$

上一定理在求樣本**全距**（range）之機率分配上甚為重要，而更一般化之結果如下一定理：

定理 5.2-5　自 $f(x)$ 抽出 $X_1, X_2 \cdots\cdots X_n$ 為一組隨機樣本，$Y_1 < Y_2 < \cdots\cdots Y_n$ 為順序統計量，則 $g_{ij}(y_i, y_j) = \dfrac{n!}{(i-1)!\,(j-i-1)!\,(n-j)!} [\, F(y_i)\,]^{i-1}$

$[\, F(y_j) - F(y_i)\,]^{j-i-1} \cdot [\, 1 - F(y_j)\,]^{n-j} f(y_i) f(y_j)$，$a < y_i < y_j < b$

證（略）

◇ **例9**　自 $U(0,1)$ 抽出 X_1，X_2，X_3 為一組獨立隨機樣本，Y_1，Y_2，Y_3 為對應之順序統計量，求 Y_1，Y_3 之 j.p.d.f. 及 $Z_1 = Y_3 - Y_1$ 之 p.d.f.。

■ **解**

(a) $g(y_1, y_3) = 3! \left[\int_{y_1}^{y_3} dx \right]^1$

$\qquad = 6(y_3 - y_1) \quad 1 > y_3 > y_1 > 0$

(b) $Z_1 = Y_3 - Y_1$，$Z_2 = Y_1$ 則

$\begin{cases} y_1 = z_2 \\ y_3 = z_1 + z_2 \end{cases} \quad \therefore |J| = \begin{vmatrix} \dfrac{\partial y_1}{\partial z_1} & \dfrac{\partial y_1}{\partial z_2} \\ \dfrac{\partial y_3}{\partial z_1} & \dfrac{\partial y_3}{\partial z_2} \end{vmatrix}_+ = 1$

$\therefore h(z_1, z_2) = 6z_1 \quad 1 > z_2 > z_1 > 0$

及 $hz_1(z_1) = \int_{z_1}^{1} 6z_1 \, dz_2 = 6z_1(1 - z_1)$，$1 > z_1 > 0$

習題 *5-2*

1. 自 $U(0,1)$ 抽出 X_1，X_2 為一組隨機樣本，令 $Y_2 > Y_1$ 為對應之順序統計量
求(a) Y_1，Y_2 之 j.p.d.f.　(b) Y_1，Y_2 之邊際密度函數　(c) $E(Y_1)$ 及 $E(Y_2)$
(d) $Z = Y_2 - Y_1$ 之 p.d.f.

2. 若 $X_1, X_2 \cdots X_n$ 均獨立服從 $U(0,1)$
求 (a) $E(X_1^n)$　(b) $E\left[\max(X_1, X_2 \cdots X_n)\right]$　(c) $E\left[\min(X_1, X_2 \cdots X_n)\right]$（提
示：(b)取 $Y = \max(X_1, X_2 \cdots X_n)$，則 Y 之分配函數 = ? p.d.f. = ?）

3. 自連續 p.d.f. $f(x)$ 中抽出 n 個觀測點，Y_1，Y_n 為最小順序統計量與最大統計
量，求(a) $P(Y_1 > m)$　(b) $P(Y_n > m)$，m 為母體中位數。

4. 設 X, Y 之結合機率密度函數為

X＼Y	0	1	2	3
0	0.1	0.05	0.05	0.02
1	0	0.2	0	0.18
2	0.3	0	0.1	0

令 $U = \max(X, Y)$，$V = \min(X, Y)$ 求 U，V 之機率分配

5. (a)自 p.d.f. $f(x)$ 中抽出 $X_1, X_2 \cdots X_n$ 為一組隨機樣本，$Y_1, Y_2 \cdots y_n$ 為順序統計
量，求 $E[F(Y_r)]$
(b)自 $n(0,1)$ 中抽出 15 個隨機變數為一組樣本，其順序統計量為
$Y_1 < Y_2 < \cdots < Y_{15}$，求 $E[F(Y_{15})]$

6. 自 p.d.f. $f(x)$ 中抽出 $X_1, X_2 \cdots X_n$ 為一組隨機樣本，$Y_1 < Y_2 < \cdots < Y_k < \cdots Y_n$ 為

順序統計量，m 為 X 之中位數，求 $P(Y_k < m)$。

7. 設 $r.v.X, Y$ 均獨立服從平均數為 $\dfrac{1}{\lambda_i}$，$i = 1, 2$ 之指數分配，求 $E[\max(X, Y)]$。

8. 自 $f(x) = \begin{cases} \dfrac{1}{6} & , x = 1, 2, 3, \cdots 6 \\ 0 & , \text{其它} \end{cases}$ 抽出 $X_1, X_2 \cdots X_5$ 為一組隨機樣本，Y_1 為最小之順序統計量，求 Y_1 之 pdf。

9. （承例 3）求(a)Y_4 之 pdf　(b)$P\left(\dfrac{1}{2} > Y_4 > \dfrac{-1}{3}\right)$　(c)$P\left(Y_5 < \dfrac{1}{2} \,\middle|\, Y_5 < \dfrac{1}{3}\right)$

10. 自 p.d.f. $f(x)$ 抽出 $X_1, X_2 \cdots X_8$ 為一組隨機樣本，$Y_1 < Y_2 \cdots < Y_8$ 為順序統計量，若 $\pi_{0.7} = 19.8$，求(a)$P(Y_7 < 19.8)$　(b)$P(Y_5 < 19.8 < Y_8)$

11. 自一母體抽出 72 個變量為一隨機樣本，$Y_1 < Y_2 \cdots < Y_{72}$ 為順序統計量，$100\left(\dfrac{1}{3}\right)$ 百分位為 8.3，用常態分配近似，求(a)$P(Y_{20} < 8.3)$　(b)$P(Y_{18} < 8.3 < Y_{30})$

12. 自 $U(0, 1)$ 抽出 n 個變量為一組隨機樣本，$Y_1 < Y_2 < Y_3 \cdots Y_n$ 為順序計量求 $\rho(Y_i, Y_j)$　$i \neq j$

13. 若 r.v. X 之 p.d.f. 為 $f(x) = \begin{cases} 2x, & 1 > x > 0 \\ 0, & \text{其他} \end{cases}$，r.v. Y 之 p.d.f. 為 $g(y) = \begin{cases} 3y^2 & 0 < y < 1 \\ 0 & \text{其他} \end{cases}$，令 $Y_1 = \min(X, Y)$，$Y_2 = \max(X, Y)$，求 Y_1, Y_2 之 j.p.d.f.

14. 自 $f(y) = \begin{cases} \beta e^{-\beta y} & , y > 0 \\ 0 & , \text{其他} \end{cases}$ 抽出 Y_1, Y_2, Y_3 為一組隨機樣本，試証 $W_1 = Y_1 - Y_2$ 與 $W_2 = Y_2$ 為隨機獨立。

15. 設 $Y_1 < \cdots < Y_n$ 表連續分配之 n 個有序隨機樣本，試求使得 $P(Y_1 < \pi_{0.5} < Y_n)$ ≥ 0.9 之最小 n 值。

16. 設 $Y_1 < Y_2 < \cdots < Y_{64}$ 為連續分配之 64 個有序隨機樣本，試求 $P(Y_{30} < \pi_{0.5} < Y_{36})$
   (a)用二項分配　(b)用 CLT 近似估計。

17. 設 Y_n 表連續型分配中 n 個隨機樣本之第 n 個順序統計量，求滿足 $P(\pi_{0.7} < Y_n) \geq 0.9$ 之 n 的最小值。

18. 自 $U(0, 1)$ 抽出 4 個變量 X_1，X_2，X_3，X_4 為一組隨機樣本 Y_1，Y_2，Y_3，Y_4 為對應之統計量，$R = Y_4 - Y_1$ 求 $P\left(R \leq \dfrac{1}{2}\right)$

5.3 中央極限定理

> **定理 5.3-1** （中央極限定理）從一平均數為 μ 變異數為 σ^2，$\mu, \sigma^2 < \infty$ 之機率分配抽出 n 個變量 $X_1, X_2 \cdots\cdots X_n$ 之為一組隨機樣本，$\overline{X}_n$ 為其樣本平均數
>
> 取 $Z_n = \dfrac{\overline{X}_n - \mu}{\sigma / \sqrt{n}} = \dfrac{\Sigma X - n\mu}{\sqrt{n}\,\sigma}$ \quad 則 $\lim\limits_{n \to \infty} Z_n = n(0, 1)$

證

在此我們證明 CLT 之特例，即假設 $r.v.X$ 之 $m.g.f.$ 存在，（CLT 之一般化情況之導出超過一般大學程度從略）

① 設 $r.v.X$ 之 $E(e^{tX})$，$h > t > -h$ 存在，則函數 $m(t) = E(e^{t(X-\mu)})$

$= e^{-\mu t} E(e^{tX})$ 亦存在。

② 由 Taylor 定理 $m(t) = m(0) + m'(0)t + \dfrac{m''(\varepsilon)}{2}t^2$，$t > \varepsilon > 0$，但

$$m(0) = E(e^0) = E(1) = 1$$

$$m'(0) = E[(X-\mu)] = 0$$

$$\therefore m(t) = 1 + \frac{m''(\varepsilon)}{2}t^2$$

$$= 1 + \frac{\sigma^2 t^2}{2} + \left[\frac{m''(\varepsilon) - \sigma^2}{2}\right]t^2 \qquad\qquad *$$

③ $E(e^{tZ_n}) = E\left[\exp\left(\dfrac{\Sigma X - n\mu}{\sqrt{n}\,\sigma}\right)t\right] = \prod\limits_{i=1}^{n} E\left[\exp\left(\dfrac{X-\mu}{\sqrt{n}\,\sigma}t\right)\right]$

$$= \left\{E\left[\exp\left(\frac{X-\mu}{\sqrt{n}\,\sigma}t\right)\right]\right\}^n$$

$$= \left[m\left(\frac{t}{\sqrt{n}\,\sigma}\right)\right]^n \quad -h < \frac{t}{\sqrt{n}\,\sigma} < h，用 \frac{t}{\sqrt{n}\sigma} 代入 * 之 t$$

$$= \left\{1 + \frac{\sigma^2\left(\dfrac{t}{\sqrt{n}\,\sigma}\right)^2}{2} + \left[\frac{m''(\varepsilon) - \sigma^2}{2}\right] \cdot \left(\frac{t}{\sqrt{n}\,\sigma}\right)^2\right\}^n$$

$$= \left\{1 + \frac{t^2}{2n} + \frac{[m''(\varepsilon) - \sigma^2]}{2n\sigma^2}t^2\right\}^n，\ 0 < \varepsilon < \frac{t}{\sqrt{n}\,\sigma}$$

$\therefore n \to \infty$ 時 $\varepsilon \to 0$ 從而 $\lim_{n \to \infty} [m''(\varepsilon) - \sigma^2] = 0$（注意在①，定義 $m(t) =$

$E(e^{t(x-\mu)})$）

④ $\lim_{n \to \infty} E(e^{tZ_n}) = \lim_{n \to \infty} \left\{ 1 + \dfrac{t^2}{2n} + \dfrac{[m''(\varepsilon) - \sigma^2]}{2n\sigma^2} t^2 \right\}^n = e^{\frac{t^2}{2}}$

$\therefore n \to \infty$ 時，$Z_n \to n(0,1)$ ∎

中央極限定理（central limit theorem，簡稱 CLT）在統計推論中極為重要，因為該定理指出，自任一母體抽出 n 個變量 $X_1, X_2 \cdots X_n$ 為一組隨機樣本，$\overline{X}_n$ 為樣本平均數，在 n 趨近無窮大時，$\overline{X}_n$ 之分配便近似於常態分配。

◇ **例 1** 設 $X_1, X_2 \cdots X_{64}$ 之平均數 $E(X_i) = \mu < \infty$，$\sigma^2(X_i) = \sigma^2 = 16$，試利用 CLT 求滿足 $P(|\overline{X}_n - \mu| \le c) = 0.90$ 之 c 值。

解

由 CLT：

$$Z_n = \frac{\overline{X}_n - \mu}{\sigma/\sqrt{n}} = \frac{\overline{X}_n - \mu}{4/\sqrt{64}} = 2(\overline{X}_n - \mu) \sim n(0,1)$$

$$\therefore P(|\overline{X}_n - \mu| \le c) = P(2|\overline{X}_n - \mu| \le 2c)$$

$$= P(|Z_n| \le 2c) = 0.90$$

$$\therefore 2c = 1.64 \qquad 即\ c = 0.82$$

◇ **例 2** 設 X_i，Y_i，$i = 1, 2, \cdots n$ 為分別抽自平均數為 μ_1，變異數為 σ^2 與平均數為 μ_2，變異數為 σ^2 之二個獨立隨機樣本，

(a)求 $\dfrac{\sqrt{n}[(\overline{X}_n - \overline{Y}_n) - (\mu_1 - \mu_2)]}{\sigma\sqrt{2}}$ 之分配

(b)若 $\mu_1 = \mu_2$ 時由(a)之結果求滿足 $P\left(|\overline{X}_n - \overline{Y}_n| \le \dfrac{\sigma}{4}\right) = 0.95$ 之 n 值

解

(a)令 $\overline{W}_n = \overline{X}_n - \overline{Y}_n$

$E(\overline{W}_n) = E(\overline{X}_n - \overline{Y}_n) = E(\overline{X}_n) - E(\overline{Y}_n) = \mu_1 - \mu_2$

$$V(\overline{W}_n) = V(\overline{X}_n - \overline{Y}_n) = V(\overline{X}_n) + V(\overline{Y}_n) = \frac{\sigma^2}{n} + \frac{\sigma^2}{n} = \frac{2\sigma^2}{n}$$

由 CLT

$$Z_n = \frac{\overline{W}_n - E(\overline{W}_n)}{\sqrt{V(\overline{W}_n)}} = \frac{(\overline{X}_n - \overline{Y}_n) - (\mu_1 - \mu_2)}{\sqrt{\frac{2\sigma^2}{n}}}$$

$$= \frac{\sqrt{n}\left[(\overline{X}_n - \overline{Y}_n) - (\mu_1 - \mu_2)\right]}{\sqrt{2}\,\sigma} \sim n(0,1)$$

(b)若 $\mu_1 = \mu_2$ 則 $Z_n = \dfrac{\sqrt{n}(\overline{X}_n - \overline{Y}_n)}{\sqrt{2}\,\sigma} \sim n(0,1)$

$$\because P\left(|\overline{X}_n - \overline{Y}_n| \le \frac{\sigma}{4}\right) = P\left(\frac{\sqrt{n}}{\sqrt{2}\,\sigma}|\overline{X}_n - \overline{Y}_n| \le \frac{\sqrt{n}}{\sqrt{2}\,\sigma}\frac{\sigma}{4}\right)$$

$$= P\left(|Z_n| \le \frac{\sqrt{n}}{4\sqrt{2}}\right) = 0.95$$

$$\therefore \frac{\sqrt{n}}{4\sqrt{2}} = 1.96 \text{ 解之 } n \doteqdot 123$$

離散機率之近似

　　根據 CLT 當 n 很大時，二項機率，卜瓦松機率等都可用常態分配作近似求解，經由前幾章，我們知道若 $r.v.X \sim b(n,p)$ 則 $\mu = np$，$\sigma = \sqrt{npq}$，又若 $r.v.X \sim P_o(\lambda)$ 則 $\mu = \lambda$，$\sigma = \sqrt{\lambda}$，有了 μ，σ，便可用 CLT 求機率。因為二項變數或卜氏變數都是離散型 $r.v.$，**要用常態分配（連續型 $r.v.$）近似求解時，習慣上都要將要求的範圍向左或向右移動 0.5，以使得新的範圍足以涵蓋住舊的整個範圍。**

○ 例 3　若 $r.v.X \sim b(100, 0.8)$，求 $P(78 \le X \le 90)$

■ 解

$$\because r.v.X \sim b(100, 0.8)$$

$$\mu = np = 100 \times 0.8 = 80$$

$$\sigma = \sqrt{npq} = \sqrt{100 \times 0.8 \times 0.2} = 4$$

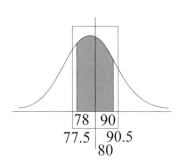

$\therefore P(78 \leq X \leq 90)$

$\approx P(77.5 \leq X \leq 90.5) = P\left(\frac{77.5-80}{4} \leq \frac{X-80}{4} \leq \frac{90.5-80}{4}\right)$

$= P(-0.625 \leq Z \leq 2.625) = 0.996 - 0.264 = 0.732$

若例 3 求 $P(X \geq 90)$，則 $P(X \geq 90) \approx P(X \geq 89.5)$

○ **例 4** 大學中有 1000 人是每天中午到校內二家餐廳 A, B 用餐，每個學生中午用餐餐廳之選擇是獨立的，問每個餐廳應有多少座位，才能保証有座位之機率大於 99%？

○ **解**

不失一般性，若 A 餐廳需有 n 個座位，才能保証有座位之機率大於 99%，

令 $X_i = \begin{cases} 1, & \text{第 } i \text{ 個學生選 } A \text{ 餐廳} \\ 0, & \text{第 } i \text{ 個學生選 } B \text{ 餐廳} \end{cases}$

$\therefore$ 選 A 餐廳之學生數為 $Y = \sum_{i=1}^{n} X_i$

又 $E(X_i) = \frac{1}{2}$，$V(X_i) = \frac{1}{4}$，$i = 1, 2 \cdots\cdots 1000$

$\therefore \mu = E(\Sigma X_i) = \frac{1000}{2} = 500$

$\sigma^2 = V(X_i) = \frac{1000}{4} = 250$ $\therefore \sigma = 5\sqrt{10}$

由中央極限定理

$P(Y \leq n) = P\left\{\frac{Y+0.5-500}{5\sqrt{10}} \leq \frac{n-0.5-500}{5\sqrt{10}}\right\}$

$= P\left\{Z \leq \frac{n-500.5}{15.81}\right\} \geq 0.99$

即 $\frac{n-500.5}{15.81} \geq 2.33$，$n \approx 537$（座位）

○ **例 5** 用 CLT 證明

$\lim_{n \to \infty} \int_0^n e^{-t} \frac{t^{n-1}}{(n-1)!} dt = \frac{1}{2}$, $n \in N$

▥ **解**

自 pdf $f(x) = e^{-x}$, $x > 0$ 抽出 $X_1, X_2 \cdots X_n$ 為一組隨機樣本，$\mu = \sigma^2 = 1$

$X_i \sim G(1, 1)$則 $T = \sum\limits_{i=1}^{n} X_i \sim G(n, 1)$

由 CLT：$n \to \infty$ 時，$\dfrac{T - n\mu}{\sqrt{n}\sigma} = \dfrac{T - n}{\sqrt{n}} \to n(0, 1)$

$\therefore n \to \infty$ 時 $\quad P\left(\dfrac{T - n}{\sqrt{n}} \le 0\right) = \dfrac{1}{2} \quad$ 即 $P(T \le n) = \dfrac{1}{2} = \displaystyle\int_0^n \dfrac{e^{-t} t^{n-1}}{(n-1)!} \, dt$

即 $\displaystyle\lim_{n \to \infty} \int_0^n \dfrac{e^{-t} t^{n-1}}{(n-1)!} \, dt = \dfrac{1}{2}$

m.g.f.在極限分配（limiting distribution）上之應用

☼ **例 6** $r.v.X \sim b(n, p)$，當 n 很大時，若 $np = \lambda$，試證 $b(n, p) \to P_o(\lambda)$。

▥ **解**

$r.v.X \sim b(n, p)$ 則

$m_X(t) = (pe^t + (1-p))^n$

$\qquad = \left(\dfrac{\lambda}{n} e^t - \dfrac{\lambda}{n} + 1\right)^n = \left(\dfrac{\lambda}{n}(e^t - 1) + 1\right)^n$

$\therefore \displaystyle\lim_{n \to \infty} m_X(t) = \lim_{n \to \infty}\left(\dfrac{\lambda}{n}(e^t - 1) + 1\right)^n = e^{\lambda(e^t - 1)}$

即 n 很大且 $\lambda = np$ 時，則 $b(n, p) \to P_o(\lambda)$

在例 6 中，我們用到一個求極限分配之重要微積分極限求算公式：

若 $\displaystyle\lim_{X \to a} f(x) = 1$，$\displaystyle\lim_{X \to a} g(x) = \infty$則 $\displaystyle\lim_{X \to a} f(x)^{g(x)} = e^{\lim\limits_{x \to a} g(x)[f(x)-1]}$，$a$ 可為 $\infty, -\infty$

☼ **例 7** $r.v.X \sim P_o(n)$，試證：n 很大時 $Y = \dfrac{X - n}{\sqrt{n}} \to n(0, 1)$

▥ **解**

$m_Y(t) = E(e^{tY}) = E\left[e^{t\left(\frac{X-n}{\sqrt{n}}\right)}\right] = e^{-\sqrt{n}t} E\left(e^{\frac{t}{\sqrt{n}}X}\right) = e^{-\sqrt{n}t} e^{n\left(e^{\frac{t}{\sqrt{n}}} - 1\right)}$

$\ln m_r(t) = -\sqrt{n}t + n\left[\exp\left(\dfrac{t}{\sqrt{n}}\right) - 1\right]$

$\qquad = -\sqrt{n}t + n\left[\left(1 + \dfrac{t}{\sqrt{n}} + \dfrac{1}{2!}\left(\dfrac{t}{\sqrt{n}}\right)^2 + \dfrac{1}{3!}\left(\dfrac{t}{\sqrt{n}}\right)^3 + \cdots\right) - 1\right]$

$$= -\sqrt{n}\,t + \sqrt{n}\,t + \frac{1}{2}\,t^2 + \frac{1}{3!}\,\frac{t^3}{\sqrt{n}} + \cdots$$

$$\therefore \lim_{n \to \infty} \ln m_Y(t) = \frac{1}{2}\,t^2$$

得 $\displaystyle\lim_{n \to \infty} m_Y(t) = e^{\frac{1}{2}t^2}$，即 $n \to \infty$ 時 $Y \to n(0,1)$

大數法則

　　大數法則（law of large numbers）為統計學提供了大量觀察之理論基礎，亦即對一個現象之觀察數愈多則其所獲之結論亦愈可靠。它可分強大數法則（strong law of large numbers, SLLN）與**弱大數法則**（weak law of large numbers, WLLN）兩種。

定理 5.3-2　（WLLN），若 p.d.f. $f(x)$ 之 $E(X) = \mu$，$V(X) = \sigma^2 < \infty$，$\overline{X}_n$ 是樣本個數為 n 下之樣本平均數，令 ε，δ 為兩個任意小之正數，（即 $\varepsilon > 0$，$1 > \delta > 0$），n 為大於 $\sigma^2/\varepsilon^2\delta$ 之任意正整數，則

$$P(-\varepsilon < \overline{X}_n - \mu < \varepsilon) \geq 1 - \delta$$

證

　　由 Chebyshev 不等式

$$P\left(\left|\overline{X}_n - \mu\right| < \varepsilon\right) = P\left(\left|\overline{X}_n - \mu\right| < \frac{\sigma}{\sqrt{n}}\left(\frac{\sqrt{n}}{\sigma}\varepsilon\right)\right) > 1 - \frac{1}{\left(\frac{\sqrt{n}}{\sigma}\varepsilon\right)^2} = 1 - \frac{\sigma^2}{n\varepsilon^2}$$

$$\left(\text{取 } \delta = \frac{\sigma^2}{n\varepsilon^2}\right) = 1 - \delta \qquad \blacksquare$$

　　在求樣本個數時，CLT 可據常態分配求出一個精確之樣本個數，而 WLLN 所得只是一個粗糙結果。

★ 強的大數法則

　　強的大數法則（strong law of large number; SLLN）是機率理論中一個重要的結果。

定理 5.3-3　（SLLN）：設 $X_1, X_2 \cdots X_n$ 均為服從同一分配之獨立隨機變數，若 $E(X_i) = \mu < \infty, i = 1, 2 \cdots n$ 則 $n \to \infty$ 時 $\dfrac{X_1 + X_2 + \cdots + X_n}{n} \to \mu$ 之機率為 1，即 $P\left\{ \lim\limits_{n \to \infty} (X_1 + X_2 + \cdots + X_n)/n = \mu \right\} = 1$

　　證明超過本書程度，故從略。

習題 *5-3*

1. 由變異數為 σ^2 之母體中抽出二組樣本個數為 n 之樣本，設樣本平均數分為 $\overline{X}_1, \overline{X}_2$，若 $P(|\overline{X}_1 - \overline{X}_2| > \sigma) = 0.01$，求 n。

2. 試證 $\lim\limits_{n \to \infty} \sum\limits_{x=0}^{n} \dfrac{e^{-n} n^x}{x!} = \dfrac{1}{2}$

3. 擲一均勻骰子 1200 次，設 X 為出現么點之次數求 $P(180 < X < 220)$。

4. 若 $r.v. X \sim P_o(9)$，求 (a)$P(8 \le X \le 12)$　(b)$P(X \ge 8)$　(c)$P(X \le 13)$　(d)$P(X = 13)$

5. 自 $U(0, 1)$ 取出 12 個變量為一隨機樣本，求 $P\left(\dfrac{1}{2} < \overline{X} < \dfrac{2}{3}\right)$

6. 擲均勻銅板 n 次，出現正面之次數 $X_i = \begin{cases} 1 & \text{第 } i \text{ 次出現正面} \\ 0 & \text{第 } i \text{ 次出現反面} \end{cases}$
   (a) 用 Chebyshev 不等式估計　$P(0.5 > \overline{X} > 0.4) = 0.9$ 之 $n = ?$
   (b) 用 CLT 估計 $P(0.6 > \overline{X} > 0.4) = 0.9$ 之 $n = ?$

7. 自 $n(\mu, \sigma^2)$ 抽出一組隨機樣本，其大小為 n，樣本變異數為 S^2，求証 $n \to \infty$ 時 S^2 之 $m.g.f.$ 為 $e^{\sigma^2 t}$

8. 自 $f(x) = e^{-x}, x > 0$ 抽出 n 個變量為一隨機樣本，$\overline{X}_n$ 為樣本平均數
   (a) 求 $Y_n = \sqrt{n}(\overline{X}_n - 1)$ 之 $m(t)$
   (b) $n \to \infty$ 時 Z_n 之極限分配

9. 某民意測驗預測一個人之得票率，假定該候選人之實際得票率為 52%，該所希望預測此人得票率低於 50% 之機率只有 1%，求樣本個數？

10.自一母體抽出 n 個變量為一組隨機樣本,若母體平均數與樣本平均數之差小於母體標準差之 25%的機率是 0.95,求 n 至少要多少?

5.4 基本抽樣分配

在統計推論中有四個基本樣本分配，即前節所述之常態分配及本節將要討論之 χ^2 分配，F 分配及 t 分配，這四大基本抽樣分配便構築了統計推論之理論與應用之基礎。

在統計推論中**自由度**（degree of freedom，簡記 d.f.）這個名詞常被用到，讀者研讀本節時，**只須把自由度看作與樣本個數有關之正整數**，而不必拘泥自由度之定義。

卡方分配

> **定義**
>
> **5.4-1**
>
> 設一隨機變數 X 之機率密度函數為
> $$f(x) = \begin{cases} \dfrac{1}{\Gamma\left(\dfrac{n}{2}\right) 2^{\frac{n}{2}}} x^{\frac{n}{2}-1} e^{-\frac{x}{2}} , & x > 0 \\ 0 & \text{，其它} \end{cases}$$
> 則稱此分配為自由度為 n 之**卡方分配**（Chi-square distribution 簡稱 χ^2 分配）以 $\chi^2(n)$ 表之。

在此，我們應注意到 χ^2 整個係一符號，而非 χ 的平方。又 $\chi^2(n)$ 圖型恆在第一象限，它並不是一個對稱圖形，且會因自由度不同而有所不同。χ^2 分配的主要用在常態母體變異數 σ^2 的估計與檢定及適合度檢定、獨立性檢定、無母數統計……等。

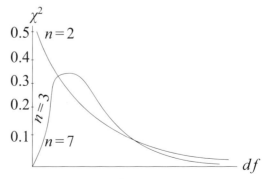

不同自由度下 χ^2 分配之函數圖形

◎ 例 1　若 $r.v.X \sim \chi^2(6)$，則

$$P(3.45 > X > 2.20) = P(\chi^2(6) < 3.45) - P(\chi^2(6) < 2.20)$$
$$= 0.25 - 0.1 = 0.15$$

定理 5.4-1　若 $r.v.X \sim \chi^2(n)$，則

(1)X 之 m.g.f.　$m(t) = (1-2t)^{-\frac{n}{2}}$　(2)$\mu = n$　(3)$\sigma^2 = 2n$

證明留作習題第 20 題

χ^2 分配之極限分配

定理 5.4-2　$r.v.X \sim \chi^2(n)$，$n \in N$，n 很大時 $Y = \dfrac{X-n}{\sqrt{2n}} \to n(0,1)$

證明留作習題第 19 題

由中央極限定理知，若 $r.v.X \sim \chi^2(n)$ 則當 $n \to \infty$ 時 $U = \dfrac{X-n}{\sqrt{2n}} \to n(0,1)$，此外還有一個極限分配：

定理 5.4-3　$\lim\limits_{n \to \infty} P(\chi^2(n) \leq z) \approx N(\sqrt{2z} - \sqrt{2n-1})$。

▓ 證明（略）

在實用上當 $n > 30$ 時，χ^2 接近 $n(0,1)$，由高等統計教材中可證明在 $n > 30$ 時，$Z = \sqrt{2\chi^2} - \sqrt{2n-1}$ 與 $U = \dfrac{\chi^2 - n}{\sqrt{2n}}$ 均趨近於 $n(0,1)$，但前者之趨近速度較後者為快，故在 $n > 30$ 時常用 $Z = \sqrt{2\chi^2} - \sqrt{2n-1}$ 進行轉換：

$n > 30$ 時 $Z \approx \sqrt{2\chi^2} - \sqrt{2n-1}$

$z_\alpha = \sqrt{2\chi_\alpha^2} - \sqrt{2n-1}$

$$\therefore z_a + \sqrt{2n-1} = \sqrt{2\chi_a^2}，兩邊同時平方可得下列重要的近似關係：$$

$$\chi_a^2 = \frac{1}{2}(z_a + \sqrt{2n-1})^2$$

◇ 例 2　求 $\chi_{0.95}^2(61)$。

解

$$\chi_a^2 = \frac{1}{2}(z_a + \sqrt{2n-1})^2$$

$$\therefore \chi_{0.95}^2(61) = \frac{1}{2}(1.64 + \sqrt{2 \times 61-1})^2 = 79.8848$$

χ^2 分配與其它機率分配之關係

χ^2 分配與 Gamma 分配之關係

定理 5.4-4	若 $r.v.X \sim \chi^2(n)$，則 $X \sim G\left(\dfrac{n}{2}, 2\right)$

讀者自行驗證。

χ^2 分配與指數分配之關係

定理 5.4-5	若 $r.v.X$ 服從平均數為 2 之指數分配，則 $r.v.X \sim \chi^2(2)$

此亦由讀者自行驗證。

χ^2 分配與常態分配之關係

定理 5.4-6	若 $r.v.X \sim n(0, 1)$，則 $X^2 \sim \chi^2(1)$

▥ 證

$$f(x) = \frac{1}{\sqrt{2\pi}} e^{-\frac{x^2}{2}} \text{ , } y = x^2$$

$$\therefore |J| = \left| \frac{dx}{dy} \right| = \frac{1}{2\sqrt{y}} \text{ ,}$$

$x > 0$ 時，$f(y) = \frac{1}{\sqrt{2\pi} \, 2\sqrt{y}} e^{-\frac{y}{2}}$, $y > 0$ (1)

$x < 0$ 時，$f(y) = \frac{1}{\sqrt{2\pi} \, 2\sqrt{y}} e^{-\frac{y}{2}}$, $y > 0$ (2)

$$f(y) = 2 \cdot \frac{1}{\sqrt{2\pi} \, 2\sqrt{y}} e^{-\frac{y}{2}} = \frac{1}{\sqrt{2\pi y}} e^{-\frac{y}{2}} \text{ , } y > 0 \quad (\text{由}(1) + (2))$$

即 $Y = X^2 \sim \chi^2(1)$ ∎

☼ 例 3　若 $r.v. X \sim n(0, 4)$，求 $P(X^2 < 5.28)$

▥ 解

方法一：

用本節方法　$X \sim n(0, 4) \therefore Z = \frac{X}{2} \sim n(0, 1)$

$$Z^2 = \frac{X^2}{4} \sim \chi^2(1)$$

$$\therefore P(X^2 < 5.28) = P\left(\frac{X^2}{4} < 1.32 \right) = P(\chi^2(1) < 1.32) = 0.75$$

方法二：

$$P(X^2 < 5.28) = P(-2.30 < X < 2.30)$$

$$= P\left(\frac{-2.30 - 0}{2} < \frac{X - 0}{2} < \frac{2.30 - 0}{2} \right)$$

$$= P(-1.15 < Z < 1.15) = 0.75$$

定理 5.4-7　若 $X_1, X_2 \cdots X_n$ 均獨立服從 $n(0, 1)$，則 $Y = \sum\limits_{i=1}^{n} X_i^2 \sim \chi^2(n)$

▥ 證

利用動差母函數法：

$$\because X \sim n(0,1) \text{ 則 } X^2 \sim \chi^2(1) \text{，又 } \chi^2(1) \text{ 之 } m(t) = \frac{1}{(1-2t)^{\frac{1}{2}}}$$

$$E(e^{tY}) = E(e^{t(X_1^2+X_2^2\cdots+X_n^2)}) = \prod_{i=1}^{n} E(e^{tX_i^2}) = \prod_{i=1}^{n}(1-2t)^{-\frac{1}{2}} = (1-2t)^{-\frac{n}{2}}$$

$$\therefore Y \sim \chi^2(n) \qquad \blacksquare$$

由上述定理，極易推知：若 $X_1, X_2 \cdots X_n$ 均獨立服從 $n(\mu, \sigma^2)$，則 $Y =$
$\sum\limits_{i=1}^{n} \left(\dfrac{X_i - \mu}{\sigma}\right)^2 \sim \chi^2(n)$

χ^2 分配之加法性

> **定理 5.4-8** 若 X_1, X_2 為二獨立 $r.v.$，且 $r.v.X_1 \sim \chi^2(m)$，$r.v.X_2 \sim \chi^2(n)$，
> 則 $Y = X_1 + X_2 \sim \chi^2(m+n)$

證

利用動差母函數：

$$E(e^{tY}) = E(e^{t(X_1+X_2)})$$

$$E(e^{tX_1})E(e^{tX_2}) = (1-2t)^{-\frac{m}{2}} \cdot (1-2t)^{-\frac{n}{2}} = (1-2t)^{-\frac{m+n}{2}}$$

$$\therefore Y \sim \chi^2(m+n) \qquad \blacksquare$$

上述定理稱為卡方分配之加法性。

例 4 若 $r.v.X \sim n(1,6)$，$r.v.Y \sim n(0,9)$，X, Y 為獨立求 $P(3X^2 - 6X + 2Y^2 < 7.35)$

解

$$Y = \left(\frac{X-1}{\sqrt{6}}\right)^2 + \left(\frac{Y-0}{3}\right)^2 \sim \chi^2(2) \text{，即 } \frac{3X^2 - 6X + 2Y^2 + 3}{18} \sim \chi^2(2)$$

$$\therefore P(3X^2 - 6X + 2Y^2 < 7.35)$$

$$= P\left(\frac{3X^2 - 6X + 2Y^2 + 3}{18} < \frac{10.35}{18} = 0.575\right) = P(\chi^2(2) < 0.575) = 0.25$$

定理 5.4-9 若 $X_1, X_2 \cdots\cdots X_n$ 均為服從 $n(\mu, \sigma^2)$ 之獨立 r.v. ，則

① μ 已知時 $Y = \dfrac{\overset{n}{\Sigma}(X-\mu)^2}{\sigma^2} \sim \chi^2(n)$

② μ 未知時 $Y = \dfrac{\Sigma(X-\overline{X})^2}{\sigma^2} \sim \chi^2(n-1)$

▥ 證

(1) $\because \dfrac{X_i - \mu}{\sigma} \sim n(0,1)$

　$\therefore \overset{n}{\underset{i=1}{\Sigma}}\left(\dfrac{X_i - \mu}{\sigma}\right)^2 \sim \chi^2(n)$

(2) $\because \Sigma(X-\mu)^2 = \Sigma(X-\overline{X})^2 + n(\overline{X}-\mu)^2$

　$\Rightarrow \dfrac{\Sigma(X-\mu)^2}{\sigma^2} = \dfrac{\Sigma(X-\overline{X})^2}{\sigma^2} + \dfrac{n(\overline{X}-\mu)^2}{\sigma^2}$

　又 $\dfrac{\Sigma(X-\mu)^2}{\sigma^2} \sim \chi^2(n)$

　$\dfrac{n(\overline{X}-\mu)^2}{\sigma^2} \sim \chi^2(1)$

　$\therefore \dfrac{\Sigma(X-\overline{X})^2}{\sigma^2} \sim \chi^2(n-1)$　∎

上述定理在變異數區間估計與檢定中極為重要。

⚙ 例 5　由 $n(\mu, \sigma^2)$（其中 μ 與 σ^2 均未知）中抽出 n 個變量 $X_1, X_2 \cdots X_n$ 為一組隨機樣本，$Y = \dfrac{\Sigma(X-\overline{X})^2}{n}$，求 $E(Y)$ 及 $V(Y)$。

▥ 解

　$\because X_1, X_2 \cdots X_n$ 均獨立服從 $n(\mu, \sigma^2)$

　$\dfrac{\Sigma(X-\overline{X})^2}{\sigma^2} \sim \chi^2(n-1)$

　$E\left(\dfrac{\Sigma(X-\overline{X})^2}{\sigma^2}\right) = n-1$ 或 $E(\Sigma(X-\overline{X})^2) = (n-1)\sigma^2$

　$\therefore E(Y) = E\left(\dfrac{\Sigma(X-\overline{X})^2}{n}\right) = E\left(\dfrac{n-1}{n} \cdot \dfrac{\Sigma(X-\overline{X})^2}{n-1}\right) = \dfrac{n-1}{n}\sigma^2$

　又 $V\left(\dfrac{\Sigma(X-\overline{X})^2}{\sigma^2}\right) = 2(n-1)$ 或 $V(\Sigma(X-\overline{X})^2) = 2(n-1)\sigma^4$

$$\therefore V(Y)=V\left(\frac{\sum(X-\overline{X})^2}{n}\right)=\frac{2(n-1)}{n^2}\sigma^4$$

○ **例6** 若 $X\sim\chi^2(16)$，求 $P(X<26.3<3.3X)$

○ **解**

$$P(X<26.3<3.3X)$$

$$P\left(1<\frac{26.3}{X}<3.3\right)$$

$$=P\left(1>\frac{X}{26.3}>\frac{1}{3.3}\right)=P\left(26.3>X>\frac{26.3}{3.3}\right)$$

$$=P(26.3>X>7.97)=0.95-0.05=0.90$$

t 分配

> **定義**
>
> **5.4-2**
>
> W, Y 為二獨立隨機變數，且若 $W\sim n(0,1)$，$Y\sim\chi^2(v)$，定義隨機變數 T 為
>
> $$T=\frac{W}{\sqrt{\dfrac{Y}{v}}}$$
>
> 則 T 服從自由度為 v 之 t 分配，以 $T\sim t(v)$ 表之。

　　如同標準常態分配，**t 分配也是一個對稱於 y 軸之機率分配**，因此，有 **$P(T>t)=P(T<-t)$** 之重要性質。

> **定理** 設隨機變數 T 是服從自由度為 r 之 t 分配，則 T 之 p.d.f 為
> **5.4-10**
>
> $$f(t)=\frac{\Gamma\left(\dfrac{r+1}{2}\right)}{\Gamma\left(\dfrac{r}{2}\right)\sqrt{\pi r}}\left(1+\frac{t^2}{r}\right)^{-\frac{r+1}{2}}，\infty>t>-\infty$$

■ 證（略）

因 t 分配是一對稱於 y 軸之機率分配，故若 $r.v.T \sim t(r)$ 則 $E(T) = 0$。

自由度 $v > 30$ 時，t 分配已相當漸近於 $n(0,1)$，**實務上在 $v > 30$ 時，便可用 $v = \infty$ 代替。**

定理
5.4-11　自 $n(\mu, \sigma^2)$ 中抽出 $X_1, X_2 \cdots X_n$ 為一組隨機樣本，則

$$T = \frac{\overline{X} - \mu}{S/\sqrt{n}} \sim t(n-1)$$

■ 證

自 $n(\mu, \sigma^2)$ 抽出 $X_1, X_2 \cdots X_n$ 為隨機樣本，則

$(1)\overline{X} \sim n\left(\mu, \dfrac{\sigma^2}{n}\right)$ 　$\therefore \dfrac{\overline{X} - \mu}{\sigma/\sqrt{n}} = \dfrac{\sqrt{n}(\overline{X} - \mu)}{\sigma} \sim n(0,1)$

$(2)(n-1)S^2/\sigma^2 \sim \chi^2(n-1)$

$\therefore T = \dfrac{\sqrt{n}(\overline{X} - \mu)/\sigma}{\sqrt{\dfrac{(n-1)S^2/\sigma^2}{(n-1)}}} = \dfrac{\overline{X} - \mu}{S/\sqrt{n}} \sim t(n-1)$ ■

○ **例 7**　自 $n(\mu, \sigma^2)$ 中抽出一樣本個數為 17 之隨機樣本，$\overline{X}$、S^2 分別為樣本平均數及樣本變異數。求滿足 $P\left(-c < \dfrac{\sqrt{17}(\overline{X} - \mu)}{S} < c\right) = 0.90$ 之 c 值。

■ 解

$$T = \frac{\sqrt{17}(\overline{X} - \mu)}{S} \sim t(16)$$

$\therefore P(-c < T < c) = 2P(T < c) - 1 = 0.90$，$P(T < c) = 0.95$

得 $c = 1.746$

○ **例 8**　自 $n(\mu, \sigma^2)$ 中抽出 X_1，$X_2 \cdots\cdots X_n$ 為一組隨機樣本，μ, σ 未知，令

$$\overline{X}_n = \frac{1}{n} \sum_{i=1}^{n} X_i \ , \ S_n^2 = \frac{1}{n} \sum_{i=1}^{n} (X_i - \overline{X})^2 \text{。若 } X_{n+1} \text{ 為一新的觀測值，且已}$$

知 $X_{n+1} \sim n(0, \sigma^2)$，求一常數 k，使得 $k(\overline{X}_n - X_{n+1})/S_n$ 服從 t 分

配。

解

$$\overline{X}_n \sim n\left(\mu, \frac{\sigma^2}{n}\right) \quad \therefore \overline{X}_n - X_{n+1} \sim n\left(0, \frac{\sigma^2}{n} + \sigma^2\right) = n\left(0, \frac{n+1}{n}\sigma^2\right),$$

$$\frac{\overline{X}_n - X_{n+1}}{\sigma\sqrt{\dfrac{n+1}{n}}} \sim n(0, 1)$$

$$\text{又 } \frac{nS_n^2}{\sigma^2} = \frac{\Sigma(X - \overline{X})^2}{\sigma^2} \sim \chi^2(n-1)$$

$$\frac{\overline{X}_n - X_{n+1}}{\sigma\sqrt{\dfrac{n+1}{n}}} \bigg/ \sqrt{\frac{nS_n^2}{\sigma^2} \bigg/ (n-1)} = \sqrt{\frac{n-1}{n+1}} \frac{(\overline{X}_n - X_{n+1})}{S_n} \sim t(n-1)$$

$$\text{即 } k = \sqrt{\frac{n-1}{n+1}}$$

F 分配

定義

5.4-3

F 分配 X, Y 為二獨立隨機變數，若 $X \sim \chi^2(m)$，$Y \sim \chi^2(n)$，則定義
$F(m, n)$ 為

$$F(m, n) = \frac{\chi^2(m)/m}{\chi^2(n)/n}$$

由定義，我們知 χ^2 為正值隨機變數，兩個正值隨機變數比仍為正值隨機
變數，因此 **$F(m, n)$ 為正值隨機變數**。

例 9　自 $n(0, 1)$ 中抽出 6 個獨立隨機變數 X_1，$X_2 \cdots\cdots X_6$，求

$$Y = \frac{X_1^2 + X_2^2 + X_3^2}{X_4^2 + X_5^2 + X_6^2} \text{ 之機率分配}$$

■ 解

$X_1 , X_2 \cdots\cdots X_6$ 均獨立取自 $n(0,1)$

$\therefore X_1^2 + X_2^2 + X_3^2 \sim \chi^2(3)$

$X_4^2 + X_5^2 + X_6^2 \sim \chi^2(3)$

$Y = \dfrac{X_1^2 + X_2^2 + X_3^2}{X_4^2 + X_5^2 + X_6^2} = \dfrac{(X_1^2 + X_2^2 + X_3^2)/3}{(X_4^2 + X_5^2 + X_6^2)/3} \sim F(3,3)$

定理 5.4-12　若 $r.v. X \sim F(m,n)$，則 X 之 p.d.f.為

$$f(x) = \frac{\Gamma\left(\dfrac{m+n}{2}\right)}{\Gamma\left(\dfrac{m}{2}\right)\Gamma\left(\dfrac{n}{2}\right)} \left(\frac{m}{n}\right)^{\frac{m}{2}} x^{\frac{m}{2}-1} \left(1 + \frac{m}{n}x\right)^{-\frac{1}{2}(m+n)} , \quad x > 0$$

■ 證

$\because X \sim \chi^2(m) , Y \sim \chi^2(n)$，且 X, Y 互相獨立

$\therefore f(x,y) = f_X(x) \cdot f_Y(y)$

$$= \frac{x^{\frac{m}{2}-1} e^{-\frac{x}{2}} y^{\frac{n}{2}-1} e^{-\frac{y}{2}}}{2^{\frac{m}{2}} \Gamma\left(\dfrac{m}{2}\right) 2^{\frac{n}{2}} \Gamma\left(\dfrac{n}{2}\right)}$$

令 $z_1 = \dfrac{x/m}{y/n} , z_2 = y$，則

$x = \dfrac{m}{n} z_1 z_2 , y = z_2$

$$|J| = \begin{vmatrix} \dfrac{\partial x}{\partial z_1} & \dfrac{\partial x}{\partial z_2} \\ \dfrac{\partial y}{\partial z_1} & \dfrac{\partial y}{\partial z_2} \end{vmatrix}_+ = \begin{vmatrix} \dfrac{m}{n} z_2 & \dfrac{m}{n} z_1 \\ 0 & 1 \end{vmatrix}_+ = \frac{m}{n} z_2$$

$\therefore f(z_1, z_2) = f_X\left(\dfrac{m}{n} z_1 z_2\right) f_Y(z_2) \cdot |J|$

$$= \frac{\left(\dfrac{m}{n} z_1 z_2\right)^{\frac{m}{2}-1} (z_2)^{\frac{n}{2}-1} e^{-\frac{1}{2} z_2 \left(\frac{m}{n} z_1 + 1\right)} \cdot \dfrac{m}{n} z_2}{2^{\frac{m+n}{2}} \Gamma\left(\dfrac{m}{2}\right) \Gamma\left(\dfrac{n}{2}\right)}$$

$$\Rightarrow f(z_1)$$

$$= \int_0^\infty \frac{\left(\frac{m}{n}\right)^{\frac{m}{2}} z_1^{\frac{m}{2}-1} z_2^{\frac{m+n}{2}-1} e^{-\frac{1}{2}z_2\left(\frac{m}{n}z_1+1\right)}}{2^{\frac{m+n}{2}} \Gamma\left(\frac{m}{2}\right)\Gamma\left(\frac{n}{2}\right)} dz_2$$

$$= \frac{\left(\frac{m}{n}\right)^{\frac{m}{2}} z_1^{\frac{m}{2}-1}}{2^{\frac{m+n}{2}} \Gamma\left(\frac{m}{2}\right)\Gamma\left(\frac{n}{2}\right)} \frac{\Gamma\left(\frac{m+n}{2}\right)}{\left[\frac{1}{2}\left(\frac{m}{n}z_1+1\right)\right]^{\frac{m+n}{2}}}$$

$$= \frac{\left(\frac{m}{n}\right)\left(\frac{m}{n}z_1\right)^{\frac{m}{2}-1}\Gamma\left(\frac{m+n}{2}\right)\left(\frac{m}{n}z_1+1\right)^{-\frac{m+n}{2}}}{\Gamma\left(\frac{m}{2}\right)\Gamma\left(\frac{n}{2}\right)}$$

$$= \frac{\Gamma\left(\frac{m+n}{2}\right)}{\Gamma\left(\frac{m}{2}\right)\Gamma\left(\frac{n}{2}\right)}\left(\frac{m}{n}\right)^{\frac{m}{2}}(z_1)^{\frac{m}{2}-1}\cdot\left(1+\frac{m}{n}z_1\right)^{-\frac{m+n}{2}}, \; z_1>0$$

定理 5.4-13 $F_\alpha(m,n)=\dfrac{1}{F_{1-\alpha}(n,m)}$

證

$(1) F(m,n)=\dfrac{\chi^2(m)/m}{\chi^2(n)/n} \quad \therefore F(n,m)=\dfrac{\chi^2(n)/n}{\chi^2(m)/m}=\dfrac{1}{F(m,n)}$

$(2)\alpha=P(F(m,n)>F_\alpha)$

$\qquad =P\left(\dfrac{1}{F(m,n)}<\dfrac{1}{F_\alpha}\right)$

$\qquad =P\left(F(n,m)<\dfrac{1}{F_\alpha}\right)$

$\therefore 1-\alpha=P\left(F(n,m)>\dfrac{1}{F_\alpha}\right)$

即 $\quad F_\alpha(m,n)=\dfrac{1}{F_{1-\alpha}(n,m)}$

例 10 已知 $F_{0.05}(4,3)=6.59$，求 $F_{0.95}(3,4)$

▥ 解

$$F_{0.95}(3,4) = \frac{1}{F_{0.05}(4,3)} = \frac{1}{6.59} = 0.152$$

定理 5.4-14　若 $r.v. X \sim n(\mu_1, \sigma_1^2)$，$Y \sim n(\mu_2, \sigma_2^2)$ 各抽出 n_1，n_2 個觀測值為一組隨機樣本，則

$$F = \frac{S_1^2/\sigma_1^2}{S_2^2/\sigma_2^2} \sim F(n_1-1, n_2-1)$$

▥ 證

$$F = \frac{\dfrac{(n_1-1)S_1^2}{\sigma_1^2} \bigg/ (n_1-1)}{\dfrac{(n_2-1)S_2^2}{\sigma_2^2} \bigg/ (n_2-1)} = \frac{\dfrac{S_1^2}{\sigma_1^2}}{\dfrac{S_2^2}{\sigma_2^2}} \sim F(n_1-1, n_2-1)$$

◌ 例 11　自二變異數相等之二常態母體中取 $n_1=6$，$n_2=10$ 之二獨立樣本，S_1^2，S_2^2 表其變異數求 $P(S_1^2/S_2^2 < 3.48)$

▥ 解

$$\frac{S_1^2/\sigma_1^2}{S_2^2/\sigma_2^2} = \frac{S_1^2}{S_2^2} \sim F(5,9)$$

$$\therefore P\left(\frac{S_1^2}{S_2^2} < 3.48\right) = P(F(5,9) < 3.48) = 0.99$$

習題 *5-4*

1. $X_1, X_2 \cdots$ 為服從標準常態分配之獨立隨機變數，用 CLT 求

   $P(X_1^2 + X_2^2 + \cdots + X_{200}^2 \le 220)$。

2. 若 $X_1, X_2 \cdots X_{10} \sim n(\mu, \sigma^2)$，令 $Y = \sum\limits_{i=1}^{10} (X_i - \mu)^2$，

   求 $P(Y/18.31 < \sigma^2 < Y/3.94)$。

3. $n(0,1)$ 中抽出 $X_1, X_2 \cdots X_6$ 為一組隨機樣本，令

   $Y = (2X_1 + 2X_2 + \sqrt{2}X_3)^2 + (\sqrt{3}X_4 + 2X_5 + \sqrt{3}X_6)^2$，若 kY 服從卡方分配，

   求 k。

4. 若 $X \sim n(9,4)$，求 $P(15.36 < (X-9)^2 < 20.08)$

5. 求 $P(\chi^2(25) \le 34.382)$

6. 自 $n(0,1)$ 抽出 $X_1, X_2 \cdots X_n$ 為一組隨機樣本，求 $Y = \dfrac{1}{m} \left(\sum\limits_{i=1}^{m} X_1 \right)^2$

   $+ \dfrac{1}{n-m} \left(\sum\limits_{i=m+1}^{n} X_i \right)^2$ 之分配。

7. n 個獨立 $r.v. X_1, X_2 \cdots X_n$，若每個 $r.v. X_j$ 之分配函數均為遞增之連續函數 $F_j(X_j)$，試證 $Y = -\dfrac{1}{2} \sum\limits_{i=1}^{n} \ln(1-F_i) \sim \chi^2(2n)$。

8. 若 $r.v. X \sim Be\left(\dfrac{m}{2}, \dfrac{n}{2}\right)$ 即 $f(x) = \dfrac{\Gamma\left(\dfrac{m+n}{2}\right)}{\Gamma\left(\dfrac{m}{2}\right)\Gamma\left(\dfrac{n}{2}\right)} x^{\frac{m}{2}-1}(1-x)^{\frac{n}{2}-1}$，$1 > x > 0$，取 $Y =$

   $\dfrac{nX}{m(1-X)}$，試證 $r.v. Y \sim F(m,n)$。

9. 自 $n(\mu,\sigma^2)$ 抽出 $X_1,X_2\cdots\cdots X_n$ 為一組隨機樣本，求

$$Y=\frac{X_{n+1}-\overline{X}_n}{S}\sqrt{\frac{n}{n+1}}$$ 之機率分配。

10. 從常態母體中抽出樣本個數為 10 之一組隨機樣本，$T=\sqrt{10}(\overline{X}-\mu)/S$，求 $P(-2.26<T<2.26)$。

11. 自 $n(0,\sigma^2)$ 抽出 $X_1,X_2\cdots\cdots X_9$ 為一組隨機樣本，

若 $Y_1=\frac{1}{6}(X_1+X_2+\cdots\cdots+X_6)$，$Y_2=\frac{1}{3}(X_7+X_8+X_9)$，

$S^2=\frac{1}{2}\sum_{i=7}^{9}(X_i-Y_2)^2$，問 $Z=\frac{\sqrt{2}(Y_1-Y_2)}{S}$ 服從什麼分配？

12. 若 $r.v.X$ 之 p.d.f.為

$$f(x)=\frac{1}{\pi}\frac{1}{1+x^2}，\infty>x>-\infty$$ （即 Cauchy 分配）

試證 $Y=X^2\sim F(1,1)$

13. 計算(a)$P(F(8,5)\leq 0.1508)$　(b)$P(0.1323\leq F(6,15)\leq 2.79)$

14. 自 $\sigma_1^2=10$，$\sigma_2^2=15$ 之二個常態母體中分別取 $n_1=25$，$n_2=31$ 之二獨立樣本，設 S_1^2，S_2^2 分別表其變異數，求 $P(S_1^2/S_2^2>1.65)$。

15. 由 $n(64,10)$ 中抽出 $X_1,X_2\cdots\cdots X_9$ 為一組隨機樣本，由 $n(61,12)$ 抽出 $Y_1,Y_2\cdots\cdots Y_4$ 為另一組隨機樣本，求

$$P\left(0.546\leq\frac{\sum(X-\overline{X})^2}{\sum(Y-\overline{Y})^2}\leq 61.09\right)$$

16.設 X_1, X_2 均為服從 $n(0,1)$ 之二獨立隨機變數，求下列分配

(a)$\dfrac{1}{\sqrt{2}}(X_1 - X_2)$　(b)$\dfrac{X_1 + X_2}{\sqrt{(X_1 - X_2)^2}}$　(c)$\dfrac{X_2^2}{X_1^2}$　(d)$\dfrac{(X_1 - X_2)^2}{2}$　(e)$X_1/\sqrt{X_2^2}$

17.$r.v.\,X \sim F(m,n)$，令 $Y = \dfrac{1}{1 + \dfrac{m}{n}X}$ (a)試證 $Y \sim Be\left(\dfrac{n}{2}, \dfrac{m}{2}\right)$；(b)由(a)證明 $x > 0$

時 $F(X \le x) = 1 - P\left(Y \le \left(1 + \dfrac{m}{n}x\right)^{-1}\right)$

18.若 $r.v.\,X \sim \chi^2(n)$，試證 n 很大時 $Y = \dfrac{X - n}{\sqrt{2n}} \to n(0,1)$

19.若 $r.v.\,X \sim \chi^2(n)$，求 $m(t), E(X), V(X)$

20.自 $f(x) = \begin{cases} \dfrac{1}{2}e^{-\frac{x}{2}} & , x > 0 \\ 0 & , 其他 \end{cases}$ 抽出 X_1, X_2 二隨機樣本，求 $Y = \dfrac{X_1}{X_2}$ 之分配。

21.X, Y, Z 為三個獨立 $r.v.$；$X \sim n\left(0, \dfrac{1}{3}\right)$，$Y \sim n(0,1)$，$Z \sim \chi^2(2)$，求 $T = 3X^2 + Y^2 + Z$ 之機率分配

CHAPTER 6

估計理論

6.1 不偏性與最小變異性

前言

　　統計推測（statistical inference）包括估計及假設檢定二大部分，本章先討論其中之估計理論。

　　估計問題是研究如何去找一個能對未知母數做一良好猜測之推定量。樣本是母體之部份集合，因此不管樣本個數有多少，只要它不等於母體，我們便無法經由樣本資料對母數做完全精確之推測，因此在估計問題，要考慮到下面二個面向：

　　(1)良好之推定量應具有那些特質？

　　(2)如何判斷一個推定量比另一個推定量來得好？

　　本節將針對這兩個問題做一探討。

評判推定量之準繩

定義

6.1-1

隨機變數 X 服從母數為 θ 之機率分配，（θ 未知）由 X 抽出 $X_1, X_2 \cdots X_n$ 為一組隨機樣本，$x_1, x_2 \cdots x_n$ 為對應值，若 $g(X_1, X_2 \cdots X_n)$ 是用來估計 θ 之函數，則 $g(X_1, X_2 \cdots X_n)$ 為 θ 之**推定量**（estimator），$g(X_1, X_2, \cdots X_n)$ 之實現值 $g(x_1, x_2 \cdots x_n)$ 為 θ 之**推定值**（estimate）。

　　常用之評判推定量之準則有(1)**不偏性**（unbiasedness）(2)**最小變異不偏性**（minimum variance unbiasedness），(3)**一致性**（consistency），(4)**充分性**（sufficiency）等四種。本節先研究不偏性與最小變異不偏性，下節再討論一

致性，至於充分性因內容較複雜則留在下一章。

不偏性

定義

6.1-2

設 $\hat{\theta}$ 為母數 θ 之一推定量，若 $E(\hat{\theta})=\theta$，則稱 $\hat{\theta}$ 為 θ 之一**不偏推定量**
（unbiased estimator）

任何一個好的推定值應該很接近它所被估計之值，不偏性意即推定值之期望值應該等於母數之實際值，例如 $E(\overline{X})=\mu$，所以樣本平均數 $\overline{X}$ 為母數 μ 之不偏推定量。也許我們自卜瓦松分配抽出之一組樣本，其樣本中位數 $\tilde{m}$ 可能比樣本平均數更接近母體平均數，但當我們抽出許多組樣本後，樣本平均數的期望值則較同樣樣本中位數之期望值更接近母數 μ。$E(\hat{\theta}) \neq \theta$ 時，則稱 $\hat{\theta}$ 為 θ 之**有偏推定量**（biased estimator），$E(\hat{\theta})$ 與 θ 之差稱為**偏量**（bias）。

○ **例 1** 由同一母體中抽出 100 個變量 $X_1, X_2 \cdots X_{100}$ 為一組樣本，定義：

$$\overline{X}_{100} \triangleq \frac{1}{100}(X_1 + X_2 + \cdots + X_{100})$$

$$\overline{X}_{90} \triangleq \frac{1}{90}(X_1 + X_2 + \cdots + X_{90})$$

$$\because E(\overline{X}_{100}) = E\left(\frac{X_1 + X_2 + \cdots + X_{100}}{100}\right)$$

$$= \frac{1}{100}\sum_{i=1}^{100} E(X_i) = \frac{1}{100} \cdot 100\mu = \mu$$

$\therefore \overline{X}_{100}$ 為 μ 之不偏推定量。

同理

$$E(\overline{X}_{90}) = \mu$$

即 $\overline{X}_{90}, \overline{X}_{100}$ 均為 μ 之不偏推定量。

例 1 說明了**不偏性與樣本個數無關**，同時，母數之**不偏推定量也未必惟**

一，因為不偏推定量與樣本統計量之期望值有關，因此，**母數之不偏推定量也可能不存在。**

○ 例 2 若 $\hat{\theta}_1$，$\hat{\theta}_2$ 均為 θ 之不偏推定量，試證(a)$\lambda\hat{\theta}_1 + (1-\lambda)\hat{\theta}_2$，$\lambda \in R$ 均為 θ 之不偏推定量，並說明其統計意義。(b)X_1，X_2 為二獨立r.v. 若 $V(X_1) = \sigma_1^2$，$V(X_2) = \sigma_2^2$，且 $E(X_1) = E(X_2) = \mu$，問應如何選取 λ 才能使 $V(\lambda X_1 + (1-\lambda)X_2)$ 為最小？

▨ 解

(a)$E[\lambda\hat{\theta}_1 + (1-\lambda)\hat{\theta}_2] = \lambda E(\hat{\theta}_1) + (1-\lambda)E(\hat{\theta}_2) = \lambda\theta + (1-\lambda)\theta = \theta$，因此 $\lambda\hat{\theta}_1 + (1-\lambda)\hat{\theta}_2$ 為 θ 之不偏推定量，此說明了：若 $\hat{\theta}_1$，$\hat{\theta}_2$ 均為 θ 之不偏推定量，則 θ 之不偏推定量有無限多個。

(b)令 $V(\lambda X_1 + (1-\lambda)X_2) = \lambda^2 V(X_1) + (1-\lambda)^2 V(X_2) = \lambda^2\sigma_1^2 + (1-\lambda)^2\sigma_2^2 = g(\lambda)$：

$\dfrac{d}{d\lambda}g(\lambda) = 2\lambda\sigma_1^2 - 2(1-\lambda)\sigma_2^2 = 0 \therefore \lambda = \dfrac{\sigma_2^2}{\sigma_1^2 + \sigma_2^2}$，$\dfrac{d^2}{d\lambda^2}g(\lambda)\Big|_{\lambda = \frac{\sigma_2^2}{\sigma_1^2 + \sigma_2^2}} > 0 \therefore$

$\lambda = \dfrac{\sigma_2^2}{\sigma_1^2 + \sigma_2^2}$ 時 $V(\lambda X_1 + (1-\lambda)X_2)$ 為最小

○ 例 3 自 $n(\mu, \sigma^2)$（σ 未知）抽出 $X_1, X_2 \cdots X_n$ 為一組隨機樣本，試證 $S^2 = \dfrac{1}{n-1}\sum\limits_{i=1}^{n}(X_i - \overline{X})^2$ 為 σ^2 之偏推定量。

▨ 解

$\because X_1, X_2 \cdots X_n$ 均為服從 $n(\mu, \sigma^2)$ 之獨立隨機變數 $\therefore \dfrac{\sum(X-\overline{X})^2}{\sigma^2} \sim \chi^2(n-1)$

得 $E\left(\dfrac{\sum(X-\overline{X})^2}{\sigma^2}\right) = n-1$

或 $E\left(\dfrac{\sum(X-\overline{X})^2}{n-1}\right) = \sigma^2$，即 $S^2 = \dfrac{\sum(X-\overline{X})^2}{n-1}$ 為 σ^2 之不偏推定量。

讀者應注意的是：**由定理 5.1-2，$X_1, X_2 \cdots X_n$ 抽自任何分配時，$S^2 = \dfrac{1}{n-1}\sum(X-\overline{X})^2$ 均為 σ^2 之偏推定量。**

不偏最小變異性

> ### 定義
> **6.1-3**
>
> 令 $\hat{\theta}$ 為 θ 之不偏推定量，若對 θ 之所有不偏推定量 θ^* 而言，恆有 $V(\theta^*) \geq V(\hat{\theta})$ 則稱 $\hat{\theta}$ 為 θ 之**不偏最小變異推定量**（unbiased minimum variance estimator），即在所有之 θ 不偏推定量中，若 $\hat{\theta}$ 之變異數最小，$\hat{\theta}$ 便為 θ 之不偏最小變異推定量。

> **準則** $\hat{\theta}_1$，$\hat{\theta}_2$ 均為 p.d.f. $f(x,\theta)$ 之 θ 不偏推定量，若 $V(\hat{\theta}_1) \leq V(\hat{\theta}_2)$ 則 $\hat{\theta}_1$ 較 $\hat{\theta}_2$ 為優。

○ **例 4**   設 X_1，X_2 為二獨立隨機變數，若 $V(X_1)=V(X_2)=\sigma^2$，$E(X_1)=2\theta$，$E(X_2)=4\theta$，θ 為未知母數，假定 θ 有二個推定量：$\hat{\theta}_1 = \dfrac{X_1}{4} + \dfrac{X_2}{8}$，$\hat{\theta}_2 = \dfrac{X_1}{10} + \dfrac{X_2}{5}$，問那個一個推定量較優，何故？

解

$$\because E(\hat{\theta}_1) = E\left(\frac{X_1}{4} + \frac{X_2}{8}\right) = \frac{2\theta}{4} + \frac{4\theta}{8} = \theta$$

$$E(\hat{\theta}_2) = E\left(\frac{X_1}{10} + \frac{X_2}{5}\right) = \frac{2\theta}{10} + \frac{4\theta}{5} = \theta$$

$\therefore \hat{\theta}_1$，$\hat{\theta}_2$ 均為 θ 之不偏推定量

但

$$V(\hat{\theta}_1) = V\left(\frac{X_1}{4} + \frac{X_2}{8}\right) = \frac{\sigma^2}{16} + \frac{\sigma^2}{64} = \frac{5}{64}\sigma^2$$

$$V(\hat{\theta}_2) = V\left(\frac{X_1}{10} + \frac{X_2}{5}\right) = \frac{\sigma^2}{100} + \frac{\sigma^2}{25} = \frac{\sigma^2}{20}$$

$$V(\hat{\theta}_1) > V(\hat{\theta}_2)$$

$\hat{\theta}_2$ 之變異數較小，故在 $\hat{\theta}_1$，$\hat{\theta}_2$ 均為 θ 之不偏推定量下，$\hat{\theta}_2$ 較 $\hat{\theta}_1$ 為優。

上述準則可推廣：如果 θ 有數個不偏推定量時，其中變異數最小者為最優。Rao-Cramer 不等式有助我們在眾多不偏推定量中找出不偏最小變異統計量。

下面定理說明了不偏最小變異推定量之惟一性。

定理 6.1-1　若 $\hat{\theta}_1, \hat{\theta}_2$ 均為 θ 之不偏最小變異推定量，則 $\hat{\theta}_1 = \hat{\theta}_2$

■ 證

設 $\hat{\theta}_1, \hat{\theta}_2$ 均為 θ 之不偏最小變異推定量，且 $V(\hat{\theta}_1) = V(\hat{\theta}_2) = \sigma^2$

令 $\tilde{\theta} = \dfrac{1}{2}(\hat{\theta}_1 + \hat{\theta}_2)$, $\tilde{\theta}$ 具不偏性（由例 2）

則 $V(\tilde{\theta}) = V\left[\dfrac{1}{2}(\hat{\theta}_1 + \hat{\theta}_2)\right] = \dfrac{1}{4}\left[V(\hat{\theta}_1) + V(\hat{\theta}_2) + 2\text{Cov}(\hat{\theta}_1, \hat{\theta}_2)\right]$

$= \dfrac{1}{4}[\sigma^2 + \sigma^2 + 2\rho\sigma^2] = \dfrac{\sigma^2}{2}(1 + \rho)$

即 $\sigma^2 = \dfrac{2}{1 + \rho} V(\tilde{\theta})$

$\rho < 1$ 時 $\sigma^2 > V(\tilde{\theta})$，則與 $\hat{\theta}_1, \hat{\theta}_2$ 為最小變異之假設矛盾　$\therefore \rho = 1$

又 $\rho = 1$ 時 $\because \rho = 1$ $\therefore \hat{\theta}_1, \hat{\theta}_2$ 滿足 $\hat{\theta}_2 = a + b\hat{\theta}_1$, $b > 0$ 之條件（定理 3.5-8）＊

① $\hat{\theta}_1, \hat{\theta}_2$ 之變異數相等 $\Rightarrow V(\hat{\theta}_2) = V(a + b\hat{\theta}_1) = b^2 V(\hat{\theta}_1)$　$\therefore b = 1$

② $\hat{\theta}_1, \hat{\theta}_2$ 為 θ 之不偏推定量 $\Rightarrow E(\hat{\theta}_2) = a + bE(\hat{\theta}_1)$ 得 $\theta = a + \theta$　$\therefore a = 0$

代①，②入＊

得 $\hat{\theta}_1 = \hat{\theta}_2$

■

Rao-Cramèr 不等式

正則條件

r.v. X 之 pdf 為 $f(x; \theta)$，$\theta \in \Omega \subseteq R$ 若符合下列條件則稱其滿足 **正則條件**（regular condition）：

　(1) $f(x; \theta)$ 之定義域不含 θ。

(2) Ω 為實數系之一開區間

(3) $\dfrac{\partial}{\partial\theta}\displaystyle\int f(x\,;\theta)dx=\int\dfrac{\partial}{\partial\theta}f(x\,;\theta)dx=0$ （即微分與積分符號可交換）

 或 $\dfrac{\partial}{\partial\theta}\displaystyle\sum_x f(x\,;\theta)=\sum_x\dfrac{\partial}{\partial\theta}f(x\,;\theta)=0$ （即微分與加總符號可交換）

定理 6.1-2 （Rao-Cramér 不等式或 Fréchet, Cramér, Rao 不等式）：自一滿足正則條件之 *pdf* $f(x\,;\theta)$ 取出 X_1，$X_2\cdots X_n$ 為一組隨機樣本，若 $\hat\theta$ 為 θ 之不偏推定量，則

$$V(\hat\theta)\geq\dfrac{1}{nE\left(\dfrac{\partial}{\partial\theta}\ln f(x\,;\theta)\right)^2}$$

證

自 $f(x\,;\theta)$ 抽出 $X_1,X_2\cdots X_n$ 為一組隨機樣本，令

$L=f(x_1\,;\theta)f(x_2\,;\theta)\cdots f(x_n\,;\theta)$

則 $\displaystyle\int\cdots\int L\,dx_1dx_2\cdots dx_n=1$ \hfill (1)

設 $\hat\theta$ 為 θ 之不偏推定量，則

$\displaystyle\int\cdots\int\hat\theta L\,dx_1dx_2\cdots dx_n=\theta$ \hfill (2)

根據假設（即正則條件）

$\displaystyle\int\cdots\int\dfrac{\partial}{\partial\theta}L\,dx_1dx_2\cdots dx_n=\dfrac{\partial}{\partial\theta}\int\cdots\int L\,dx_1dx_2\cdots dx_n=\dfrac{\partial}{\partial\theta}1=0$ \hfill (3)

及

$\displaystyle\int\cdots\int\dfrac{\partial}{\partial\theta}\hat\theta L\,dx_1dx_2\cdots dx_n=\dfrac{\partial}{\partial\theta}\int\cdots\int\hat\theta L\,dx_1\,dx_2\cdots dx_n=\dfrac{\partial}{\partial\theta}\theta=1$ \hfill (4)

令 $t=\dfrac{\partial}{\partial\theta}\ln L$ \hfill (5)

則 $\dfrac{\partial}{\partial\theta}L=\left(\dfrac{\partial}{\partial\theta}\ln L\right)L=tL$ \hfill (6)

$\therefore E(t)=\displaystyle\int\cdots\int tL\,dx_1dx_2\cdots dx_n$

$\qquad=\displaystyle\int\cdots\int\left(\dfrac{\partial}{\partial\theta}L\right)dx_1dx_2\cdots dx_n=0$ （由(3)） \hfill (7)

$E(\hat\theta t)=\displaystyle\int\cdots\int\hat\theta\,t\,L\,dx_1dx_2\cdots dx_n$

$$= \int \cdots \int \hat{\theta}\left(\frac{\partial}{\partial\theta}L\right)dx_1dx_2\cdots dx_n = 1 \quad (\text{由}(4)) \tag{8}$$

現考慮 $\hat{\theta}$ 與 t 之相關係數 ρ：

$$\rho = \frac{E(\hat{\theta}t)-E(\hat{\theta})E(t)}{\sqrt{V(\hat{\theta})V(t)}} = \frac{1-\theta\cdot 0}{\sqrt{V(\hat{\theta})V(t)}} = \frac{1}{\sqrt{V(\hat{\theta})V(t)}}$$

$$\rho^2 = \frac{1}{V(\hat{\theta})V(t)} \leq 1$$

$$\therefore V(\hat{\theta}) \geq \frac{1}{V(t)} = \frac{1}{V\left(\frac{\partial}{\partial\theta}\ln L\right)} = \frac{1}{V\left(\Sigma\frac{\partial}{\partial\theta}\ln f(x_i,\theta)\right)}$$

$$= \frac{1}{\Sigma V\left(\frac{\partial}{\partial\theta}\ln f(x_i,\theta)\right)} = \frac{1}{nE\left(\frac{\partial}{\partial\theta}\ln f(x,\theta)\right)^2}$$

推論 6.1-2-1　Rao-Cramèr 不等式中

$$E\left(\frac{\partial^2}{\partial\theta^2}\ln f(x;\theta)\right) = -E\left(\frac{\partial}{\partial\theta}\ln f(x;\theta)\right)^2$$

證

$E\left(\frac{\partial^2}{\partial\theta^2}\ln f\right)$　（為簡便計，$f(x;\theta)$ 寫成 f）

$$= \int_{-\infty}^{\infty}\left(\frac{\partial^2}{\partial\theta^2}\ln f\right)f\,dx = \int_{-\infty}^{\infty}\left(\frac{\partial}{\partial\theta}\left(\frac{\partial}{\partial\theta}\ln f\right)\right)f\,dx = \int_{-\infty}^{\infty}\left(\frac{\partial}{\partial\theta}\left(\frac{1}{f}\frac{\partial}{\partial\theta}f\right)\right)f\,dx$$

$$= \int_{-\infty}^{\infty}\left(\frac{1}{f}\frac{\partial^2}{\partial\theta^2}f - \frac{1}{f^2}\left(\frac{\partial}{\partial\theta}f\right)^2\right)f\,dx = \int_{-\infty}^{\infty}\left(\frac{\partial^2}{\partial\theta^2}f\right)dx - \int_{-\infty}^{\infty}\left(\frac{\partial}{\partial\theta}f\right)^2\frac{1}{f}dx$$

$$= \frac{\partial^2}{\partial\theta^2}\underbrace{\int_{-\infty}^{\infty}f\,dx}_{\substack{1 \\ 0}} - \int_{-\infty}^{\infty}\left(\frac{\partial}{\partial\theta}f\right)^2\frac{1}{f}dx \quad（應用正則條件）$$

$$= -\int_{-\infty}^{\infty}\left(\frac{\partial}{\partial\theta}f\right)^2\frac{1}{f}dx$$

$$= -\int_{-\infty}^{\infty}\left(\frac{\partial}{\partial\theta}\ln f\right)^2 f\,dx = -E\left(\frac{\partial}{\partial\theta}\ln f\right)^2$$

定理
6.1-3

自 $f(x;\theta)$ 抽出 $X_1, X_2 \cdots X_n$ 為一組隨機樣本，$\hat{\theta}$ 為 θ 之不偏推定量，$\tau(x)$ 為一可微分函數，則 $\tau(\hat{\theta})$ 之 Rao-Cramèr 下界為：

$$V(\hat{\theta}) \geq \frac{[\tau'(\theta)]^2}{nE_\theta\left[\left(\dfrac{\partial}{\partial\theta}\ln f(x;\theta)\right)\right]^2}$$

上述不等式之右式稱為**不偏推定量 $\tau(\theta)$ 變異數之 Rao-Cramèr 下界**（Rao-Cramèr lower bound for the variance of unbiased estimators of $\tau(\theta)$）。

R-C 下界之功用在於：

(1)可供我們求不偏推定量之變異數下界。

(2)**若一不偏推定量之變異數等於該不偏推定量之 R-C 下界，則此推定量是我們要求的 UMVUE**，此將在下章述及。

定義

6.1-4

若 $\hat{\theta}$ 為 θ 之不偏推定量，則 $\hat{\theta}$ 之效率 $e(\hat{\theta})$ 為

$$e(\hat{\theta}) = \frac{\hat{\theta} \text{之 } R-C \text{ 下界}}{V(\hat{\theta})}$$

$e(\hat{\theta}) = 100\%$（或 1）時，$\hat{\theta}$ 為 θ 之**有效推定量**（efficient estimator）

○ 例 5　自 $b(1,p)$ 抽出 $X_1, X_2 \cdots X_n$ 為一組隨機樣本，求 $\overline{X}$ 之 Rao-Cramer 下界，又 $\overline{X}$ 作為 p 之推定量的效率為何？

解

(a)自 $b(1,p)$ 抽出 $X_1, X_2 \cdots X_n$ 為一組隨機樣本，則 $Y = \sum\limits_{i=1}^{n} X_i \sim b(n,p)$

$\therefore E(Y) = np$，$E\left(\dfrac{Y}{n}\right) = p$，即 $\dfrac{\sum X}{n}$ 為 p 之不偏推定量。

$V(\overline{X}) = V\left(\dfrac{Y}{n}\right) = \dfrac{1}{n^2}V(Y) = \dfrac{p(1-p)}{n}$

$\overline{X}$ 之 Rao-Cramèr 下界為

$$= \frac{1}{nE\left(\frac{\partial}{\partial p}\ln p^{X}(1-p)^{1-X}\right)^{2}} = \frac{1}{nE\left[\frac{\partial}{\partial p}\left(X\ln p + (1-X)\ln(1-p)\right)\right]^{2}}$$

$$= \frac{1}{nE\left[\frac{X}{p} - \frac{1-X}{1-p}\right]^{2}} = \frac{1}{nE\left(\frac{X-p}{p(1-p)}\right)^{2}} = \frac{p^{2}(1-p)^{2}}{nE(X-p)^{2}}$$

$$= \frac{p^{2}(1-p)^{2}}{n(p(1-p))} = \frac{p(1-p)}{n}$$

$\therefore \overline{X}$ 之 Rao-Cramer 下界為 $\dfrac{p(1-p)}{n}$。

又 $\overline{X}$ 作為 p 之推定量的效率為

$$e(p) = \frac{\overline{X} \text{ 之 R-C 下界}}{V(\overline{X})} = \frac{p(1-p)/n}{p(1-p)/n} = 100\% \quad (\overline{X} \text{ 為 } p \text{ 之有效推定量})$$

⚙ **例 6** 自 $U(0,\theta)$ 中抽出 $X_1, X_2 \cdots X_n$ 為一組隨機樣本,問本題何以不可用 Rao-Cramèr 不等式來求 θ 之有效推定量?

▦ **解**

$U(0,\theta)$ 之 *p.d.f.* 為

$$f(x,\theta) = \begin{cases} \dfrac{1}{\theta}, & 0 < x < \theta \\ 0, & \text{其他} \end{cases}$$

其 ***p.d.f.* 之定義域中含有 θ,不符合正則條件假設**,故本題不能用 Rao-Cramèr 不等式求 θ 之有效推定量。

⚙ **例 7** 自 $\begin{array}{c|cc} x & 1 & 0 \\ \hline P(X=x) & \theta & 1-\theta \end{array}$,$1 > \theta > 0$,抽出 $X_1, X_2 \cdots\cdots X_n$ 為一組隨機樣本,求 $\theta(1-\theta)$ 之不偏推定量之 R-C 下界。

▦ **解**

顯然題給之分配為點二項分配,

$f(x;\theta) = \theta^{x}(1-\theta)^{1-x}$,$x = 0, 1$

$\ln f = x\ln\theta + (1-x)\ln(1-\theta)$

$\dfrac{\partial}{\partial\theta}\ln f = \dfrac{x}{\theta} - \dfrac{1-x}{1-\theta} = \dfrac{x-\theta}{\theta(1-\theta)}$

$\tau(\theta) = \theta(1-\theta)$　　$\therefore \tau'(\theta) = 1 - 2\theta$

$\therefore R - C$下界

$$= \frac{[\tau'(\theta)]^2}{nE\left[\dfrac{\partial}{\partial\theta}\ln f(x,\theta)\right]^2} = \frac{[1-2\theta]^2}{nE\left[\dfrac{X-\theta}{\theta(1-\theta)}\right]^2} = \frac{\theta^2(1-\theta)^2(1-2\theta)^2}{nE(X-\theta)^2}$$

$$= \frac{\theta^2(1-\theta)^2(1-2\theta)^2}{n\theta(1-\theta)} = \frac{\theta(1-\theta)(1-2\theta)^2}{n}$$

習題 6-1

1. 證明 $\overline{X}^2$ 不為 μ^2 之不偏推定量。

2. 設 $X_1, X_2 \cdots X_6$ 為從 $n(\mu, \sigma^2)$ 抽出之一組隨機樣本，若
   $c[(X_1 - X_2)^2 + (X_3 - X_4)^2 + (X_5 - X_6)^2]$ 為 σ^2 之不偏推定量，求 c。

3. 自平均數為 μ 變異數為 σ^2 之母體抽出一組隨機樣本 $X_1, X_2 \cdots X_n$，若
   $c \sum_{i=1}^{n-1} E(X_{i+1} - X_i)^2$ 為 σ^2 之不偏推定量，求 $c = ?$

4. 自 $n(0, \theta)$，$\theta > 0$ 中抽出 n 變量為一組隨樣本，證明
   $d(X) = \dfrac{\sum X^2}{n}$ 是 θ 之不偏推定量，求 $V(d(X))$。

5. 自 $U(0, \theta)$ 中抽出 n 個變量 $X_1, X_2 \cdots X_n$，取 $Y_1, Y_2 \cdots Y_n$ 為對應之順序統計
   量，證明 $\left(1 + \dfrac{1}{n}\right)Y_n$ 是 θ 之不偏推定量。

6. 設正方形邊長之測量誤差服從 $n(0, \sigma^2)$，σ 為未知，針對該正方形進行 n 次
   測量，求正方形面積之不偏推定量。

7. 自 $P_0(\lambda)$ 抽出 $X_1, X_2 \cdots X_n$ 為一組隨機樣本，$T(X) = (-3)^X$，試證 $T(X)$ 是
   $d(\lambda) = e^{-4\lambda}$ 之不偏推定量，並評論之。

8. 自 $b(1, \theta)$ 中抽出 1 個 r.v.，試證 $d(\theta) = \theta^2$ 之不偏推定量不存在。

9.求下列p.d.f.中母數之 Rao-Cramér 下界。（樣本數均為 n ）

(a) $f(x, \lambda) = \dfrac{1}{\lambda} e^{-\frac{x}{\lambda}}$ ， $x > 0$ $x > 0$

(b) $f(x, \theta)$ 為 $n(\theta, 1)$

10.自 $P_0(\lambda)$ 抽出 $X_1, X_2 \cdots X_n$ 為一隨機樣本，求 λ 之不偏推定量 $\hat{\lambda} = \overline{X}$ 之變異數下界，並求其效率。又 $\overline{X}$ 是否為 λ 之有效推定量？

6.2 一致性

> **定義**
>
> **6.2-1**
>
> 設 $X_1, X_2 \cdots X_n$ 為由隨機異數 X 抽出之一組隨機樣本，$\hat{\theta}$ 為母數 θ 之一推定量，若
>
> $$\lim_{n \to \infty} P[|\hat{\theta} - \theta| > \varepsilon] = 0 , \ \forall \varepsilon > 0$$
>
> 則 $\hat{\theta}$ 為 θ 之 **一致推定量**（consistent estimator）或 **簡單一致推定量**（simple consistent estimator）

上述定義亦可寫成

$$\lim_{n \to \infty} P[|\hat{\theta} - \theta| \leq \varepsilon] = 1 , \ \forall \varepsilon > 0，則 \hat{\theta} 為 \theta 之一致推定量。$$

若 $\hat{\theta}$ 為母數 θ 之一致推定量，此意味著當樣本個數不斷增加時 $\hat{\theta}$ **收斂**（converge）於 θ，$\hat{\theta}$ 為 θ 之一致推定量，即 $\hat{\theta}$ 收斂於 θ，通常以 $\hat{\theta} \xrightarrow[n \to \infty]{p} \theta$ 表之。

一致推定量除了簡單一致推定量外，尚有 **平方誤差一致推定量**（squared error consistent estimator）。

> **定義**
>
> **6.2-2**
>
> 設 $X_1, X_2 \cdots X_n$ 為由隨機變數 X 抽出之一組隨機樣本，$\hat{\theta}$ 為 θ 之一推定量，若
>
> $$\lim_{n \to \infty} E(\hat{\theta} - \theta)^2 = 0$$
>
> 則 $\hat{\theta}$ 為 θ 之平方誤差一致推定量。

由上述定義，當 $n \to \infty$ 時，$E(\hat{\theta}-\theta)^2 \to 0$，$\hat{\theta} \to \theta$，實與 $\lim\limits_{n \to \infty}\hat{\theta}=\theta$ 同義，此表示在**樣本個數 *n* 很大時平方誤差一致推定量必非常接近母數**。

我們應注意的是，一致性本質上是屬於**大樣本性質**（large sample property），因此，我們討論一致性多是一群**估計值敘列**（sequence of estimates）；單一估計值是不討論它的一致性。

定理 6.2-1　若 $\hat{\theta}$ 為 θ 之不偏推定量，且 $\lim\limits_{n \to \infty}V(\hat{\theta})=0$；則 $\hat{\theta}$ 為 θ 之一致推定量。

證

利用 Chebyshev 不等式

$$P\left(|\hat{\theta}-E(\hat{\theta})|>\varepsilon\right)=P\left(|\hat{\theta}-\theta|>\frac{\varepsilon}{\sigma}\sigma\right)\leq \frac{1}{\left(\frac{\varepsilon}{\sigma}\right)^2}=\frac{V(\hat{\theta})}{\varepsilon^2}$$

$$\therefore \lim_{n \to \infty}P(|\hat{\theta}-\theta|>\varepsilon) \leq \lim_{n \to \infty}\frac{V(\hat{\theta})}{\varepsilon^2}=0 \quad (\because 已知 \lim_{n \to \infty}V(\hat{\theta})=0) \qquad \blacksquare$$

例 1　若 $\hat{\theta}$ 為 θ 之一致推定量，問 $k\hat{\theta}$ 是否為 $k\theta$ 之一致推定量 $(k>0)$？$\hat{\theta}$ 為 θ 之平方誤差一致推定量問 $k\hat{\theta}$ 是否為 $k\theta$ 平方誤差一致推定量？

解

(a) $\lim\limits_{n \to \infty}P(|k\hat{\theta}-k\theta|>\varepsilon)=\lim\limits_{n \to \infty}P(k|\hat{\theta}-\theta|>\varepsilon)=\lim\limits_{n \to \infty}P(k|\hat{\theta}-\theta|>\varepsilon)$

$\quad =\lim\limits_{n \to \infty}P(k|\hat{\theta}-\theta|>\varepsilon)=\lim\limits_{n \to \infty}P(|\hat{\theta}-\theta|>\frac{\varepsilon}{k})=0$

（注意：根據定義：$\lim\limits_{n \to \infty}P(|\hat{\theta}-\theta|>\varepsilon)=0$ 中之 ε 為任意數，$\frac{\varepsilon}{k}$ 亦為任意數）即 $k\hat{\theta}$ 為 $k\theta$ 之一致推定量。

(b) $\because \hat{\theta}$ 為 θ 之平方誤差一致推定量　$\therefore \lim\limits_{n \to \infty}E(\hat{\theta}-\theta)^2=0$。

$\quad$ 現 $\lim\limits_{n \to \infty}E[k\hat{\theta}-(k\theta)]^2=\lim\limits_{n \to \infty}k^2E(\hat{\theta}-\theta)^2=0$

$\quad \therefore k\hat{\theta}$ 亦為 $k\theta$ 平方誤差一致推定量。

○ **例 2** 自常態分配中抽出，$X_1, X_2 \cdots X_n$ 為一組樣本，$S^2 = \dfrac{\Sigma(X-\overline{X})^2}{n-1}$，證明 S^2 為母體變異數 σ^2 之一致推定量。

▦ **解**

(1)S^2 為常態母體變異數 σ^2 之不偏推定量

(2) $\lim\limits_{n\to\infty} V(S^2)$

$$= \lim\limits_{n\to\infty} V\left(\frac{\sigma^2}{n-1} \cdot \frac{n-1}{\sigma^2} S^2\right)$$

$$= \lim\limits_{n\to\infty} \frac{\sigma^4}{(n-1)^2} V\left(\frac{n-1}{\sigma^2} S^2\right) \quad (\because \frac{(n-1)S^2}{\sigma^2} \sim \chi^2(n-1))$$

$$= \lim\limits_{n\to\infty} \frac{\sigma^4}{(n-1)^2} \cdot 2(n-1) = 0$$

由(1)，(2)得：在常態分配之假設下，S^2 為母體變異數 σ^2 之一致推定量。

讀者宜注意，即便 S^2 為 σ^2 之不偏推定量，這並不表示 S 為 σ 之不偏推定量，因 $E(S) = \sigma$ 不恆成立。

定理 6.2-2 若 $\lim\limits_{n\to\infty} E(\hat{\theta}_n) = \theta$ 且 $\lim\limits_{n\to\infty} V(\hat{\theta}_n) = 0$，則 $\hat{\theta}_n$ 為 θ 之一致推定量

▦ **證（略）**

○ **例 3** 自 $b(1, p)$ 抽出 $X_1, X_2 \cdots X_n$ 為一組隨機樣本，試問 $T_n = \dfrac{1+\sum\limits_{i=1}^{n} X_i}{n+2}$ 是否為之一致推定量？略述有關統計意義。

▦ **解**

(a)依題意 $\sum\limits_{i=1}^{n} X_i \sim b(n, p)$

$$E(T_n) = E\left(\frac{1+\Sigma X}{n+2}\right) = \frac{1+np}{n+2} \qquad ①$$

$$\therefore \lim\limits_{n\to\infty} E(T_n) = \lim\limits_{n\to\infty} \frac{1+np}{n+2} = p$$

$$V(T_n) = V\left(\frac{1+\Sigma X}{n+2}\right) = \frac{1}{(n+2)^2} V(\Sigma X) = \frac{npq}{(n+2)^2}$$

$$\therefore \lim_{n\to\infty} V(T_n) = \lim_{n\to\infty} \frac{npq}{(n+2)^2} = 0 \qquad\qquad ②$$

由①，② $T_n = \dfrac{1+\Sigma X}{n+2}$ 為 p 之一致推定量

(b)$\because E(T_n) \neq p$ $\therefore$ **一致推定量未必是不偏，亦未必惟一**（$Y_n = \dfrac{\Sigma X}{n}$ 亦

為 p 之一致推定量）

★ **例 4** 自 $U(0,\theta)$ 抽出 $X_1, X_2 \cdots X_n$ 為一組隨機樣本，試證

$$T(X_1, X_2 \cdots X_n) = \left(\prod_{i=1}^{n} X_i\right)^{\frac{1}{n}} 為 \theta e^{-1} 之一致推定量$$

解

$$E(T(X_1, X_2 \cdots X_n)) = \int_0^\theta \int_0^\theta \cdots \int_0^\theta (x_1 x_2 \cdots x_n)^{\frac{1}{n}} \frac{1}{\theta^n} dx_1, dx_2 \cdots dx_n$$

$$= \left(\int_0^\theta \frac{1}{\theta} x^{\frac{1}{n}} dx\right)^n = \left(\frac{n}{n+1} \theta^{\frac{1}{n}}\right)^n = \left(\frac{n}{n+1}\right)^n \theta$$

$$\lim_{n\to\infty} E(T(X_1, X_2 \cdots X_n)) = \lim_{n\to\infty} \left(\frac{n}{n+1}\right)^n \theta = e^{-1}\theta \qquad\qquad ①$$

$$又 E[T^2(X_1 \cdots X_n)] = \int_0^\theta \int_0^\theta \cdots \int_0^\theta (x_1 \cdots\cdots x_n)^{\frac{2}{n}} \frac{1}{\theta^n} dx_1 \cdots dx_n$$

$$= \left[\int_0^\theta \frac{1}{\theta} x^{\frac{2}{n}} dx\right]^n = \left(\frac{n}{n+2}\right)^n \theta^2$$

$$\therefore \lim_{n\to\infty} V[T(X_1 \cdots X_n)] = \lim_{n\to\infty} E[T^2(X_1 \cdots X_n)] - [ET(X_1 \cdots X_n)]^2$$

$$= \lim_{n\to\infty} \left(\frac{n}{n+2}\right)^n \theta^2 - \lim_{n\to\infty}\left[\left(\frac{n}{n+1}\right)^n \theta\right]^2$$

$$= e^{-2}\theta^2 - e^{-2}\theta^2 = 0 \qquad\qquad ②$$

由①，② $T(X_1 \cdots X_n) = \left(\prod_{i=1}^{n} X_i\right)^{\frac{1}{n}} 為 \theta e^{-1} 之一致推定量。$

★機率收斂

將一致性之觀念再往上推，我們便可有「**機率收斂**」（converge in probability）的概念。

定義

6.2-3

（機率收斂）：$\{X_n\}$ 為隨機變數敘列，若 $\lim\limits_{n \to \infty} P(|X_n - X| > \varepsilon) \to 0$ 對每一個 $\varepsilon > 0$ 均成立則稱 $\{X_n\}$ **機率收斂列 r.v. X**（X_n converge to X in probability），以 $X_n \xrightarrow[n \to \infty]{P} X$ 或 $X_n \xrightarrow{P} X$ 表之。

機率收斂比較抽象，因此，我們就其中一些基本結果以論例方式放在例 5～7。由定義 6.2-1 與 6.2-3 知 $X_n \xrightarrow[n \to \infty]{P} X$ 則 X_n 為 X 之一個一致推定量。

○ **例 5**　$X_n \xrightarrow[n \to \infty]{P} X$ 試證 $X_n + c \xrightarrow[n \to \infty]{P} X + c$，$c$ 為任意常數

解

$$X_n \xrightarrow[n \to \infty]{P} X \text{即} n \to \infty \text{時} P(|X_n - X| > \varepsilon) \to 0$$

$$\therefore n \to \infty \text{時} P(|(X_n + c) - (X + c)| > \varepsilon) = P(|X_n - X| > \varepsilon) \to 0$$

$$\text{即} X_n + c \xrightarrow[n \to \infty]{P} X + c$$

○ **例 6**　$X_n \xrightarrow[n \to \infty]{P} X$ 試證 $X_n - X \xrightarrow[n \to \infty]{P} 0$

解

$$X_n \xrightarrow[n \to \infty]{P} X \text{即} n \to \infty \text{時} P(|X_n - X| > \varepsilon) \to 0$$

$$\therefore n \to \infty \text{時} P(|(X_n - X) - 0| > \varepsilon) = P(|X_n - X| > \varepsilon) \to 0$$

$$\text{即} X_n - X \xrightarrow[n \to \infty]{P} 0$$

○ **例 7**　$X_n \xrightarrow[n \to \infty]{P} X, Y_n \xrightarrow[n \to \infty]{P} Y$ 試證 $X_n + Y_n \xrightarrow[n \to \infty]{P} X + Y$

解

$n \to \infty$ 時

$$P\left(\left|(X_n + Y_n) - (X + Y)\right| > \varepsilon\right)$$

$$= P\left(\left|(X_n - X) + (Y_n - Y)\right| > \varepsilon\right)$$

$$\leq P\left(\left|X_n - X\right| > \frac{\varepsilon}{2} \text{ 或 } \left|Y_n - Y\right| > \frac{\varepsilon}{2}\right)$$

$$\leq P\left(\left|X_n - X\right| > \frac{\varepsilon}{2}\right) + P\left(\left|Y_n - Y\right| > \frac{\varepsilon}{2}\right)$$

$$\leq 0 + 0 = 0$$

即 $X_n + Y_n \xrightarrow[n \to \infty]{P} X + Y$

機率收斂進一步定理

定理 6.2-3	$X_n \xrightarrow[n \to \infty]{P} X$，$g: R \longrightarrow R$ 為連續之實函數，則 $g(X_n) \xrightarrow[n \to \infty]{P} g(X)$ 推廣之，$X_n \xrightarrow[n \to \infty]{P} X$，$Y_n \xrightarrow[n \to \infty]{P} Y$，$g: R^2 \longrightarrow R$ 為連續實函數，則 $g(X_n, Y_n) \xrightarrow[n \to \infty]{P} g(X, Y)$

由上述定理可得下列推論

推論 6.2-3-1	若 $X_n \xrightarrow[n \to \infty]{P} X, Y_n \xrightarrow[n \to \infty]{P} Y$ 則 (a) $aX_n + bY_n \xrightarrow[n \to \infty]{P} aX + bY$ (b) $X_n Y_n \xrightarrow[n \to \infty]{P} XY$ (c) $\dfrac{X_n}{Y_n} \xrightarrow[n \to \infty]{P} \dfrac{X}{Y}$

證

(a) 取 $g(x, y) = ax + by$

(b) 取 $g(x, y) = xy$ 及

(c) 取 $g(x, y) = \dfrac{x}{y}$，應用前述定理即得。

◇ 例 8　自 $P(\lambda)$ 抽出 $X_1, X_2 \cdots X_n$ 為一組隨機樣本，求 λ 之一致推定量及

$P(X=0)$ 之一致推定量。

解

$$E(\overline{X})=\lambda \text{ , } \lim_{n\to\infty}V(\overline{X})=\lim_{n\to\infty}\frac{\lambda}{n}=0$$

$\therefore \overline{X}$ 為 λ 之一致推定量

$P(X=0)=e^{-\lambda}$，取 $g(x)=e^{-x}$ 為一連續函數

$\therefore e^{-\overline{X}}$ 為 $P(X=0)=e^{-\lambda}$ 之一致推定量

習題 *6-2*

1. 自 $n(\mu, \sigma^2)$ 抽出 $X_1, X_2 \cdots X_n$ 為一組隨機樣本，試證 $n \to \infty$ 時，
   $P(|S^2 - \sigma^2| > \varepsilon) = 0$，即 $S^2 \xrightarrow[n \to \infty]{P} \sigma^2$。

2. 若 $X_1, X_2 \cdots X_n$ 均為獨立服從同一母體分配之 r.v.，若 $E(X_i) = \mu$，$E(X_i^2) < \infty$，

   試證 $T(X_1, X_2 \cdots X_n) = \dfrac{2\sum\limits_{i=1}^{n} i X_i}{n(n+1)}$ 為 μ 之一致推定量。

3. 自 $f(x) = \dfrac{1}{\lambda} e^{-\frac{x}{\lambda}}$，$x = 0, 1, 2 \cdots$ 中取 $X_1, X_2 \cdots X_n$ 為一組隨機樣本。
   (a) 試證 nY_1 的 pdf 與 X 相同。
   ★(b) 證 nY_1 不是 λ 之一致推定量。

4. 自 $U(0, \theta)$ 中抽出 $X_1, X_2 \cdots X_n$ 為一組隨機樣本，$Y_1 < Y_2 < \cdots < Y_n$ 為 對應之
   順序統計量，試證(a) Y_n 為 θ 之一致推定量，(b) $\sqrt{Y_n} \xrightarrow[n \to \infty]{P} \sqrt{\theta}$。

5. 自 $f(x, \theta)$ 抽出 $X_1, X_2 \cdots X_n$ 為一組隨機樣本，問 $Y = \dfrac{\sum X}{n+1}$ 是否為 μ 之不偏推
   定量？一致推定量？

6. $X_1, X_2 \cdots X_n$ 與 $Y_1, Y_2 \cdots Y_n$ 均分別獨立抽自平均數 μ，變異數 $\sigma_1{}^2$ 與平均數
   μ_2，變異數 $\sigma_2{}^2$ 之二母體，試證
   (a) $\overline{X} - \overline{Y}$ 為 $\mu_1 - \mu_2$ 之一致推定量
   (b) $\sigma_1 = \sigma_2 = \sigma$ 之條件下，$S^2 = \dfrac{\sum(X - \overline{X})^2 + \sum(Y - \overline{Y})^2}{2n - 2}$ 為 σ^2 之一致推定量。

7. 自 $U(\theta, \theta + 1)$ 抽出 $X_1, X_2 \cdots X_n$ 為一組隨機樣本，證 $\hat{\theta}_1 = \overline{X} - \dfrac{1}{2}$ 與

$\hat{\theta}_2 = \max(X_1, X_2 \cdots X_n) - \dfrac{n}{n+1}$ 均為 θ 之一致推定量。

8. 若 $X_n \xrightarrow[n \to \infty]{P} X$ 試證 $kX_n \xrightarrow[n \to \infty]{P} kX$，$k \neq 0$

9. 若 $X_n \xrightarrow[n \to \infty]{P} X$ 試證 $kX_n + c \xrightarrow[n \to \infty]{P} kX + c$，$k \neq 0$

10. 若 $X_n \xrightarrow[n \to \infty]{P} X$ 且 $X_n \xrightarrow[n \to \infty]{P} Y$，試證 $P(X = Y) = 1$

11. $X_1, X_2 \cdots X_n$ 均獨立服從 p.d.f. $f(x, \theta) = e^{-x+\theta}, x \geq \theta$，令 $\overline{X}_n = \dfrac{1}{n} \sum\limits_{i=1}^{n} X_i$，試證 $\overline{X}_n \xrightarrow[n \to \infty]{P} 1 + \theta$

12. 若隨機變數敘列 $\{X_n\}_{n=1}^{\infty}$ 滿足 $\lim\limits_{n \to \infty} \dfrac{1}{n^2} V\left(\sum\limits_{i=1}^{n} X_i\right) = 0$，試證對任意 $\varepsilon > 0$，$\lim\limits_{n \to \infty} P\left\{ \left| \dfrac{1}{n} \sum\limits_{i=1}^{n} X_i - \dfrac{1}{n} \sum\limits_{i=1}^{n} E(X_i) \right| < \varepsilon \right\} = 1$

13. 設 $X_1, X_2 \cdots X_n$ 為 n 個服從 $P(X_n = 1) = p_n$，$P(X_n = 0) = 1 - p_n$ 之獨立隨機變數，求 p_n 需何條件下 $X_n \xrightarrow[n \to \infty]{P} 0$？

14. 自 $U(0, 1)$ 抽出 $X_1, X_2 \cdots X_n$ 為一組隨機變數，取 $Y_n = \max(X_1, X_2 \cdots X_n)$，試證 $Y_n \xrightarrow[n \to \infty]{P} 1$

15. 自 $f(x, \theta) = \begin{cases} e^{-(x-\theta)} & , x > 0 \\ 0 & , \text{其它} \end{cases}$ 抽出 $X_1, X_2 \cdots X_n$ 為一組隨機樣本，Y_1 為對應之最小順序統計量，試證 $Y_1 \xrightarrow[n \to \infty]{P} \theta$

6.3 動差推定量

尋求推定量方法很多，本章將介紹**動差法**（method of moment）**最概法**（maximum likelihood method）及**貝氏法**（Baysiam method）三種，至於**最小平方法**（least square method）將在第九章介紹。

Ⅰ 動差法

設一母體之機率密度函數為 $f(x；\theta_1，\theta_2\cdots\theta_k)，\theta_1，\theta_2，\cdots\theta_k$ 為其 k 個母數，定義以原點為中心之 r 級動差為：

$$m_r = \frac{1}{n}\sum X^r = \mu_r(\theta_1\cdots\theta_2，\theta_k)$$

由解下列方程式

$$\begin{cases} \mu_1(\theta_1, \theta_2\cdots\theta_k) = m_1 \\ \mu_2(\theta_1, \theta_2\cdots\theta_k) = m_2 \\ \quad\quad\vdots \\ \mu_k(\theta_1, \theta_2\cdots\theta_k) = m_k \end{cases}$$

來得到母數 $\theta_1, \theta_2\cdots\theta_k$ 之推定量的方法稱為動差法。

動差法又稱為**代換原則**（principal of substitution），此已點出動差法之精神。

在應用動差法時，我們應注意到：

1. **動差推定量未必滿足不偏性**（見例 3）例如：動差法所求得之變異數 $S^2 = \frac{1}{n}\sum(x-\bar{x})^2$。

2. 習慣上，**動差估計量應儘可能以最低階動差來表示**。

○ 例 1　(a)自 $P(\lambda)$ 中抽出 $X_1, X_2\cdots X_n$ 為一組隨機樣本，求 λ 之動差推定量 $\hat{\lambda}$

　　　　(b)設台北市每天車禍傷亡人數 X 可用母數為之卜瓦松分配來描述，若連續 5 天台北市車禍傷亡人數為 10 人，8 人，11 人，7 人，14 人，試用(a)之結果估計 $\hat{\lambda}$。

■ 解

(a)$X \sim P(\lambda)$，$E(X)=\lambda$

$\therefore$ 取 $\hat{\lambda}=\overline{X}$，即 λ 之動差推定量為 $\overline{X}$。

(b)$\hat{\lambda}=\overline{x}=\dfrac{10+8+11+7+14}{5}=10$ 人

$X \sim P(\lambda)$，$V(X)=\lambda$，我們不取 $\hat{\lambda}=S^2$，主要是因為 λ 用 $\overline{X}$ 即可推估，故不必用到 S^2。

⊙ **例 2** 自 $b(n,p)$ 抽出 $X_1, X_2 \cdots X_n$ 為一組隨機樣本，求 n，p 之動差推定量 $\hat{n}$ 及 $\hat{\lambda}$。

■ 解

$\because X \sim b(n,p) \therefore \mu=np$ 及 $\sigma^2=np(1-p)$

令 $\begin{cases} \mu=np=\overline{X} \\ \sigma^2=np(1-p)=S^2 \end{cases}$ 　　　　　　(1)
　　　　　　　　　　　　　　　　　　　　(2)

解 $\begin{cases} np=\overline{X} \\ np(1-p)=S^2 \end{cases}$ 　　　　　　(3)
　　　　　　　　　　　　　　　(4)

$\dfrac{(4)}{(3)}$: $1-p=\dfrac{S^2}{\overline{X}} \therefore \hat{p}=1-\dfrac{S^2}{\overline{X}}=\dfrac{\overline{X}-S^2}{\overline{X}}$ 　　(5)

代(5)入(3)

$\hat{n}=\dfrac{\overline{X}}{\hat{p}}=\dfrac{\overline{X}}{\dfrac{\overline{X}-S^2}{\overline{X}}}=\dfrac{\overline{X}^2}{\overline{X}-S^2}$

⊙ **例 3** 自 $n(\mu, \sigma^2)$ 抽出 $X_1, X_2 \cdots X_n$ 為一組隨機樣本，求 $\hat{\mu}, \hat{\sigma}^2$ 之動差推定量

■ 解

$X \sim n(\mu, \sigma^2)$，$\sigma^2=E(X^2)-[E(X)]^2$

令 $E(X)=m_1=\dfrac{\Sigma X}{n}$

$\therefore \hat{\mu}=\overline{X}$

$E(X^2)=m_2=\dfrac{\Sigma X^2}{n}$

$\therefore \hat{\sigma}^2=E(X^2)-[E(X)]^2=m_2-m_1^2$

$$= \frac{\sum X^2}{n} - \left(\frac{\sum X}{n}\right)^2 = \frac{\sum (X - \overline{X})^2}{n} = S^2$$

所以，動差法所得之推定量未必滿足不偏性。

由例 3 可推得 S 之動差推定量為 $\sqrt{\dfrac{1}{n} \sum (X - \overline{X})^2}$。

.230. 基礎機率與統計

習題 6-3

1. 自 $U(a, b)$ 中抽出 $X_1, X_2 \cdots X_n$ 為一組隨機樣本，求 a, b 之動差推定量。

2. 自 $G(\alpha, \beta)$ 抽出 $X_1, X_2 \cdots X_n$ 為一組隨機樣本，求 α, β 之動差推定量 $\hat{\alpha}, \hat{\beta}$。

3. 若某城計程車車牌號自 1 號起連號，現站於街角任意記下四部車之車號為 250，270，300，80 試據此資料估計該城計程車數。

4. 設 r.v.X 之 pdf 為 $f(x) = \begin{cases} (\alpha+1)x^\alpha & 1 > x > 0 \\ 0 & \text{其他} \end{cases}$ ，試用動差法求 $\hat{\alpha}$，利用前述結果，分別計算 α 之估計值

   (a)0.1，0.8，0.1，0.7，0.3

   (b)0.1，0.8，2.1，0.9，-0.4

5. Rayleigh 密度為 $f(x) = \dfrac{x}{\theta^2} e^{-\frac{x^2}{2\theta^2}}$，$x > 0$，試用動差法求 θ 之推定量。

6.4 最概法

定義

6.4-1

自 $f(x;\theta)$ 抽出 n 個變量 $X_1, X_2 \cdots X_n$ 為一組隨機樣本，其 *j.p.d.f.* 為

$g(x_1, x_2 \cdots x_n, \theta) = f(x_1; \theta) f(x_2; \theta) \cdots f(x_n; \theta)$

$L(\theta) = g(x_1, x_2 \cdots x_n; \theta)$ ，

稱之為**概似函數**（likelihood fumction）

若 $\theta = \hat{\theta}$ 時可使概似函數為極大，則 $\hat{\theta}$ 為 θ 之**最概推定量**（maximum likelihood estimator，書作 MLE）

由微積分知識，欲求 $L(\theta) = g(x_1, x_2 \cdots x_n; \theta) = f(x_1; \theta) \cdots f(x_n; \theta)$ 極大，常可令

$\dfrac{\partial L(\theta)}{\partial \theta} = 0$ ，（若 $L(\theta)$ 可微分），在許多求 MLE 場合中以令 $\dfrac{\partial \ell nL(\theta)}{\partial \theta} = 0$ 較便，但在機率密度函數之定義域含待估母數，如均等分配 $U(0, \theta)$ 之定義域有 θ ，故在求 MLE $\hat{\theta}$ 時，請看本節 ＊ MLE 特殊解法之說明。

定理
6.4-1 若 $\hat{\theta}$ 為 θ 之 MLE，f 為一函數則 $f(\hat{\theta})$ 為 $f(\theta)$ 之 MLE。

定理 6.4-1 又稱為 MLE 之**泛函不變性**（functional invariance），函數 f 不一定需一對一。上述定理之證明超過本書程度，故從略。

○ **例 1** 由 $f(x) = \begin{cases} \theta x^{\theta-1} & 1 > x > 0 \\ 0 & \text{其他} \end{cases}$ ，$\theta > 0$ ，抽出 $x_1, x_2 \cdots x_n$ 為一組隨機樣本，求 θ 之 MLE。

▥ 解

$$L(\theta) = \prod_{i=1} f(x_i, \theta)$$

$$= (\theta x_1^{\theta-1})(\theta x_2^{\theta-1})\cdots(\theta x_n^{\theta-1}) = \theta^n (x_1 x_2 \cdots x_n)^{\theta-1}$$

$$\frac{\partial}{\partial \theta}\ln L(\theta) = \frac{\partial}{\partial \theta}\left[n\ln\theta + (\theta-1)\prod_{i=1}^{n} x_i\right] = \frac{n}{\theta} + \prod_{i=1}^{n} x_i = 0$$

$$\therefore \hat{\theta} = -\frac{n}{\prod_{i=1}^{n} X_i}$$

○ **例 2**　若某種真空管之使用時數 X 服從指數分配 $f(x) = \begin{cases} \lambda e^{-\lambda x} & x > 0 \\ 0 & x \le 0 \end{cases}$，茲抽取 42 枚真空管，測得其使用時數 $\Sigma x_i = 42000$ 小時，求(a)λ 之 MLE。(b)$E(X)$ 之 MLE

▥ 解

(a)$L(\lambda) = \prod_{i=1}^{n} f(x_i; \lambda) = \lambda e^{-\lambda x_1} \lambda e^{-\lambda x_2} \cdots \lambda e^{-\lambda x_n} = \lambda^n e^{-\lambda \Sigma x}$

$\therefore \frac{\partial}{\partial \lambda}\ln L(\lambda) = \frac{\partial}{\partial \lambda}[n\ln\lambda - \lambda\Sigma x] = \frac{n}{\lambda} - \Sigma x = 0$

得 $\hat{\lambda} = \frac{n}{\Sigma X}$

又 $\Sigma x = 42000$，$\therefore \hat{\lambda} = \frac{42}{42000} = 0.001$

(b)$E(X) = \int_0^\infty x\lambda e^{-\lambda x} dx = \frac{1}{\lambda}$　$\therefore E(X)$之 MLE $= \frac{1}{\hat{\lambda}} = \frac{\Sigma X}{n} = \frac{42000}{42} = 1000$

（小時）

○ **例 3**　(a)自 λ 未知之卜瓦松分配中抽出 $X_1, X_2 \cdots X_n$ 為一組隨機樣本，求 λ 之 MLE，(b)若某地轎車每天銷售量 $X \sim P_0(\lambda)$，已知 20 天內銷售 30 輛，求 λ 之 MLE。

▥ 解

(a)$L(\lambda) = \prod_{i=1}^{n} f(x_i, \lambda) = \frac{e^{-\lambda}\lambda^{x_1}}{x_1!} \cdot \frac{e^{-\lambda}\lambda^{x_2}}{x_2!} \cdots \frac{e^{-\lambda}\lambda^{x_n}}{x_n!} = \frac{e^{-n\lambda}\lambda^{x_1+x_2+\cdots x_n}}{x_1! \, x_2! \cdots x_n!}$

令 $\frac{\partial \ell n L(\lambda)}{\partial \lambda} = \frac{\partial}{\partial \lambda}[-n\lambda + (\Sigma x)\ell n\lambda - \Sigma \ell n x!] = -n + (\Sigma x)/\lambda = 0$

$$\therefore \hat{\lambda} = \frac{\Sigma X}{n} = \overline{X}$$

(b)由(a)$\lambda = \overline{X}$，$\therefore \hat{\lambda} = \frac{30}{20} = 1.5$ 輛

○ **例 4** 自變異數及平均數均未知之常態母體中抽出一組隨機樣本 $X_1, X_2 \cdots X_n$，求平均數 u 及變異數 σ^2 之 MLE $\hat{\mu}, \hat{\sigma}^2$。

○ **解**

$$f(x_1, \mu, \sigma^2) = \frac{1}{\sqrt{2\pi}\sigma} e^{-\frac{(x_i - \mu)^2}{2\sigma^2}}$$

取 $L(\mu, \sigma^2) = \prod_{i=1}^{n} f(x_i, \mu, \sigma^2)$

$$= \frac{1}{\sqrt{2\pi}\sigma} e^{-\frac{(x_1 - \mu)^2}{2\sigma^2}} \cdot \frac{1}{\sqrt{2\pi}\sigma} e^{-\frac{(x_2 - \mu)^2}{2\sigma^2}} \cdots \frac{1}{\sqrt{2\pi}\sigma} e^{-\frac{(x_n - \mu)^2}{2\sigma^2}}$$

$$= \left(\frac{1}{\sqrt{2\pi}\sigma}\right)^n e^{-\frac{\Sigma(x_i - \mu)^2}{2\sigma^2}} \tag{1}$$

(a)令 $\dfrac{\partial \ell n L(\mu, \sigma^2)}{\partial \mu} = \dfrac{\partial}{\partial \mu}\left[n\ell n\left(\dfrac{1}{\sqrt{2\pi}\sigma}\right) - \dfrac{\Sigma(x_i - \mu)^2}{2\sigma^2}\right] = \dfrac{-\Sigma(x_i - \mu)}{\sigma^2} = 0$

即 $\Sigma(x - \mu) = 0$ $\therefore \hat{\mu} = \overline{X}$

(b)取 $b = \sigma^2$ 則

$$L(\mu, b) = \left(\frac{1}{\sqrt{2\pi}\sqrt{b}}\right)^n e^{-\frac{\Sigma(x - \mu)}{2b}}$$

令 $\dfrac{\partial}{\partial b} L(\mu, b) = \dfrac{\partial}{\partial b}\left[n\ln\dfrac{1}{\sqrt{2\pi}} - \dfrac{n}{2}\ln b - \dfrac{\Sigma(x - \mu)^2}{2b}\right]$

$$= -\frac{n}{2b} + \frac{\Sigma(X - \mu)^2}{2b^2} = 0$$

$\therefore \hat{\sigma}^2 = \dfrac{\Sigma(X - \overline{X})^2}{n}$ （μ 用 $\overline{X}$ 代之）

MLE 之特殊解法

設 r.v.X 之 pdf 為 $f(x\,;\theta)$，$b < x < a$，若 a, b 中至少有 1 個是 θ 之函數時，前述之求 MLE 的方法便無法使用，但可歸納出一個「經驗法則」：

(1)$f(x\,;\theta)$，$b < x < \theta$ 時，（b 為任一給定實數或 $-\infty$）θ 之 MLE

$$\hat{\theta} = \max(X_1, X_2 \cdots X_n) = Y_n$$

(2) $f(x\,;\theta)$ ，$\theta < x < a$ 時，（a 為一給定實數或 ∞）θ 之 MLE

$$\hat{\theta} = \min(X_1, X_2 \cdots X_n) = Y_1$$

這些經驗法則在求前述情況 $f(x\,;\theta)$ 之 θ 充分統計量 $\hat{\theta}$ 及 θ 之 UMVUE $\hat{\theta}$ 時極為有用。

☼ **例 5** 設隨機變數 X 之 $p.d.f.$ 為 $f(x) = \begin{cases} \dfrac{1}{\alpha} & 0 \le x \le \alpha \\ 0 & 其他 \end{cases}$ 由 X 抽出 n 個變量 X_1，

$X_2 \cdots X_n$ 為一組隨機樣本，求(a)α 之 MLE。(b)抽出 $1.3, 0.6, 1.7, 2.2,$
$0.3, 1.1$ 為一組隨機樣本，求 $\mu = E(X)$ 之 MLE $\hat{\mu}$。

▦ **解**

(a) $L(\alpha) = \left(\dfrac{1}{\alpha}\right)^n$，$\alpha \ge X_i \ge 0 \quad \forall_i$

此時我們無法令 $\dfrac{\partial \ell n L(\alpha)}{\partial \alpha} = 0$ 以求 α 之 MLE，但注意到同時為了在
$\alpha \ge x_i$，$i = 1, 2, \cdots n$，之條件下使 $L(\alpha)$ 為極大，亦即 $\alpha \ge \max(X_1,$
$X_2 \cdots X_n)$，故取 $\hat{\alpha} = \max(X_1, X_2 \cdots X_n)$

(b) α 之 MLE $\hat{\alpha} = \max(x_1, \cdots x_n) = 2.2$

$\because \mu = \dfrac{\alpha}{2}$ $\therefore$ 由 MLE 之不變性知母體平均數 u 之 MLE $\hat{u} = \dfrac{\hat{\alpha}}{2} = 1.1$

☼ **例 6** 從母體 $f(x) = \begin{cases} \dfrac{1}{b-a} & b \ge x \ge a \\ 0 & 其他 \end{cases}$ 抽出 $X_1, X_2 \cdots X_n$ 為一組樣本，求 a, b

之 MLE

▦ **解**

$L(a, b) = \left(\dfrac{1}{b-a}\right)^n \quad b \ge x_i \ge a \quad \forall_i$

為使 $L(a, b)$ 極大，須使 $b - a$ 為極小，但每個 x_i 均比 b 小，而每個 x_i 又
須大於 a

$\therefore$ 取 $\hat{b} = Y_n = \max(X_1, X_2 \cdots X_n)$，$\hat{a} = Y_1 = \min(X_1, X_2 \cdots X_n)$，$Y_1 < Y_2 \cdots < Y_n$

為對應之順序統計量。

例 7 $X_1, X_2 \cdots X_n$ 為抽自 $f(x; \theta_1, \theta_2) = \dfrac{1}{\theta_2} \exp\left\{-\dfrac{(x-\theta_1)}{\theta_2}\right\}, x > \theta_1, \theta_1 > 0, \theta_2 > 0$，

求 θ_1, θ_2 之 MLE。

解

在本例，我們要先求 MLE $\hat{\theta}_1$：

取 $L(\theta_1, \theta_2) = \prod_{i=1}^{n} \dfrac{1}{\theta_2} e^{-\frac{(x-\theta_1)}{\theta_2}} = \dfrac{1}{\theta_2^n} e^{-\frac{\Sigma(x-\theta_1)}{\theta_2}}$

$\because$ 對每個 x_i 而言，$x_i > \theta_1$ $\therefore$ 取 $\hat{\theta}_1 = Y_1 = \min(X_1, X_2 \cdots X_n)$

又 $\dfrac{\partial}{\partial \theta_2} \ln L(\theta_1, \theta_2) = \dfrac{\partial}{\partial \theta_2}\left[-n\ln\theta_2 - \dfrac{\Sigma(x-\theta_1)}{\theta_2}\right] = \dfrac{-n}{\theta_2} + \dfrac{\Sigma(x-\theta_1)}{\theta_2^2}$

$\therefore \hat{\theta}_2 = \dfrac{\Sigma(X - \hat{\theta}_1)}{n} = \dfrac{\Sigma(X - Y_1)}{n}$

例 8 由 $n(u, 4)$ 中抽出 20 個觀測值 $X_1, X_2 \cdots X_n$，測知其中有 17 個觀測值大於零，若只考慮 X 是正或負而不論 X 大小，求 u 之 MLE。

解

$P(X > 0) = P\left(\dfrac{X-u}{2} > \dfrac{0-u}{2}\right) = P\left(Z > -\dfrac{u}{2}\right) = \dfrac{17}{20} = 0.85$

$\therefore -\dfrac{\mu}{2} = -1.04$ 得 $\hat{\mu} = 2.08$

例 9 設某種蒼蠅後代產生某種基因之比率為 $q^2 : 2pq : p^2 \, (p+q=1)$，若實驗結果為 80，80，40，求 p, q 之 MLE $\hat{p}$，$\hat{q}$

解

第一步求 p 之最概推定量 $\hat{p}$

$f(x_1, x_2, \cdots x_n, p) = (q^2)^{n_1} (2pq)^{n_2} (p^2)^{n_3}$

$\therefore L(p) = 2n_1 \ln(1-p) + n_2(\ln p + \ln(1-p) + \ln 2) + 2n_3 \ln p$

$\dfrac{d}{dp} \ln L(p) = \dfrac{-2n_1}{1-p} + \dfrac{n_2(1-2p)}{p(1-p)} + \dfrac{2n_3}{p} = 0$

$\therefore \hat{p} = \dfrac{2n_3 + n_2}{2(n_1 + n_2 + n_3)} = \dfrac{2 \times 40 + 80}{2(80 + 80 + 40)} = 0.4$，$\hat{q} = 1 - 0.4 = 0.6$

MLE 之漸近分配

若 θ 之 MLE 為 $\hat{\theta}$，則 $\hat{\theta}$ 有一個極為重要的性質，就是當 n 很大時，它會趨向於常態分配：

> **定理 6.4-2**　若 $\hat{\theta}$ 為 p.d.f. $f(x;\theta)$ 中母數 θ 之 MLE，則 n 很大時
> $$\hat{\theta} \sim n\left(\theta, \frac{1}{nE\left(\frac{\partial}{\partial\theta}\ln f(x;\theta)\right)^2}\right)$$

此證明超過本書程度，上面定理中的 $E\left(\frac{\partial}{\partial\theta}\ln f(x;\theta)\right)^2 = -E\left(\frac{\partial^2}{\partial^2\theta}\ln f(x;\theta)\right)$ 稱為**情報量**（amount of information），有時用後者求算 σ_θ^2 反而方便。

上述定理也可用下列等價敘述表示：

> **定理 6.4-3**　自 $f(x;\theta)$ 抽出 $X_1, X_2 \cdots X_n$ 為一組隨機樣本，若 $\hat{\theta}$ 為 θ 之 MLE，則當 $n \to \infty$ 時
> $$\sqrt{n}(\hat{\theta}-\theta) \longrightarrow N(0, \sigma_\theta^2) \ , \ \sigma_\theta^2 = 1\bigg/E_\theta\left[\frac{\partial}{\partial\theta}\ln f(x,\theta)\right]^2 = 1\bigg/-E_\theta\left\{\frac{\partial^2}{\partial\theta^2}\ln f(x,\theta)\right\}$$

☼ **例 10**　從 $f(x,\theta) = \frac{1}{\theta}e^{-\frac{x}{\theta}}, x>0$，（$\theta$ 未知）抽出 $X_1, X_2 \cdots X_n$ 為一組隨機樣本，求 θ 之 MLE $\hat{\theta}$。又 n 很大時，求 $\sqrt{n}(\hat{\theta}-\theta)$ 之漸近分配。

解

$$E(X) = \int_0^\infty x\frac{1}{\theta}e^{-\frac{x}{\theta}}dx = \theta \ , \ E(\overline{X}) = \mu = \theta$$

次求情報量：

$$\frac{\partial}{\partial\theta}\ln f(x;\theta) = \frac{\partial}{\partial\theta}\ln\left(\frac{1}{\theta}e^{-\frac{x}{\theta}}\right) = \left(-\frac{1}{\theta}+\frac{x}{\theta^2}\right)$$

$$\frac{\partial^2}{\partial\theta^2}\ln f(x;\theta) = \frac{\partial}{\partial\theta}\left(-\frac{1}{\theta}+\frac{x}{\theta^2}\right) = \frac{1}{\theta^2}-\frac{2x}{\theta^3}$$

$$\therefore -E\left(\frac{\partial^2}{\partial\theta^2}\ln f(x\,;\theta)\right)=-E\left[\frac{1}{\theta^2}-\frac{2X}{\theta^3}\right]=\frac{-1}{\theta^2}+\frac{2\theta}{\theta^3}=\frac{1}{\theta^2}$$

即 n 很大時 $\sqrt{n}\,(\hat{\theta}-\theta)\to n(0,\theta^2)$

○ **例 11** $f(x,\theta)=\dfrac{e^{-x}\theta^x}{x!}, x=0,1,2\cdots$ 抽出 $X_1, X_2 \cdots X_n$ 為一組隨機樣本，當 n 很大時求 $\sqrt{n}\,(\hat{\theta}-\theta)$ 之漸近分配。

◌ **解**

$\overline{X}$ 為 θ 之 MLE，$E(\overline{X})=\mu=\theta$

次求情報量：

$$\frac{\partial}{\partial\theta}\ln\frac{e^{-\theta}\theta^x}{x!}=\frac{\partial}{\partial\theta}\left[\ln\frac{1}{x!}-\theta+x\ln\theta\right]=\frac{x}{\theta}-1$$

$$\frac{\theta^2}{\partial\theta^2}\ln\frac{e^{-\theta}\theta^x}{x!}=\frac{\partial}{\partial\theta}\left(\frac{x}{\theta}-1\right)=-\frac{x}{\theta^2}$$

$$\therefore -E\left(\frac{\theta^2}{\partial\theta^2}\ln f(x\,;\theta)\right)=-E\left(-\frac{X}{\theta^2}\right)=\frac{\theta}{\theta^2}=\frac{1}{\theta}$$

$\therefore n$ 很大時， $\sqrt{n}\,(\hat{\theta}-\theta)\to n(0,\theta)$

○ **例 12** 自 $n(0,\theta),\theta>0$ 抽出 $X_1, X_2 \cdots X_n$ 為一組隨機樣本，求 $n\to\infty$ 時 $\sqrt{n}(\hat{\theta}-\theta)$ 之漸近分配，$\hat{\theta}$ 為 θ 之 MLE。

◌ **解**

$$L(X_1,\cdots X_n,\theta)=\frac{1}{\sqrt{2\pi\theta}}e^{-\frac{x_1^2}{2\theta}}\cdot\frac{1}{\sqrt{2\pi\theta}}e^{-\frac{x_2^2}{2\theta}}\cdots\frac{1}{\sqrt{2\pi\theta}}e^{-\frac{x_n^2}{2\theta}}$$

$$=\left(\frac{1}{\sqrt{2\pi}}\right)^n\theta^{-\frac{n}{2}}e^{-\frac{\Sigma x^2}{2\theta}}$$

令 $\dfrac{\partial}{\partial\theta}\ln L=\dfrac{\partial}{\partial\theta}\ln\left(\dfrac{1}{\sqrt{2\pi}}\right)^n+\dfrac{\partial}{\partial\theta}\left(-\dfrac{n}{2}\ln\theta\right)-\dfrac{\partial}{\partial\theta}\left(\dfrac{\Sigma x^2}{2\theta}\right)=0$

得 $\hat{\theta}=\dfrac{\Sigma X^2}{n}$

$$\frac{\partial}{\partial\theta}\ln f(x,\theta)=\frac{\partial}{\partial\theta}\ln\left[\frac{1}{\sqrt{2n}\sqrt{\theta}}e^{-\frac{x^2}{2\theta}}\right]=\frac{\partial}{\partial\theta}\left[\ln\frac{1}{\sqrt{2n}}-\frac{1}{2}\ln\theta-\frac{x^2}{2\theta}\right]$$

$$=\frac{-1}{2\theta}+\frac{x^2}{2\theta^2}$$

$$\frac{\partial^2}{\partial\theta^2}\ln f(x,\theta) = \frac{\partial}{\partial\theta}\left[\frac{-1}{2\theta} + \frac{x^2}{2\theta^2}\right] = \frac{1}{2\theta^2} - \frac{x^2}{\theta^3}$$

$$E\left[\frac{\partial^2}{\partial\theta^2}\ln f(x;\theta)\right] = E\left[\frac{1}{2\theta^2} - \frac{X^2}{\theta^3}\right] = \frac{1}{2\theta^2} - \frac{\theta}{\theta^3} = -\frac{1}{2\theta^2}$$

$$\therefore \sigma_{\hat\theta}^2 = \frac{1}{-E\left[\dfrac{\partial^2}{\partial\theta^2}\ln f(x,\theta)\right]} = -\frac{1}{-\dfrac{1}{2\theta^2}} = 2\theta^2$$

即 $n \to \infty$ 時 $\sqrt{n}(\hat\theta - \theta) \longrightarrow n(0, 2\theta^2)$

習題 *6-4*

1. （是非題）自 $f(x, \theta)$ 抽出 $X_1, X_2 \cdots X_n$ 為一組隨機樣本，下列敘述何者為真？

(a)最概推定量一定是概似方程式（likelihood quation）之根

(b)若 $\hat{\theta}_1, \hat{\theta}_2$ 均為 θ 之 MLE，則 $\hat{\theta}_1 = \hat{\theta}_2$

(c)最概推定量未必滿足不偏性，但一定滿足一致性。

(d)最概推定量未必是惟一的也未必一定存在。

(e)最概推定量未必存在但動差法所得之推定量一定存在。

★ (f)概似方程式若有惟一解，則該解必為 MLE。

(g)若 $\hat{\theta}$ 為 θ 之 MLE，則 $\hat{\theta}$ 必滿足概似方程式。

2. 自 $G\left(\alpha, \dfrac{1}{\theta}\right)$（$\alpha > 0, \theta > 0$，且均為未知）抽出 $X_1, X_2 \cdots X_n$ 為一組隨機樣本，試求 θ 之 MLE，並證 α 之 MLE 滿足 $\ln \alpha - \dfrac{\Gamma'(\alpha)}{\Gamma(\alpha)} = \ln \bar{x} - \dfrac{1}{n} \Sigma \ln x$

3. 自 $n(0, \theta^2)$ 中抽出 $X_1, X_2 \cdots X_n$ 為一組隨機樣本則　(a)θ^2 之 MLE = ＿＿　(b) θ 之 MLE = ＿＿

自 $n(\mu, \sigma^2)$，（μ, σ 未知）抽出 $X_1 > X_2 \cdots X_{12}$ 之 12 個觀測值，若 $\Sigma x = 36$，$\Sigma x^2 = 180$ 求　(c)$\hat{\mu} =$ ＿＿　(d)$\hat{\sigma^2} =$ ＿＿　(e)$\hat{\sigma} =$ ＿＿

4. 自 $n(\theta, \theta)$，$\theta > 0$ 中抽出 $X_1, X_2 \cdots X_n$ 為一組隨機樣本。求 θ 之 MLE $\hat{\theta} = ?$

5. 根據樣本個數為 n 之一組隨機樣本求(a)$f(x, \theta) = \begin{cases} (1+\theta)x^\theta & 0 \leq x \leq 1 \\ 0 & \text{其他} \end{cases}$ θ 之 MLE $\hat{\theta}$。(b)樣本觀測值為 0.3，0.8，0.27，0.35，0.62 及 0.55 時之 MLE(c) $\dfrac{\theta}{1+\theta}$ 之 MLE

6. 在例 5，(a)$\hat{\alpha}$ 為 α 之不偏推定量否？(b)$\hat{\alpha}$ 為 α 之一致推定量否？

7. 由均等分配 $U(-\alpha, \alpha), \alpha > 0$ 中抽出 n 個變量 $X_1, X_2 \cdots X_n$ 為一組隨機樣本，求 α 之 MLE $\hat{\alpha}$。

8. 自 $U\left(\theta - \dfrac{1}{2}, \theta + \dfrac{1}{2}\right)$ 抽出 $X_1, X_2 \cdots X_n$ 為一組隨機樣本，求 θ 之 MLE

9. 設人體某一特殊性狀（如疾病、或表徵）對應之基因型有三種；AA，Aa，aa 其發生機率分別為 $(1-\theta)^2, 2\theta(1-\theta), \theta^2$。為求估計 θ，對一選定之樣本（一群人）進行檢驗，設樣本大小為 n，檢驗結果，對應於基因型 AA，Aa，aa 的總人數分別為 x_1, x_2, x_3（$x_1 + x_2 + x_3 = n$）試以最大概似法估計 θ

10. 自 $f(x, p) = \begin{cases} p(1-p)^x, x = 0, 1, 2 \cdots \\ \quad 0 \quad, 其他 \end{cases}$ 抽出 $X_1, X_2 \cdots X_n$ 為一組隨機樣本，求 $\theta = P(X \geq 2)$ 之 MLE $\hat{\theta}$。

11. 自 $U(\theta, \theta + 1)$ 抽出 $X_1, X_2 \cdots X_n$ 為一組機樣本，求 θ 之 MLE

12. 自 $f(x, \theta) = \begin{cases} \dfrac{1}{|\theta|}, \theta \leq x \leq \theta + |\theta| \\ 0 \quad, 其他 \end{cases}$ 抽出 $X_1, X_2 \cdots X_n$ 為一組隨機樣本，請依(a) $\theta > 0$(b)$\theta < 0$ 分別求 θ 之 MLE

13. 自 $n(u, 4)$ 抽出 1000 個觀測值為一組隨機樣本，結果有 705 個值小於 0，求 μ 之 MLE $\hat{\mu}$。

14. 一電子零件使用壽命 T 為一隨機變數，若 r.v. T 之 pdf 為

$$f(t) = \begin{cases} \alpha e^{-\alpha(t-\beta)}, \infty > t > \beta > 0 \\ 0 \qquad , \quad 其他 \end{cases}$$ 若工程師抽取 N 個零件在 t_0 時間內進行測試，結果有 S 個損壞，若 β 已知，求 α 之 MLE $\hat{\alpha}$。

15. 自母體為 p 之 Bernoulli 分配抽出 X_1，$X_2 \cdots\cdots X_n$ 為一組隨機樣本，令 $Y_n = \dfrac{1}{n} \sum\limits_{i=1}^{n} X_i$，試證 $\sqrt{n}(Y_n - p) \to n(0, p(1-p))$。

★ 6.5　貝氏推定量

決策理論

　　某公司想上市某新產品，因此就研究未來該產品之市場需求，以決定是否上市，如果上市產量又如何。顯然在不同市場需求、產量之組合下將會決定產品之未來利潤水準，在這個例子中，市場需求水準是個外在變數，非企業所能控制，如果將市場需求水準視為一個隨機變數，不同之市場需求將對應一個機率，透過不同的決策**準則**（criteria）例如利潤最大等等，我們便可決定生產規模大小。這是一個典型決策理論的應用例子。

　　在上個例子中，我們看到了統計決策理論的基本要素：**自然狀態**（state of nature）、**行動**（action）、**償付**（payoff）、**決策法則**（decision rule）。

　　統計決策理論（statistical decision theory）是一門統計專業領域，在本節，我們將只介紹其中之貝氏推定量之求法。

　　為了估計 $p.d.f.f(x,\theta)$ 之未知母數 θ，我們從 $f(x,\theta)$ 抽出 $X_1, X_2 \cdots X_n$ 為一組隨機樣本，$Y = u(X_1, X_2 \cdots X_n)$ 為用來估計 θ 之統計量，$d(y)$ 為 Y 之實現值，亦即函數 d 決定了 θ 之估計值，因此函數 d 稱為**決策函數**（decision function）或決策法則，決策函數也稱為行動以 a 表示。決策函數在本質上應與對 θ 有關，自然狀態 θ 與行動 a 之組合 $L(\theta, a)$，便稱為**損失函數**（loss function）。損失函數是當母數之真值為 θ 時，統計家採取行動 a 所遭遇的**處罰**（penalty）。

貝氏推定量之架構

1. **事先分配**（prior distribution）：在前述的統計中，母數 θ 一般均假定為未知的，但是**在貝氏統計學中母數是隨機變數因此母數也是有機率分配**。母數之所有可能值所成集合稱為**母數空間**（parameter space）Ω，對母數可能值配置機率，這種機率稱為**事先機率**（prior probability），其機率分配

$\pi(\theta)$ 為事先分配，事先機率分配為一致分配時，這種事先分配特稱為**無資訊性事先**（non-informative prior），因為它實在無法提供統計學者任何有建設性的資訊，只要對母數有某種知識，便應避免用無資訊性事先。

2. **事後分配**（posterior distribution）：有了事先分配 $\Pi(\theta)$，我們會抽取隨機樣本 Y，$f(\theta|y)$ 便稱為給定 Y 下 θ 之事後分配，事後分配可看作有了資訊後，決策者對事先分配之修正。

3. 損失函數：有了事後分配，我們便可依據某些法則來決定好的推定量，這些法則即為損失函數，損失函數以 $L(\theta, d(x))$ 或 $L(\theta, a)$, $a = d(x)$ 表示，$d(x)$ 為決策函數，也稱為行動；以 a 表示，損失函數最常用的形式有：

   · 二次損失函數：$L(\theta, d(x)) = (\theta - d(x))^2$ 或 $L(\theta, a) = (\theta - a)^2$

   · 絕對值損失函數：$L(\theta, d(x)) = |\theta - d(x)|$ 或 $L(\theta, a) = |\theta - a|$

   使期望損失 $\int L(\theta, d(x)) f(y|\theta) d\theta$ 為最小之 $d(x)$ 便為母數 θ 之**貝氏推定量**（Bayesian estimator）。因此**二次損失函數 $L(\theta, d(x))$ 下，母數 θ 之貝氏推定量 $d(x)$ 為 $f(y|\theta)$ 之條件期望值，絕對值損失函數 $L(\theta, d(x))$ 下，母數 θ 之貝氏推定量 $d(x)$ 為 $f(y|\theta)$ 之中位數。**

○ **例 1** 若 r.v. $X \sim b(n, \theta)$，即 $f(x|\theta) = \binom{n}{x} \theta^x (1-\theta)^{n-x}$，$\theta$ 之事先分配為 $\theta \sim Be(\alpha, \beta)$ 即 $\pi(\theta) = \frac{\Gamma(\alpha+\beta)}{\Gamma(\alpha)\Gamma(\beta)} \theta^{\alpha-1}(1-\theta)^{\beta-1}$，$1 > \theta > 0$，在二次損失函數 $L(\theta, d(x)) = (\theta, d(x))^2$ 下求 θ 之 Bayes 推定量。

解

$$f(x; \theta) = f(x|\theta) \pi(\theta)$$

$$= \binom{n}{x} \theta^x (1-\theta)^{n-x} \cdot \frac{\Gamma(\alpha+\beta)}{\Gamma(\alpha)\Gamma(\beta)} \theta^{\alpha-1}(1-\theta)^{\beta-1}$$

$$= \binom{n}{x} \frac{\Gamma(\alpha+\beta)}{\Gamma(\alpha)\Gamma(\beta)} \theta^{x+\alpha-1}(1-\theta)^{n-x+\beta-1}$$

$$g(x) = \int_0^1 f(x; \theta) d\theta$$

$$= \int_0^1 \binom{n}{x} \frac{\Gamma(\alpha+\beta)}{\Gamma(\alpha)\Gamma(\beta)} \theta^{x+\alpha-1}(1-\theta)^{n-x+\beta-1} d\theta$$

$$= \binom{n}{x} \frac{\Gamma(\alpha+\beta)}{\Gamma(\alpha)\Gamma(\beta)} \left[\frac{\Gamma(x+\alpha)\Gamma(n-x+\beta)}{\Gamma(x+\alpha-1+n-x+\beta-1+2)} \right]$$

$$= \binom{n}{x} \frac{\Gamma(\alpha+\beta)}{\Gamma(\alpha)\Gamma(\beta)} \frac{\Gamma(x+\alpha)\Gamma(n-x+\beta)}{\Gamma(\alpha+\beta+n)}$$

$$\therefore h(\theta|x) = \frac{f(x;\theta)}{g(x)}$$

$$= \frac{\binom{n}{x} \frac{\Gamma(\alpha+\beta)}{\Gamma(\alpha)\Gamma(\beta)} \cdot \theta^{x+\alpha-1}(1-\theta)^{n-x+\beta-1}}{\binom{n}{x} \frac{\Gamma(\alpha+\beta)}{\Gamma(\alpha)\Gamma(\beta)} \frac{\Gamma(x+\alpha)\Gamma(n-x+\beta)}{\Gamma(\alpha+\beta+n)}}$$

$$= \frac{\Gamma(\alpha+\beta+n)}{\Gamma(x+\alpha)\Gamma(n-x+\beta)} \theta^{x+\alpha-1}(1-\theta)^{n-x+\beta-1}$$

即 $\theta|x \sim Be(x+\alpha, n-x+\beta)$，這是母數為 $x+\alpha$，$n-x+\beta$ 之 Beta 分配（見習題第 6 題）

因採二次損失函數

r.v. $X \sim Be(\alpha;\beta)$ 則 $E(X) = \dfrac{\alpha}{\alpha+\beta}$

$$\therefore d(x) = E(\theta|x) = \frac{x+\alpha}{(x+\alpha)+(n-x+\beta)} = \frac{x+\alpha}{n+\alpha+\beta}$$

即 θ 之 Bayes 推定量 $\hat{\theta} = d(X) = \dfrac{X+\alpha}{n+\alpha+\beta}$

○ **例 2** 若自 $P(\lambda)$ 抽出 $X_1, X_2 \cdots X_n$ 為一組隨機樣本，$Y = \Sigma X_i$，λ 之事先 pdf 為 $\lambda \sim G(\alpha,\beta)$，即 $\pi(\lambda) = \dfrac{1}{\Gamma(\alpha)\beta^\alpha} \lambda^{\alpha-1} e^{-\frac{\lambda}{\beta}}$，$0 < \lambda < \infty$，在二次損失函數 $L(\lambda, d(x)) = (\lambda - d(x))^2$ 下，求 λ 之 Bayes 推定量 $\hat{\lambda}$。

■ **解**

$\because X_1, X_2 \cdots X_n$ 的獨立服從 $P(\lambda)$，則 $Y = \Sigma X \sim P(n\lambda)$，即

$$f(y|\lambda) = \frac{(n\lambda)^y e^{-n\lambda}}{y!}$$

$$f(y;\lambda) = f(y|\lambda)\pi(\lambda) = \frac{(n\lambda)^y e^{-n\lambda}}{y!} \frac{1}{\Gamma(\alpha)\beta^\alpha} \lambda^{\alpha-1} e^{-\frac{\lambda}{\beta}}$$

$$\therefore g(y) = \int_0^\infty \frac{n^y \cdot \lambda^y e^{-n\lambda}}{y!\Gamma(\alpha)\beta^\alpha} \lambda^{\alpha-1} e^{-\frac{\lambda}{\beta}} d\lambda$$

$$= \frac{n^y}{y! \Gamma(\alpha) \beta^\alpha} \int_0^\infty \lambda^{(y+\alpha-1)} e^{-(n+\frac{1}{\beta})\lambda} d\lambda$$

$$= \frac{n^y \Gamma(y+\alpha)}{y! \Gamma(\alpha) \beta^\alpha} (n+\frac{1}{\beta})^{-(y+a)} = \frac{n^y \Gamma(y+\alpha) \beta^y}{y! \Gamma(\alpha) (n\beta+1)^{\alpha+y}}$$

$$\therefore f(\lambda|y) = \frac{f(y;\lambda)}{g(y)} = \frac{\dfrac{(n\lambda)^y e^{-n\lambda}}{y!} \dfrac{1}{\Gamma(\alpha) \beta^\alpha} \lambda^{\alpha-1} e^{-\frac{\lambda}{\beta}}}{\dfrac{n^y \Gamma(y+\alpha) \beta^y}{y! \Gamma(\alpha) (n\beta+1)^{\alpha+y}}}$$

$$= \frac{1}{\Gamma(\alpha+y)(\dfrac{\beta}{1+n\beta})^{\alpha+y}} \lambda^{\alpha+y-1} e^{-(n+\frac{1}{\beta})y}$$

即 $\lambda| x \sim G(\alpha+y, \dfrac{\beta}{n\beta+1})$

因採二次損失函數

$$\therefore d(x) = E(\lambda|x) = \frac{(\alpha+y)\beta}{n\beta+1}$$

即 λ 之 Bayes 推定量 $\hat{\lambda} = d(X) = \dfrac{(\alpha+\Sigma X_i)\beta}{n\beta+1}$

貝氏風險

　　根據上述討論，決策函數 $d(x)$ 是貝氏推定量。如果有兩個以上之決策函數，要決定他們的效率，便可從計算決策函數對應之風險函數著手，風險小的決策函數為佳。

定義

6.5-1

損失函數 $L(\theta, a)$ 之風險函數記做 $R(\theta, a)$ 定義為

$$R(\theta, a) = E(L(\theta, a)) = \int L(\theta, a) f(x|\theta) dx$$

$$r(\Pi, a) = E[R(\theta, a)] = \int R(\theta, a) \Pi(\theta) d\theta \, ; \Pi(\theta)$$ 為事先分配，是

為**平均風險函數**（mean risk function）。

⊙ **例 3** 自 $f(x|\theta)=\dfrac{1}{\sqrt{2\pi}}e^{-\frac{1}{2}(x-\theta)^2}$，$\infty>x>-\infty$，抽出 1 個觀測值，在損失函數 $L(\theta,a)=(a-\theta)^2$，$a=d(x)=cx$ 下求風險函數 $R(\theta,a)$。

▪ **解**

$$
\begin{aligned}
R(\theta,a)&=E[L(\theta,a)]\\
&=E(a-\theta)^2=E(cX-\theta)^2\\
&=E[c(X-\theta)+(c-1)\theta]^2\\
&=c^2E(X-\theta)^2+2c(c-1)\theta E(X-\theta)+E(c-1)^2\theta^2\\
&=c^2+(c-1)^2\theta^2
\end{aligned}
$$

⊙ **例 4** 為估計平均數為 θ 之指數機率密度函數之 θ，從母體抽出 $X_1,X_2\cdots X_n$ 為一組隨機樣本，損失函數為 $L(\theta,a)=(\theta-a)^2$，若行動空間 $=\{(a_1,a_2,a_3),a_1=d_1(x)=\bar{x},a_2=d_2(x)=\bar{x}+1,a_3=d_3(X)=x_n\}$

(a)試求 $R(\theta,a_i),i=1,2,3$

(b)若橫軸為 θ，縱軸為 R，試將三個行動繪出 $R-\theta$ 圖上。

▪ **解**

(a)依題意：$E(X)=\theta$，$E(\bar{X})=\theta$，$V(X)=\theta^2$，$V(\bar{X})=\dfrac{\theta^2}{n}$

$R(\theta,a_1)=E(\theta-\bar{X})^2=E(\bar{X}-\theta)^2=V(\bar{X})=\dfrac{\theta^2}{n}$

$$
\begin{aligned}
R(\theta,a_2)&=E(\theta-(\bar{X}+1))^2\\
&=E[(\theta-\bar{X})+1]^2\\
&=E(\theta-\bar{X})^2+2E(\theta-\bar{X})+1\\
&=\frac{\theta^2}{n}+1
\end{aligned}
$$

$R(\theta,a_3)=E(\theta-X_n)^2=V(X)=\theta^2$

(b)

⊙ **例 5** 若 $f(x;\theta)=\dbinom{n}{x}\theta^x(1-\theta)^{n-x}$，$x=0,1,2\cdots n$，$0<\theta<1$　(a) $L(\theta,a)=(\theta-a)^2$，$a=d(x)=\dfrac{x}{n}$，求 $R(\theta,a)$　(b)若 $\Pi(\theta)=1,1>\theta>0$，$a=d(x)=\dfrac{x}{n}$，

$$L(\theta,a)=(\theta-a)^2 \text{，求} r(\Pi,a)$$

解

(a)$R(\theta,a)=E(L(\theta,a))$

$$=\sum_{x=0}^{n}\left(\theta-\frac{x}{n}\right)^2\binom{n}{x}\theta^x(1-\theta)^{n-x}$$

$$=\frac{1}{n^2}\sum_{x=0}^{n}(x-n\theta)^2\binom{n}{x}\theta^x(1-\theta)^{n-x}=\frac{n\theta(1-\theta)}{n^2}=\frac{\theta(1-\theta)}{n}$$

(b)$r(\Pi,a)=E(R(\theta,a))=\int_0^1 R(\theta,a)\Pi(\theta)d\theta$

$$=\int_0^1 \frac{\theta(1-\theta)}{n}\cdot 1d\theta=\frac{1}{6n}$$

習題 6-5

1. 若 r.v. $X \sim b(n, p)$，p 之事先分配為 $\pi(p) = 1$，$1 > p > 0$，若抽出一個觀測值 X，在二次損失函數 $L(p, d(x)) = (p, d(x))^2$ 下求 p 之 Bayes 推定量 $\hat{p}$。

2. 一個有偏之銅板，其擲出出現正面之機率為 $p = \frac{1}{4}$ 或 $\frac{3}{4}$，現要面臨之決策問題是依據擲該銅板 2 次所出現之正面次數 X 而定，若 $L(\theta, a) = (a - p)^2$ 及決策償付表為

X	$d_1(X)$	$d_2(X)$	$d_3(X)$
0	$\frac{1}{4}$	$\frac{3}{4}$	$\frac{3}{4}$
1	$\frac{1}{4}$	$\frac{3}{4}$	$\frac{1}{4}$
2	$\frac{1}{4}$	$\frac{3}{4}$	$\frac{1}{4}$

求 $R(\theta, d(x))$

3. $f(x, \theta) = \binom{2}{x} \theta^x (1 - \theta)^{2-x}$，$x = 0, 1, 2$，$1 > \theta > 0$。取 $L(\theta, a) = (\theta - a)^2$ 現有二個決個決策函數 $d_1(x) = \frac{x}{2}$，$d_2(x) = \frac{x+1}{4}$，求 $R(\theta, d_1)$，$R(\theta, d_2)$。

4. 承例 5，損失函數 $L(\theta, a) = \frac{(a - \theta)}{\theta(1 - \theta)}$，其餘不變之情況下求 $R(\theta, a)$ 及 $r(\pi, a)$。

5. 自 $f(x, \theta) = \frac{e^{-\lambda} \lambda^x}{x!}$，$x = 0, 1, 2 \cdots$ 抽出單一觀測值 X，若 $a = d(x) = cx$，$L(\theta, a) = \frac{(a - \theta)^2}{\theta}$，求

(a) $R(\theta, a)$

(b) $\pi(\theta) = 1$，$1 > \theta > 0$ 求 $r(\pi, a)$

6.若 r.v.X 之 pdf 為

$$f(x) = \frac{\Gamma(\alpha+\beta)}{\Gamma(\alpha)\Gamma(\beta)} x^{\alpha-1}(1-x)^{\beta-1} , \ 1 > x > 0 \ 則稱 \ r.v.X$$

服從母數為 α，β 之 beta 分配，以 r.v.X～Be (α，β)表之，

求 $E(X)$ 與 $V(X)$

CHAPTER 7

估計理論之進一步討論

7.1 充分性

充分性是一個蠻抽象的觀念。簡單的說，如果統計量 $\hat{\theta}$ 包含樣本中所有有關 θ 的資訊，我們便稱 $\hat{\theta}$ 為 θ 之充分統計量。若充分統計量 $\hat{\theta} = T(X_1, X_2, X_3, \cdots, X_n)$ 為母數 θ 之一推定量，意指我們用 $\hat{\theta} = T(X_1, X_2, X_3, \cdots, X_n)$ 將隨機變數 $X_1, X_2, \cdots, X_n$ **濃縮**（condense）到一個統計量上，因此統計學家對於濃縮過程中是否會將某些資訊遺漏或沒有使用而浪費掉極感興趣。例如我們為找一個統計量來做 μ 的推定量，於是找到一組隨機樣本 X_1，X_2，X_3，如果取 $\overline{X} = \frac{1}{2}(X_1 + X_2)$，顯然將 X_3 漏掉了。如果存在一個推定量 $\hat{\theta} = T(X_1, X_2 \cdots X_n)$，它能將機率密度函數 $f(x, \theta)$ 中關於 θ 的所有資訊都包含在 $T(X_1, X_2, \cdots, X_n)$ 中，同時我們也無法自其他樣本形成之統計量來獲得 θ 的更多資訊，而達到資訊濃縮之效果，在此情況下，我們只需針對 $\hat{\theta}$ 進行研究、計算，而不必對 X_1，X_2，$\cdots$，X_n 進行計算分析，如何找到這種統計量，便是本節之目的。

充分統計量之定義

> **定義**
>
> **7.1-1**
>
> 由 $p.d.f\, f(x; \theta)$ 中抽出 n 個變量為一組隨機樣本，$\hat{\theta} = T(X_1, X_2, \cdots, X_n)$ 為 θ 之推定量，若其結合機率密度函數 $f(x_1, x_2 \cdots x_n | \hat{\theta})$ 與 θ 無關，則稱 $\hat{\theta}$ 為 θ 之**充分推定量**或**充分統計量**（sufficient estimator 或 sufficient statistic）。

顯然你不可能從一個不含 θ 之分配中抽樣出一組樣本來得到更多 θ 之資訊，因此定義 7.1-1 定義充分統計量為 $f(x_1, x_2 \ldots x_n | \hat{\theta})$ 與 θ 無關，因為前述之條件分配已不能給出更多有關 θ 之資訊。

○ **例 1**　自 $b(1,\theta)$ 中抽出 X_1，X_2，X_3 為一組隨機樣本，試證 $T=\dfrac{1}{4}(X_1+2X_2+X_3)$ 不是 θ 之充分統計量。

▤ **解**

$$f(x_1,x_2,x_3,\theta)=f(x_1,\theta)f(x_2,\theta)f(x_3,\theta)$$

$$=\theta^{x_1}(1-\theta)^{1-x_1}\cdot\theta^{x_2}(1-\theta)^{1-x_2}\cdot\theta^{x_3}(1-\theta)^{1-x_3}$$

$$=\theta^{\Sigma x}(1-\theta)^{3-\Sigma x}$$

現求 $f(x_1,x_2,x_3|\,t)=\dfrac{f(x_1,x_2,x_3,t)}{g(t)}$

我們考慮 $x_1=1$，$x_2=0$，$x_3=1$，則 $t=\dfrac{1}{4}(1+0+1)=\dfrac{1}{2}$ 且

$$f(1,0,1|\,t=\dfrac{1}{2})=\cfrac{P(X_1=1,X_2=0,X_3=1,T=\dfrac{1}{2})}{P(T=\dfrac{1}{2})}$$

$$=\cfrac{P(X_1=1,X_2=0,X_3=1)}{P(X_1=1,X_2=0,X_3=1)+P(X_1=0,X_2=1,X_3=0)}$$

$$=\frac{\theta^2(1-\theta)}{\theta^2(1-\theta)+\theta(1-\theta)^2}=\frac{\theta^2(1-\theta)}{\theta(1-\theta)[\theta+(1-\theta)]}=\theta$$

因上述結果與 θ 有關 $\therefore T=\dfrac{1}{4}(X_1+2X_2+X_3)$ 不為 θ 之充分統計量。

○ **例 2**　自母數為 λ 之卜瓦松分配抽出 X_1，X_2 為一組隨機樣本，問 $T=X_1+2X_2$ 是否為 λ 的充分統計量？

▤ **解**

$$f(x_1,x_2,\lambda)=\frac{e^{-\lambda}\lambda^{x_1}}{x_1!}\cdot\frac{e^{-\lambda}\lambda^{x_2}}{x_2!}$$

現求 $f(x_1,x_2|\,t)=\dfrac{f(x_1,x_2,t)}{g(t)}$

我們考慮 $x_1=0$，$x_2=1$，則 $t=2$ 且

$$f(0,1|\,t=2)=\frac{P(X_1=0,X_2=1)}{P(X_1=2,X_2=0)+P(X_1=0,X_2=1)}$$

$$= \frac{\dfrac{e^{-\lambda}\lambda^0}{0!} \cdot \dfrac{e^{-\lambda}\lambda^1}{1!}}{\dfrac{e^{-\lambda}\lambda^2}{2!} \cdot \dfrac{e^{-\lambda}\lambda^0}{0!} + \dfrac{e^{-\lambda}\lambda^0}{0!} \cdot \dfrac{e^{-\lambda}\lambda}{1!}}$$

$$= \frac{e^{-2\lambda}}{e^{-2\lambda}(\dfrac{\lambda^2}{2} + \lambda)} = \frac{1}{\dfrac{\lambda^2}{2} + \lambda} \text{與} \lambda \text{有關}$$

$$\therefore T = X_1 + 2X_2 \text{不為} \lambda \text{之充分統計量}$$

因為例 1，2 是根據充分性之定義來判斷 Y 是否為母數 θ 之充分統計量，多少要靠試誤，所以它無法提供一個系統的方法來找 θ 之充分統計量，因此我們必須另行建立一個找 θ 之充分統計量的有效方法。

Fisher-Neyman 分解定理

Fisher-Neyman 分解定理是求母數充分統計量的一個最有系統之方法。

定理 7.1-1 （Fisher-Neyman 分解定理 Fisher-Neyman factorization theorem）自 pdf $f(x;\theta)$ 中 抽 出 $X_1, X_2, \cdots X_n$ 為 一 組 隨 機 樣 本，$\hat{\theta} = T(X_1, X_2 \cdots X_n)$ 為 θ 之一推定量。若且惟若 $f(x_1, x_2, \cdots x_n; \theta) = g(\hat{\theta}, \theta)h(x_1 \cdots x_n)$，則 $\hat{\theta}$ 為 θ 之充分統計量。$g(\hat{\theta}, \theta)$ 只與 $\hat{\theta}$，θ 有關。

證（略）

上述定理中 $g(\hat{\theta}, \theta)$ 只與 $\hat{\theta}$、θ 有關，而 $h(x_1, x_2 \cdots x_n)$ 必須與 θ 無關（即不含 θ）。

讀者應注意的是：分解定理只能用做證明一個統計量為充分統計量，但我們無法應用它去證明一個統計量不是充分統計量，要證明它不是充分統計量必須用到定義 7.1-1。

○ **例 4** 自 $f(x,\theta) = \begin{cases} \theta x^{\theta-1} & , 0 < \theta < 1 \\ 0 & \text{其他} \end{cases}$ 抽出 $X_1, X_2 \cdots X_n$ 為一組隨機樣本，

求 θ 之充分統計量 $\hat{\theta}$。

解

$$f(x_1, x_2 \cdots x_n; \theta) = f(x_1; \theta) f(x_2; \theta) \cdots f(x_n; \theta)$$

$$= \theta x_1^{\theta-1} \cdot \theta x_2^{\theta-1} \cdots \theta x_n^{\theta-1}$$

$$= \theta^n (x_1 x_2 \cdots x_n)^{\theta-1}$$

$$= \theta^n \underbrace{(x_1 x_2 \cdots x_n)^{\theta}}_{g(u(x_1 \cdots x_n), \theta)} \cdot \underbrace{(x_1 x_2 \cdots x_n)^{-1}}_{h(x_1 x_2 \cdots x_n)}$$

$$\therefore \hat{\theta} = u(X_1, X_2 \cdots X_n) = \prod_{i=1}^{n} X_i \text{ 為 } \theta \text{ 之充分統計量}$$

○ **例 5** 若 $X_1, X_2 \cdots X_n$ 獨立服從 $n(\mu, 1)$，試證 $\hat{\mu} = \bar{X}$ 為 μ 之充分統計量

解

$$f(x_1, x_2 \cdots x_n, \mu) = \frac{1}{\sqrt{2\pi}} e^{-\frac{(x_1-\mu)^2}{2}} \cdot \frac{1}{\sqrt{2\pi}} e^{-\frac{(x_2-\mu)^2}{2}} \cdots \frac{1}{\sqrt{2\pi}} e^{-\frac{(x_n-\mu)^2}{2}}$$

$$= \left(\frac{1}{\sqrt{2\pi}}\right)^n e^{-\frac{\Sigma(x-\mu)^2}{2}}$$

$$= \left(\frac{1}{\sqrt{2\pi}}\right)^n e^{-\frac{\Sigma(x-\bar{x})^2 + n(\bar{x}-\mu)^2}{2}} \quad \text{〔利用 } \Sigma(x-\mu)^2 = \Sigma(x-\bar{x})^2 + n(\bar{x}-\mu)^2 \text{〕}$$

$$= \left(\frac{1}{\sqrt{2\pi}}\right)^n \underbrace{e^{-\frac{n(\bar{x}-\mu)^2}{2}}}_{g(\hat{\mu}, \mu)} \cdot \underbrace{e^{-\frac{\Sigma(x-\bar{x})^2}{2}}}_{h(x_1, x_2 \cdots x_n)}$$

$$\therefore \hat{\mu} = \bar{X} \text{ 為 } \mu \text{ 之充分統計量。}$$

定理 7.1-2 p 為一對一函數（反函數存在），若 T 為 θ 之充分統計量，則 $p(T)$ 亦為 θ 之充分統計量。

證

$$f(x_1, x_2 \cdots x_n; \theta) = g[T(x_1, x_2 \cdots x_n), \theta] h(x_1, x_2 \cdots x_n)$$

$$= g\{p^{-1}[p(T(x_1, x_2 \cdots x_n))], \theta\} h(x_1, x_2 \cdots x_n)$$

$$\therefore p(T) \text{ 為 } \theta \text{ 之充分統計量}$$ ∎

例如，在例 5，$\bar{X}$ 為 μ 之充分統計量，$p(x) = x^3 + 3x + 1$（$\because p'(x) = 3x^2 + 3 > 0$，$p(x)$ 為 x 之嚴格遞增函數，$\therefore p^{-1}$ 存在）則 $\bar{X}^3 + 3\bar{X} + 1$ 為 μ 之充分統計量。

指數族

若一 pdf，$f(x;\theta)$ 可表成 $f(x;\theta) = \exp[K(x)p(\theta) + S(x) + q(\theta)]$，$a < x < b$，且若 $f(x;\theta)$ 滿足：(a)a 與 b 均與 θ 無關 (b)$p(\theta)$ 為 θ 之連續函數 (c) $K'(x) \neq 0$ 且 $S(x)$ 為 x 之連續函數，則稱 $f(x;\theta)$ 為一「單一母數指數族」（exponential family for one-dimensional parameter），如：

1. 卜瓦松分配

$$f(x;\theta) = \frac{e^{-\lambda}\lambda^x}{x!}$$
$$= \exp[-\lambda + x\ln\lambda - \ln x!]$$
$$\therefore K(x) = x，p(\lambda) = \ln\lambda，S(x) = -\ln x!，q(\lambda) = -\lambda$$

2. 二項分配

$$f(x;\theta) = \binom{n}{x}\theta^x(1-\theta)^{n-x}$$
$$= \binom{n}{x}\left(\frac{\theta}{1-\theta}\right)^x(1-\theta)^n$$
$$= \exp[\ln\binom{n}{x} + x\ln(\frac{\theta}{1-\theta}) + n\ln(1-\theta)]$$

$$K(x) = x，p(\theta) = \ln(\frac{\theta}{1-\theta})，S(x) = \ln\binom{n}{x}，q(\theta) = n\ln(1-\theta)$$

○ **例 6** $f(x,\theta) = \exp[\theta K(x) + S(x) + q(\theta)]$，$a < x < b$，$r < \theta < \delta$ 為一指數族 pdf，求 $Y = K(X)$ 之動差母函數 $m(t)$，並由此求 $E(K(X))$ 及 $V(K(X))$

解

$$m(t) = E(e^{tK(X)}) = \int_{-\infty}^{\infty} e^{tK(x)} \cdot e^{\theta K(x) + S(x) + q(\theta)} dx$$

$$= \underbrace{\int_{-\infty}^{\infty} e^{(t+\theta)K(x)+S(x)+q(t+\theta)} dx}_{1} \cdot e^{q(\theta)-q(t+\theta)}$$

$$= e^{q(\theta)-q(t+\theta)} , \ \delta > t+\theta > r$$

取 $C(t) = \ln m(t)$ 則 $C(t) = q(\theta) - q(t+\theta)$

$$\therefore E[K(X)] = \frac{d}{dt} C(t)\big|_{t=0} = -q'(t+\theta)\big|_{t=0} = -q'(\theta)$$

$$V[K(X)] = \frac{d^2}{dt^2} C(t)\big|_{t=0} = -q''(t+\theta)\big|_{t=0} = -q''(\theta)$$

定理 7.1-3 自指數族 $p\,df$ $f(x;\theta) = \exp[K(x)p(\theta)+S(x)+q(\theta)]$，定義域與 θ 無關，抽出 $X_1, X_2 \cdots X_n$ 為一組隨機樣本，則統計量 $T = \Sigma K(X)$ 為 θ 之充分統計量。

證

$X_1 \cdots X_n$ 之 $jp\,df$ $f(x_1, x_2, \cdots, x_n)$

$= \exp[K(x_1)p(\theta)+S(x_1)+q(\theta)] \cdot \exp[K(x_2)p(\theta)+S(x_2)+q(\theta)]$

$\quad \cdots \exp[K(x_n)p(\theta)+S(x_n)+q(\theta)]$

$= \exp[p(\theta) \sum\limits_{i=1}^{n} K(x_i) + \sum\limits_{i=1}^{n} S(x_i) + n q(\theta)]$

$= \exp[p(\theta) \sum\limits_{i=1}^{n} K(x_i) + n q(\theta)] \exp[\sum\limits_{i=1}^{n} S(x_i)]$

由分解定理知 $T = \sum\limits_{i=1}^{n} K(X_i)$ 為 θ 之充分統計量。∎

定理 7.1-3 是個既簡單而極重要的結果，我們可透過它用視察方式找出 θ 之充分統計量。例如：

卜瓦松分配 $P_0(\lambda)$：

$$f(x, \lambda) = \frac{e^{-\lambda} \lambda^x}{x!} = \exp(-\lambda + x \ln \lambda - \ln x!)$$

$K(x) = x \quad \therefore T = \sum\limits_{i=1}^{n} K(X_i) = \sum\limits_{i=1}^{n} X_i$ 為 θ 之充分統計量。

二次分配 $b(n, \theta)$：

$$f(x, \theta) = \binom{n}{x} \theta^x (1 - \theta)^{n-x} = \exp(\ln\binom{n}{x} + x \ln\frac{\theta}{1-\theta} + \ln(1-\theta)^n)$$

$K(x) = x$ $\therefore T = \sum\limits_{i=1}^{n} K(X_i) = \sum\limits_{i=1}^{n} X_i$ 為 θ 之充分統計量。

常態分配 $n(\theta, \sigma^2)$（若 σ^2 已知）：

$$f(x, \theta) = \frac{1}{\sqrt{2\pi}\,\sigma} e^{-\frac{(x-\theta)^2}{2\sigma^2}} = \frac{1}{\sqrt{2\pi}\sigma} e^{-\frac{x^2 - 2\theta x + \theta^2}{2\sigma^2}}，則 K(x) = x$$

$\therefore T = \sum\limits_{i=1}^{n} K(X_i) = \sum\limits_{i=1}^{n} X_i$ 為 θ 之充分統計量。

MLE 與充分統計量

最概推定量與充分統計量間有密切關係，如同下列定理所述：

> **定理 7.1-4** 自 $f(x; \theta)$ 抽出 $X_1, X_2 \cdots X_n$ 為一組隨機樣本，$T = t(x_1, x_2 \cdots x_n)$ 為 θ 之充分統計量。若 $\hat{\theta}$ 為 θ 之惟一最概推定量，則 $\hat{\theta}$ 為 T 之函數。

■ 說明

自 $f(x; \theta)$ 抽出 $X_1, X_2 \cdots X_n$ 為一組隨樣本則概似函數

$L(x_1, x_2 \cdots x_n; \theta) = f(x_1; \theta) f(x_2; \theta) \cdots f(x_n; \theta)$

$\qquad\qquad = g(t(x_1, x_2 \cdots x_n); \theta) h(x_1, x_2 \cdots x_n)$（根據定理 7.1-1） (1)

(1) 之 $h(x_1, x_2 \cdots x_n)$ 可視為常數，顯然概似函數所含有關 θ 之資訊都在統計量 $t(x_1, x_2 \cdots x_n)$ 中，因此，最概推定量與充分統計量間有函數關係而可供我們解題之參考，但要注意的是：動差推定量不具此種函數關係。

$f(x, \theta)$ 之定義域若含有 θ 時，用定理 7.1-4 求充分統計量有時是很方便。

○ **例 7** 自 $U(0, \theta)$ 抽出 $X_1, X_2 \cdots X_n$ 為一組隨機樣本，求 θ 之充分統計量

■ 解

$\qquad \because \theta$ 之 MLE $\hat{\theta} = Y_n \Rightarrow g(y_n) = \dfrac{n}{\theta^n} y_n^n$

$$\therefore f(x_1, x_2 \cdots x_n, \theta) = \frac{1}{\theta^n} = \underbrace{\frac{n(y_n)^{n-1}}{\theta^n}}_{g(y_n, \theta)} \cdot \underbrace{\frac{1}{n(y_n)^{n-1}}}_{h(x_1, x_2 \cdots x_n)}$$

$\therefore Y_n = \max(X_1, X_2 \cdots X_n)$ 為 θ 之充分統計量。

○ **例 8** $f(x, \theta) = e^{-(x-\theta)}$，$x > \theta$ 抽出 $X_1, X_2, \cdots X_n$ 為一組隨機樣本，求 θ 之充分統計量。

※ **解**

$\therefore f(x, \theta) = e^{-(x-\theta)}$，$\theta$ 之 MLE $\hat{\theta} = Y_1$，$Y_1 = \min(X_1 \cdots X_n)$

$f_{Y_1}(y_1) = ne^{-n(y-\theta)}$，$y_1 > \theta$

$\therefore f(x_1, x_2 \cdots x_n) = e^{-\Sigma(x-\theta)}$

$$= \underbrace{ne^{-n(y_1-\theta)}}_{g(y_1, \theta)} \cdot \underbrace{\frac{e^{-\Sigma x}}{ne^{-ny_1}}}_{h(x_1, x_2 \cdots x_n)}$$

即 $Y_1 = \min(X_1, X_2 \cdots X_n)$ 為 θ 之充分統計量

★ 結合充分統計量

如 $n(\mu, \sigma^2)$，μ 及 σ 均未知時，我們要如何同時求 μ 及 σ^2 之充分統計量，便是本子節之目的。為了簡便起見，我們假設只有 2 個母數（讀者可輕易地推廣到 k 個母數情況）

結合充分統計量（joint sufficient statistics）其實是前面所稱之「充分統計量」的擴充。

定義

7.1-2

$f(x; \theta_1, \theta_2)$ 為一 pdf，其中 θ_1, θ_2 為未知母數，茲從 $f(x; \theta_1, \theta_2)$ 抽出 $X_1, X_2 \cdots X_n$ 為一組隨機樣本，令 $\hat{\theta}_1 = u_1(X_1, X_2 \cdots X_n)$，$\hat{\theta}_2 = u_1(X_1, X_2 \cdots X_n)$ 為二個統計量，若 $f(x_1, x_2 \cdots x_n | \hat{\theta}_1, \hat{\theta}_2)$ 與 θ_1, θ_2 無關則 $(\hat{\theta}_1, \hat{\theta}_2)$ 便為 (θ_1, θ_2) 之結合充分統計量。

多母數充分統計量之求算上，也有一個類似單一母數之分解定理：

定理 7.1-5　$f(x;\theta_1,\theta_2)$ 為一 pdf，a，b 與 θ 無關，自該母體抽出，$X_1,X_2\cdots X_n$ 為一組隨機樣本，且可分解成：

$$g(x_1,x_2\cdots x_n;\theta_1,\theta_2)=h(\hat{\theta}_1,\hat{\theta}_2;\theta_1,\theta_2)\,q(x_1,x_2\cdots x_n),$$

在此，$q(x_1,\cdots x_n)$ 不含 θ_1,θ_2，則 $(\hat{\theta}_1,\hat{\theta}_2)$ 為 (θ_1,θ_2) 之結合充分統計量。

◎ **例 9**　自 $n(\mu,\sigma^2)$，（μ 及 σ 均未知時），求 μ,σ^2 之結合充分統計量。

■ **解**

$$f(x_1,x_2\cdots x_n;\mu,\sigma^2)=\left(\frac{1}{\sqrt{2\pi}\,\sigma}\right)^n\exp\left[-\frac{1}{2\sigma^2}\Sigma(x-\mu)^2\right]$$

$$=\left(\frac{1}{\sqrt{2\pi}\,\sigma}\right)^n\exp\left\{-\frac{1}{2\sigma^2}\left[\Sigma(x-\bar{x})^2+n(\bar{x}-\mu)^2\right]\right\}$$

$$=\left(\frac{1}{\sqrt{2\pi}\,\sigma}\right)^n\underbrace{\exp\left\{-\frac{1}{2\sigma^2}\left[(n-1)\hat{\sigma}^2+n(\hat{\mu}-\mu)^2\right]\right\}}_{h(\hat{\mu},\hat{\sigma}^2,\mu,\sigma^2)}\cdot\underbrace{\frac{1}{\quad}}_{q(x_1\cdots x_n)}$$

$\therefore (\bar{X},\Sigma(X-\bar{X})^2)$ 為 (μ,σ^2) 之一組充分統計量。

在例 9，$(\Sigma x,\Sigma x^2)$ 亦可為 (μ,σ^2) 之結合充分統計量，主要是因為結合充分統計量在一對一轉換後仍為一組充分統計量。**因此，$f(x;\theta)$ 之 θ 的充分統計量並非惟一。**

習題 *7-1*

1. 試用觀察法指出下列指數族 $f(x;\theta)$ 的母數 θ 之充分統計量。

   (a) $f(x,p) = \begin{cases} p(1-p)^x & , x=0,1,2,\cdots \\ 0 & , 其它 \end{cases}$

   (b) $f(x,\theta) = \dfrac{x}{\theta^2}\exp(-\dfrac{x^2}{2\theta^2})$，$x>0$（Rayleigh 分配）

   (c) $f(x,\theta) = \theta(1+x)^{(1+\theta)}$，$x>0$

   (d) $f(x,\theta) = e^{-(x-\theta)}\exp(-e^{-(x-\theta)})$，$\infty > x > -\infty$，$\infty \in R$

2. 設 $r.v.X$ 之 $f(x;\theta)$；$\theta>0$ 可用為下表表示：

x	0	1	2
$P(X=x)$	$e^{-\theta}$	$\theta e^{-\theta}$	$1-e^{-\theta}-\theta e^{-\theta}$

   自 $f(x,\theta)$ 抽出 X_1, X_2 為一組隨機樣本，問 $Y=X_1+X_2$ 是否為 θ 之充分統計量。

3. 自離散型 pdf $f(x,\theta)$ 中抽出 X_1, $X_2 \cdots X_n$ 為一組隨機樣本，試證 $T = T(X_1, X_2 \cdots X_{n-1})$ 不為 θ 之充分統計量。

4. 自下列母體抽出 X_1, $X_2 \cdots X_n$ 為一組隨機樣本

   (a) $U(-\dfrac{\theta}{2}, \dfrac{\theta}{2})$，求 θ 之充分統計量

   (b) $U(\theta_1, \theta_2)$，（θ_1, θ_2 均未知）求 (θ_1, θ_2) 之結合充分統計量

   (c) $U(\theta_1, \theta_2)$，（θ_2 已知），求 θ_1 之充分統計量

   (d) $U(\theta-\dfrac{1}{2}, \theta+\dfrac{1}{2})$，求 θ 之充分統計量

5. 自 $G(\alpha,\beta)$ 中抽出 $X_1, X_2, \cdots X_n$ 為一組隨機樣本，(a)若 α, β 均未知時，求

(α, β) 之充分統計量；(b)若只 α 已知時有 β 之充分統計量；(c)若只 β 已知時，求 α 之充分統計量。

6. 自 $n(\theta, \theta^2)$ 中抽出 $X_1, X_2, \cdots X_n$ 為一組隨機樣本，(a)θ 是否有一維充分統計量，(b)求證 $(\Sigma X, \Sigma X^2)$ 為 θ 之充分統計量；(c)$(\overline{X}, \overline{X^2})$ 是否為 (μ, σ^2) 之結合充分統計量？

7. 若 $f(x; \theta) = \exp\{p(\theta) K(x) + S(x) + q(\theta)\}$，$a < x < b$ 為 $r.v. X$ 之 pdf。求 $E(K(X))$

8. 若 $r.v. X$ 是服從下列指數族
$\ln f(x, \theta) = \ln B(\theta) + \ln h(x) + Q(\theta) R(x)$
求 $E[R(X)]$

9. 自 $f(x, \lambda) = \dfrac{e^{-\lambda} \lambda^x}{x!}$ $x = 0, 1, 2 \cdots$ 抽出 $X_1, X_2 \cdots X_n$ 為一組隨機樣本，用分解定理求 λ 之充分計量。

10. 若 $r.v. X_1, X_2 \cdots X_n$ 獨立服從 $b(1, \theta)$，求 θ 之充分統計量。

7.2 UMVUE

在討論本節主題前,先研究完全性。

完全性

定義

7.2-1

自 $f(x;\theta)$ 抽出 $X_1,X_2\cdots X_n$ 為一組隨機樣本,統計量 $T=t(X_1,X_2\cdots X_n)$,若且惟若 T 之密度族 $\{h(t;\theta);\theta\in\Omega\}$ 滿足 $E_\theta[u(T)]=0$,$\forall\theta\in\Omega(h(t;\theta)=0$ 之部份除外)恆有 $u(T)=0$ 則稱機率密度族 $\{h(t;\theta);\theta\in\Omega\}$ 有完全性。

統計量 T 具有完全性之充要條件為其機率密度族 $\{h(t;\theta);\theta\in\Omega\}$ 有完全性。

由定義 7.2-1,我們也可用下列數學式來表達完全性:若 T 為完全統計量 $\Leftrightarrow E(h(T))=0$ 導致 $P(h(T)=0)\equiv 1\forall\theta$

在推證或判斷一密度族是否具完全性時,下列代數性質常常被引用:

(1) $a_0+a_1x+a_2x^2+\cdots+a_nx^n=0$ 中,若有超過 n 個值滿足此方程式則 $a_j=0$,$j=0,1,2,\cdots n$

(2) 若 $\int_0^\infty f(t)e^{-st}dt=0$ 則 $f(t)=0$

◯ 例 1 pdf 族 $\mathcal{F}$,$\mathcal{F}=\{b(n,\theta),1>\theta>0\}$ 是否具完全性?

解

$$E[g(X)]=\sum_{x=0}^n g(x)\binom{n}{x}\theta^x(1-\theta)^{n-x}$$

$$=\sum_{x=0}^n g(x)\binom{n}{x}\left(\frac{\theta}{1-\theta}\right)^x\cdot(1-\theta)^n\ \left(\text{取}p=\frac{\theta}{1-\theta}\right)$$

$$= (1-\theta)^n \sum_{x=0}^{n} g(x) \binom{n}{x} p^x = 0$$

此相當於 $\sum_{x=0}^{n} g(x) \binom{n}{x} p^x = 0$ 下要判斷 $g(x) = 0$ 是否成立?

p 之多項式 $\sum_{x=0}^{n} g(x) \binom{n}{x} p^x = 0$,則必須 p^x 之每一項係數均為 0,即 $g(0) \binom{n}{0}$

$+ g(1) \binom{n}{1} p + g(2) \binom{n}{2} p^2 + \cdots + g(n) \binom{n}{n} p^n = 0$ 但 $\binom{n}{i} \neq 0$ $i = 0, 1, 2 \cdots n$

$\therefore g(x) = 0$,即 $\mathcal{F}$ 具完全性。

○ **例 2** pdf 族 $\mathcal{F}$,$\mathcal{F} = \{n(0, \theta), \theta > 0\}$,問(a)$\mathcal{F}$ 是否有完全性?(b)自 $n(0, \theta)$ 抽出 X,問 $T(X) = X^2$ 是否為 θ 之完全統計量?

▥ **解**

(a)$f(x, \theta) = \dfrac{1}{\sqrt{2\pi}\sqrt{\theta}} e^{-\frac{x^2}{2\theta}}$,$\infty > x > -\infty$ 之圖形對稱 y 軸,取 $g(x) = x$

則 $E(g(X)) = E(X) = 0$ 但 $g(x) \not\equiv 0$

$\therefore \mathcal{F}$ 不為完全性

(b)若 r.v. $X \sim n(0, \theta)$ 則 $\dfrac{X^2}{\theta} \sim \chi^2(1)$,即 $T(x) = X^2 \sim \theta \chi^2(1)$

$\therefore T$ 之 pdf 為

$\quad f_T(t) = \dfrac{1}{\sqrt{2\pi t \theta}} e^{-\frac{t}{2\theta}}$,$t > 0$

令 $E(g(T)) = \displaystyle\int_0^\infty g(t) \dfrac{1}{\sqrt{2\pi t \theta}} e^{-\frac{t}{2\theta}} dt = \dfrac{1}{\sqrt{2\pi \theta}} \int_0^\infty g(t) t^{-\frac{1}{2}} e^{-\frac{t}{2\theta}} dt = 0$

得 $\displaystyle\int_0^\infty g(t) t^{-\frac{1}{2}} e^{-\frac{t}{2\theta}} dt = 0$,根據定義 7.2-1 之説明(2),得 $g(t) t^{-\frac{1}{2}} = 0$,

但 $t \not\equiv 0$ $\therefore g(t) = 0$,

即 $T(X) = X^2$ 是 θ 之一個完全統計量。

○ **例 3** 證 $\mathcal{F} = \{U(0, \theta), \theta > 0\}$ 具完全性。

▥ **解**

$\quad E(g(T)) = \displaystyle\int_0^\theta g(t) \dfrac{1}{\theta} dt = 0$,$\theta > 0$

$$\therefore \int_0^\theta g(t)dt = 0$$

兩邊同時對 θ 微分得 $g(\theta)=0$，$\forall \theta > 0$，即 $g(x)=0$

即 $\mathcal{F} = \{U(0,\theta), \theta > 0\}$ 具完全性。

完全性與充分性通常併用，兼有完全性與充分性之統計量為**完全充分統計量**（complete sufficient statistic）。完全充分統計量有許多極為重要之統計特性，我們將作詳細討論。

下面是一個重要定理，透過這個定理，我們可輕易地讀出一個指數族 $f(x;\theta)$ 之 θ 的完全充分統計量。

定理 7.2-1	指數族 pdf $f(x;\theta)=\exp[K(x)p(\theta)+S(x)+q(\theta)]$　$\alpha > x > \beta$，抽出 $X_1, X_2, \cdots X_n$ 為一組隨機樣本則 $T=\Sigma K(X)$ 為 θ 之完全充分統計量。

☼ **例 4**　自下列各指定母體分別抽出 $X_1, X_2, \cdots X_n$ 為一組隨機樣本，求母數 θ 之完全充分統計量。

(1) $f(x,\theta)=\theta x^{\theta-1}$，$1 > x > 0$，$\theta > 0$

(2) $f(x,\theta)=\theta(1+x)^{\theta+1}$，$x > 0$，$\theta > 0$

(3) $f(x,\theta)=n(\theta,\theta)$，$\theta > 0$

解

(1) $f(x,\theta)=\theta x^{\theta-1}=\exp(\ln\theta x^{\theta-1})=\exp(\ln\theta+(\theta-1)\ln x)$

　$\therefore T=\Sigma \ln X$ 為 θ 之完全充分統計量。

(2) $f(x,\theta)=\exp(\ln\theta(1+x)^{\theta+1})=\exp(\ln\theta+(\theta+1)\ln(1+x))$

　$\therefore T=\Sigma \ln(1+X)$ 為 θ 之完全充分統計量。

(3) $f(x,\theta)=\dfrac{1}{\sqrt{2\pi}\sqrt{\theta}}\exp\left[-\dfrac{(x-\theta)^2}{2\theta}\right]$

　　　　$=\dfrac{1}{\sqrt{2\pi}}\exp\left(-\dfrac{x^2}{2\theta}+x-\dfrac{\theta}{2}-\dfrac{1}{2}\ln\theta\right)$

$\therefore T=\Sigma X^2$ 為 θ 之完全充分統計量。

UMVUE

> **定義**
>
> **7.2-2**
>
> 自 $f(x, \theta)$ 抽出 $X_1, X_2, \cdots X_n$ 為一組隨機樣本，$T^* = u(X_1, X_2 \cdots X_n)$ 為 $\tau(\theta)$ 之 一 個 不 偏 推 定 量。若 且 惟 若 (1) $E_\theta(T^*) = \tau(\theta)$；(2) $V_\theta(T^*) \leq V_\theta(T)$，其中 T 為 $\tau(\theta)$ 之其它任何不偏推定量則稱 T^* 為 $\tau(\theta)$ 之**一致最小變異不偏推定量**（uniformly mininum variance unbiased estimator），簡稱 UMVUE。[註]

由定義，UMVUE 是要研究如何在一個特定母數 θ，或其函數 $\tau(\theta)$ 之所有不偏推定量中找到一個**最小均方誤差**（mean squared error, MSE）

由 Cramèr-Rao 不等式

$$V_\theta(T) \geq \frac{[\tau'(\theta)]^2}{n E_\theta \left[\frac{\partial}{\partial \theta} \ln f(x; \theta) \right]^2} = \frac{[\tau'(\theta)]^2}{-n E_\theta \left[\frac{\partial^2}{\partial \theta^2} \ln f(x; \theta) \right]}$$

> **定理**
> **7.2-2**
>
> （Rao-Blackwell 定理）：自 pdf $f(x; \theta)$ 抽出 $X_1, X_2, \cdots X_n$ 為一組隨機樣本，$\theta \in \Omega \subseteq R$。若 U 是所有 θ 不偏推定量所成之集合，T 為 θ 之一個充分統計量，取 $\phi(t) = E(U | T = t)$，則：
>
> (1) $\phi(T)$ 與 θ 無關
> (2) $\phi(T)$ 為 θ 之一不偏推定量
> (3) $V(\phi(T)) \leq V(U)$

證

(1) T 為 θ 之充分統計量，依定義，給定 $T = t$ 之條件下，任何統計量（包括不偏推定量）之條件機率分配均與 θ 無關。

註：有些作者如 Robert V. Hogg 稱 UMVUE 為**最佳推定量**（best estimator）

$\therefore \phi(T) = E(U \mid T)$ 與 θ 無關。

(2) $E(\phi(T)) = E\{E(U \mid T)\} = E(U) = \theta$ ，即 $\phi(T)$ 為 θ 之不偏推定量。

(3) $V(U) = E[V(U \mid T)] + V[E(U \mid T)] \geq V[E(U \mid T)] = E(\phi(T))$ ∎

　　雖然 Rao-Blackwell 定理可用來解 $f(x, \theta)$ 母數 θ 的 UMVUE，但作者認為下面之 Lehmann-Scheffe' 定理是最簡單易學而有效，因此，本書絕大多數之 UMVUE 問題都是用 Lehmann-Scheffe' 定理。

定理 7.2-3 （Lehmann-Scheffe' 定理）：自 pdf $f(x; \theta)$ 抽出 $X_1, X_2, \cdots X_n$ 為一組隨機樣本，T 為 θ 之一個完全充分統計量，若 U 為 $\tau(\theta)$ 之不偏推定量則 $T^* = U(T)$ 為 θ 之 UMVUE。

證

　　T 為 θ 之一個完全充分統計量，U，U' 為 $\tau(\theta)$ 之不偏推定量，令 $U(T) = E(U \mid T = t)$，$U'(T) = E(U' \mid T = t)$。由 Rao-Blackwell 定理（定理 7.2-2）知 $V(U(T)) \leq V(U)$，現我們只需證明 $U(T) = U(T')$：

$E(U(T) - U(T')) = E(E(U \mid T) - E(U' \mid T)) = E(U) - E(U') = \tau(\theta) - \tau(\theta) = 0$

由 T 之完全性知 $E(U(T) - U'(T)) = 0 \Leftrightarrow P(U(T) = U'(T)) = 1 \forall \theta$，

即 $U(T)$ 為 $\tau(\theta)$ 之 UMVUE.

　　Lehmann-Scheffe' 定理指出：(1)若 pdf $f(x; \theta)$ 之 θ 的完全充分統計量 S 存在且 $\tau(\theta)$ 之不偏推定量存在，則 $\tau(\theta)$ 之 UMVUE 必存在；(2)UMVUE 是充分統計量 T 函數的函數。

　　在實作 UMVUE 前，我們要對 UMVUE 之性質綜述如下：

1. pdf $f(x; \theta)$ 母數 θ 的 **UMVUE 未必均有意義**，如例 4

2. pdf $f(x; \theta)$ 母數 θ 的 **UMVUE 不恆存在**，如 $r.v.X \sim U(\theta, \theta + 1)$，$\theta$ 的 UMVUE 即不存在。

3. pdf $f(x; \theta)$ 母數 θ 的 **UMVUE 之變異數未必小於 Rao-Crameŕ 下界**。

4. pdf $f(x;\theta)$ 母數 θ 的 **UMVUE 未必是惟一的**。

我們現在舉一些例子說明 UMVUE 之求算：

題型一：指數族密度函數

☆ **例 5** 自 $n(0,\theta^2)$ 抽出 $X_1, X_2 \cdots X_n$ 為一組隨機樣本，求 θ^2 之 UMVUE。

▨ **解**

$$\because f(x,\theta) = \frac{1}{\sqrt{2\pi}\theta} e^{-\frac{x^2}{2\theta^2}}$$

$\therefore T = \Sigma X^2$ 為 θ^2 之完全充分統計量。

$$又 \sum_{i=1}^{n} (\frac{X_i}{\theta})^2 = \frac{1}{\theta^2} \sum_{i=1}^{n} X_i^2 \sim \chi^2(n)$$

$$E(\frac{1}{\theta^2} \sum_{i=1}^{n} X_i^2) = n \Rightarrow E(\frac{T}{\theta^2}) = n \; 得 E(\frac{T}{n}) = \theta^2$$

$$\therefore \frac{T}{n} = \frac{\Sigma X^2}{n} \; 為 \; \theta^2 \; 之 \; UMVUE$$

☆ **例 6** 自 $P_0(\lambda)$ 抽出 $X_1, X_2 \cdots X_n$ 為一組隨機樣本，求 λ 之 UMVUE。

▨ **解**

$$\because f(x) = \frac{e^{-\lambda}\lambda^x}{x!}$$

$\therefore T = \Sigma X$ 為 λ 之完全充分統計量。

$$又 T = \Sigma X \sim P_0(n\lambda)$$

$$E(T) = n\lambda \Rightarrow E(\frac{T}{n}) = \lambda$$

$$\therefore \frac{T}{n} = \frac{\Sigma X}{n} \; 為 \; \lambda \; 之 \; UMVUE$$

☆ **例 7** 自 $b(1,\theta)$ 中取 $X_1, X_2 \cdots X_n$ 為一組隨機樣本，求 (a)θ (b)$\theta(1-\theta)$ 之 UMVUE。

▨ **解**

(a)$b(1,\theta)$ 之 *pdf* 為

$$f(x,\theta)=\theta^x(1-\theta)^{1-x}=(1-\theta)(\frac{\theta}{1-\theta})^x=exp\left\{ln(1-\theta)+xln\frac{\theta}{1-\theta}\right\}$$

$\therefore T=\Sigma X$ 為 θ 之完全充分統計量，

又 $T=\Sigma X \sim b(n,\theta)$ 得 $E(T)=n\theta$

$\therefore \theta$ 之 UMVUE 是 $\dfrac{T}{n}=\dfrac{\Sigma X}{n}$

(b)$E(T)=n\theta$ ，$E(T^2)=n^2\theta^2+n\theta(1-\theta)$

$\therefore E(nT-T^2)=n^2\theta-[n^2\theta^2+n\theta(1-\theta)]$ ＊

$\qquad\qquad\qquad = n(n-1)\theta(1-\theta)$

$E\left(\dfrac{nT-T^2}{n(n-1)}\right)=\theta(1-\theta)$

$\therefore \theta(1-\theta)$ 之 UMVUE 為 $\dfrac{nT-T^2}{n(n-1)}$ ，$T=\Sigma X$

上例之＊式中，為何試 $E(nT-T^2)$ ？多少有些靠經驗或試誤吧。

○ 例 8　自 $n(\theta,1)$ 中抽出 $X_1,X_2\cdots X_n$ 為一組隨機樣本，求 θ^2 之 UMVUE。

○ 解

$$f(x,\theta)=\frac{1}{\sqrt{2\pi}}e^{-\frac{(x-\theta)^2}{2}}$$

$T=\Sigma X$ 為 θ 之完全充分統計量，又 $T\sim n(n\theta,n)$

$E(T)=n\theta$ ，$E(T^2)=n^2\theta^2+n$

$\therefore E(\dfrac{T^2-n}{n^2})=\theta^2$

即 $\dfrac{T^2}{n^2}-\dfrac{1}{n}$ 或 $\overline{X}^2-\dfrac{1}{n}$ 為 θ^2 之 UMVUE

若自 $n(\theta,1)$ 中抽出 1.1, 0, -1.4 三個值則 $\overline{X}=-0.1, \overline{X}^2=0.01$ ， θ^2 之

UMVUE 為 $\overline{X}^2-\dfrac{1}{n}=0.01-\dfrac{1}{3}<0$ ，因此 UMVUE 未必都是有意義

的。

題型二：$f(x,\theta)$ 之定義域含 θ 時

$f(x,\theta)$ 之定義域含 θ 時，MLE 與 UMVUE 多與順序統計量有關，在

MLE 節中，我們所介紹之觀察法，在本子節仍有用。

◌ 例 9　自 $f(x;\theta) = \dfrac{1}{\theta}$, $\theta > x > 0$ 抽出 $X_1, X_2, \cdots X_n$ 為一組隨機樣本，求 θ 之 UMVUE。

解

　　例 9 不是指數族，因此我們要先從找出 θ 之充分統計量 Y_n 著手。

(1)充分性：

$\because X_i \sim U(0, \theta)$, θ 之 MLE $\hat{\theta} = Y_n$

$g(y_n) = n\,[\,F(y_n)\,]^{n-1} f(y_n) = n \left[\displaystyle\int_0^{y_n} \dfrac{1}{\theta}\,dx\right]^{n-1} \cdot \dfrac{1}{\theta} = n \cdot \dfrac{y_n^{n-1}}{\theta^n}$

$\therefore f(x_1, x_2 \cdots x_n, \theta) = \dfrac{1}{\theta^n} = \dfrac{n\,y_n^{n-1}}{\theta^n} \cdot \dfrac{1}{n\,y_n^{n-1}}$, $Y_n = \max(X_1, X_2 \cdots X_n)$

依分解定理知 Y_n 為 θ 之充分統計量。

(2)完全性：令 $Y_n = Z$

$E(Z) = \displaystyle\int_0^{\theta} z \cdot n\,\dfrac{z^{n-1}}{\theta^n}\,dz = \dfrac{n}{n+1}\theta$, $\theta \neq 0$

$E(Z) = 0 \Rightarrow Z = Y_n = 0$

$\therefore Y_n$ 具有完全性。

即 Y_n 為 θ 之完全充分統計量。

(3)由 Lehmann-Scheffe'定理：

$E(Y_n) = \dfrac{n}{n+1}\theta \therefore E\left(\dfrac{n+1}{n}Y_n\right) = \theta$

即 $\dfrac{n+1}{n}Y_n$ 為 θ 之 UMVUE。

最小充分統計量

　　我們從一特定之母體抽取一組隨機樣本，充分統計量之功能是希望能在「不損失有關母體重要特性的攸關資訊下」縮減整個樣本所蘊含的資料，有時一個母數的充分統計量不止一個，我們往往要找一個沒有其它任何組之充分統計量能濃縮更多的資訊，這涉及到資訊之分割（partition）。

> **定義**
>
> **7.2-3**
>
> 若一組結合充分統計量為其他任何充分統計量的函數,則稱這組統計量為**最小充分統計量**(**minimal sufficient statistics**)。

如何求最小充分統計量?我們可結論出以下結果:

1. 自 $f(x,\theta)$ 抽出 $X_1, X_2 \cdots X_n$ 為一組隨機樣本,若找到一個統計量 T,$T = \dfrac{f(x_1, x_2, \cdots x_n, \theta)}{f(y_1, y_2 \cdots y_n, \theta)}$ 與 θ 無關,則 T 為 θ 之最小充分統計量,最小充分統計量未必是惟一。

2. 用分解定理所得之充分統計量必為最小充分統計量。

3. 指數族機率密度函數 $f(x, \theta) = a(\theta)b(x)\exp(c(\theta)d(x))$,$\Sigma d(x)$ 不僅為 θ 之完全充分統計量也是 θ 之最小充分統計量,推廣言之,任何完全充分統計量必為最小充分統計量。但其逆不成立。

4. 若 θ 之最概推定量 $\hat{\theta}$ 為惟一時,則 $\hat{\theta}$ 亦為 θ 之最小充分統計量。

◎ **例 10** 自 $f(x,p) = p^x(1-p)^{1-x}$,$x = 0.1$ 抽出 $X_1, X_2 \cdots X_n$ 為一組隨機樣本,求 p 之最小充分統計量

解

$$f(x,p) = p^x(1-p)^{1-x} = (1-p)\left(\frac{p}{1-p}\right)^x$$

$$\therefore f(x_1 \cdots x_n, p) = \prod_{i=1}^{n}(1-p)^x = (1-p)^n\left(\frac{p}{1-p}\right)^{\Sigma x}$$

$$f(y_1 \cdots y_n, p) = \prod_{i=1}^{n}(1-p)^y = (1-p)^n\left(\frac{p}{1-p}\right)^{\Sigma y}$$

$$\frac{f(x_1, \cdots x_n, p)}{f(y_1, \cdots y_n, p)} = \frac{(1-p)^n\left(\dfrac{p}{1-p}\right)^{\Sigma x}}{(1-p)^n\left(\dfrac{p}{1-p}\right)^{\Sigma y}} = \left(\frac{p}{1-p}\right)^{\Sigma x - \Sigma y}$$

若要與母數 p 無關,必須 $\Sigma x = \Sigma y$

$\therefore T = \Sigma X$ 為 p 之最小充分統計量

☼ **例 11** 自 $f(x,v) = \dfrac{x}{v} e^{-\frac{x^2}{2v}}$，$x > 0$ 抽出 $X_1 \cdots X_n$ 為隨機樣本，求母數 v 之最小充分統計量

▦ **解**

$$f(x_1 \cdots x_n, v) = \prod_{i=1}^{n} \frac{x}{v} e^{-\frac{x^2}{2v}} = \frac{1}{v^n} (\prod_{i=1}^{n} x) e^{-\frac{\Sigma x^2}{2v}}$$

$$f(y_1 \cdots y_n, v) = \prod_{i=1}^{n} \frac{y}{v} e^{-\frac{y^2}{2v}} = \frac{1}{v^n} (\prod_{i=1}^{n} y) e^{-\frac{\Sigma y^2}{2v}}$$

$$\frac{f(x_1 \cdots x_n, v)}{f(y_1 \cdots y_n, v)} = \frac{\displaystyle\prod_{i=1}^{n} x}{\displaystyle\prod_{i=1}^{n} y} e^{-\frac{\Sigma x^2 - \Sigma y^2}{2v}}$$

若上式與母數 v 無關之條件為 $\Sigma x^2 - \Sigma y^2 = 0$

$\therefore T = \Sigma X^2$ 為 v 之最小充分統計量。

☼ **例 12** 自 $n(\mu, 1)$ 抽出 $X_1, X_2 \cdots X_n$ 為一組隨機樣本，求 μ 之最小充分統計量

▦ **解**

$$f(x_1 \cdots x_n, \mu) = \prod_{i=1}^{n} \frac{1}{\sqrt{2\pi}} e^{-\frac{(x-\mu)^2}{2}} = \left(\frac{1}{\sqrt{2\pi}}\right)^n e^{-\frac{\Sigma(x-\mu)^2}{2}}$$

$$f(y_1 \cdots y_n, \mu) = \prod_{i=1}^{n} \frac{1}{\sqrt{2\pi}} e^{-\frac{(y-\mu)^2}{2}} = \left(\frac{1}{\sqrt{2\pi}}\right)^n e^{-\frac{\Sigma(y-\mu)^2}{2}}$$

$$\frac{f(x_1 \cdots x_n, \mu)}{f(y_1 \cdots y_n, \mu)} = \frac{\left(\dfrac{1}{\sqrt{2\pi}}\right)^n e^{-\frac{\Sigma(x-\mu)^2}{2}}}{\left(\dfrac{1}{\sqrt{2\pi}}\right)^n e^{-\frac{\Sigma(y-\mu)^2}{2}}} = e^{\frac{-\Sigma x^2 + \Sigma y^2 - 2\mu(\Sigma x - \Sigma y)}{2}}$$

若上式要與 μ 無關需 $\Sigma x = \Sigma y$

$\therefore \mu$ 之最小充分統計量 $T = \Sigma X$

習題 *7-2*

1. 機率密度族 $\mathcal{F} = \{f(\ \cdot\ ;\theta):f(x,\theta)=e^{-\theta}\dfrac{\theta^x}{x!},x=0,1,2\cdots,\theta\in(0,\infty)\}$ 是否具完全性。

2. 自 $f(x,\mu)=\mu e^{-\mu x}$，$x>0$ 中抽出 $X_1,X_2\cdots X_n$ 為一組隨機樣本，求(a) $V(X)$ 之 UMVUE(b)母體中位數之 UMVUE。

3. 自 $n(\mu,1)$ 抽出 $X_1,X_2\cdots X_n$ 為一組隨機樣本，求 μ 之 UMVUE。

4. 自 $G(\alpha,\theta)$，$\theta>0$ 未知，α 為已知，抽出 $X_1,X_2\cdots X_n$ 為一組隨機樣本，求 θ 之 UMVUE。

5. 自 $f(x,\theta)=\dfrac{1}{\theta}e^{-\frac{x}{\theta}}$，$\infty>x>0$ 中抽出 $X_1,X_2\cdots X_n$ 為一組隨機樣本，求 θ 之 UMVUE。

6. 自 $f(x,\theta)=\theta x^{\theta-1}$，$1>x>0$，抽出 $X_1,X_2\cdots X_n$ 為一組隨機樣本，求 θ 及 $\dfrac{1}{\theta}$ 之 UMVUE。

7. 自 $f(x,\theta)=\theta(1+x)^{-(1+\theta)}$，$x>0$，抽出 $X_1,X_2\cdots X_n$ 為一組隨機樣本，求 $\dfrac{1}{\theta}$ 及 θ 之 UMVUE。

8. 自 $n(0,\theta)$ 抽出 $X_1,X_2\cdots X_n$ 為一組隨機樣本，求 θ^2 之 UMVUE。

9. 自 $G(\alpha,\dfrac{1}{\theta})$ 抽出 $X_1,X_2,\cdots X_n$ 為一組隨機樣本，求 θ 之 UMVUE。

10. 自 $f(x,\theta)=\dfrac{2x}{\theta^2}$，$\infty > x > \theta$，$\theta > 0$ 抽出 $X_1, X_2, \cdots X_n$ 為一組隨機樣本，求 θ 之 UMVUE。

自下列母體抽出 $X_1, X_2 \cdots X_n$ 為一組隨機樣本，求 11～13 指定母數之最小充分統計量。

11. $P(\lambda)$：λ　　12. $n(0, \sigma^2)$：σ^2　　13. 平均數為 $\dfrac{1}{\lambda}$ 之指數分配：λ

7.3 位置、尺度不變性與 Basu 定理

有些特殊機率密度函數其母數具有某些**不變性**（invariance），甚具有統計理論之重要性。本節我們只討論**位置不變性**（location invariance）與**尺度不變性**（scale invariance），以及它們在判斷二個統計量獨立之應用。

位置不變性與尺度不變性

定義

7.3-1

$T = U(X_1, X_2, \cdots X_n)$ 為一統計量

(1)若 $u(x_1+c, x_2+c, \cdots x_n+c) = u(x_1, x_2 \cdots x_n) \, \forall \, x_i$ 及 $c \in R$ 則 T 具位置不變性，而稱 T 為**位置統計量**（Location Statistic）

(2)若 $u(cx_1, cx_2 \cdots cx_n) = u(x_1, x_2 \cdots x_n) \, \forall \, x_i$ 及 $c \in R$ 則 T 具尺度不變性，而稱 T 為**尺度統計量**（scale statistic）

有些作者如 Mood 定義 $u(x_1+c, x_2+c, \cdots x_n+c) = u(x_1, x_2 \cdots x_n) + c \Leftrightarrow T$ 具位置不變性。

例 1　設 $Z = U(X_1, X_2, X_3)$ 為一統計量，則

(1) $u(x_1, x_2, x_3) = x_3 - x_1$ 具位置不變性

$$(\because u(x_1+c, x_2+c, x_3+c) = (x_3+c) - (x_1+c)$$
$$= x_3 - x_1 = u(x_1, x_2, x_3))$$

(2) $u(x_1, x_2, x_3) = x_1 + 2x_2 - 3x_3$ 具位置不變性

$$(\because u(x_1+c, x_2+c, x_3+c) = (x_1+c) + 2(x_2+c) - 3(x_3+c)$$
$$= x_1 + 2x_2 - 3x_3 = u(x_1, x_2, x_3))$$

但 $u(x_1, x_2, x_3) = x_1 + 2x_2 - 2x_3$ 不具位置不變性

$$(\because u(x_1+c, x_2+c, x_3+c) = (x_1+c) + 2(x_2+c) - 2(x_3+c)$$

$$\neq x_1 + 2x_2 - 2x_3)$$

(3) $u(x_1, x_2, x_3) = \dfrac{x_1 + x_2}{x_1 + x_2 + x_3}$ 具尺度不變性

$$\left(\because u(cx_1, cx_2, cx_3) = \frac{cx_1 + cx_2}{cx_1 + cx_2 + cx_3} = \frac{x_1 + x_2}{x_1 + x_2 + x_3} = u(x_1, x_2, x_3) \right)$$

(4) $u(x_1, x_2, x_3) = \dfrac{x_1^2}{x_1^2 + x_2^2 + x_3^2}$ 具尺度不變性，

(5) $u(x_1, x_2, x_3) = \dfrac{x_1^2 + x_2}{x_1^2 + x_2^2 + x_3^2}$ 則不具尺度不變性

附屬統計量

定義

7.3-2

$A(X)$ 為分配 $f(x, \theta)$ 之一統計量，若 $A(X)$ 之分配與 θ 無關則 $A(X)$ 為 θ 之**附屬統計量**（ancillary statistic）。

尺度統計量與位置統計量都是重要而基本的附屬統計量。附屬統計量之機率分配與母數 θ 無關，因此表面上它們看起來沒有提供任何有關 θ 之資訊，但事實上不然，因為有時附屬統計量能提供 θ 一些有用之資訊。因此有些學者認為附屬統計量在某種意義上是充分統計量之補充。

○ **例2** 自 $n(\theta, 1)$ 抽出 $X_1, X_2 \cdots X_n$ 為一組隨機樣本，則 $\Sigma(X - \bar{X})^2$
$\sim \chi^2(n-1)$ $\because \Sigma(X - \bar{X})^2$ 之分配裡不含 θ
$\therefore A(X) = \Sigma(X - \bar{X})^2$ 為 θ 之附屬統計量。

本節我們有興趣的是要研究，若 θ 之任一附屬統計量 Z 與 θ 之完全充分統計量 T 間是否獨立？

定理 **7.3-1**	（Basu 定理）自 pdf　$f(x,\theta)$，$\theta \in \Omega$ 抽出 $X_1, X_2 \cdots X_n$ 為一組隨機樣本，$T = u(X_1, X_2 \cdots X_n)$ 為 θ 之完全充分統計量，$Z = u(X_1, X_2 \cdots X_n)$ 為其它任何附屬統計量，則 Z 與 T 獨立。

證

∵ T 為 θ 之完全充分統計量，由充分性定義 $h(z \mid T = t)$ 與 θ 無關，設 $g(t; \theta)$ 為含 θ 之 pdf，則

$$f(t, z) = g(t; \theta) h(z \mid t) \tag{1}$$

並設 $g_2(z) = \int_{-\infty}^{\infty} f(t, z) \, dt = \int_{-\infty}^{\infty} g(t; \theta) h(z \mid t) \, dt \tag{2}$

又 $g_1(z) = g_1(z) \cdot 1 = g_1(z) \int_{-\infty}^{\infty} g(t; \theta) \, dt = \int_{-\infty}^{\infty} g_1(z) g(t; \theta) dt \tag{3}$

$(3) - (2)$

$$0 = \int_{-\infty}^{\infty} (g_1(z) - h(z \mid t)) g(t; \theta) dt \tag{4}$$

∵ $g(t; \theta)$ 具完全性

∴ $g_1(z) - h(z \mid t) = 0$　即　$g_1(z) = h(z \mid t) \tag{5}$

代(5)入(1)　$f(t, z) = g(t; \theta) g_1(z)$

即 T，Z 為獨立。　　　　　　　　　　　　　　　　　　　　　　　　■

　　由上述定理母數 θ 之完全充分統計量 T 與附屬統計量 Z（Z 為尺度不變或位置不變統計量）獨立，此一結果在機率獨立之判斷上極為有用。

☼ **例 3**　$f(x, \theta) = \dfrac{1}{\theta} e^{-\frac{x}{\theta}}$，$\infty > x > 0$，$\infty > \theta > 0$ 抽出 $X_1, X_2 \cdots X_n$ 為一組隨機樣本，問 $T_1 = X_1 + X_2$ 與下列那個統計量為機率獨立？

　　(a) $Z_1 = \dfrac{X_2}{X_1}$　　(b) $Z_2 = \dfrac{X_1}{X_1 + X_2}$

解

　　$f(x, \theta) = \dfrac{1}{\theta} e^{-\frac{x}{\theta}}$，$T_1 = X_1 + X_2$ 為 θ 之完全充分統計量。

　　(a) $Z_1 = u(X_1, X_2) = \dfrac{X_2}{X_1}$：

$\because u(cx_1, cx_2) = \dfrac{cx_2}{cx_1} = \dfrac{x_2}{x_1} = u(x_1, x_2)$，得 Z_1 具尺度不變性，即 Z_1 為 θ 之附屬統計量

$\therefore T_1$ 與 Z_1 獨立

(b) $Z_2 = u(X_1, X_2) = \dfrac{X_1}{X_1 + X_2}$：

$\because u(cx_1, cx_2) = \dfrac{cx_1}{cx_1 + cx_2} = \dfrac{x_1}{x_1 + x_2} = u(x_1, x_2)$，得 Z_2 具尺度不變性，

即 Z_2 為 θ 之附屬統計量

$\therefore T_1$ 與 Z_2 獨立

☼ **例 4**　自 $f(x, \theta) = e^{-(x-\theta)}$，$\infty > x > \theta$，$\infty > \theta > 0$ 抽出 $X_1, X_2 \cdots X_n$ 為一組隨機樣本，$Y_1 < Y_2 < Y_3$ 為對應之順序統計量，問 Y_1 與下列那個統計量獨立？

(a) $Z_1 = \dfrac{1}{3} \sum\limits_{i=1}^{3} [X_i - \min(X_i)]$　　(b) $Z_2 = X_1 + 2X_2 - 3X_3$

☼ **解**

$f(x, \theta) = e^{-(x-\theta)}$ 之 $Y_1 = \min(X_1, X_2, X_n)$ 為 θ 之完全充分統計量，又 $f(x, \theta)$ 可寫成 $g(x - \theta)$ 之形態

(a) $u(x_1, x_2, x_3) = \dfrac{1}{3} \sum\limits_{i=1}^{3} [x_i - \min(x_i)]$：

$u(x_1 + \theta, x_2 + \theta, x_3 + \theta)$

$= \dfrac{1}{3} \{ [(x_1 + \theta) - (y_1 + \theta)] + [(x_2 + \theta) - (y_1 + \theta)] + [(x_3 + \theta) - (y_1 + \theta)]$

$= \dfrac{1}{3} [\sum\limits_{i=1}^{3} x_i - \min(x_i)] = u(x_1, x_2, x_3)$

$\therefore Z_1$ 具有位置不變性，即 Z_1 為 θ 之附屬統計量

$\therefore Y_1$ 與 Z_1 獨立

(b) $u(x_1, x_2, x_3) = x_1 + 2x_2 - 3x_3$；

$u(x_1 + \theta, x_2 + \theta, x_3 + \theta) = (x_1 + \theta) + 2(x_2 + \theta) - 3(x_3 + \theta)$

$\qquad\qquad\qquad\qquad\qquad = x_1 + 2x_2 - 3x_3 = u(x_1, x_2, x_3)$

$\therefore Z_2$ 具有位置不變性，即 Z_2 為 θ 之附屬統計量

∴ Y_1 與 Z_2 獨立

由 Basu 定理直接可得下列定理：

定理
7.3-2　$f(x,\theta)$ 為一指數族 $p\,df$，即 $f(x,\theta)=\exp\{K(x)p(\theta)+S(x)+q(\theta)\}$ 定義域與 θ 無關，$T=\Sigma K(X)$ 為 θ 之充分統計量。V 為任一統計量，若且惟若 V 之分配與 θ 無關則 V 與 T 獨立。

◌ **例 5**　自 $n(\theta,\sigma^2)$（σ 已知）抽出 $X_1,X_2\cdots X_n$ 為一組隨機樣本，試證 $\overline{X}=\dfrac{1}{n}\sum\limits_{i=1}^{n}X_i$ 與 $S^2=\dfrac{1}{n}\sum\limits_{i=1}^{n}(X_i-\overline{X})^2$ 為獨立。

◌ **解**

$$f(x,\theta)=\frac{1}{\sqrt{2\pi}\sigma}e^{-\frac{(x-\theta)^2}{2\sigma^2}}=\frac{1}{\sqrt{2\pi}\sigma}\exp\{-\frac{x^2}{2\sigma^2}+\frac{\theta x}{\sigma^2}-\frac{\theta^2}{2\sigma^2}\}\,，K(x)=x$$

則 $T=\Sigma K(X)=\Sigma X$ 為 θ 之充分統計量從而 $\dfrac{1}{n}\Sigma X$ 亦為 θ 之充分統計量

$$(1)$$

令 $V=\sum\limits_{i=1}^{n}(X_i-\overline{X})^2$，取 $Y_i=X_i-\theta$ 則 $Y_i\sim n(0,\sigma^2)$，則

$\Sigma(X-\overline{X})^2=\Sigma(Y-\overline{Y})^2=V$，$V$ 亦與 θ 無關

∴ V 與 T 獨立，即 $S^2=\dfrac{1}{n}\Sigma(X-\overline{X})^2$ 與 $\overline{X}=\dfrac{1}{n}\Sigma X$ 獨立。

◌ **例 6**　$f(x,\theta)=\begin{cases}\dfrac{1}{\theta}e^{-x/\theta}\,，& \infty>x>0\,，\ \infty>\theta>0\\[2mm]0\,，& \text{其他}\end{cases}$ 自 $f(x,\theta)$ 抽出 X_1,X_2,X_3 為一組隨機樣本試造出三個有關 θ 之附屬統計量，並指出它們與 $T=X_1+X_2+X_3$ 獨立？

◌ **解**

∵ $T=\Sigma X$ 為 θ 之充分統計量

又 $T_1=\dfrac{X_1-X_2}{X_1+X_2+X_3}$，$T_2=\dfrac{X_1}{X_1+X_2+X_3}$，$T_3=\dfrac{X_2+X_3}{X_1+X_2+X_3}$，均為與 θ 無關之統計量。

由定理 7.3-2 T_1, T_2, T_3 均與 $T = X_1 + X_2 + X_3$ 獨立。

○ **例 7** 自 $n(\theta, 9)$，$-\infty < \theta < \infty$ 抽出 $X_1, X_2 \cdots X_n$ 為一組隨機樣本，試任舉 3 個附屬統計量 Z_1, Z_2, Z_3 說明它們與 $\overline{X} = \frac{1}{n}(X_1 + X_2 + \cdots + X_n)$ 為獨立之原因。

解

$X \sim n(\theta, 9)$，$f(x, \theta) = \dfrac{1}{3\sqrt{2\pi}} e^{-\frac{(x-\theta)^2}{6}}$

$\therefore K(x) = \Sigma X$ 為 θ 之完全充分統計量，從而

$\overline{X} = \dfrac{1}{n}(X_1 + X_2 + \cdots + X_n)$ 為 θ 之完全充分統計量

(a)$Z_1 = \displaystyle\sum_{i=1}^{n}(X_i - \overline{X})^2$，則 Z_1 滿足尺度不變性 $\therefore Z_1$ 為附屬統計量與 $\overline{X}$ 獨立。

(b)$Z_2 = \displaystyle\sum_{i=1}^{n}|X_i - \overline{X}|$，則 Z_2 滿足尺度不變性 $\therefore Z_2$ 為附屬統計量與 $\overline{X}$ 獨立。

(c)$Z_3 = \dfrac{Y_n - Y_1}{X_1 + X_2 + \cdots + X_n}$，$Z_3$ 為附屬統計量，則 Z_3 與 $\overline{X}$ 獨立。

或者應用定理 7.3-2：

$\overline{X}$ 為 θ 之充分統計量，Z_1，Z_2，Z_3 均與 θ 無關

$\therefore \quad T = \overline{X}$ 與 Z_1，Z_2，Z_3 獨立。

定理 7.3-3 X, Y 為二獨立 $r.v.$，若 $E(X^k) < \infty$，$E(Y^k) < \infty$ 且 $E(Y^k) \neq 0$，$k = 1, 2, 3 \cdots$ 且 X/Y 與 Y 為獨立則 $E[(X/Y)^k] = E(X^k)/E(Y^k)$

證

$E(X^k) = E\left[(\dfrac{X}{Y})^k \cdot Y^k\right] = E(\dfrac{X}{Y})^k E(Y)^k$

$\therefore E(\dfrac{X}{Y})^k = E(X^k)/E(Y^k)$

應注意的是：在 X, Y 為獨立時，$E(\dfrac{X}{Y}) = E(X)/E(Y)$ 並不恆成立。

　例 8　　自 $n(0,\theta)$ 抽出 X_1, X_2, X_3, X_4 為一組隨機樣本，$Y = \dfrac{X_1^2 + X_2^2}{X_1^2 + X_2^2 + X_3^2 + X_4^2}$，

　　　　　求 $E(Y)$

解

$\quad n(0,\theta)$ 之函數形式為 $f(x,\theta) = \dfrac{1}{\sqrt{2\pi}\sqrt{\theta}} e^{-\frac{x^2}{2\theta}}$，$\infty > x > -\infty$，$\infty > \theta > 0$

$\therefore T = X_1^2 + X_2^2 + X_3^2 + X_4^2$ 為 θ 之完全充分統計量。

$\quad Y = \dfrac{X_1^2 + X_2^2}{X_1^2 + X_2^2 + X_3^2 + X_4^2}$ 具尺度不變性，為 θ 之附屬統計量，

$\therefore Y$ 與 T 獨立。

$E(Y) = E\left(\dfrac{X_1^2 + X_2^2}{X_1^2 + X_2^2 + X_3^2 + X_4^2}\right) = E(X_1^2 + X_2^2) / E(X_1^2 + X_2^2 + X_3^2 + X_4^2)$

$\dfrac{X_i^2}{\theta} \sim \chi^2(1)$，$E\left(\dfrac{X_i^2}{\theta}\right) = 1$，$\therefore E(X_i^2) = \theta$ 代入上式得

$E(Y) = \dfrac{2\theta}{4\theta} = \dfrac{1}{2}$

習題 *7-3*

1. 自 $f(x,\theta)=\dfrac{1}{\theta}$，$0<x<\theta$ 中抽出 X_1，X_2，X_3，X_4，X_5 為一組隨機樣本，Y_1，Y_2，Y_3，Y_4，Y_5 為對應之順序統計量，試證 Y_4 與 $Z_1=\dfrac{Y_3+Y_5}{Y_1+Y_2+Y_4}$ 獨立

2. 自 $G(\alpha,\theta)$ α 為已知抽出 X_1，$X_2\cdots X_n$ 為一組隨機樣本，求 $E(X_1|\bar{x})$

3. 自 $P_0(\theta)$ 抽出 $X_1,X_2\cdots X_n$ 為一組隨機樣本，求 $E(X_1+X_2+2X_3\mid\overset{n}{\underset{i=1}{\sum}}X_i)$

4. 自 $n(\theta,1)$ 抽出 $X_1,X_2\cdots X_n$ 為一組隨機樣本，試證 Σa_iX_i 與 ΣX_i 為獨立之充要條件為 $\Sigma a_i=0$

5. 自 $f(x,\theta)=\dfrac{1}{\theta}e^{-\frac{x}{\theta}}$，$x>0$，$\theta>0$ 抽出 $X_1,X_2\cdots X_5$ 為一組隨機樣本，試證 $Y=\dfrac{X_1+X_2+X_3}{X_1+X_2+\cdots+X_5}$ 與 $T=X_1+X_2+\cdots+X_5$ 為獨立。

6. 自 $f(x,\theta)=e^{-(x-\theta)}$，$\infty>x>\theta$，$\infty>\theta>0$ 抽出 $X_1,X_2\cdots X_5$ 為一組隨機樣本，若 Y_1 為對應之最小順序統計量，問 Y_1 與下列何統計量為獨立？

(a)$T_1=\dfrac{1}{n}\overset{n}{\underset{i=1}{\sum}}[X_i-\min(X_i)]$

(b)$T_2=\dfrac{X_1-\min(X_i)}{X_1+X_2+X_3+\cdots+X_n-\overline{\overline{X}}}$

7. X,Y 為離散型 r.v.其結合機率如下表所示：

★

	X	
	1	2
Y 1	$\dfrac{1}{4} - \theta$	$\dfrac{1}{4} + \theta$
2	$\dfrac{1}{4} + \theta$	$\dfrac{1}{4} - \theta$

$\dfrac{1}{4} \geq \theta \geq -\dfrac{1}{4}$

試證 X, Y 均為附屬統計量但 $X+Y$ 不為附屬統計量

8. 自 $U(0, \theta)$ 抽出 $X_1, X_2 \cdots X_n$ 為一組隨機樣本，試證若 $Y_1, Y_2 \cdots Y_n$ 為順序統計量，試證 $\dfrac{Y_1}{Y_n}$ 為一附屬統計量且 $E\left(\dfrac{Y_1}{Y_n}\right) = \dfrac{E(Y_1)}{E(Y_n)} = \dfrac{1}{n}$

7.4 區間估計

隨機區間

在討論如何求區間估計前，我們先定義**隨機區間**（random interval）：

定義

7.5-1

一個區間，不論其為有限區間或無限區間，至少有一個端點為隨機變數，則此區間便為隨機區間。

若 X 為一隨機變數，事件 $\{2<X<3\}$，與 $\{6>2X$ 且 $3X>6\}$，即 $\{3X>6>2X\}$ 相同，因此若 $P(2<X<3)=p$ 則 $P(3X>6>2X)=p$，又 $(2X,3X)$ 中 $2X$，$3X$ 均為隨機變數，$(2X,3X)$ 為一隨機區間，而這個區間包含 6 之機率為 p，因為 $P(3X>6>2X)=P(2<X<3)$，而 $P(2<X<3)$ 在分析上又比 $P(3X>6>2X)$ 來得容易，因此，$P(a<X<b)=\alpha$ 這類**信賴區間**（confidence interval）便是我們討論之重心。

定義

7.5-2

$L(X_1,X_2\cdots\cdots X_n)$，$U(X_1,X_2\cdots\cdots X_n)$ 為二個統計量，令 $u=U(X_1,X_2\cdots\cdots X_n)$，$l=L(X_1,X_2\cdots\cdots X_n)$。若 $P(l<\theta<u)=1-\alpha$，$(1>\alpha>0)$ 則稱 (l,u) 為 θ 之信賴區間，其中 $1-\alpha$ 為**信賴係數**（confidence coefficient）l 為信賴下限，u 為信賴上限。$u-l$ 為區間長度。

區間估計之信賴係數為隨機區間包含母數之機率，信賴區間之二個端點均為隨機變數者，稱為雙尾區間估計，若只有一端點為隨機變數者，則稱為

單尾區間估計,形式為:

$$P(-\infty < \theta < u) = 1 - \alpha$$

或

$$P(l < \theta < \infty) = 1 - \alpha$$

信賴係數一定時,母數之信賴區間可能不止一個,此時,我們總希望所找到區間之期望長度越短越好,所以**一個理想之信賴區間是信賴係數一定時區間之期望長度要最短,在信賴區間之期望長度一定,信賴係數要最大。**

下一節我們將討論區間估計之第一個定理,$P(\overline{X} - Z_{\frac{\alpha}{2}}\frac{\sigma}{\sqrt{n}} < \mu < \overline{X} + Z_{\frac{\alpha}{2}}\frac{\sigma}{\sqrt{n}}) = 1 - \alpha$,因為$\overline{X} - Z_{\frac{\alpha}{2}}\frac{\sigma}{\sqrt{n}} < \mu < \overline{X} + Z_{\frac{\alpha}{2}}\frac{\sigma}{\sqrt{n}}$是一個隨機區間,每組樣本觀測值都可生一個實現值$\overline{x}$,如此便造就出許多信賴區間出來,平均而言這些信賴區間包含μ之機率是$(1-\alpha)100\%$。

上式中之$|\overline{X} - \mu| = Z_{\frac{\alpha}{2}}\frac{\sigma}{\sqrt{n}}$稱為**估計誤差**(error of estimation)記做e。

讀者宜注意的是:在σ已知時常態母體μ之$(1-\alpha)100\%$信賴區間有無限多個,如

$$P\left(\overline{X} - Z_{\frac{\alpha}{3}}\frac{\sigma}{\sqrt{n}} < \mu < \overline{X} + Z_{\frac{2}{3}\alpha}\frac{\sigma}{\sqrt{n}}\right) = 1 - \alpha$$

但這些信賴區間中以$\overline{X} - Z_{\frac{\alpha}{2}}\frac{\sigma}{\sqrt{n}} < \mu < \overline{X} + Z_{\frac{\alpha}{2}}\frac{\sigma}{\sqrt{n}}$之信賴區間長度$2Z_{\frac{\alpha}{2}}\frac{\sigma}{\sqrt{n}}$為最短,同時可看出,樣本個數增加時,區間長度亦可為之縮短。

為便於學習,我們先從由與常態分配母數有關之信賴區間著手,然後於下節再研究**樞紐法**(pivotal method),這是一種較廣義之信賴區間之求法。

◎ **例1** 自$n(\mu, \sigma^2)$抽出$X_1, X_2, \cdots X_n$為一組隨機樣本,在σ已知時,μ之$(1-\alpha)100\%$信賴區間為$P\left(\overline{X} - Z_{\frac{\alpha}{2}}\frac{\sigma}{\sqrt{n}} < \mu < \overline{X} + Z_{\frac{\alpha}{2}}\frac{\sigma}{\sqrt{n}}\right) = 1 - \alpha$

解

自$n(\mu, \sigma^2)$抽出$X_1, X_2, \cdots X_n$為一組隨機樣本,則樣本平均數$\overline{X} \sim n\left(\mu, \frac{\sigma^2}{n}\right)$

$$Z = \frac{\overline{X} - \mu}{\sigma/\sqrt{n}} \sim n(0, 1) \quad \therefore P\left(-Z_{\frac{\alpha}{2}} < Z < Z_{\frac{\alpha}{2}}\right) = 1 - \alpha$$

$$\text{即 } P\left(-Z_{\frac{\alpha}{2}} < \frac{\overline{X} - \mu}{\sigma/\sqrt{n}} < Z_{\frac{\alpha}{2}}\right)$$

$$= P\left(\overline{X} - Z_{\frac{\alpha}{2}}\frac{\sigma}{\sqrt{n}} < \mu < \overline{X} + Z_{\frac{\alpha}{2}}\frac{\sigma}{\sqrt{n}}\right) = 1 - \alpha$$

☼ **例 2** 自 σ_1^2 及 σ_2^2 均為已知之二常態母體中各抽出 n_1, n_2 個變量為二獨立隨機樣本，試導出 $\mu_1 - \mu_2$ 之 $(1 - \alpha)\,100\%$ 信賴區間為

$$P\left((\overline{X}_1 - \overline{X}_2) - Z_{\alpha/2}\sqrt{\frac{\sigma_1^2}{n_1} + \frac{\sigma_2^2}{n_2}} < \mu_1 - \mu_2 < (\overline{X}_1 - \overline{X}_2) + Z_{\alpha/2}\sqrt{\frac{\sigma_1^2}{n_1} + \frac{\sigma_2^2}{n_2}}\right)$$
$$= 1 - \alpha$$

解

自二獨立常態母體 $n_1(\mu, \sigma_1^2)$ 及 $n_2(\mu_2, \sigma_2^2)$ 中各抽出 n_1, n_2 個變量，則

$$\overline{X}_1 - \overline{X}_2 \sim n\left(\mu_1 - \mu_2, \frac{\sigma_1^2}{n_1} + \frac{\sigma_2^2}{n_2}\right)$$

$$Z = \frac{(\overline{X}_1 - \overline{X}_2) - (\mu_1 - \mu_2)}{\sqrt{(\sigma_1^2/n_1) + (\sigma_2^2/n_2)}} \sim n(0, 1)$$

$$P(-Z_{\alpha/2} < Z < Z_{\alpha/2}) = 1 - \alpha$$

$$\text{即 } P\left(-Z_{\alpha/2} < \frac{(\overline{X}_1 - \overline{X}_2) - (\mu_1 - \mu_2)}{\sqrt{(\sigma_1^2/n_1) + (\sigma_2^2/n_2)}} < Z_{\alpha/2}\right) = 1 - \alpha$$

$$\therefore P\left((\overline{X}_1 - \overline{X}_2) - Z_{\alpha/2}\sqrt{\frac{\sigma_1^2}{n_1} + \frac{\sigma_2^2}{n_2}} < \mu_1 - \mu_2 < (\overline{X}_1 - \overline{X}_2) + Z_{\alpha/2}\sqrt{\frac{\sigma_1^2}{n_1} + \frac{\sigma_2^2}{n_2}}\right)$$
$$= 1 - \alpha$$

☼ **例 3** 常態母體 μ 已知時試導出 σ^2 之 $(1 - \alpha)\,100\%$ 信賴區間為

$$P\left(\frac{\sum(x - \mu)^2}{\chi_{\frac{\alpha}{2}}^2(n)} < \sigma^2 < \frac{\sum(x - \mu)^2}{\chi_{1 - \frac{\alpha}{2}}^2(n)}\right) = 1 - \alpha$$

解

$$\because \frac{\sum(X - \mu)^2}{\sigma^2} \sim \chi^2(n)$$

$$\therefore P\left(\chi^2_{1-\alpha/2}(n) < \frac{\sum (X-\mu)^2}{\sigma^2} < \chi^2_{\alpha/2}(n)\right) = 1 - \alpha$$

因此

$$P\left(\frac{\sum (X-\mu)^2}{\chi^2_{\alpha/2}(n)} < \sigma^2 < \frac{\sum (X-\mu)^2}{\chi^2_{1-\alpha/2}(n)}\right) = 1 - \alpha$$

○ **例 4** 自二項分配 $b(n,p)$ p 為成功率，抽出 $X_1, X_2, \cdots X_n$ 為一隨機樣本試

導出 p 之 $(1-\alpha)\,100\%$ 信賴區間為

$$P\left(\hat{p} - Z_{\frac{\alpha}{2}}\sqrt{\frac{\hat{p}(1-\hat{p})}{n}} < p < \hat{p} + Z_{\frac{\alpha}{2}}\sqrt{\frac{\hat{p}(1-\hat{p})}{n}}\right) = 1 - \alpha$$

其中 $\hat{p} = \dfrac{X}{n}$ ，X 為成功次數

◎ **解**

$r.v.X \sim b(n,p)$ ，則 $E(X) = np$ ，$\sigma = \sqrt{np(1-p)}$

又 $Z = \dfrac{X - np}{\sqrt{np(1-p)}} \sim n(0,1)$

$$P\left(-Z_{\frac{\alpha}{2}} < Z < Z_{\frac{\alpha}{2}}\right) = P\left(-Z_{\frac{\alpha}{2}} < \frac{X-np}{\sqrt{np(1-p)}} < Z_{\frac{\alpha}{2}}\right)$$

$$= P\left(-Z_{\frac{\alpha}{2}} < \frac{\dfrac{X}{n} - np}{\sqrt{\dfrac{np(1-p)}{n}}} < Z_{\frac{\alpha}{2}}\right)$$

$$= P\left(\frac{X}{n} + Z_{\frac{\alpha}{2}} \cdot \sqrt{\frac{p(1-p)}{n}} > p > \frac{X}{n} - Z_{\frac{\alpha}{2}} \cdot \sqrt{\frac{p(1-p)}{n}}\right) = 1 - \alpha \qquad *$$

但上式中之區間端點含未知母數 p，因此我們可令 $\dfrac{X}{n} = \hat{p}$（由大數法

則，當 n 很大時 $\dfrac{X}{n} \to \hat{p}$）

$$\therefore * = P\left(\frac{X}{n} + Z_{\frac{\alpha}{2}} \cdot \sqrt{\frac{(\frac{X}{n})(1-\frac{X}{n})}{n}} > p > \frac{X}{n} - Z_{\frac{\alpha}{2}} \cdot \sqrt{\frac{(\frac{X}{n})(1-\frac{X}{n})}{n}}\right)$$

$$= P\left(\hat{p} + Z_{\frac{\alpha}{2}} \cdot \sqrt{\frac{\hat{p}(1-\hat{p})}{n}} > p > \hat{p} - Z_{\frac{\alpha}{2}} \cdot \sqrt{\frac{\hat{p}(1-\hat{p})}{n}}\right) \text{，其中 } \hat{p} = \frac{X}{n}$$

$$= 1 - \alpha$$

習題 7-5

1. 設 A 品牌之燈泡壽命近似於 $\sigma = 48$ 小時之常態分配，若取 36 個燈泡測得平均使用小時數為 840 小時，試求 A 品牌燈泡使用小時數之 95% 信賴區間？估計誤差 $e = ?$ 在 95.4% 信賴度下，若樣本平均數與母體平均數差在 4 小時內需要取若干樣本？

2. 自 $n(\mu, 9)$ 抽出 n 個變量為一組隨機樣本。
   (a) 求滿足 $P(\overline{X} - 1 < \mu < \overline{X} + 1) = 0.90$ 之 n。
   (b) 若 $P(\overline{X} - 2 < \mu < \overline{X} + 2) = 0.90$，如果你不經實算能否猜出此結果較 (a) 之結果為高或低？何故？

3. 自 $n(\mu, \sigma^2)$，σ 未知，取出 n 個變量 $(n < 30)$ 之小樣本，試導出 μ 之 $(1 - \alpha)100\%$ 信賴區間。

4. 自一 σ 已知之常態母體中抽出二組樣本，以求母體平均數之信賴區間，在相同之信賴係數下，每一組樣本得到之信賴區間為 $11 \leq \mu \leq 21$，而第二組樣本得 $13 \leq \mu \leq 25$ 求二組樣本個數之比率。

5. 承例 3，當母體 μ 未知時求 σ^2 的 $(1 - \alpha)100\%$ 信賴區間？

6. n_1 及 n_2 均大於 30 時二項母數 $p_1 - p_2$ 之 $(1 - \alpha)100\%$ 信賴區間

$$P\left((\hat{p}_1 - \hat{p}_2) - Z_{\alpha/2}\sqrt{\frac{\hat{p}_1\hat{q}_1}{n_1} + \frac{\hat{p}_2\hat{q}_2}{n_2}} < p_1 - p_2 < (\hat{p}_1 - \hat{p}_2)\right.$$
$$\left. + Z_{\alpha/2}\sqrt{\frac{\hat{p}_1\hat{q}_1}{n_1} + \frac{\hat{p}_2\hat{q}_2}{n_2}}\right) = 1 - \alpha$$

$\hat{p}_i$ 為樣本成功率 $\hat{p}_i = 1 - \hat{p}_i$，$n_i$ 為樣本個數，$i = 1, 2$。

7. 自兩個常態母體抽出兩個獨立隨機樣本，樣本個數為 n_1，n_2，樣本變異數為 S_1^2，S_2^2，則 $\dfrac{\sigma_1^2}{\sigma_2^2}$ 之 $(1-\alpha)100\%$ 信賴區間。

7.5 區間估計之一般理論

在上節，我們用傳統方法導出一些在初等統計學中常見的信賴區間公式，以上節例 1 而言：

(1) $n(\mu, \sigma^2)$，σ 已知下之 $(1-\alpha)100\%$ 信賴區間為 $P\left(\overline{X} - Z_{\frac{\alpha}{2}} \dfrac{\sigma}{\sqrt{n}} < \mu < \overline{X} + Z_{\frac{\alpha}{2}} \dfrac{1}{\sqrt{n}}\right)$，其實 $P\left(\overline{X} - Z_{\frac{\alpha}{3}} \dfrac{\sigma}{\sqrt{n}} < \mu < \overline{X} + Z_{\frac{2}{3}\alpha} \dfrac{\sigma}{\sqrt{n}}\right) = 1-\alpha$ 也可作為本例之 $(1-\alpha)100\%$ 信賴區間。信賴水準一定時，我們希望期望信賴區間長度越短越好，問題是我們如何保證它是最短之期望信賴區間長度？這是本節追求之目標。

(2) 在方法上，我們採 $Z = \dfrac{\overline{X} - \mu}{\sigma/\sqrt{n}}$，$Z(X, \mu) = \dfrac{\overline{X} - \mu}{\sigma/\sqrt{n}} \sim n(0, 1)$ 即 Z 之 pdf 與 μ 無關。透過統計量 Z，我們建立了所要的信賴區間，要注意的是 $\overline{X}$ 是 μ 之充分統計量。這個方法將延伸到本節，而這個方法所用之統計量特稱為**樞紐量**（pivotal quantity），**一般而言，樞紐量通常為 θ 之充分統計量。**

樞紐量

> **定義**
>
> **7.6-1**
> r,v,X 服從母數為 θ 之某個 pdf，若 $T(X, \theta)$ 之分配與 θ 無關，則稱 $T(X, \theta)$ 為一個樞紐量

◇ **例 1** 自 $f(x, \theta) = \theta e^{-\theta x}$，$x > 0$，$\theta > 0$ 抽出一個 x 為觀測值，求一個可能之樞紐量 T。

▪ **解**

我們可試 $T(X, \theta) = \theta X$，$t = \theta x$，

$$x = \frac{t}{\theta} \text{，} |\frac{dx}{dt}| = \frac{1}{\theta}$$

$$f_T(t) = \theta e^{-t} \cdot \frac{1}{\theta} = e^{-t} \text{，} t > 0 \text{，} f_T(t) \text{與} \theta \text{無關}$$

$$\therefore T(X, \theta) = \theta X \text{為一樞紐量。}$$

◎ **例 2** 自 $f(x, \theta) = e^{-(x-\theta)}$，$x > \theta$，抽出 $X_1, X_2 \cdots X_n$ 為一組隨機樣本，試求一個可能之樞紐量 T。

解

我們可考慮 Y_1 之 *pdf*：（Y_1 為最小順序統計量）

$$F(y_1) = \int_\theta^{y_1} e^{-(x-\theta)} dx = 1 - e^{-(y_1-\theta)}$$

$$\therefore g(y_1) = n[1 - F(y_1)]^{n-1} f(y_1)$$

$$= n[1 - (1 - e^{-(y_1-\theta)})]^{n-1} e^{-(y_1-\theta)}$$

$$= n e^{-n(y_1-\theta)} \text{，} y_1 > \theta$$

取 $T(X, \theta) = Y_1 - \theta$，則 $t = y_1 - \theta$

$$\because h_T(t) = n e^{-nt} \text{，} t > 0 \text{，與} \theta \text{無關}$$

故 $T(X, \theta) = Y_1 - \theta$ 為一樞紐量。

樞紐量在區間估計上之應用

◎ **例 3** 試導出常態母體 μ 已知時其變異數 σ^2 之 $(1-\alpha)100\%$ 最短信賴區間

解

$$\because \frac{\sum(X-\mu)^2}{\sigma^2} \sim \chi^2(n) \text{，} \chi^2(n) \text{與} \sigma \text{無關（即不含} \sigma\text{）}$$

$$\therefore T(X, \sigma^2) = \frac{\sum(X-\mu)^2}{\sigma^2} \text{是一個樞紐量。}$$

$$1 - \alpha = P(a < \frac{\sum(X-\mu)^2}{\sigma^2} < b)$$

$$= P(\frac{\sum(X-\mu)^2}{b} < \sigma^2 < \frac{\sum(X-\mu)^2}{a})$$

$$\therefore L = (\frac{1}{a} - \frac{1}{b})\sum(x-\mu)^2 \text{，令} \chi^2(n) \text{之 pdf 為} f(x)$$

現在我們要求 $\int_a^b f(x)dx = 1 - \alpha$ 之下 L 極小之條件：

令① $\dfrac{d}{da}L = (-\dfrac{1}{a^2} + \dfrac{1}{b^2}\dfrac{db}{da})\Sigma(X - \mu)^2 = 0$

② $\dfrac{d}{da}\int_a^b f(x)\,dx = f(b)\dfrac{db}{da} - f(a) = 0$

$\therefore \dfrac{db}{da} = \dfrac{f(a)}{f(b)}$ ，代入①

$-\dfrac{1}{a^2} + \dfrac{1}{b^2}\dfrac{f(a)}{f(b)} = 0$ ，即 $\dfrac{1}{a^2} = \dfrac{1}{b^2}\dfrac{f(a)}{f(b)}$

因此，a，b 為滿足下列方程組之數值解下

$\begin{cases} a^2 f(a) = b^2 f(b) \\ \int_a^b f(x)\,dx = \alpha , \ 1 > \alpha > 0 \end{cases}$

$P\left(\dfrac{\Sigma(X - \mu)^2}{b} \le \sigma^2 \le \dfrac{\Sigma(X - \mu)^2}{a}\right) = 1 - \alpha$ 是為所求。

○ **例 4** 自 $n(\mu, \sigma^2)$ 抽出 $X_1, X_2, \cdots\cdots X_n$ 為一組隨機樣本，在 σ 已知時，試導出 μ 之 $(1-\alpha)100\%$ 最短信賴區間

■ **解**

自 $n(\mu, \sigma^2)$ 抽出 $X_1, X_2, \cdots\cdots X_n$ 為一組隨機樣本，則樣本平均數 $\overline{X} \sim$ $n\left(\mu , \dfrac{\sigma^2}{n}\right)$

取 $T(X, \mu) = \dfrac{\overline{X} - \mu}{\sigma/\sqrt{n}}$ ，則 $T \sim n(0, 1)$ $\therefore T(X, \mu)$ 為一樞紐量。

$1 - \alpha = P(a < \dfrac{\overline{X} - \mu}{\sigma/\sqrt{n}} < b)$

$= P(\overline{X} - b\dfrac{\sigma}{\sqrt{n}} < \mu < \overline{X} - a\dfrac{\sigma}{\sqrt{n}})$

$\therefore$ 信賴區間長度 $L = (b - a)\dfrac{\sigma}{\sqrt{n}}$

現在我們要在 $\int_a^b n(\mu, \sigma^2)\,dx = 1 - \alpha$ 之條件下求 L 極小之條件：

令 $\dfrac{d}{da}L = \left(\dfrac{db}{da} - 1\right)\dfrac{\sigma}{\sqrt{n}} = 0$ \hfill (1)

$\dfrac{d}{da}\int_a^b n(x)\,dx = \dfrac{d}{da}[N(b) - N(a)]$

$$= n(b)\frac{db}{da} - n(a) = 0 \tag{2}$$

由(2) $\frac{db}{da} = \frac{n(a)}{n(b)}$ ，代入(1)

得 $\frac{d}{da}L = \left(\frac{n(a)}{n(b)} - 1\right)\frac{\sigma}{\sqrt{n}} = 0$

$\therefore n(a) = n(b)$ ，即 $\frac{1}{\sqrt{2\pi}}e^{-\frac{a^2}{2}} = \frac{1}{\sqrt{2\pi}}e^{-\frac{b^2}{2}}$

由此得 $a = b$ 或 $a = -b$

但 $a = b$ 不合（若 $a = b$ 則不能滿足 $N(b) - N(a) = 1 - \alpha$ 之條件）

$\therefore a = -b$

即 $1 - \alpha = P(\overline{X} - b\frac{\sigma}{\sqrt{n}} < \mu < \overline{X} - a\frac{\sigma}{\sqrt{n}})$

$\qquad = P(\overline{X} - z_{\frac{\alpha}{2}}\frac{\sigma}{\sqrt{n}} < \mu < \overline{X} + z_{\frac{\alpha}{2}}\frac{\sigma}{\sqrt{n}})$

◌ **例 5** 自 $f(x, \theta) = \dfrac{1}{\Gamma(\alpha)\theta^{\alpha}}x^{\alpha-1}e^{-\frac{x}{\theta}}$，$x > 0$，（α 已 知，θ 未 知），抽 出 $X_1, X_2 \cdots X_n$ 為一組隨機樣本，試導出 θ 之 $(1-\alpha)100\%$ 信賴區間。

解

令 $f(x)$ 為 $G(\alpha, \theta)$ 分配，為了導出 θ 之 $(1-\alpha)100\%$ 信賴區間，我們由 θ 之充分統計量求出本題之樞紐量。

$\because X \sim G(\alpha, \theta)$

$\therefore \dfrac{2X}{\theta} \sim \chi^2(2r)$ ，從而 $T = \Sigma\dfrac{2X}{\theta} \sim \chi^2(2nr)$

因此 $T = \Sigma\dfrac{2X}{\theta}$ 為本題之樞紐量。

$1 - \alpha = P(a \leq T \leq b) = P\left(a \leq \dfrac{\Sigma 2X}{\theta} \leq b\right) = P\left(\dfrac{2\Sigma X}{b} \leq \theta \leq \dfrac{2\Sigma X}{a}\right)$

現在我們要求在 $\int_a^b f(x)\,dx = 1 - \alpha$ 之條件下區間長度 $L = 2\left(\dfrac{1}{a} - \dfrac{1}{b}\right)\Sigma x$ 之極小條件（在此，$f(x) = \chi^2(2nr)$）

令① $\dfrac{d}{da}L = 2\left(-\dfrac{1}{a^2} + \dfrac{1}{b^2}\dfrac{db}{da}\right)\Sigma x = 0$

②$\dfrac{d}{da}\displaystyle\int_a^b f(x)\,dx = f(b)\dfrac{db}{da} - f(a) = 0$

由②$\dfrac{d}{da}b = \dfrac{f(a)}{f(b)}$ 代入①得

$-\dfrac{1}{a^2} + \dfrac{1}{b^2}\dfrac{f(a)}{f(b)} = 0$

$\therefore a^2 f(a) = b^2 f(b)$

即 a，b 滿足 $a^2 f(a) = b^2 f(b)$ 且 $\displaystyle\int_a^b f(x)\,dx = 1-\alpha$，（在此 $f(x)$ 為 $\chi^2(2nr)$）之條件下，$P\left(\dfrac{2\Sigma X}{b} \le \theta \le \dfrac{2\Sigma X}{a}\right) = 1-\alpha$ 是為所求。

習題 *7-5*

1. 自 $f(x, \lambda) = \begin{cases} \lambda e^{-\lambda x} & , x > 0 \\ 0 & , \text{其他} \end{cases}$ 抽出 X_1 為一隨機樣本，若某人以 $(X, 2X)$ 作為 $\dfrac{1}{\lambda}$ 之
信賴區間，求此信賴區間之信賴係數。

（以下各題均請先找出樞紐量）

2. 自 $n(\theta, \theta)$ 中抽出 $X_1, X_2, \cdots X_n$ 為一組隨機樣本，求 θ 之 $(1 - \alpha)100\%$ 信賴區間。

3. 自 $U(0, \theta)$ 抽出 $X_1, X_2, \cdots X_n$ 為一組隨機樣本，

   (a)試先求出一個樞紐量 T

   (b)求 T 之 pdf

   (c)試證 θ 之 $(1 - \alpha)100\%$ 最短信賴區間為 $P\left(Y_n < \theta < \dfrac{Y_n}{\sqrt[n]{\alpha}}\right) = 1 - \alpha$

4. 自 $f(x, \theta) = \begin{cases} \dfrac{2}{\theta^2}(\theta - x) & , 0 < x < \theta \\ 0 & , \text{其他} \end{cases}$ 取 X 為隨機樣本，求 θ 之 $(1 - \alpha)100\%$ 最短
信賴區間。

5. 自 $n(\mu, \sigma^2)$，σ 未知取出 $X_1, X_2 \cdots X_n$ 為一組隨機樣本，試用樞紐量法求 μ 之 $(1 - \alpha)100\%$ 信賴區間。

6. 自 $f(x, \theta) = \begin{cases} e^{-(x - \theta)} & , x > 0 \\ 0 & , \text{其他} \end{cases}$ 抽出 $X_1, X_2 \cdots X_n$ 為一組隨機樣本，Y_1 為最小順序統計量

   (a)求 Y_1 之 pdf

(b)證明：$T(\theta) = 2n(Y_1 - \theta) \sim \chi^2(2)$

(c)根據 $T(\theta)$，求 θ 之 $(1-\alpha)$ 100% 信賴區間為 $(Y_1 - \dfrac{b}{2n}, Y_1 - \dfrac{a}{2n})$

CHAPTER 8

統計假設檢定

8.1　統計假設檢定之意義及要素

前言

統計假設──關於母體母數或母體分配之**假定**（assumption）稱為**統計假設**（statistical hypothesis），在不致混淆之情形下，我們也常簡稱為假設。

統計假設檢定──**統計假設檢定**（test of statistical hypothesis）是利用抽樣結果對所研究之統計假設進行**接受**（accept）或**棄卻**（reject）之決策。因此**統計假設檢定之結論只有二個，一是接受假設（一個較嚴謹的說法是「沒有足夠證據足以棄卻假設」），一個是棄卻假設，而這裡可稱所假設指的是虛無假設。**

統計假設檢定之要素

統計假設檢定以下簡稱假設檢定，內容可分成下面六部份：

(1)**虛無假設**（null hypothesis）以 H_0 表示。

(2)**對立假設**（alternative hypothesis），以 H_1 表之。

(3)**顯著水準**（level of significance），以 α 表之。

(4)**棄卻域**（critical region），以 C 表之。

(5)計算統計量

(6)結論

H_0 與 H_1

統計假設可分二種：一是對立假設 H_1，這是統計學家想得到或支持的假設，另一是虛無假設 H_0，這是與對立假設相反之假設，統計學家「故意」找一個虛無假設之目的是要找證據去推翻它，因此 H_0 便是我們真正要考驗之對象。值得注意的是：**檢定結果若是推翻 H_0，它不過表示 H_1 成立之機率較大，反之，H_1 成立之機率便大為減小。棄卻 H_0 並非意味著 H_1 必然成立，**

只不過 H_1 成立之機率較大而已。我們再對 H_0 , H_1 做進一步研究。

1. 簡單假設與複合假設

若假設中之母數 θ 值均已特定（specified）亦即 θ 等於某個特定數者稱為**簡單假設**（simple hypothesis），否則即為**複合假設**（composite hypothesis），若 θ 表示一組向量，則向量中所有分量必須均有特定值方為簡單假設。

例 1

若 $X \sim n(\theta, \sigma^2)$ σ 已知今欲對 θ 進行檢定，

(A) $H_0 : \theta \leq 10$ ，$H_1 : \theta > 10$ 中因虛無假設與對立假設之 θ 值均無特定值，故二者均為複合假設。

(B) $H_0 : \theta = 10$ ，$H_1 : \theta > 10$ 中，虛無假設之 θ 有一特定值 10 故為簡單假設，而對立假設仍為複合假設。

(C) $H_0 : \theta = 10$ ，$H_1 : \theta = 12$ 中，虛無假設與對立假設之母數 θ 分別有特定值 10 及 12，故二者均為簡單假設。

2. 單尾檢定與雙尾檢定

統計假設檢定中，棄卻域在一端者稱為**單尾檢定**（one-tailed test），而棄卻域在二端者稱為**雙尾檢定**（two-tailed test），亦即：

(A) 單尾檢定

(1) 左尾檢定：$H_0 : \theta = \theta_0$ ，$H_1 : \theta < \theta_1$

(2) 右尾檢定：$H_0 : \theta = \theta_0$ ，$H_1 : \theta > \theta_1$

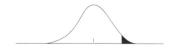

(B)雙尾檢定：$H_0 : \theta = \theta_0$，$H_1 : \theta \neq \theta_1$

　　陰影部份表棄卻域之區域。棄卻域定義將在下列定義中述及，由上面之表列，可看出對立假設均不含等號，而為「<」「>」及「≠」之型式；虛無假設則均含等號，為「=」，「≥」或「≤」之型式。

型 I 過誤，型 II 過誤與顯著水準

定義

8.1-1

在假設檢定中棄卻域，型 I 過誤，型 II 過誤及顯著水準之意義為：

(1)棄卻域：樣本空間中對應於棄卻 H_0 之集合稱為棄卻域，以 C 表之。樣本點落入棄卻域之機率稱為**棄卻域大小**（size of critical region）

　（統計假設檢定中所謂求取一**決策法則**（decision rule）是指如何決定一個棄卻域。）

(2)**型 I 過誤**（type I error）：虛無假設 H_0 事實上為真，但檢定結果為棄卻 H_0，這種過誤稱為 I 過誤，犯型 I 過誤之機率為 $P(\text{I}) = P(Z \in C | H_0)$，$Z$ 為樣本點，它表示 H_0 為真時樣本點落入棄卻域之機率，此種機率亦稱之為**顯著水準**（level of significance）或**檢定大小**（size of test）以 α 表之。

(3)**型 II 過誤**（type II error）：虛無假設 H_0 事實上為不真，但檢定結果為接受 H_0，這種過誤稱為型 II 過誤，犯型 II 過誤之機率為 $P(\text{II}) = P(Z \notin C | H_1)$，通常令 $P(\text{II}) = \beta$。

在統計檢定過程中是真，是假，與假設結論之被接受，否定之可能性有四：

| | 假　設（H_0） | |
結論	真	假
否定假設	型 I 過誤	結論正確
接受假設	結論正確	型 II 過誤

一般而言在假設檢定過程中均免不了會發生型 I 過誤及型 II 過誤，**樣本數一定時，α 與 β 互為消長，即 α 增加／減少時 β 便會減少／增加**，若 α 為已知則 β 便可確定。**要減少二個類型過誤之機率，惟有增加樣本個數一途。**

樣本個數一經確定後，統計學家習慣上認為犯型 I 過誤較型 II 過誤為嚴重，所以先定 α 值，其原則是如果型 I 過誤所造成之影響較為嚴重時，可取較小之 α 值，如果型 II 過誤所造成之影響較為嚴重時可取較大之 α 值。

○ **例 2**　茲針對母體 $b(n,p)$ 檢定假設 $H_0：p=\dfrac{1}{4}$，$H_1：p=\dfrac{2}{3}$，並規定決策法則為「進行實驗 2 次，若且唯若 2 次均成功則接受 H_0」求此檢定之 α, β 值。

解

在實驗中之棄卻域 C 為「二次實驗中成功次數為 0 次及 1 次」

$$\therefore \alpha = P(\text{I}) = P(Z \in C | H_0)$$

$$= P\left(Z \in C | p = \frac{1}{4}\right)$$

$$= \binom{2}{0}\left(\frac{1}{4}\right)^0\left(\frac{3}{4}\right)^2 + \binom{2}{1}\left(\frac{1}{4}\right)\left(\frac{3}{4}\right) = \frac{15}{16}$$

$$\beta = P(Z \notin C | H_1) = P\left(Z \notin C | p = \frac{2}{3}\right)$$

$$= \binom{2}{2}\left(\frac{2}{3}\right)^2\left(\frac{1}{3}\right)^0 = \frac{4}{9}$$

○ **例 3**　假定某裝瓶機充填每瓶可樂之盎斯數服從平均數為 μ，變異數為 σ^2

之常態分配，若 σ^2 太大，則會發生溢出現象而造成浪費以及裝量不足造成顧客報怨，因此希望 σ 不超過 0.447 盎司，茲由該裝瓶機所裝之可樂中抽取 16 瓶，以檢定 $H_0：\sigma = 0.447$ 盎司及 $H_1：\sigma > 0.447$ 盎司，若 $\sum\limits_{i=1}^{20}(X_1 - \overline{X})^2 > 5$ 時棄卻 H_0 求犯型 I 過誤之機率。

解

$$P(\mathrm{I}) = P(Z \in C \,|\, H_0)$$
$$= P\left(\sum_{i=1}^{20}(X_1 - \overline{X})^2 > 5 \,\middle|\, \sigma = 0.447\right)$$
$$= P\left(\frac{\sum(X - \overline{X})^2}{\sigma^2} > \frac{5}{\sigma^2} \,\middle|\, \sigma = 0.447\right)$$
$$= P\left(\frac{\sum(X - \overline{X})^2}{0.2} > \frac{5}{0.2} = 25\right)$$
$$= P(\chi^2(15) > 25)$$
$$= 1 - P(\chi^2(15) < 25)$$
$$\approx 1 - 0.95 = 0.05$$

例 3 之 $H_1：\sigma > 0.447$ 盎司，並未賦以特定值，因此我們無法求型 II 偏誤，若對立假設之參數定為 0.978 盎司，即 $H_1：\sigma = 0.978$ 盎司，便可求 β 值；

$$\beta = P(Z \notin C \,|\, H_1)$$
$$= P(\sum(X - \overline{X})^2 < 5 \,|\, \sigma = 0.978)$$
$$= P\left(\frac{\sum(X - \overline{X})^2}{\sigma^2} < \frac{5}{\sigma^2} \,\middle|\, \sigma = 0.978\right)$$
$$= P\left(\frac{\sum(X - \overline{X})^2}{0.978^2} < \frac{5}{0.978^2} = 5.227\right)$$
$$\approx P(\chi^2(15) < 5.229) = 0.99$$

最佳棄卻域

> **定義**
>
> **8.1-2**
>
> 最佳棄卻域指：在顯著水準 $\leq \alpha$ 之所有棄卻域中 β 值最小者對應之棄卻域之檢定稱為**最佳檢定**（best test）

○ **例 4** 為檢定 $H_0 : \theta = \theta_0$，$H_1 : \theta = \theta_1$，我們抽取單一觀測值 x，X 機率密度函數 $f(x|\theta_0)$，$f(x|\theta_1)$ 如下

x	0	1	2	3	4
$f(x|\theta_0)$	0.1	0.2	0.2	0.4	0.1
$f(x|\theta_1)$	0.05	0.2	0.45	0.1	0.2

在 $\alpha = 0.6$ 下，求此檢定之最佳棄卻域

○ **解**

先求 $\alpha = 0.6$ 之可能 $f(x|\theta_0)$ 組合，然後求對應之 $f(x|\theta_1)$

(1) $\{x|x = 0, 1, 2, 4\}$：β 值 $= P(X = 0|\theta = \theta_1) + P(X = 1|\theta = \theta_1) + P(X = 2|\theta = \theta_1)$
$+ P(X = 4|\theta = \theta_1) = 0.05 + 0.2 + 0.45 + 0.2 = 0.90$

(2) $\{x|x = 1, 3\}$：β 值 $= P(X = 1|\theta = \theta_1) + P(X = 3|\theta = \theta_1) = 0.2 + 0.1 = 0.3$

(3) $\{x|x = 2, 3\}$：β 值 $= P(X = 2|\theta = \theta_1) + P(X = 3|\theta = \theta_1) = 0.45 + 0.1 = 0.55$

(4) $\{x|x = 0, 3, 4\}$：β 值 $= P(X = 0|\theta = \theta_1) + P(X = 3|\theta = \theta_1) + P(X = 4|\theta = \theta_1)$
$= 0.05 + 0.1 + 0.2 = 0.35$

因 $\{x|x = 1, 3\}$ 之 β 最小，所以本檢定之最佳棄卻域為 $\{x|x = 1, 3\}$

α, β 值與樣本個數之關係

統計檢定之 α, β 值互為消長，要減少 α, β 值惟有增加樣本個數一途，α, β 與樣本個數之關係，如例 5.6 所示。

○ **例 5** 對常態母體 $n(\mu, 1)$ 之 μ 作假設檢定 $H_0 : \mu = 0$ 對 $H_1 : \mu = 1$，若型 I 及型 II 過誤發生之機率分別為 $P(\text{I}) = 0.01$，$P(\text{II}) = 0.01$，求應抽

取之樣本大小 n。

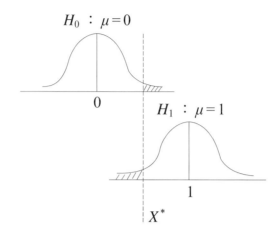

$$H_0 : \mu = 0$$

$$H_1 : \mu = 1$$

X^*

解

$$\alpha = P(\mathrm{I}) = P(Z \in C \mid H_0) = P(Z \in C \mid \mu = 0) = P\left(\frac{X^* - 0}{1/\sqrt{n}} > z_\alpha\right)$$

$$= P\left(\frac{X^*}{1/\sqrt{n}} > z_\alpha\right)$$

$\because \alpha = 1\% \quad \therefore z_\alpha = 2.33$，

即 $X^* = 2.33/\sqrt{n}$ ··(1)

又 $\beta = P(\mathrm{II}) = P(Z \notin C \mid H_1)$

$$= P(Z \notin C \mid \mu = 1) = P\left(\frac{X^* - 1}{1/\sqrt{n}} < -z_\beta\right)$$

$\because \beta = 1\% \quad \therefore -z_\beta = -2.33$

$\therefore X^* = -2.33/\sqrt{n} + 1$ ·······························(2)

由(1)，(2) $2.33/\sqrt{n} = -2.33/\sqrt{n} + 1$

解之 $n \doteqdot 21.72$

$\therefore n$ 至少應取 22 個

◇ 例6 自變異數為 σ^2 之常態分配中抽出 $X_1, X_2 \cdots X_n$ 為一組隨機樣本以檢定

$H_0 : \mu = \mu_0$，$H_1 : \mu = \mu_1$，在　　此 $\mu_1 > \mu_0$，且 $P(\mathrm{I}) = \alpha$，$P(\mathrm{II}) =$

β，求證所需之樣本個數為 $n = \dfrac{\sigma^2(z_\alpha + z_\beta)^2}{(\mu_1 - \mu_0)^2}$

解

$$\alpha = P(Z \in C \mid H_0) = P(Z \in C \mid \mu = \mu_0) = P\left(\frac{X^* - \mu_0}{\sigma/\sqrt{n}} \geq z_\alpha \mid \mu = \mu_0\right)$$

$$\therefore \alpha = P\left(\frac{X^* - \mu_0}{\sigma/\sqrt{n}} \geq z_\alpha\right)$$

$$\text{又} \ \beta = P(Z \notin C \mid H_1) = P(Z \notin C \mid \mu = \mu_1) = P\left(\frac{X^* - \mu_1}{\sigma/\sqrt{n}} \leq -z_\beta \mid \mu = \mu_1\right)$$

$$\beta = P\left(\frac{X^* - \mu_1}{\sigma/\sqrt{n}} \leq -z_\beta\right)$$

$$\begin{cases} \dfrac{X^* - \mu_0}{\sigma/\sqrt{n}} = z_\alpha & X^* = \mu_0 + z_\alpha \dfrac{\sigma}{\sqrt{n}} \\[3mm] \dfrac{X^* - \mu_1}{\sigma/\sqrt{n}} = -z_\beta & X^* = \mu_1 - z_\beta \dfrac{\sigma}{\sqrt{n}} \end{cases} \Rightarrow$$

$$\therefore \mu_0 + z_\alpha \frac{\sigma}{\sqrt{n}} = \mu_1 - z_\beta \frac{\sigma}{\sqrt{n}} \ ,$$

$$\mu_1 - \mu_0 = \sigma(z_\alpha + z_\beta)\frac{1}{\sqrt{n}}$$

$$\Rightarrow n = \frac{\sigma^2(z_\alpha + z_\beta)^2}{(\mu_1 - \mu_0)^2}$$

檢定力函數

當我們在處理複合檢定時，如果要評估一個檢定是否較優將是一件困難的事，因此，我們必須計算 H_0 之範圍內所有可能 θ 值犯型 I 過誤之機率 $\alpha(\theta)$ 以及在 H_1 之範圍內所有可能 θ 值犯型 II 過誤之機率 $\beta(\theta)$，習慣上，我們將這二組機率併合定義 8.1-3。

> **定義**
>
> **8.1-3**
>
> 統計假設檢定之**檢定力函數**（power function）記做 $K(\theta)$，
> $K(\theta) = P(Z \in C \mid \theta)$，$\theta$ 在 $\theta = \theta_0$ 處之**檢定力**（power）為 $K(\theta_0)$

由定義，若 θ_0 是 H_0 之特定值則 $K(\theta_0)$ 相當於 $\alpha = P(I)$，若 θ_1 是 H_1 之特定值則 $1 - K(\theta_1)$ 相當於 $1 - \beta = P(II)$

檢定力函數是用來評估兩個檢定何者較優。一個**理想的檢定力函數**（ideal power function）應該是檢定 $H_0 : \theta = \theta_0$，$H_1 : \theta = \theta_1$ 時，
$$K(\theta) = \begin{cases} 0 , \theta \in H_0 \\ 1 , \theta \in H_1 \end{cases}$$，亦即當 H_0 為真時接受假設，H_1 為假時棄卻它。

○ **例7** 自 $b(1, \theta)$ 抽出 X_1，$X_2 \cdots X_z$ 為一組隨機樣本以檢定 $H_0 : \theta \leq \dfrac{1}{2}$，

$H_1 : \theta > \dfrac{1}{2}$，若棄卻域 $C = \{\sum\limits_{i=1}^{8} x_i \geq 6\}$ 求(a)檢定力函數(b)檢定力。

▥ **解**

(a) $K(\theta) = P(Z \in C) = \sum\limits_{k=6}^{8} \binom{10}{k} \theta^k (1 - \theta)^{n-k}$

(b) 檢定力 $= K\left(\dfrac{1}{2}\right) = \sum\limits_{k=6}^{8} \binom{8}{k} \left(\dfrac{1}{2}\right)^k \left(\dfrac{1}{2}\right)^{8-k} = \sum\limits_{k=6}^{8} \binom{8}{k} \left(\dfrac{1}{2}\right)^8$

○ **例8** 自 $f(x, \theta) = \theta x^{\theta - 1}$，$0 < x < 1$ 抽出 X_1，X_2 為一組隨機樣本以檢定 $H_0 : \theta = 1$，$H_1 : \theta = 2$，若棄卻域為 $C = \{(x_1, x_2) \mid x_1 x_2 \geq \dfrac{3}{4}\}$ 求(a)檢定力函數(b)檢定大小及(c) $\theta = 2$ 時之檢定力。

▥ **解**

$$\begin{aligned} K(\theta) = P(Z \in C) &= P\left(X_1 X_2 \geq \dfrac{3}{4}\right) \\ &= \int_{\frac{3}{4}}^{1} \int_{\frac{3}{4x_1}}^{1} (\theta x_1^{\theta-1})(\theta x_2^{\theta-1}) dx_2 dx_1 \\ &= \int_{\frac{3}{4}}^{1} \left[\int_{\frac{3}{4x_1}}^{1} \theta x_2^{\theta-1} dx_2 \right] \theta x_1^{\theta-1} dx_1 \end{aligned}$$

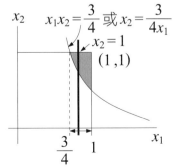

$$= \int_{\frac{3}{4}}^{1} x_2{}^{\theta} \bigg]_{\frac{3}{4x_1}}^{1} \theta x_1{}^{\theta-1} dx_1 = 1 - \left(\frac{3}{4}\right)^{\theta} + \theta \left(\frac{3}{4}\right)^{\theta} ln\frac{3}{4}$$

(b)檢定大小，即 α 值：

$$\alpha = P(Z \in C|H_0) = P\left(X_1 X_2 \geq \frac{3}{4}\bigg|\theta = 1\right) = 1 - \left(\frac{3}{4}\right)^{\theta} + \theta\left(\frac{3}{4}\right)^{\theta} ln\frac{3}{4}\bigg|_{\theta=1}$$

$$= \frac{1}{4} + \frac{3}{4}ln\frac{3}{4}$$

(c) $\theta = 2$ 時之檢定力 $= K(2) = 1 - \left(\frac{3}{4}\right)^2 + 2\left(\frac{3}{4}\right)^2 ln\frac{3}{4} = 0.1139$

習題 *8-1*

1. 自 $b(x; 2, p)$ 抽出 X_1，X_2 為一隨機樣本，以檢定 $H_0: p = \frac{1}{2}$ 及 $H_1: p = \frac{1}{3}$ 試列出 $\alpha \le \frac{1}{2}$ 之可能棄卻域，又其中那個棄卻域之 β 為最小？

2. 自 $n(\mu, \sigma^2)$，σ 已知，抽出 X_1，$X_2 \cdots X_n$ 為一組隨機樣本，以檢定 $H_0: \mu = \mu_0$，$H_1: \mu < \mu_0$。若棄卻域為 $\{x | \bar{x} < c\}$ 且 $\alpha = 0.05$，試求 $c = ?$

3. 自 $P_0(\lambda)$ 抽出 X 為一隨機樣本以檢定 $H_0: \lambda = 1$，$H_1: \lambda = 2$，若棄卻域為 $\{x | x \ge 3\}$，求此檢定大小，β 值

4. 自母數為 θ 之點二項分配 $f(x, \theta) = \theta^x (1-\theta)^{1-x}$，$x = 0, 1$，$1 > \theta > 0$ 抽出 X_1，$X_2 \cdots X_{20}$。為一組隨機樣本以檢定 $H_0: \theta = \frac{1}{3}$，$H_1: \theta = \frac{1}{2}$，若棄卻域為 $\{x | \sum\limits_{i=1}^{20} x_i \le 1\}$ 求檢定力函數 $K(\theta)$，問 $K(\theta)$ 是為 θ 之遞增函數還是遞減函數？

★ 5. 自 $U(0, \theta)$ 抽出 X_1，$X_2 \cdots \cdots X_6$ 為一組隨機樣本以檢定 $H_0: \theta = 1$，$H_1: \theta \ne 1$，若棄卻域為 $\left\{ y_6 \le \frac{1}{3} \text{ 或 } y_6 > 1 \right\}$，$Y_6$ 為最大順序統計量，試求此檢定之檢定力函數 $K(\theta)$

6. 自 $U(\theta, \theta+1)$ 抽出 X_1，$X_2 \cdots X_n$ 為一組隨機樣本，以檢定 $H_0: \theta = 0$，$H_1: \theta > 0$，若 Y_n 為最大順序統計量，棄卻域為 $\{ y_n \ge 1 \text{ 或 } y_1 \ge k \}$。(a)若已知顯著水準為 α，求 $k = ?$ (b)求(a)之檢定力函數

7. 自 $U(0, \theta)$ 抽出單一觀測值 X 為一隨機樣本，以檢定 $H_0: \theta = 1$，$H_1: \theta = 2$，(a)若棄卻域為 $\{x | x > 0.5\}$，求 α，β 值

(b)若棄卻域為 $\{x \mid x > 1.5\}$，求 α，β 值

8. 自 $n(\theta, 1)$（θ 未知），抽出若干個觀測值以檢定 $H_0 : \theta = 0$，$H_1 : \theta = 1$，若 $\alpha = 0.05$，$\beta = 0.9$，求觀測值之個數 n。

9. 自 $n(\mu_1, 400)$，$n(\mu_2, 225)$ 各抽出 n 個觀測值為一組隨機樣本，以檢定 $H_0 :$ $\theta = 0$，$H_1 : \theta > 0$，$\theta = \mu_1 - \mu_2$，若且惟若 $\bar{x} - \bar{y} \geq c$ 則棄卻 H_0，若 $K(0) = 0.05$，$K(10) = 0.9$，求 n，c 之值。

10. 自 $b(3, p)$ 取出 X_1，X_2，X_3 為一組隨機樣本以檢定 $H_0 : p = \dfrac{1}{2}$，$H_1 :$ $p = \dfrac{2}{3}$，試求一棄卻域使得 $\alpha \leq \dfrac{1}{8}$ 且對應之 β 值為最小。

11. 自 $n(\mu, 100)$ 抽出 n 個觀測值為一隨機樣本，以 $\alpha = 0.025$ 檢定 $H_0 : \mu \geq 160$，$H_1 : \mu < 160$，若 $H_1 : \mu = 155$ 時之 $\beta = 0.025$，求 $n = ?$

12. 若 $r.v.X \sim n(\mu, 25)$。茲檢定 $H_0 : \mu = 105$，$H_1 : \mu = 108$ 在 $\alpha = 5\%$ $\beta = 2.5\%$ 之條件下應取樣多少？

8.2 最強力檢定與 Neyman-Pearson 引理

在檢定問題中，我們是根據檢定之型式（簡單假設／複合假設），給定之顯著水準下求出最佳棄卻域。本節之 Neyman-Pearson 引理提供 H_0，H_1 均為簡單假設下求最佳棄卻域之途徑。

最強力檢定

定義

8.2-1

檢　定 $H_0 : \theta = \theta_0$，$H_1 : \theta = \theta_1$，若 $\alpha = P(Z \in C|H_0) = P(Z \in D|H_0)$；其中，$C$、$D$ 為二棄卻域，Z 為樣本點。

若**且惟若**對任何顯著水準（即檢定大小）$\leq \alpha$ 之檢定而言，均有 $P(Z \in C|H_1) \geq P(Z \in D|H_1)$，則稱 C 為**最佳棄卻域**（best critcal region）。

檢定 $H_0 : \theta = \theta_0$，$H_1 : \theta = \theta_1$ 時能找到一個棄卻域 C 使得檢定在 $\theta = \theta_1$ 之檢定力為最小，這時，我們稱此檢定為**最強力檢定**（most powerful test）或**最佳檢定**（best test）。最強力檢定通常以 MPT 表示。

因此最強力檢定 *MPT* 之意義是：

若一個 *MPT* 其檢定大小為 α，意指它的檢定力比檢定大小 $\leq \alpha$ 之其它任何檢定的檢定力都來得大。我們也可這麼說，*MPT* 之顯著水準為 α 時，其型 II 偏誤比其它任何顯著水準 $\leq \alpha$ 之檢定來得小。

Neyman Pearson 引理

　　如何找到 MPT，定理 8.2-1 即有名之 Neyman-Pearson 引理，提供一個重要途徑。

> **引理 8.2-1** （Neyman-Pearson Lemma）自 *pdf* $f(x;\theta)$ 抽出 $X_1, X_2 \cdots X_n$ 為一組隨機樣本，以檢定 $H_0 : \theta = \theta_0$，$H_1 : \theta = \theta_1$。C 為顯著水準 α 下的一個棄卻域，$L_0 = \prod_{i=1}^{n} f(x_i, \theta_0)$，$L_1 = \prod_{i=1}^{n} f(x_i, \theta_1)$，若 k 為一正值常數，且 C 滿足 (1) $P_{\theta_0}[(X_1, X_2, \cdots X_n) \in C] = \alpha$，(2) $(x_1, x_2, \cdots x_n) \in C$ 時 $\dfrac{L_0}{L_1} \le k$，且 (3) $(x_1, x_2, \cdots x_n) \in \overline{C}$ 時 $\dfrac{L_0}{L_1} \ge k$ 則 C 為大小為 α 下之最佳棄卻域。

證

　　在導證前，我們引用下列符號：

$$\int_B L(\theta) = \int \cdots \int_B L(x_1, x_2 \cdots x_n; \theta) dx_1 \, dx_2 \cdots dx_n$$

若 C 為滿足定理條件之棄卻域，而 D 為顯著水準是 α 的另一個棄卻域，則

$$\alpha = \int_C L(\theta_0) = \int_D L(\theta_0)$$

$$0 = \int_C L(\theta_0) - \int_D L(\theta_0)$$

$$= \int_{C \cap \overline{D}} L(\theta_0) + \int_{C \cap D} L(\theta_0) - \left(\int_{\overline{C} \cap D} L(\theta_0) + \int_{C \cap D} L(\theta_0) \right)$$

$$= \int_{C \cap \overline{D}} L(\theta_0) - \int_{\overline{C} \cap D} L(\theta_0)$$

由假設 (2)：在 C 中之任一點均有　$k L(\theta_1) \ge L(\theta_0)$

$$\therefore k \int_{C \cap \overline{D}} L(\theta_1) \ge \int_{C \cap \overline{D}} L(\theta_0)$$

由假設 (3)：在 $\overline{C}$ 之任一點均有 $k L(\theta_1) \le L(\theta_0)$

$$\therefore k \int_{\overline{C} \cap D} L(\theta_1) \le \int_{\overline{C} \cap D} L(\theta_0)$$

$$\therefore 0 = \int_{C \cap \overline{D}} L(\theta_0) - \int_{\overline{C} \cap D} L(\theta_0) \le k \left\{ \int_{C \cap \overline{D}} L(\theta_1) - \int_{\overline{C} \cap D} L(\theta_1) \right\}$$

$$= k \left\{ \int_{C \cap \overline{D}} L(\theta_1) + \int_{C \cap D} L(\theta_1) - \int_{C \cap D} L(\theta_1) - \int_{\overline{C} \cap D} L(\theta_1) \right\}$$

$$= k \left\{ \int_C L(\theta_1) - \int_D L(\theta_1) \right\}$$

$$\therefore \quad \int_C L(\theta_1) \geq \int_D L(\theta_1)$$

即 $\quad P(C\,;\theta_1) \geq P(D\,;\theta_1)$

即 C 是檢定大小 α 下之最佳棄卻域。

○ 例 1 自 $n(0,\sigma^2)$ 任取 X 為一樣本，以檢定 H_0：$\sigma^2=1$，H_1：$\sigma^2=3$，試求此檢定之最佳棄卻域。

▨ 解

$$L(\theta_0) = \frac{1}{\sqrt{2\pi}} e^{-\frac{x^2}{2}}$$

$$L(\theta_1) = \frac{1}{\sqrt{2\pi}\sqrt{3}} e^{-\frac{x^2}{2\cdot 3}} = \frac{1}{\sqrt{6\pi}} e^{-\frac{x^2}{6}}$$

$$\therefore \frac{L(\theta_0)}{L(\theta_1)} = \frac{\dfrac{1}{\sqrt{2\pi}} e^{-\frac{x^2}{2}}}{\dfrac{1}{\sqrt{6\pi}} e^{-\frac{x^2}{6}}} = \sqrt{3}\, e^{-\frac{x^2}{3}} \leq k$$

$$\Rightarrow e^{-\frac{x^2}{3}} \leq \frac{1}{\sqrt{3}} k = k' \quad -\frac{x^2}{3} \leq \ln k'$$

$$\therefore x^2 \geq -3\ln k' = k''$$

即 $\{x \mid x^2 \geq k\}$ 是為所求之最佳棄卻域。

○ 例 2 自 $P_0(\lambda)$ 抽出 $X_1, X_2 \cdots X_n$ 為一組隨機樣本，以檢定 H_0：$\lambda=\lambda_0$，H_1：$\lambda=\lambda_1$，$\lambda_1 < \lambda_0$ 試求此檢定之最佳棄卻域。

▨ 解

$$\frac{L(\lambda_0)}{L(\lambda_1)} = \frac{\prod_{i=1}^{n} \dfrac{e^{-\lambda_0}\lambda_0^{x_i}}{x_i!}}{\prod_{i=1}^{n} \dfrac{e^{-\lambda_1}\lambda_1^{x_i}}{x_i!}} = e^{-n(\lambda_0-\lambda_1)} \left(\frac{\lambda_0}{\lambda_1}\right)^{\Sigma x} \leq k$$

$$-n(\lambda_0 - \lambda_1) + \Sigma x \left(\ln\left(\frac{\lambda_0}{\lambda_1}\right)\right) \leq \ln k$$

$$\therefore \Sigma x \leq (\ln k + n(\lambda_0 - \lambda_1)) \Big/ \ln\left(\frac{\lambda_0}{\lambda_1}\right) = k'$$

即 $\{x \mid \Sigma x \leq k\}$ 是為所求之最佳棄卻域。

○ **例 3** 自 $n(\mu, 1)$ 中抽出 X_1，$X_2 \cdots X_n$ 為一組隨機樣本，以檢定 $H_0 : \mu = \mu_0$，$H_1 : \mu = \mu_1$，(a)試求當 $\mu_1 > \mu_0$ 時之 *MPT* (b)若顯著水準為 α，求(a)之 *MPT*

解

(a)$L(\mu_0) = \prod_{i=1}^{n} \frac{1}{\sqrt{2\pi}} e^{-\frac{(x-\mu_0)^2}{2}} = \left(\frac{1}{\sqrt{2\pi}}\right)^n e^{-\frac{\Sigma(x-\mu_0)^2}{2}}$

$L(\mu_1) = \prod_{i=1}^{n} \frac{1}{\sqrt{2\pi}} e^{-\frac{(x-\mu_1)^2}{2}} = \left(\frac{1}{\sqrt{2\pi}}\right)^n e^{-\frac{\Sigma(x-\mu_1)^2}{2}}$

$\therefore \frac{L(\mu_0)}{L(\mu_1)} = \frac{\left(\frac{1}{\sqrt{2\pi}}\right)^n e^{-\frac{\Sigma(x-\mu_0)2}{2}}}{\left(\frac{1}{\sqrt{2\pi}}\right)^n e^{-\frac{\Sigma(x-\mu_1)2}{2}}} \leq k$

$\Rightarrow e^{\frac{\Sigma(x-\mu_1)^2 - \Sigma(x-\mu_0)^2}{2}} \leq k$

$e^{\frac{-2(\mu_1-\mu_0)\Sigma x + n(\mu_1^2-\mu_0^2)}{2}} \leq k$

$-(\mu_1 - \mu_0)\Sigma x + \frac{n}{2}(\mu_1^2 - \mu_0^2) \leq lnk$

$\therefore -(\mu_1 - \mu_0)\Sigma x \leq lnk - \frac{n}{2}(\mu_1^2 - \mu_0^2)$

$\Rightarrow \frac{\Sigma x}{n} \geq \frac{lnk - \frac{n}{2}(\mu_1^2 - \mu_0^2)}{-n(\mu_1 - \mu_0)} = k$

即 $C = \{x | \bar{x} \geq k\}$

(b)$\alpha = P(Z \in C | H_0)$

$= P(\bar{X} \geq k | \mu = \mu_0)$

又 $\bar{X} \sim n\left(\mu_0, \frac{1}{n}\right)$

$\therefore k = \mu_0 + z_\alpha \frac{1}{\sqrt{n}}$

即 $C = \left\{x | \bar{x} \geq \mu_0 + z_\alpha \frac{1}{\sqrt{n}}\right\}$

○ **例 4** 自 $n(0, \sigma^2)$ 中抽出 X_1，$X_2 \cdots X_n$ 為一組隨機樣本，以檢定 $H_0 : \sigma^2 = \sigma_0^2$，$H_1 : \sigma^2 = \sigma_1^2$ 求(a)當 $\sigma_0^2 < \sigma_1^2$ 時之 *MPT* (b)顯著水準為 α 下，$\sigma_0^2 <$

σ_1^2 之 MPT

■ 解

(a)$L\left(\sigma_0^2\right)=\prod_{i=1}^{n}\frac{1}{\sqrt{2\pi}\sigma_0}e^{-\frac{x^2}{2\sigma_0^2}}=\left(\frac{1}{\sqrt{2\pi}\sigma_0}\right)^{n}e^{-\frac{\Sigma x^2}{2\sigma_0^2}}$

$L\left(\sigma_1^2\right)=\prod_{i=1}^{n}\frac{1}{\sqrt{2\pi}\sigma_1}e^{-\frac{x^2}{2\sigma_1^2}}=\left(\frac{1}{\sqrt{2\pi}\sigma_1}\right)^{n}e^{-\frac{\Sigma x^2}{2\sigma_1^2}}$

$\therefore \dfrac{L(\sigma_0^2)}{L(\sigma_1^2)}=\dfrac{\left(\frac{1}{\sqrt{2\pi}\sigma_0}\right)^{n}e^{-\frac{\Sigma x^2}{2\sigma_0^2}}}{\left(\frac{1}{\sqrt{2\pi}\sigma_1}\right)^{n}e^{-\frac{\Sigma x^2}{2\sigma_1^2}}}=\left(\frac{\sigma_1^2}{\sigma_0^2}\right)^{\frac{n}{2}}e^{\frac{1}{2}\left(\frac{1}{\sigma_1^2}-\frac{1}{\sigma_0^2}\right)\Sigma x^2}\leq k'$

$\underbrace{\dfrac{n}{2}ln\left(\dfrac{\sigma_1^2}{\sigma_0^2}\right)}_{正}+\underbrace{\dfrac{1}{2}\left(\dfrac{1}{\sigma_1^2}-\dfrac{1}{\sigma_0^2}\right)}_{負}\Sigma x^2\leq lnk'$

$\therefore$ 棄卻域為 $\{x\mid\Sigma x^2\geq k\}$

(b)$\alpha=P\left(Z\in C\mid H_0\right)$

$=P\left(\Sigma X^2\geq k\mid\sigma^2=\sigma_0^2\right)$

又 $\Sigma\left(\dfrac{X}{\sigma_0}\right)^2\sim\chi^2(n)$

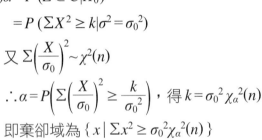

$\therefore \alpha=P\left(\Sigma\left(\dfrac{X}{\sigma_0}\right)^2\geq\dfrac{k}{\sigma_0^2}\right)$，得 $k=\sigma_0^2\chi_\alpha^2(n)$

即棄卻域為 $\{x\mid\Sigma x^2\geq\sigma_0^2\chi_\alpha^2(n)\}$

習題 *8-2*

1. 自 $f(x,\theta)=\theta e^{-\theta x}$ 抽出 $X_1, X_2 \cdots X_n$ 為一組隨機樣本以檢定 $H_0 : \theta=\theta_0$，$H_1 : \theta=\theta_1$，$\theta_1 < \theta_0$，試求最佳棄卻域。

2. 自 $f(x,\theta)=\begin{cases} \theta & ,x=1 \\ 1-\theta & ,x=0 \end{cases}$ $1>\theta>0$ 抽出 $X_1, X_2 \cdots X_n$ 為一組隨機樣本，以檢定 $H_0 : \theta=\theta_0$，$H_1 : \theta=\theta_1 > \theta_0$，試求最佳棄卻域。

3. 自 $f(x,\theta)=(1+\theta)x^{\theta}$，$1 \geq x \geq 0$，$\theta > 0$ 抽出 $X_1, X_2 \cdots X_n$ 為一組隨機樣本以檢定 $H_0 : \theta=\theta_0$，$H_1 : \theta=\theta_1 < \theta_0$，試求最佳棄卻域。

4. 自 $f(x,\theta)=\theta x^{\theta-1}$，$1 > x > 0$，抽出一個 X 以檢定 $H_0 : \theta=3$，$H_1 : \theta=1$，求顯著水準為 α 下之 MPT。

5. 自 $n(0,\theta^2)$ 抽出 $X_1, X_2 \cdots X_n$ 為一組隨機樣本，以檢定 $H_0 : \theta=\theta_0$，$H_1 : \theta=\theta_1 > \theta_0$，試求最佳棄卻域。

★ 6. 自 $f(x,\theta)=2\theta x+2(1-\theta)(1-x)$，$0<x<1$，$0 \leq \theta \leq 1$ 抽出一個 X 以檢定 $H_0 : \theta=\theta_0$，$H_1 : \theta=\theta_1 < \theta_0$，試求最佳棄卻域。

★ 7. 自 $f(x,\theta)$ 抽出 $X_1, X_2 \cdots X_n$ 為一組隨機樣本，設 $T=T(X_1, X_2 \cdots X_n)$ 為 θ 之充分統計量，試證 $H_0 : \theta=\theta_0$，$H_1 : \theta=\theta_1$ 之 Neyman-Pearson 比為 $T=T(x_1, x_2 \cdots x_n)$ 之函數。（提示：用分解定理）

★ 8. 自 $f(x,\theta)=\begin{cases} \dfrac{2}{\theta^2}(\theta-x), & 0<x<\theta \\ 0 & ,其它 \end{cases}$ 抽出一個 X 以檢定 $H_0 : \theta=\theta_0$，$H_1 : \theta=\theta_1$ $(\theta_1 < \theta_0)$，試求 MPT。

9. 自 $n(\mu, \sigma^2)$，（σ 已知）抽出 X_1，$X_2 \cdots X_n$ 為一組隨機樣本，以檢定 $H_0 : \mu = 15$ 及 $H_1 : \mu = 18$

(a)證最佳棄卻域為 $C = \{(x_1, x_2 \cdots x_n | \bar{x} \geq c)\}$

(b)求 $\alpha = 0.05$，$\beta = 0.9$ 下之樣本個數 n 及 $c = ?$

10. 自 $n(\theta_1, \theta_2)$ 抽出 X_1，$X_2 \cdots X_n$ 為一組隨機樣本，以檢定 $H_0 : \theta_1 = 0$，$\theta_2 = 1$，$H_1 : \theta_1 = 1$，$\theta_2 = 4$，試求最佳棄卻域。

11. 自 pdf　$f(x, \theta) = c(\theta)h(x)exp\{a(\theta)b(x)\}$ 抽出 x_1，$x_2 \cdots x_n$ 為一組隨機樣本，以檢定 $H_0 : \theta = \theta_0$，$H_1 : \theta = \theta_1$ 試求最佳棄卻域（提示：按 $a(\theta_1) > a(\theta_0)$ 與 $a(\theta_1) > a(\theta_0)$ 分別討論）

12. X 是離散型隨機變數在虛無假設 H_0 及對立假設 H_1 下，其機率分配如下：

X	1	2	3	4	5
$Pr(X = x | H_0)$	0.01	0.02	0.03	0.05	0.07
$Pr(X = x | H_1)$	0.03	0.02	0.04	0.01	0.20

(一)試列出所有滿足 $\alpha = 0.1$ 之可能棄卻域

(二)求最佳棄卻域？

8.3 一致最強力檢定

上節討論之 **MP 檢定**適用於 H_0，H_1 均為簡單假設，即 $H_0 : \theta = \theta_0$，$H_1 :$ $\theta = \theta_1$，θ_0，θ_1 為已知之情況，但在實務上，H_0，H_1 通常至少有一個是複合假設，此時 MP 檢定便不適用，而須找一種檢定方法，這就是本節之**一致最強力檢定**（uniformly most powerful test，簡稱 UMP 檢定，或 UMPT）。

UMP 檢定之意義

> **定義**
>
> **8.3-1**
>
> 顯著水準為 α 之某一個檢定，若與所有顯著水準 $\leq \alpha$ 之其它檢定在對立假設 H_1 之所有可能 θ 值之檢定力為最大，則這個檢定便稱為 UMP 檢定。

要注意的是 **UMP 檢定未必恒存在，但如果 UMP 檢定存在，那麼因為它棄卻 H_0 之機率最大，故 UMP 檢定在顯著水準 $\leq \alpha$ 之所有檢定中一定是好的檢定方式**。我們因可用 Neyman-Pearson 引理來解 UMPT，之 UMPT 機率密度族例如 Poisson，Gamma，指數分配、常態分配…等都有一種所謂之「**單調概似比**」（monotone likelihood ratio，簡稱 MLR）之特性，這對求 UMP 檢定上是很方便的。

> **定義**
>
> **8.3-2**
>
> $\{f(x, \theta) : \theta \in \Omega\}$ 為一機率密度族。自 $f(x; \theta)$ 抽出 X_1，$X_2 \cdots X_n$ 為一組隨機樣本，若在每一個 $\theta' < \theta''$ 時，存在一個統計量 $T = t(X_1，X_2 \cdots X_n)$ 使得 $\dfrac{L(\theta' ; x_1 \cdots x_n)}{L(\theta'' ; x_1 \cdots x_n)}$ 為 t 之**單調函數**（monotone function，包括**非遞增**

函數（non-increasing function）或**非遞減函數**（non-decreasing function）），則稱此密度族有 MLR 性質或 T 有 MLR。

○ **例 1** 機率密度族 $\{f(x,\theta)=\theta e^{-\theta x}, \theta>0, x>0\}$ 是否有 MLR 性質？

◎ **解**

當 $\theta'' > \theta'$ 時

$$\frac{L(\theta', x_1\cdots x_n)}{L(\theta'', x_1\cdots x_n)}=\frac{\theta'e^{-\theta'x}\cdot\theta'e^{-\theta'x_2}\cdots\theta'e^{-\theta'x_n}}{\theta''e^{-\theta''x_1}\cdot\theta''e^{-\theta''x_2}\cdots\theta''e^{-\theta''x_n}}=\left(\frac{\theta'}{\theta''}\right)^n e^{-(\theta'-\theta'')\Sigma x},$$

為 Σx 之單調增函數 $\therefore$ 此密度族有 MLR

○ **例 2** 機率密度族 $\{f(x,\theta)=n(\theta,1), \theta\in R\}$，試問此密度是否有 MLR？

◎ **解**

$\theta'' > \theta'$ 時

$$\frac{L(\theta';x_1\cdots x_n)}{L(\theta'';x_1\cdots x_n)}=\frac{\prod_{i=1}^{n}\frac{1}{\sqrt{2\pi}}e^{-\frac{(x_i-\theta')^2}{2}}}{\prod_{i=1}^{n}\frac{1}{\sqrt{2\pi}}e^{-\frac{(x_i-\theta'')^2}{2}}}=exp\left\{\frac{-1}{2}\Sigma\left[(x_i-\theta')^2-(x_i-\theta'')^2\right]\right\}$$

$$=exp\left\{-\frac{1}{2}(-2(\theta'-\theta'')\Sigma x+n(\theta'^2-\theta''^2))\right\}=kexp\left\{(\theta'-\theta'')\Sigma x\right\}$$

為 Σx 之單調減函數，此密度有 MLR

推論 8.3-1-1 單一母數指數族

$f(x)=a(\theta)b(x)exp\{c(x)d(\theta)\}$

若 $d(\theta)$ 為 θ 之函數則 MLR in $T(x)=\Sigma c(x)$

◎ **證**

$\theta''>\theta'$ 時 $d(\theta'')>d(\theta')$

$$\therefore\frac{L(\theta';x_1, x_2\cdots x_n)}{L(\theta'';x_1, x_2\cdots x_n)}=\frac{a^n(\theta')\prod_{i=1}^{n}b(x_i)exp\{\Sigma c(x_i)d(\theta')\}}{b^n(\theta'')\prod_{i=1}^{n}b(x_i)exp\{\Sigma c(x_i)d(\theta'')\}}$$

$$=\frac{a^n(\theta')}{a^n(\theta'')}exp\{(d(\theta')-d(\theta''))\Sigma c(x_i)\}$$

為 $\Sigma c(x_i)$ 之增函數

定理 8.3-1　（Karlin-Rubin 定理）

自 $f(x,\theta)$，$\theta\in\Omega$（Ω 為某一區間）抽出 X_1, $X_2\cdots X_n$ 為一組隨機樣本，以檢定 $H_0:\theta\le\theta_0$，$H_1:\theta>\theta_0$，T 是 θ 之充分統計量，T 之密度函數族 $\{f(x;\theta), \theta\in\Omega\}$ 有 MLR。對任一 t_0 而言，若且惟若棄卻域 $C=\{T>t_0\}$，則此檢定為 $\alpha=P_{\theta_0}(T>t_0)$ 為 UMP 檢定

在定理 8.3-1 之條件下，檢定 $H_0:\theta\Rightarrow\theta_0$，$H_1<\theta_0$，若且惟若棄卻域 $\{T<t_0\}$ 則此檢定為顯著水準 $\alpha=P_{\theta_0}(T<t_0)$ 之 UMP 檢定

定理 8.3-2　自 *pdf* $f(x,\theta)$，$\theta\in\Omega$（Ω 為某個區間）中抽取 X_1, $X_2\cdots X_n$ 為一組隨機樣本，$f(x,\theta)$ 可寫成下列形式：

$f(x,\theta)=a(\theta)b(x)e^{c(x)d(\theta)}$，現進行 $H_0:\theta\le\theta_1$，$H_1:\theta>\theta_1$ 之檢定大小為 α 之 UMP 檢定

(1)若 $d(\theta)$ 為 θ 在 Ω 中之單調遞增函數（即 $d'(\theta)>0$，$\theta\in\Omega$），且若存在一個常數 k 使得 $P(c(x)>k)|\theta=\theta_1)=\alpha$，其中 α 為定值且 $1>\alpha>0$。則棄卻域為 $\{x|c(x)>k\}$

(2)若 $d(\theta)$ 為 θ 在 Ω 中之單調減函數（即 $d'(\theta)<0$，$\theta\in\Omega$），且若存在一個常數 k 使得 $P(c(x)<k|\theta=\theta_1)=\alpha$，其中 α 為定值且 $1>\alpha>0$，則檢定 $H_0:\theta\le\theta_1$，$H_1:\theta>\theta_1$ 之大小為 α 之 UMP 檢定棄卻域為 $\{x|c(x)<k\}$

○ **例 3**　自 $f(x,\theta)=\theta e^{-\theta x}$，$\theta>0$，$x>0$ 抽出 1 個觀測值 X 為樣本，以檢定 $H_0:\theta=1$，$H_1:\theta>1$。(a)試求 UMP 檢定之棄卻域(b)若 $\alpha=0.05$ 求 UMP 檢定之棄卻域。

■ 解

(a)若 $d(\theta)=-\theta$，$c(x)=x$，則 $d'(\theta)=-1<0$　$\therefore d(\theta)\in\uparrow$，

　$\therefore$ UMP 檢定之棄卻域為 $\{x|x\le c\}$

(b)$\alpha=P\,(Z\in C|\theta=1)=P(X<c|\theta=1)=\int_0^c e^{-x}dx=1-e^{-c}$

　即 $0.05=1-e^{-c}$，$e^{-c}=0.95$，$c=-ln0.95\doteqdot 0.05$

　$\therefore$ UMP 檢定之棄卻域為 $\{x|x\le 0.05\}$

我們也可用 Neyman-Pearson 引理解(a)：

$\dfrac{L(\theta=1)}{L(\theta>1)}=\dfrac{\theta e^{-\theta x}|_{\theta=1}}{\theta e^{-\theta x}}=\dfrac{e^{-x}}{\theta e^{-\theta x}}=\dfrac{1}{\theta}e^{-(1-\theta)x}\le\lambda$

$\therefore e^{(\theta-1)x}\le\lambda\theta\Rightarrow(\theta-1)x\le ln\lambda\theta$，即 $x\le\dfrac{ln\lambda\theta}{\theta-1}=c$

○ 例 4　自 $f(x,\theta)=\theta x^{\theta-1}$，$1>x>0$，$\theta>1$ 抽出一個 X 為隨機變數，以檢定 $H_0:\theta=2$，$H_1:\theta<2$，若檢定大小為 α，試求 UMP 檢定。

■ 解

$f(x,\theta)=\theta x^{\theta-1}=\theta exp((\theta-1)lnx)$

$\because d(\theta)=(\theta-1)\in\uparrow\therefore\{x:lnx\le k\}$ 為 UMP 檢定之棄卻域。

又檢定大小為 α

$\therefore\alpha=P\,(lnx\le k|\theta=2)=P\,(x\le e^k|\theta=2)$

$\quad=\int_0^{e^k}2xdx=e^{2k}$

解 $\alpha=e^{2k}$ 之 k 值：$ln\alpha=2k$　$\therefore k=\dfrac{ln\alpha}{2}$

即 $\left\{x:lnx\le\dfrac{ln\alpha}{2}\right\}$ 是為可求。

我們也可用 Neyman-Pearson 引理：

$\dfrac{L(\theta=2)}{L(\theta<2)}=\dfrac{\theta x^{\theta-1}|_{\theta=2}}{\theta x^{\theta-1}}=\dfrac{2x}{\theta x^{\theta-1}}=\left(\dfrac{2}{\theta}\right)x^{2-\theta}\le\lambda$

$x^{2-\theta}\le\left(\dfrac{\lambda\theta}{2}\right)$

$\therefore(2-\theta)lnx\le\ln\dfrac{\lambda\theta}{2}$，即 $lnx\le\dfrac{1}{2-\theta}\ln\dfrac{\lambda\theta}{2}=k$

◌ 例 5　自 $f(x; \theta) = \dfrac{e^{-\theta}\theta^x}{x!}$，$x = 0, 1, 2\cdots$ 抽出 X_1，$X_2 \cdots X_n$ 為一組隨機樣本，以

檢驗 $H_0 : \theta = \theta_0$，$H_1 : \theta > \theta_0$ 求(a)UMP 檢定(b)用 CLT 繪出 $\alpha = 5\%$

下，$\theta_0 = 1$，$n = 16$ 之檢定力函數之圖形

⸬ 解

(a)$f(x, \theta) = \dfrac{e^{-\theta}\theta^x}{x!} = e^{-\theta} \cdot \dfrac{1}{x!} exp\{xln\theta\}$

又 $d(\theta) = ln\theta$，$d'(\theta) = \dfrac{1}{\theta}$　$\therefore d(\theta) \in \uparrow \therefore \{(x_1, x_2 \cdots x_n); \Sigma x_i > k\}$ 是 UMP

檢定之棄卻域

(b)令 $R(X) = \overset{16}{\underset{i=1}{\Sigma}} X_i \Big|_{\theta_0 = 1}$，則 $R \sim P_0(16)$　$\therefore E(R) = 16$，$V(R) = 16$

$K(\theta) = P(R > k) = P\Big(\dfrac{R-16}{4} > \dfrac{k-16}{4}\Big) = 1 - N\Big(\dfrac{k-16}{4}\Big)$

$\therefore$

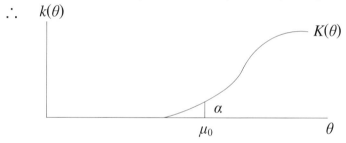

◌ 例 6　自 $n(0, \theta)$ 抽取 X_1，$X_2 \cdots X_{25}$ 為一組隨機樣本，試求在 $\alpha = 5\%$ 下 H_0：

$\theta = 1$，$H_1 : \theta > 1$ 之 UMP 檢定。

⸬ 解

$f(x, \theta) = \dfrac{1}{\sqrt{2\pi}\sqrt{\theta}}e^{-\frac{x^2}{2\theta}} = \dfrac{1}{\sqrt{2\pi}}\theta^{-\frac{1}{2}}e^{-\frac{x^2}{2\theta}}$，$d(\theta) = -\dfrac{1}{2\theta}$，$d'(\theta) = \dfrac{1}{2\theta^2}$

$\therefore d(\theta) \in \uparrow$

$\therefore \{x \mid \Sigma x^2 \geq k\}$ 是 UMP 檢定之棄卻域

現要確定 k 值；

$P\Big(\Sigma \dfrac{X^2}{\theta} \geq k \mid \theta = 1\Big) = P(\Sigma X^2 \geq k) = P(\chi^2(25) \geq k) = 0.05$

$\therefore k = 37.7$

即 $\{x \mid \Sigma x^2 \geq 37.7\}$ 是為所求之棄卻域。

習題 8-3

1. 自 $n(\theta, 4)$ 抽出 X_1，$X_2 \cdots X_{36}$ 為一組隨機樣本以檢定 $H_0 : \theta = 10$，$H_1 :$ $\theta > 10$，(a)試求 UMP 檢定之棄卻域(b)若加 $\alpha = 5\%$ 之條件再求 UMP 檢定

2. 自 $f(x, \theta) = \theta^x (1 - \theta)^{1-x}$，$x = 0, 1$ 抽出 X_1，$X_2 \cdots X_n$ 以檢定 $H_0 : \theta = \dfrac{3}{5}$，$H_1 :$ $\theta > \dfrac{3}{5}$。試求(a)UMP 檢定(b)，若已知檢定力函數 $K(\theta)$ 滿足 $K\left(\dfrac{3}{5}\right) = 0.05$，$K\left(\dfrac{4}{5}\right) = 0.9$，試利用 CLT 求 $n = ?$

3. 自 $f(x, \theta) = \theta^2 x e^{-\theta x}$，$x > 0$，$\theta > 0$ 抽出 X_1，$X_2 \cdots X_n$ 為一組隨機樣本，以檢定 $H_0 : \theta = \theta_0$，$H_1 : \theta < \theta_0$，試求 UMP 檢定之棄卻域

4. 自 $f(x, \theta) = \dfrac{1}{\theta} e^{-\frac{x}{\theta}}$，$0 < x < \infty$ 抽出 X_1，$X_2 \cdots X_n$ 為一組隨機樣本，以檢定 $H_0 : \theta = 3$，$H_1 : \theta > 3$。求 UMP 檢定之棄卻域。

5. 自 $P_0(\theta)$ 抽出 X_1，$X_2 \cdots X_{10}$ 為一組隨機樣本以檢定 $H_0 : \theta = 0.6$，$H_1 : \theta > 0.6$ (a)用 Neyman-Pearson 引理求 UMP 檢定之棄卻域(b)若 $\alpha = 0.084$ 求棄卻域(c)若抽樣得 0.2，0.9，0.7，1.2，0.7，0.8，1.0，0.4，0.3，0.2 問結論為何？

6. (a)自 $n(\mu, \sigma^2) \mu$、σ 抽出 X_1，$X_2 \cdots X_n$ 為一組隨機樣本，$S^2 = \dfrac{1}{n-1} \Sigma (x - \bar{x})^2$，試證 $E(S^2) = \sigma^2$，$V(S^2) = \dfrac{2}{n-1} \sigma^4$ (b)承(a)自 $n(\mu, \sigma^2)$ 取 σ 未知若 n 個觀測值以檢定 $H_0 : \sigma^2 = \sigma_0^2$，$H_1 : \sigma^2 > \sigma_0^2$，且若檢定大小為 α，試證棄卻域為 $\left\{ x \,\middle|\, S^2 \geq \sigma_0^2 \left(1 + z_\alpha \sqrt{\dfrac{2}{n-1}} \right) \right\}$

有些統計假設檢定，其 H_0，H_1 可能為 pdf 如第 7，8 題。

7. 若 取 一 個 X 以 檢 定 $H_0 : X \sim n(0, 1)$，$H_1 : g(x) = \dfrac{1}{\pi} \dfrac{1}{1+x^2}$ （Cauchy 分配），(a)求此 MP 檢定之棄卻域，(b)若檢定大小為 α，求檢定力

8. 用 Neyman-Pearson 引理重求例 6，7 之 UMP 檢定

8.4 概似比檢定

Neyman-Pearson 引理是用作虛無假設 H_0 與對立假設都是簡單假設的情況，本節的**概似比檢定**（likelihood ratio test 簡稱 LR 檢定，或逕以 LRT 表之）除簡單假設外，還可用作虛無假設 H_0 與對立假設 H_1 至少有一個是複合假設的情況，例如 $H_0 : \mu = 30$；$H : \mu \neq 30$。

在概似比檢定中我們仍假設 PDF 之函數形式 $F(x; \theta)$ 為已知，令 Ω 為母數空間（H_0 或 H_1 之 θ 的所有可能值所成之集合），ω 為 Ω 之部分集合，ω' 為 ω 在 Ω 之餘集合，則概似比檢定中虛無假設 H_0 與對立假設 H_1 之形態可寫成

$H_0 : \theta \in \omega$　　$H_1 : \theta \in \omega'$

概似比檢定之核心在於**概似比**（likelihood ratio），我們將定義如下：

定義

8.4-1

檢定 $H_0 : \theta \in \omega$，$H_1 : \theta \in \omega'$ 則概似比檢定（Likelihood ratio test）之棄卻域為

$$\lambda = \frac{L(\hat{\omega})}{L(\hat{\Omega})} \leq k，0 < \lambda < 1$$

換言之，我們自 *pdf* $f(x, \theta)$ 抽出 X_1，$X_2 \cdots X_n$ 為一組隨機樣本，我們定義二個估計值 $\hat{\theta}$，$\hat{\hat{\theta}}$：

$$\begin{cases} \hat{\theta} : 在 \theta \in \omega 之條件下，\hat{\theta} 為 \theta 之最概推定量 \\ \hat{\hat{\theta}} : 在 \theta \in \Omega 之條件下，\hat{\hat{\theta}} 為 \theta 之最概推定量 \end{cases}$$

則　$L(\hat{\omega}) = \prod_{i=1}^{n} f(x_i, \hat{\theta})$

及　$L(\hat{\Omega}) = \prod_{i=1}^{n} f(x_i, \hat{\hat{\theta}})$

因為 $\lambda = \dfrac{L(\hat{\omega})}{L(\hat{\Omega})}$ ，故 λ 為一統計量，它有二個要點：

1. $0 \le \lambda \le 1$：因為 λ 是兩個概似函數值之比，λ 為非負，即 $\lambda \ge 0$，又 $\omega \subseteq \Omega$ ∴ $\lambda \le 1$，因此 $0 \le \lambda \le 1$

當 H_0 被棄卻時，我們希望 $L(\hat{\omega})$ 比 $L(\hat{\Omega})$ 來得小，此時 λ 將趨近於 0，而 H_0 被承認時，我們則希望 $L(\hat{\omega})$ 趨近 $L(\hat{\Omega})$，λ 將趨近於 1。**概似比檢定是要 H_0 被棄卻之充要條件為 λ 落入棄卻域的形式為 $\lambda \le k$，$0 < k < 1$。**

λ 是一個隨機變數，因此它有機率分配，但它的分配經常是很難導出，幸好當 n 很大時，可證明 $-2\ln\lambda$ 近似服從卡方分配。

○ **例 1**　自 Canchy 分配 $f(x, \theta) = \dfrac{1}{\pi} \dfrac{1}{1 + (x-\theta)^2}$。$\infty > -\infty$，$\theta > 0$ 抽出一個樣本 X 以檢定 $H_0 : \theta = 0$，$H_1 : \theta \ne 0$。若檢定大小為 α，求此 *LR* 檢定

解

(一) $L(\Omega)$：

　　$f(x, \theta) = \dfrac{1}{\pi} \dfrac{1}{1 + (x-\theta)^2}$ 僅在 $x = \theta$ 時有極大值

　　$\therefore L(\Omega) = \dfrac{1}{\pi}$

(二) $L(\omega)$：

　　$L(\hat{\omega}) = \dfrac{1}{\pi} \dfrac{1}{1 + x^2}$

　　$\therefore \lambda = \dfrac{L(\hat{\omega})}{L(\hat{\Omega})} = \dfrac{\dfrac{1}{\pi} \dfrac{1}{1+x^2}}{\dfrac{1}{\pi}} = \dfrac{1}{1+x^2} \le k$

即 $x^2 \ge \dfrac{1}{k} - 1 = c$　$\therefore \{x | x^2 \ge c\}$ 或 $\{x | x \le -c，x \ge c\}$ 是為所求之棄卻域。

又 $P(X \le -c，X \ge c | \theta = 0) = \alpha$

$\therefore \displaystyle\int_{-c}^{c} \dfrac{1}{\pi(1 + x^2)} dx = \dfrac{2}{\pi} tan^{-1} c = \alpha$

得 $c = \tan\dfrac{\alpha\pi}{2}$

得 $\left\{x\big|x \le -tan\left(\dfrac{\alpha\pi}{2}\right)\right\}$, $x \ge tan\left(\dfrac{\alpha\pi}{2}\right)$

○ **例2** 自 $f(x,\theta)=\theta e^{-\theta x}$, $x>0$, $\theta>0$ 抽出 X_1 , $X_2\cdots X_n$ 為一組隨機樣本，以檢定 $H_0:\theta=\theta_0$, $H_1:\theta\ne\theta_0$，試導出 LR 檢定。

▦ **解**

(一) $L(\Omega)$:

$f(x,\theta)=\theta e^{-\theta x}$, $x>0$, $\theta>0$, θ 之 MLE $\hat{\theta}=\dfrac{1}{\bar{x}}$ （讀者自證之）

$\therefore L(\Omega)=\theta^n e^{-\theta\Sigma x}\big|_{\theta=\frac{1}{\bar{x}}}=\left(\dfrac{1}{\bar{x}}\right)^n e^{-\frac{n}{\Sigma x}(\Sigma x)}=\dfrac{1}{\bar{x}^n}e^{-n}=\left(\dfrac{n}{y}\right)^n e^{-n}$, $y=\Sigma x$ \qquad (1)

(二) $L(\omega)$:

$L(\omega)=\theta_0^n e^{-\theta_0\Sigma x}=\theta_0^{\,n}e^{-\theta_0 y}$ \qquad\qquad\qquad\qquad (2)

$\therefore \lambda=\dfrac{L(\omega)}{L(\Omega)}=\dfrac{\theta_0^{\,n}e^{-\theta_0 y}}{\left(\dfrac{n}{y}\right)^n e^{-n}}=\left(\dfrac{\theta_0 e}{n}\right)^n\cdot y^n e^{-\theta_0 y}$ \qquad (3)

由(3) $\lambda\le k$ 之充要條件為 $ye^{-\frac{\theta_0}{n}y}\le\dfrac{nk^{\frac{1}{n}}}{e\theta_0}=c$ \qquad (4)

現在我們根據微分學繪 $h(y)=ye^{-ay}\left(a=\dfrac{\theta_0}{n}\right)$ ，圖形如下：

由右圖：$h(y)\le c$ 之區域為 $y\le c_1$

或 $y\ge c_2$

即 $\{x\,|\,\Sigma x\le c_1$ 或 $\Sigma x\ge c_2\}$

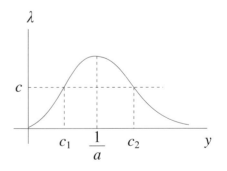

例 2 (4)以後之過程應是較技巧性也是難度較高的。

○ **例3** 自 $n(\mu,\sigma^2)$ 抽出 X_1 , $X_2\cdots X_n$ 為一組隨機樣本（μ,σ^2 均為未知）以檢定 $H_0:\mu=\mu_0$, $H_1:\mu\ne\mu_0$，試建立 LR 檢定。

▦ **解**

在本例 $w=\{(\mu,\sigma^2):\mu=\mu_0,0<\sigma^2<\infty\}$

$\Omega=\{(\mu,\sigma^2):-\infty<\mu<\infty,0<\sigma^2<\infty\}$

(一) L(Ω) :

$(\mu, \sigma^2) \in \Omega$ 則 μ 之 MLE 及 σ^2 之 MLE 分別為 $\overline{X}$ 及 $\frac{1}{n}\Sigma(X - \overline{X})^2$

$$\therefore L(\overset{\wedge}{\Omega}) = \left[\frac{1}{2\pi(\frac{1}{n})\sum\limits_{1}^{n}(x_i - \overline{x})^2} \right]^{n/2} \exp\left[-\frac{\sum\limits_{1}^{n}(x_i - \overline{x})^2}{(\frac{2}{n})\sum\limits_{1}^{n}(x_i - \overline{x})^2} \right]$$

$$= \left[\frac{ne^{-1}}{2\pi\sum\limits_{1}^{n}(x_i - \overline{x})^2} \right]^{n/2}$$

(二) $L(\overset{\wedge}{\omega})$:

$(\mu, \sigma^2) \in w$ 則 μ 之 MLE 為 μ_0, σ^2 之 MLE 為 $\frac{1}{n}\Sigma(X - \mu_0)^2$

$$\therefore L(\overset{\wedge}{\omega}) = \left[\frac{1}{2\pi(\frac{1}{n})\sum\limits_{1}^{n}(x_i - \mu_0)^2} \right]^{n/2} \exp\left[-\frac{\sum\limits_{1}^{n}(x_i - \mu_0)^2}{(\frac{2}{n})\sum\limits_{1}^{n}(x_i - \mu_0)^2} \right]$$

$$= \left[\frac{ne^{-1}}{2\pi\sum\limits_{1}^{n}(x_i - \mu_0)^2} \right]^{n/2}$$

$\lambda = L(\overset{\wedge}{\omega}) / L(\overset{\wedge}{\Omega})$

$$= \frac{\left[ne^{-1}/2\pi\sum\limits_{1}^{n}(x_i - \mu_0)^2 \right]^{n/2}}{\left[ne^{-1}/2\pi\sum\limits_{1}^{n}(x_i - \overline{x})^2 \right]^{n/2}} = \left[\frac{\sum\limits_{1}^{n}(x_i - \overline{x})^2}{\sum\limits_{1}^{n}(x_i - \mu_0)^2} \right]^{n/2}$$

又 :

$$\sum\limits_{1}^{n}(x_i - \mu_0)^2 = \sum\limits_{1}^{n}(x_i - \overline{x} + \overline{x} - \mu_0)^2 = \sum\limits_{1}^{n}(x_i - \overline{x})^2 + n(\overline{x} - \mu_0)^2$$

$$\therefore \lambda = \left[\frac{\sum\limits_{1}^{n}(x_i - \overline{x})^2}{\sum\limits_{1}^{n}(x_i - \overline{x})^2 + n(\overline{x} - \mu_0)^2} \right]^{n/2}$$

$$= \left[\frac{1}{1 + n(\overline{x} - \mu_0)^2/\sum\limits_{1}^{n}(x_i - \overline{x})^2} \right]^{n/2} \le k$$

即 $\dfrac{1}{1+n(\bar{x}-\mu_0)^2/\sum\limits_{1}^{n}(x_i-\bar{x})^2} \le k^{2/n}$

或 $\dfrac{n(\bar{x}-\mu_0)^2}{\sum(x-\bar{x})^2/(n-1)} \ge (n-1)(k^{-\frac{2}{n}}-1)$

$\therefore H_0$ 為真時

$$T=\dfrac{\sqrt{n}(\bar{X}-\mu_0)/\sigma}{\sqrt{\sum\limits_{1}^{n}(X_i-\bar{X})^2/[\sigma^2(n-1)]}}=\dfrac{\sqrt{n}(\bar{X}-\mu_0)}{\sqrt{\sum\limits_{1}^{n}(X_i-\bar{X})^2/(n-1)}}$$

$$=\dfrac{\bar{X}-\mu_0}{S/\sqrt{n_i}}\sim t(n-1)$$

根據概似比檢定法則：當 $T^2 \ge (n-1)(k^{-\frac{2}{n}}-1)$ 時棄卻 H_0，

即 $|T| \ge t_{\frac{\alpha}{2}}(n-1)$ 時棄卻 H_0，接受 H_1。

○ **例 4** （承上例）自 $n(\mu,\sigma^2)$（μ,σ^2 未知）中抽 X_1，$X_2\cdots X_n$ 為一組隨機樣本，以檢定 $H_0:\sigma^2=\sigma_0^2$ 及 $H_1:\sigma^2\ne\sigma_0^2$。

▦ **解**

在本例 $w=\{(\mu,\sigma^2):-\infty<\mu<\infty,\sigma^2=\sigma_0^2\}$

$\Omega=\{(\mu,\sigma^2):-\infty<\mu<\infty,0<\sigma^2<\infty\}$

(一)$L(\Omega)$：

$(\mu,\sigma^2)\in\Omega$ 則 μ,σ^2 之 MLE 分別為 $\bar{X}$，$\dfrac{1}{n}\Sigma(X-\bar{X})^2$

$\therefore L(\hat{\Omega})=\left[\dfrac{ne^{-1}}{2\pi\sum\limits_{1}^{n}(x_i-\bar{x})^2}\right]^{n/2}$ （由例 3）

(二)$(\mu,\sigma^2)\in\omega$ 則 μ 之 MLE 為 $\bar{X}$，σ^2 之 MLE 為 σ_0^2。

$L(\hat{\omega})=\left(\dfrac{1}{2\pi\sigma_0^2}\right)^{n/2}\exp\left[-\dfrac{\sum\limits_{1}^{n}(x_i-\bar{x})^2}{2\sigma_0^2}\right]$

$\therefore\lambda=\dfrac{L(\hat{\omega})}{L(\hat{\Omega})}=\left(\dfrac{1}{2\pi\sigma_0^2}\right)^{\frac{n}{2}}\exp\left[-\dfrac{\Sigma(x-\bar{x})^2}{2\sigma_0^2}\right]\bigg/\left[\dfrac{ne^{-1}}{2\pi\Sigma(x-\bar{x})^2}\right]^{\frac{n}{2}}$

$=\left(\dfrac{\Sigma(x-\bar{x})^2}{n\sigma_0^2}\right)^{\frac{n}{2}}exp\left[-\dfrac{\Sigma(x-\bar{x})^2}{2\sigma_0^2}+\dfrac{n}{2}\right]$

$$= \left(\frac{\omega}{n}\right)^{\frac{n}{2}} exp\left(-\frac{\omega}{2}+\frac{n}{2}\right) \le k \quad , \; \omega = \frac{\Sigma(x-\bar{x})^2}{\sigma_0^2}$$

$$\therefore \left(\frac{\omega}{n}\right)^{\frac{n}{2}} exp\left(-\frac{\omega}{2n}+\frac{1}{2}\right) \le k'$$

$$\left(\frac{\omega}{n}\right)^{\frac{n}{2}} exp\left(-\frac{\omega}{2n}\right) \le c$$

取 $y=\dfrac{\omega}{n}$ 則 $h(y)=y^{\frac{n}{2}}e^{-\frac{y}{2}}$ 之圖形如右：

$\therefore y \le c$，或 $y \ge c_2$ 為所求 LR 檢定棄卻域

即 $y=\dfrac{\omega}{n}=\dfrac{\Sigma(x-\bar{x})^2}{n\sigma_0^2} \le c$，或 $y=\dfrac{\omega}{n}=\dfrac{\Sigma(x-\bar{x})^2}{n\sigma_0^2} \ge c$ 是為所求

習題 *8-4*

1. 自 $n(\mu,\sigma^2)$（μ 未知，σ 已知）抽出 X_1，$X_2 \cdots X_n$ 為一組機樣本，以檢定 $H_0 : \mu = \mu_0$，$H_1 : \mu \neq \mu_0$，試證概似檢定法求之最佳棄卻域之形式為 $|\bar{x} - \mu_0| \geq k$

2. 自 $f(x,\theta) = \dfrac{1}{\theta} e^{-\frac{x}{\theta}}$，抽出 X_1，$X_2 \cdots X_n$ 為一組隨機樣本以檢定 $H_0 : \theta = \theta_0$，$H_1 : \theta \neq \theta_0$ 試證以概似檢定法可得之最低棄域能寫成 $\bar{x} e^{-\frac{\bar{x}}{\theta_0}} \leq k$ 之形式。

3. 自 $b(n,p)$ 中取 X_1，$X_2 \cdots X_n$ 為一組隨機樣本，以概似檢定法來檢定 $H_0 : p = \dfrac{1}{2}$，$H_1 : p \neq \dfrac{1}{2}$，

   (a)試證棄卻域之形式為 $x \ln x + (n-x) \ln(n-x) \geq k$，$x$ 為成功之次數。

   (b)求(a)之極小值，以證明最佳棄卻域可寫成 $|x - \dfrac{n}{2}| \geq c$ 之形式。

4. 自 $f(x,\theta) = (1+\theta)x^{\theta}$，$1 > x > 0$，$\theta > -1$ 抽出 X_1 為單一概似比檢定法觀測值以檢定 $H_0 : \theta = 0$，$H_1 : \theta \neq 0$，試求最佳棄卻域。

5. 自 $f(x,\theta) = 1 + \theta^2(x - \dfrac{1}{2})$，$0 \leq x \leq 1$，$0 \leq \theta \leq \sqrt{2}$ 抽出 X 為單一觀測值以檢定 $H_0 : \theta = 0$，$H_1 : \theta \neq 0$，$\alpha = 0.1$，試求最佳棄卻域。

6. 承例 3(a)，試證 $\lambda = \left(1 + \dfrac{t^2}{n-1}\right)^{-\frac{n}{2}}$，$t = \dfrac{\bar{x} - \mu_0}{s/\sqrt{n}}$，(b)因此並導證 $n \to \infty$ 時，$-2 \ln \lambda \to t^2$

7. 自 $f(x,\theta) = \theta x^{\theta-1}$ 抽出單一觀測值 X 以檢定 $H_0 : \theta = 1$，$H_1 : \theta \neq 1$，若檢定大小為 α，試求此 LR 檢定。

8.n次試行中有k次成功，為此設該統計檢定$H_0：P=P_0$，$H_1：P \neq P_1$，用 LR
檢定，試證$\lambda = n^n \dfrac{P_0^k(1-P_0)^{n-k}}{k^k(n-k)^{n-k}}$

9. 自$n(\theta, 4)$抽出X_1，$X_2 \cdots X_n$為一組隨機樣本，以檢定$H_0：\theta = \theta_0$，
$H_1：\theta \neq \theta_0$，求 LR 檢定。

CHAPTER 9

線性模式導論

9.1　最小平方法簡單線性迴歸模式

我們在第三章學過：$\mu_{Y|x}=E(Y|x)=\alpha+\beta x$ 時稱為 **Y 在 X 上之迴歸方程式**（regression equation of Y on X），它是 $X=x$ 時（或給定 x 時），Y 的條件期望值，同理可定義 **X 在 Y 之迴歸方程式**（regression equation of X on Y）。

上述觀念也可擴充成到 **多元迴歸**（multivariate regression）：$\mu_{z|x,y}=E(Z|x,y)$，給定 x,y 下之 Z 的平均值，也就是 Z 在 X，Y 上之迴歸方程式。

本節我們的研討重心以簡單線性迴歸模式為主，但也嘗試將有關觀念擴充到三元之情況。

簡單線性迴歸方程式（simple linear regression equation）$Y=\alpha+\beta x+\varepsilon$ 中 Y 稱為 **依變數**（dependent variable）或 **反應子**（responsor）而 x 稱為 **自變數**（independnt variable）**控制變數**（control variable）或 **迴歸子**（regressor），ε 為誤差（error）。

在此，我們應注意的是：上述所稱的線性，是指迴歸模式之母數必須是線性（linear in parameter），模式中之 X 是否為線性則並不重要。一些狀似非線性模式，但可經由變數換轉化成線性迴歸模式，例如：$Y=a+b(\frac{1}{x})+\varepsilon$ 取 $w=\frac{1}{x}$，則原式變為 $Y=a+bw+\varepsilon$

簡單線性迴歸

在本節學習時，熟悉一些表達方式是很有用的

1° 簡單迴歸模式：　$Y=\mu_{Y|x}+\varepsilon=\alpha+\beta x+\varepsilon$
　　在此，ε 為 **隨機誤差**（random error），
　　在上式 Y，E 為 r.v.
　　且 $E(\varepsilon)=0$ 與 $V(\varepsilon)=\sigma^2$

2° 樣本中每一觀測值（observation）（x_i, y_i）
　　滿足　$y_i=\alpha+\beta x_i+\varepsilon_i$

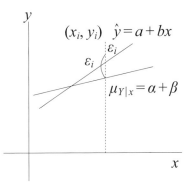

3° 若求得之迴歸直線（estimated regression line 或 fitted regression line）

$$\hat{y} = a + bx$$

樣本中每一個觀測值滿足 $y_i = a + bx_i + e_i$，$e_i = y_i - \hat{y}_i$，e_i 為殘差（residual）

簡單線性迴歸的基本模式是：

$Y = \alpha + \beta x_i + \varepsilon_i$，其中 ε_i 為服從 $n(0, \sigma^2)$ 之獨立隨機變數，$i = 1, 2 \cdots n$，x 不為隨機變數。

我們可用最概法求 α，β 與 σ^2 之 *MLE*。

$$L(\alpha, \beta, \sigma^2) = \prod_{i=1}^{n} \frac{1}{\sqrt{2\pi}\sigma} e^{-\frac{\varepsilon_i^2}{2\sigma^2}} = \prod_{i=1}^{n} \frac{1}{\sqrt{2\pi}\sigma} exp[-(y_i - \alpha - \beta x_i)^2/2\sigma^2]$$

$$= \left(\frac{1}{\sqrt{2\pi}\sigma}\right)^n exp\left[-\sum_{i=1}^{n}(y_i - \alpha - \beta x_i)^2/2\sigma^2\right]$$

$$\ln L(\alpha, \beta, \sigma^2) = -n\ln(\sqrt{2\pi}\sigma) - \frac{1}{2\sigma^2}\sum_{i=1}^{n}(y_i - \alpha - \beta x_i)^2$$

我們可解出 α, β, σ^2 之最概推定量

$$\hat{\beta} = \frac{\sum(x_i - \bar{x})(y_i - \bar{y})}{\sum(x - \bar{x})^2}，\hat{\alpha} = \bar{y} - \beta\bar{x} \quad （\hat{\alpha}，\hat{\beta} 之導出可考定理 9.1-1），\hat{\sigma}^2 = \frac{1}{n}$$

$\Sigma(y_i - \hat{\alpha} - \hat{\beta}x_i)^2$

最小平方法

將 n 個有序元素對 (x_1, y_1)，(x_2, y_2) ……(x_n, y_n) 描繪於直角座標圖上稱為**散布圖**（scatter diagram）。現在我們面臨的問題是如何找到一個**最佳配合直線**（best fit line）$\hat{y} = a + bx$，使得 n 個點至 $\hat{y} = a + bx$ 之距離平方和 Σe_i^2 為最小，在此 $e_i = y_i - \hat{y}_i$ 稱為**殘差**（residuals），**它表示 x_i 對應之實際值與預測值之差**，也就是 (x_i, y_i) 到 $\hat{y} = a + bx$ 之距離。這種用來求最佳配合曲線之方法稱之為最小平方法，用最小平方法求得之估計式稱為**最小平方推定量**（least square estimator，簡稱 LSE）。$\sum_{i=1}^{n}(y_i - \hat{y}_i)^2$ 稱為**誤差平方和**（error sum of squares，簡記 SSE）

母數之推定

定理 9.1-1　設有 n 個樣本點(x_1, y_1)，(x_2, y_2)……(x_n, y_n)，則迴歸方程式 $\hat{y} = \alpha + \beta x$ 之 $\hat{\alpha}$，$\hat{\beta}$ 之**估計值**（estimates）分別為

$$\hat{\alpha} = \bar{y} - \hat{\beta}\bar{x} \ , \quad \hat{\beta} = \frac{n\Sigma xy - \Sigma x \Sigma y}{n\Sigma x^2 - (\Sigma x)^2}$$

證

取 $SSE = \sum_{i=1}^{n}(y_i - \hat{y}_i)^2 = \sum_{i=1}^{n}(y_i - \hat{\alpha} - \hat{\beta}x_i)^2$ 現在要求 $\hat{a}$，$\hat{b}$ 以使得 D 值為最小：

令 $\dfrac{\partial SSE}{\partial \hat{\alpha}} = \Sigma 2(y_i - \hat{\alpha} - \hat{\beta}x_i)(-1) = 0$ ……………………(1)

即 $\Sigma y = n\hat{\alpha} + \hat{\beta}\Sigma x$ ……………………(2)

令 $\dfrac{\partial SSE}{\partial \hat{\beta}} = \Sigma(-x)(Y - \hat{\alpha} - \hat{\beta}x) = 0$

即 $\Sigma xy = \hat{\alpha}\Sigma x + \hat{\beta}\Sigma x^2$ ……………………(3)

解(2)，(3)二式可得

$$\hat{\beta} = \frac{\begin{vmatrix} n & \Sigma x \\ \Sigma x & \Sigma xy \end{vmatrix}}{\begin{vmatrix} n & \Sigma x \\ \Sigma x & \Sigma x^2 \end{vmatrix}} = \frac{n\Sigma xy - \Sigma x \Sigma y}{n\Sigma x^2 - (\Sigma x)^2}$$

$y = \hat{\alpha} + \hat{\beta}x \quad \therefore \hat{\alpha} = \bar{y} - \hat{\beta}\bar{x}$ ∎

　　方程組(2)，(3)稱為**標準方程式**（normal equation）。同時由(1)我們有一個重要關係式 $\sum_{i=1}^{n} y_i - \hat{y}_i = 0$

推論 9.1-1-1　$\hat{\beta} = \dfrac{\Sigma(x - \bar{x})(y - \bar{y})}{\Sigma(x - \bar{x})^2} = \dfrac{\Sigma(x - \bar{x})y}{\Sigma(x - \bar{x})^2}$

$$\hat{\beta} = \frac{\Sigma(x-\bar{x})Y}{\Sigma(x-\bar{x})^2}$$ 便於求 $E(\hat{\beta})$，$V(\hat{\beta})$。

定理 9.1-2 (x_1,y_1)，$(x_2,y_2)\cdots\cdots(x_n,y_n)$之最小平方直線 $\hat{y}=\hat{\alpha}+\hat{\beta}x$，必過$(\bar{x},\bar{y})$。

證

$$\because \Sigma(y-\hat{y})=0 \text{，} \Sigma y = \Sigma\hat{y} \quad \therefore \frac{1}{n}\Sigma\hat{y}=\bar{y}$$

又由標準方程式 $\Sigma y = n\hat{\alpha}+\hat{\beta}\Sigma x \therefore \bar{y}=\hat{\alpha}+\hat{\beta}\bar{x}$，

即 $\hat{y}=\hat{\alpha}+\hat{\beta}x$ 必過$(\bar{x},\bar{y})$，亦即通過資料的中心。 ■

例 1 設$(x_1，y_1)$，$(x_2，y_2)\cdots(x_n，y_n)$可用 $y=\alpha+\beta/x$ 擬合，求 α,β 之 *LSE* $\hat{\alpha}$，$\hat{\beta}$

解

$$SSE = \Sigma(y-\hat{y})^2 = \Sigma\left(y-\hat{\alpha}-\frac{\hat{\beta}}{x}\right)^2$$

$$\frac{\partial}{\partial\hat{\alpha}}SSE = -2\Sigma\left(y-\hat{\alpha}-\frac{\hat{\beta}}{x}\right)=0$$

$$\therefore \Sigma Y = n\hat{\alpha}+\hat{\beta}\Sigma\frac{1}{x} \qquad\qquad (1)$$

$$\frac{\partial}{\partial\hat{\beta}}SSE = -2\Sigma\frac{1}{x}\left(y-\hat{\alpha}-\frac{\hat{\beta}}{x}\right)=0$$

$$\therefore \Sigma\frac{y}{x} = \hat{\alpha}\Sigma x+\hat{\beta}\Sigma\frac{1}{x^2} \qquad\qquad (2)$$

解(1)，(2)得

$$\hat{\alpha} = \frac{\Sigma\frac{1}{x^2}\Sigma y - \Sigma\frac{1}{x}\Sigma\frac{y}{x}}{n\Sigma\frac{1}{x^2}-\Sigma x\Sigma\frac{1}{x}} \text{，} \hat{\beta} = \frac{n\Sigma\frac{y}{x}-\Sigma x\Sigma y}{n\Sigma\frac{1}{x^2}-\Sigma x\Sigma\frac{1}{x}}$$

例 2 設$(x_1，y_1)$，$(x_2，y_2)\cdots(x_n，y_n)$可用 $y=\alpha+\beta x+\gamma x^2$ 擬合，求 α,β,γ 之 *LSE* 的標準方程式。

解

$$SSE = \Sigma(y - \hat{y})^2 = \Sigma\left(y - \hat{\alpha} - \hat{\beta}x - \hat{\gamma}x^2\right)^2$$

$$\frac{\partial}{\partial\hat{\alpha}}SSE = -2\Sigma\left(y - \hat{\alpha} - \hat{\beta}x - \hat{\gamma}x^2\right) = 0$$

即 $\Sigma Y = n\alpha + \hat{\beta}\Sigma x + \hat{\gamma}\Sigma x^2$

$$\frac{\partial}{\partial\hat{\beta}}SSE = -2\Sigma x\left(Y - \hat{\alpha} - \hat{\beta}x - \hat{\gamma}x^2\right) = 0$$

即 $\Sigma xY = \hat{\alpha}\Sigma x + \hat{\beta}\Sigma x^2 + \hat{\gamma}\Sigma x^3$

$$\frac{\partial}{\partial\gamma}SSE = -2\Sigma x^2\left(Y - \hat{\alpha} - \hat{\beta}x - \hat{\gamma}x^2\right) = 0$$

即 $\Sigma x^2Y = \hat{\alpha}\Sigma x^2 + \hat{\beta}\Sigma x^3 + \hat{\gamma}\Sigma x^4$

$$\therefore \begin{cases} \Sigma y = n\hat{\alpha} + \hat{\beta}\Sigma x + \hat{\gamma}\Sigma x^2 \\ \Sigma xy = \hat{\alpha}\Sigma x + \hat{\beta}\Sigma x^2 + \hat{\gamma}\Sigma x^3 \quad \text{是為所求} \\ \Sigma x^2 y = \hat{\alpha}\Sigma x^2 + \hat{\beta}\Sigma x^3 + \hat{\gamma}\Sigma x^4 \end{cases}$$

簡單線性迴歸模式母數之基本性質

因 $\varepsilon_i \sim n(0, \sigma^2)$，$Y_i = \alpha + \beta x_i + \varepsilon_i$，故 Y_i 服從 $n(\alpha + \beta X_i, \sigma^2)$。$\hat{\alpha} = \bar{Y} - \hat{\beta}\bar{x}$，$\hat{\beta} = \dfrac{\Sigma(x - \bar{x})Y}{\Sigma(x - \bar{x})^2}$ 都是 Y 的線性組合，因此 $\hat{\alpha}$，$\hat{\beta}$ 服從常態分配，我們並求 μ_α，μ_β，σ_α^2，σ_β^2。

定理 9.1-3 簡單線性迴歸之 $E(\hat{\alpha}) = \alpha$，$E(\hat{\beta}) = \beta$

$$V(\hat{\alpha}) = \frac{\Sigma x^2 \sigma^2}{n\Sigma(x - \bar{x})^2}, \quad V(\hat{\beta}) = \frac{\sigma^2}{\Sigma(x - \bar{x})^2}。$$

亦即 $\hat{\alpha} \sim n\left(\alpha, \dfrac{\Sigma x^2}{n\Sigma(x - \bar{x})^2}\sigma^2\right)$，$\hat{\beta} \sim n\left(\beta, \dfrac{\sigma^2}{\Sigma(x - \bar{x})^2}\right)$。

證

$$(1) E(\hat{\beta}) = E\left(\frac{\Sigma(x - \bar{x})Y}{\Sigma(x - \bar{x})^2}\right) = \frac{\Sigma(x - \bar{x})E(Y)}{\Sigma(x - \bar{x})^2}$$

$$= \frac{\Sigma(x-\bar{x})(\alpha+\beta x)}{\Sigma(x-\bar{x})^2} = \frac{\alpha\Sigma(x-\bar{x})+\beta\Sigma(x-\bar{x})x}{\Sigma(x-\bar{x})^2}$$

$$= \frac{\alpha\overbrace{\Sigma(x-\bar{x})}^{0}+\beta\Sigma(x-\bar{x})^2}{\Sigma(x-\bar{x})^2} = \beta$$

(2)$E(\hat{\alpha}) = E(\bar{Y}-\hat{\beta}\bar{x}) = E(\bar{Y})-E(\hat{\beta}\bar{x}) = (\alpha+\beta\bar{x})-\bar{x}E(\hat{\beta})$

$\qquad = (\alpha+\beta\bar{x})-\bar{x}\beta = \alpha$

(3)證明見習題5.

(4)$\hat{\alpha} = \bar{Y}-\hat{\beta}\bar{x} = \Sigma\left(\frac{1}{n}-\frac{\bar{X}(x-\bar{x})}{\Sigma(x-\bar{x})^2}\right)Y$

$\therefore V(\hat{\alpha}) = V\left(\Sigma\left(\frac{1}{n}-\frac{\bar{X}(x-\bar{x})}{\Sigma(x-\bar{x})^2}\right)Y\right)$

$\qquad = \Sigma\left(\frac{1}{n}-\frac{\bar{X}(x-\bar{x})}{\Sigma(x-\bar{x})^2}\right)^2 \underbrace{V(Y)}_{\sigma^2}$

$\qquad = \Sigma\left(\frac{1}{n^2}-\frac{2\bar{X}(x-\bar{x})}{n\Sigma(x-\bar{x})^2}+\frac{\bar{x}^2(x-\bar{x})^2}{(\Sigma(x-\bar{x})^2)^2}\right)\sigma^2$

$\qquad = \left(\frac{1}{n}-\underbrace{\frac{2\bar{X}\Sigma(x-\bar{x})}{n\Sigma(x-\bar{x})^2}}_{0}+\frac{\bar{X}^2\Sigma(x-\bar{x})^2}{(\Sigma(x-\bar{x})^2)^2}\right)\sigma^2$

$\qquad = \left(\frac{1}{n}+\frac{\bar{x}^2}{\Sigma(x-\bar{x})^2}\right)\sigma^2 = \left(\frac{\Sigma(x-\bar{x})^2+n\bar{x}^2}{n\Sigma(x-\bar{x})^2}\right)\sigma^2$

$\qquad = \left(\frac{\Sigma X^2-\frac{(\Sigma x)^2}{n}+n\left(\frac{\Sigma x}{n}\right)^2}{n\Sigma(x-\bar{x})^2}\right)\sigma^2 = \frac{\sigma^2\Sigma x^2}{n\Sigma(x-\bar{x})^2}$ ∎

Y服從常態分配，$\hat{\alpha} = \bar{Y}-\hat{\beta}\bar{x}$且$\hat{\beta} = \frac{\Sigma(x-\bar{x})Y}{\Sigma(x-\bar{x})^2}$, $V(\hat{\beta}) = \frac{\sigma^2}{\Sigma(x-\bar{x})^2}$（見作業第

5 題）。$\hat{\alpha}, \hat{\beta}$均為 Y 之線性組合 $\therefore \hat{\alpha}, \hat{\beta}$亦服從常態分配，即$\hat{\alpha}\sim n\,(\alpha,$

$\frac{\sigma^2\Sigma x^2}{n\Sigma(x-\bar{x})^2}), \hat{\beta}\sim n\,(\beta, \frac{\sigma^2}{\Sigma(x-\bar{x})^2})$，從而

$$\frac{\hat{\alpha}-\alpha}{\sqrt{V(\hat{\alpha})}} = \frac{(\hat{\alpha}-\alpha)}{\sqrt{\frac{\sigma^2\Sigma x^2}{\Sigma(x-\bar{x})^2}}} = \frac{(\hat{\alpha}-\alpha)\sqrt{n\Sigma(x-\bar{x})^2}}{\sigma\sqrt{\Sigma x^2}}\sim n\,(0,1)\text{ 及}$$

$$\frac{\hat{\beta}-\beta}{\sqrt{V(\hat{\beta})}} = \frac{(\hat{\beta}-\beta)}{\sqrt{\frac{\sigma^2}{\Sigma(x-\bar{x})^2}}} = \frac{(\hat{\beta}-\beta)\sqrt{\Sigma(x-\bar{x})^2}}{\sigma}\sim n\,(0,1)$$

> **定理 9.1-4**
>
> $\text{SSE} = \Sigma(y - \hat{y})^2 = S_{yy} - \hat{\beta} S_{xy} = S_{yy} - \hat{\beta}^2 S_{xx}$
>
> 其中 $S_{xx} = \Sigma(x - \bar{x})^2$，$S_{yy} = \Sigma(y - \bar{y})^2$，$S_{xy} = \Sigma(x - \bar{x})(y - \bar{y})$

▦ **證**

$$\text{SSE} = \Sigma(y - \hat{y})^2 = \Sigma[y - (\hat{\alpha} + \hat{\beta}x)]^2$$

$$= \Sigma\{(y - \bar{y}) - (\hat{\alpha} + \hat{\beta}x) + (\hat{\alpha} + \hat{\beta}\bar{x})]\}^2 \quad (\because \bar{Y} = \hat{\alpha} + \hat{\beta}\bar{x})$$

$$= \Sigma[(y - \bar{y}) - \hat{\beta}(x - \bar{x})]^2$$

$$= \Sigma(y - \bar{y})^2 - 2\hat{\beta}\Sigma(x - \bar{x})(y - \bar{y}) + \hat{\beta}^2\Sigma(x - \bar{x})^2$$

$$= S_{yy} - 2\hat{\beta}S_{xy} + \hat{\beta}^2 S_{xx} = S_{yy} - 2\hat{\beta}(S_{xx}\hat{\beta})$$

$$= S_{yy} - \hat{\beta}^2 S_{xx}$$

$$\left(\because \hat{\beta} = \frac{\Sigma(x - \bar{x})(y - \bar{y})}{\Sigma(x - \bar{x})^2} = \frac{S_{xy}}{S_{xx}} \quad \therefore S_{xy} = S_{xx}\hat{\beta}\right)$$

讀者不難推得：

$$S_{xx} = \Sigma(x - \bar{x})^2 = \Sigma x^2 - n\bar{x}^2$$

$$S_{yy} = \Sigma(y - \bar{y})^2 = \Sigma y^2 - n\bar{y}^2$$

$$S_{xy} = \Sigma(x - \bar{x})(y - \bar{y}) = \Sigma xy - n\bar{x}\bar{y}$$

> **定理 9.1-5**
>
> $E\left(\dfrac{\text{SSE}}{n - 2}\right) = \sigma^2$

▦ **證**

由定理 9.1-4 知

$$\text{SSE} = S_{yy} - \hat{\beta}^2 S_{xx}$$

$$\therefore E(\text{SSE}) = E(S_{yy}) - E(\hat{\beta}^2 S_{xx}) \quad\cdots\cdots\cdots\cdots\cdots\cdots\cdots\cdots\cdots\cdots(1)$$

我們分段求 $E(S_{yy})$ 及 $E(\hat{\beta}^2 S_{xx})$：

(一)$E(S_{yy})$：

$$E(S_{yy}) = E[\Sigma(Y - \bar{Y})^2] = \Sigma E(Y - \bar{Y})^2$$

$$= \Sigma(V(Y-\bar{Y})) + \Sigma(E(Y-\bar{Y}))^2 \cdots\cdots\cdots\cdots\cdots\cdots\cdots\cdots\cdots\cdots(2)$$

在不失一般性下，我們先考察 $V(Y_1 - \bar{Y})$：

$$
\begin{aligned}
V(Y_1 - \bar{Y}) &= V\left(Y_1 - \frac{Y_1 + Y_2 + \cdots + Y_n}{n}\right) \\
&= V\left(\frac{n-1}{n}Y_1 - \frac{1}{n}\sum_{i=2}^{n}Y_i\right) \\
&= \left(\frac{n-1}{n}\right)^2 V(Y_1) + \frac{1}{n^2}\sum_{i=2}^{n}V(Y_i) + \frac{2(n-1)}{n}\left(-\frac{1}{n}\right) \cdot \\
&\quad \mathrm{Cov}\left(Y_1, \sum_{i=2}^{n}Y_i\right) = \left(\frac{n-1}{n}\right)^2 \sigma^2 + \frac{n-1}{n^2}\sigma^2 + 0 \\
&= \frac{n-1}{n}\sigma^2
\end{aligned}
$$

同法可得

$$V(Y_2 - \bar{Y}) = V(Y_3 - \bar{Y}) = \cdots\cdots = V(Y_n - \bar{Y}) = \frac{n-1}{n}\sigma^2$$

$$\therefore \Sigma(V(Y-\bar{Y})) = n\left(\frac{n-1}{n}\right)\sigma^2 = (n-1)\sigma^2 \cdots\cdots\cdots\cdots\cdots\cdots\cdots\cdots(3)$$

又 $E(Y-\bar{Y}) = E(Y) - E(\bar{Y}) = (\alpha+\beta x) - (\alpha+\beta\bar{x})$

$$= \beta(x-\bar{x})$$

$$\therefore \Sigma(E(Y-\bar{Y}))^2 = \beta^2\Sigma(x-\bar{x})^2 \quad \cdots\cdots\cdots\cdots\cdots\cdots\cdots\cdots(4)$$

代(3)，(4)入(2)得 $E(S_{yy}) = (n-1)\sigma^2 + \beta^2\Sigma(x-\bar{x})^2 \cdots\cdots\cdots\cdots\cdots(5)$

(二) $E(\hat{\beta}^2 S_{xx})$：

$$
\begin{aligned}
E(\hat{\beta}^2 S_{xx}) &= E(\hat{\beta}^2 \Sigma(x-\bar{x})^2) = \Sigma(x-\bar{x})^2 E(\hat{\beta}^2) \\
&= \Sigma(x-\bar{x})^2 [V(\hat{\beta}) + (E(\hat{\beta}))^2] \\
&= \Sigma(x-\bar{x})^2 \cdot \left(\frac{\sigma^2}{\Sigma(x-\bar{x})^2} + \beta^2\right) = \sigma^2 + \beta^2\Sigma(x-\bar{x})^2 \quad \cdots\cdots\cdots(6)
\end{aligned}
$$

代(5)，(6)入(1)得

$$
\begin{aligned}
E(SSE) &= (n-1)\sigma^2 + \beta^2\Sigma(x-\bar{x})^2 - [\sigma^2 + \beta^2\Sigma(x-\bar{x})^2] \\
&= (n-2)\sigma^2
\end{aligned}
$$

$$\therefore E\left(\frac{SSE}{n-2}\right) = \sigma^2 \qquad\qquad \blacksquare$$

因此我們可定義 $\hat{\sigma}^2$ 如下：

定義

9.1-1

$$\hat{\sigma}^2 = \frac{\Sigma(y - \hat{y})^2}{n-2} = \frac{\Sigma(y_i - \hat{\alpha} - \hat{\beta}\alpha_i)^2}{n-2}$$

簡單迴歸模式之區間估計

A. α 之信賴區間

定理
9.1-7 在簡單迴歸模式中，$\dfrac{(n-2)\hat{\sigma}^2}{\sigma^2} \sim \chi^2(n-2)$ 且 $\dfrac{(n-2)\hat{\sigma}^2}{\sigma^2}$ 分別與 $\hat{\alpha}$ 和 $\hat{\beta}$ 獨立。

證略

定理
9.1-8 簡單線性迴歸模式 $u_{Y|x} = \alpha + \beta x$ 之母數 α 之 $(1-\alpha)100\%$ 信賴區間為

$$P\left(\hat{\alpha} - t_{\alpha/2}(n-2) \cdot \sqrt{\frac{\Sigma x^2 \Sigma(y - \hat{\alpha} - \hat{\beta}x)^2}{n(n-2)\Sigma(x-\bar{x})^2}} < \alpha < \hat{\alpha} + t_{\alpha/2}(n-2) \cdot \right.$$

$$\left. \sqrt{\frac{\Sigma x^2 \Sigma(y - \hat{\alpha} - \hat{\beta}x)^2}{n(n-2)\Sigma(x-\bar{x})^2}} \right) = 1 - \alpha$$

證

$$\frac{\hat{\alpha} - \alpha}{\sqrt{V(\hat{\alpha})}} \sim n(0,1) \ \text{及} \ \frac{\Sigma(Y - \hat{\alpha} - \hat{\beta}x)^2}{\sigma^2} \sim \chi^2(n-2)$$

$$\therefore \frac{\hat{\alpha} - \alpha}{\sqrt{V(\hat{\alpha})}} \left/ \sqrt{\frac{\Sigma(Y - \hat{\alpha} - \hat{\beta}x)^2}{\sigma^2} / (n-2)} \right. \sim t(n-2)$$

亦即

$$\frac{(\hat{\alpha} - \alpha)\sqrt{n\Sigma(x-\bar{x})^2}}{\sigma\sqrt{\Sigma x^2}} \left/ \sqrt{\frac{\Sigma(Y - \hat{\alpha} - \hat{\beta}x)^2}{\sigma^2} \left/ (n-2) \right.} \right.$$

$$= (\hat{\alpha} - \alpha) \sqrt{\frac{n(n-2)\Sigma(x-\bar{x})^2}{\Sigma x^2 \Sigma(y - \hat{\alpha} - \hat{\beta}x)^2}} \sim t(n-2)$$

∴ α 之信賴區間為

$$P\left(-t_{\alpha/2}(n-2) < (\hat{\alpha} - \alpha)\sqrt{\frac{n(n-2)\Sigma(x-\bar{x})^2}{\Sigma x^2 \Sigma(y - \hat{\alpha} - \hat{\beta}x)^2}} < t_{\alpha/2}(n-2)\right) = 1 - \alpha$$

$$\Rightarrow P\left(\hat{\alpha} - t_{\alpha/2}(n-2)\sqrt{\frac{\Sigma x^2 \Sigma(y - \hat{\alpha} - \hat{\beta}x)^2}{n(n-2)\Sigma(x-\bar{x})^2}} < \alpha < \right.$$

$$\left. \hat{\alpha} + t_{\alpha/2}(n-2)\sqrt{\frac{\Sigma x^2 \Sigma(y - \hat{\alpha} - \hat{\beta}x)^2}{n(n-2)\Sigma(x-\bar{x})^2}}\right) = 1 - \alpha$$

定理 9.1-8 亦可表成

$$P\left(\hat{\alpha} - t_{\alpha/2}(n-2)\,\hat{\sigma}\sqrt{\frac{\Sigma x^2}{nS_{xx}}} < a < a^n + t_{\frac{\alpha}{2}}(n-2)\,\hat{\sigma}\sqrt{\frac{\Sigma x^2}{nS_{xx}}}\right) = 1 - \alpha$$

β 之信賴區間

> **定理 9.1-9** 簡單線性迴歸模式 $u_{Y|x} = \alpha + \beta x$ 之母數 β 之 $(1-\alpha)100\%$ 信賴區間為
> $$P\left(\hat{\beta}\,t_{\alpha/2}(n-2)\cdot\sqrt{\frac{\Sigma(y - \hat{\alpha} - \hat{\beta}x)^2}{(n-2)\Sigma(x-\bar{x})^2}} < \beta < \hat{\beta} + t_{\alpha/2}(n-2)\sqrt{\frac{\Sigma(y - \hat{\alpha} - \hat{\beta}x)^2}{(n-2)\Sigma(x-\bar{x})^2}}\right)$$
> $$= 1 - \alpha$$

證

$$\frac{\hat{\beta} - \beta}{\sqrt{V(\hat{\beta})}} = \frac{\hat{\beta} - \beta}{\sigma/\sqrt{\Sigma(x-\bar{x})^2}} \sim n(0,1) \; 及 \; \frac{\Sigma(Y - \hat{\alpha} - \hat{\beta}x)^2}{\sigma^2} \sim \chi^2(n-2)$$

$$\therefore \frac{\hat{\beta} - \beta}{\sigma/\sqrt{\Sigma(x-\bar{x})^2}}\Bigg/\sqrt{\frac{\Sigma(Y - \hat{\alpha} - \hat{\beta}x)^2}{\sigma^2}/(n-2)}$$

$$= (\hat{\beta} - \beta)\cdot\sqrt{\frac{(n-2)(x-\bar{x})^2}{\Sigma(y - \hat{\alpha} - \hat{\beta}x)^2}} \sim t(n-2)$$

∴ β 之信賴區間為

$$P\left(-t_{\frac{\alpha}{2}}(n-2) < (\hat{\beta} - \beta)\sqrt{\frac{(n-2)\Sigma(x-\bar{x})^2}{\Sigma(y - \hat{\alpha} - \hat{\beta}x)^2}} < t_{\frac{\alpha}{2}}(n-2)\right) = 1 - \alpha$$

即 $P\left(\hat{\beta} - t_{\frac{\alpha}{2}(n-2)}\sqrt{\dfrac{\Sigma(y-\hat{\alpha}-\hat{\beta}x)^2}{(n-2)\Sigma(x-\bar{x})^2}} < \beta < \hat{\beta} + t_{\frac{\alpha}{2}(n-2)}\sqrt{\dfrac{\Sigma(y-\hat{\alpha}-\hat{\beta}x)^2}{(n-2)\Sigma(x-\bar{x})^2}}\right)$

$= 1 - \alpha$

定理 9.1-9 亦可表成 $P\left(\hat{\beta} - t_{\alpha/2}(n-2)\dfrac{\hat{\sigma}}{\sqrt{S_{xx}}} < \beta < \hat{\beta} + t_{\frac{\alpha}{2}}\dfrac{\hat{\sigma}}{\sqrt{S_{xx}}}\right) = 1 - \alpha$

預測區間之估計

預測是迴歸方程式最主要功能之一；二種形式之預測區間：（ I ）$u_{Y\,X_0}$ 之預測：當 $x=x_0$ 時 Y 平均值 $u_{Y X_0}$ 之預測區間；（ II ）Y_0 之預測區間即 $x=x_0$ 時 Y 之單值 y_0 預測區間。

I 、$u_{Y\,X_0}$ 之預測區間

預備定理 9.1-1 簡單迴歸線性模式 $\mu_{YX} = \alpha + \beta x$ 中 $Cov(\hat{\alpha}, \hat{\beta}) = \dfrac{-\bar{x}\sigma^2}{\Sigma(x-\bar{x})^2}$

證

$$Cov(\hat{\alpha}, \hat{\beta}) = E(\hat{\alpha} - E(\hat{\alpha}))(\hat{\beta} - E(\hat{\beta})) = E(\hat{\alpha} - \alpha)(\hat{\beta} - \beta) \qquad *$$

又 $\hat{\alpha} = \bar{Y} - \hat{\beta}\bar{x}$ 及 $\bar{y} = \alpha + \beta\bar{x}$ $\therefore \hat{\alpha} - \alpha = -(\hat{\beta} - \beta)\bar{x}$ 代入 $*$ 得

$$Cov(\hat{\alpha}, \hat{\beta}) = E(-(\hat{\beta} - \beta)\bar{x})(\hat{\beta} - \beta) = -\bar{x}E(\hat{\beta} - \beta)(\hat{\beta} - \beta)$$

$$= -\bar{x}V(\hat{\beta}) = \dfrac{-\bar{x}\sigma^2}{\Sigma(x-\bar{x})^2}$$

預備定理 9.1-2 簡單線性迴歸模式 $u_Y|_X = \alpha + \beta x$ 之 $\hat{\beta}$ 與 $\bar{Y}$ 不相關。

證

$$Cov(\bar{Y}, \hat{\beta}) = Cov(\hat{\alpha} + \hat{\beta}\bar{x}, \hat{\beta})$$

$$= Cov(\hat{\alpha}, \hat{\beta}) + Cov(\hat{\beta}\bar{x}, \hat{\beta})$$

$$= Cov(\hat{\alpha}, \hat{\beta}) + \underbrace{\overline{X} Cov(\hat{\beta}, \hat{\beta})}_{v(\hat{\beta})}$$

$$= \frac{-\overline{x}\sigma^2}{\Sigma(x-\overline{x})^2} + \overline{x} \cdot \frac{\sigma^2}{\Sigma(x-\overline{x})^2} = 0$$

利用上述之預備定理證明下一定理：

定理 9.1-10 迴歸直線 $u_Y|_X = \alpha + \beta x$，$u_Y|_{X_0}$ 之 $(1-\alpha)$ 100% 信賴區間為 $P\left(\hat{y}_0 - t_{\alpha/2} \hat{\sigma} \sqrt{\frac{1}{n} + \frac{(x_0-\overline{x})}{\Sigma(x-\overline{x})^2}} < \mu_Y|_{X_0} < \hat{y}_0 + t_{\alpha/2} \cdot \hat{\sigma} \sqrt{\frac{1}{n} + \frac{(x_0-\overline{x})^2}{\Sigma(x-\overline{x})^2}}\right) = 1-\alpha$; t 之 $d.f. = n-2$, $\hat{\sigma}^2 = \frac{1}{n-2}\Sigma(\hat{y} - \hat{\alpha} - \hat{\beta}x)^2$

證

$$E(Y_0) = E(\hat{\alpha} + \hat{\beta}x_0) = \alpha + \beta x_0$$

$$\therefore V(\hat{Y}_0) = V(\hat{\alpha} + \hat{\beta}x_0) \underline{\overline{Y} = \hat{\alpha} + \hat{\beta}\overline{x}} = V(\overline{Y} - \hat{\beta}\overline{x} + \hat{\beta}x_0) = V(\overline{Y} + \hat{\beta}(x_0 - \overline{x}))$$

$$= V(\overline{Y}) + (x_0 - \overline{x})^2 V(\hat{\beta}) + 2(x_0 - \overline{x})Cov(\overline{Y}, \hat{\beta})$$

$$= \frac{\sigma^2}{n} + \frac{(x_0 - \overline{x})^2}{\Sigma(x-\overline{x})^2}\sigma^2 = \left[1 + \frac{(x_0-\overline{x})^2}{\Sigma(x-\overline{x})^2}\right]\sigma^2$$

又 $T = \dfrac{Z}{\sqrt{\dfrac{\chi^2(k)}{k}}} = \dfrac{\dfrac{\hat{Y}_0 - u_Y|_{x_0}}{\sigma_{Y_0}}}{\sqrt{\dfrac{(n-2)\hat{\sigma}}{\sigma_2}\Big/(n-2)}}$

$$= \frac{(\hat{Y}_0 - \mu_Y|x_0)\Big/\sqrt{1 + \dfrac{(x_0-\overline{x})^2}{\Sigma(x-\overline{x})^2}}\sigma}{\dfrac{\hat{\sigma}}{\sigma}} = \frac{\hat{Y}_0 - \mu_Y|_{x_0}}{\hat{\sigma}\sqrt{1 + \dfrac{(x_0-\overline{x})^2}{\Sigma(x-\overline{x})^2}}}$$

代 T 之結果入

$$P(-t_{\alpha/2} < T < t_{\alpha/2}) = 1-\alpha$$

$$得 P\left(-t_{\alpha/2}\hat{\sigma} < \frac{Y_0 - \mu_Y|_{X_0}}{\sigma\sqrt{1 + \frac{(x_0 - \bar{x})^2}{\sum(x - \bar{x})^2}}} < t_{\frac{\alpha}{2}}\hat{\sigma}\right)$$

$$= P\left(y_0 - t_{\alpha/2}\hat{\sigma}\sqrt{\frac{1}{n} + \frac{(x_0 - \bar{x})^2}{\sum(x - \bar{x})^2}} < \mu_Y|_{X_0} < y_0 + t_{\alpha/2}\hat{\sigma}\sqrt{\frac{1}{n} + \frac{(x_0 - \bar{x})^2}{\sum(x - \bar{x})^2}}\right)$$

$$= 1 - \alpha$$

II、Y_0 之預測區間

在很多場合中，研究者對某一 x_0 對應之 Y_0 值的信賴區間感到興趣，Y_0 之信賴區間依下列定理得解。

定理 9.1-11	簡單線性迴歸模式 $\mu_Y|_x = \alpha + \beta X$ 中 X_0 之預測值 Y_0 之 $(1-\alpha)100\%$ 信賴區間為 $P\left(\hat{y}_0 - t_{\alpha/2}\hat{\sigma}\sqrt{1 + \frac{1}{n} + \frac{(x_0 - \bar{x})^2}{\sum(x - \bar{x})^2}} < Y_0 < \hat{y}_0 + t_{\alpha/2}\hat{\sigma}\sqrt{1 + \frac{1}{n} + \frac{(x_0 - \bar{x})^2}{\sum(x - \bar{x})^2}}\right) = 1 - \alpha$; t 之 $d.f. = n - 2$

讀者可仿定理 9.1-10 自行證明之。

σ^2 之信賴區間

定理 9.1-12	簡單線性迴歸模式 $\mu_Y|_x = \alpha + \beta X$ 之 σ 的 $(1-\alpha)100\%$ 信賴區間為 $P\left(\frac{\sum(y - \hat{\alpha} - \hat{\beta}x)^2}{\chi^2_{1-\frac{\alpha}{2}}(n-2)} < \sigma^2 < \frac{\sum(y - \hat{\alpha} - \hat{\beta}x)^2}{\chi^2_{\frac{\alpha}{2}}(n-2)}\right) = 1 - \alpha$

證

$$\frac{\sum(y - \hat{\alpha} - \hat{\beta}x)^2}{n-2} \Big/ \sigma^2 \sim \chi^2(n-2)$$

$$\therefore P\left(\chi^2_{1-\frac{\alpha}{2}}(n-2) > \frac{\sum(y - \hat{\alpha} - \hat{\beta}x)^2}{(n-2)\sigma^2} > \chi^2_{\frac{\alpha}{2}}(n-2)\right)$$

$$= P\left(\frac{\sum(y - \hat{\alpha} - \hat{\beta}x)^2}{\chi^2_{1-\frac{\alpha}{2}}(n-2)} < \sigma^2 < \frac{\sum(y - \hat{\alpha} - \hat{\beta}x)^2}{\chi^2_{\frac{\alpha}{2}}(n-2)}\right) = 1 - \alpha$$

習題 *9-1*

1. 若 $E(Y|x) = k$，k 為常數，試證 $E(Y|x) = E(Y)$ 及 $E(XY) = E(X)E(Y)$。

2. 在迴歸模式 $Y_i = \beta x_i + \varepsilon_i$，$i = 1, 2 \cdots n$ 下，求 (a)β 之 LSE $\hat{\beta}$ (b)$V(\hat{\beta})$

3. $\mu_{Y|x}$ 為 x 之線性迴歸，試證 $V(Y|x) = \sigma_Y^2(1 - \rho^2)$。

4. 簡單迴歸模式定義 $e_i = Y_i - \hat{\alpha} - \hat{\beta} x_i$，試證
   (a)$\Sigma e_i = 0$ (b)$\Sigma e_i x_i = 0$ (c)$\Sigma e_i Y_i = 0$

5. 迴歸模式 $Y_i = \alpha + \beta X_i + \varepsilon_i$，試證 $V(\hat{\beta}) = \dfrac{\sigma^2}{\Sigma(X - \overline{X})^2}$

6. 證 $\hat{\alpha}$，$\hat{\beta}$ 為 α，β 之一致推定量。

7. 試證 $cov(X, e) = 0$

8. $r.v.\ X$、Y、Z 之 $jdpf$ 為 $f(x, y, z)$，若 $\mu_{z|x, y}$ 為線性並可寫成下列形式 $\mu_{z|x, y} = \alpha + \beta_1(x - \mu_1) + \beta_2(y - \mu_2)$
   試證 $\hat{\alpha} = \mu_3$，$\hat{\beta}_1 = \dfrac{\sigma_{13}\sigma_2^2 - \sigma_{12}\sigma_{23}}{\sigma_1^2\sigma_2^2 - \sigma_{12}^2}$，$\hat{\beta}_2 = \dfrac{\sigma_{23}\sigma_1^2 - \sigma_{12}\sigma_{23}}{\sigma_1^2\sigma_2^2 - \sigma_{12}^2}$，其中 $E(X) = \mu_1$，$E(Y) = \mu_2$，$E(Z) = \mu_3$，$V(X) = \sigma_1^2$，$V(Y) = \sigma_2^2$，$V(Z) = \sigma_3^2$，$Cov(X, Y) = \sigma_{12}$，$Cov(X, Z) = \sigma_{13}$，$Cov(Y, Z) = \sigma_{23}$

9. 考慮下列線性模式：
   $y_i = \beta_0 + \beta_1 x + \varepsilon_i$，$\varepsilon_i$ 為服從平均數為 0，變異數為 $a_i^2 \sigma^2$ 之獨立 r.v.，為求 β_0，

β_1 之 LSE，我們將模式轉換成

$$a_i^{-1}y_i = a_i^{-1}\beta_0 + a_i^{-1}\beta_1 x_i + a_i^{-1}\varepsilon_i$$

或　$z_i = u_i\beta_0 + v_i\beta_1 + \delta_i$，其中 $u_i = a_i^{-1}$，$v_i = a_i^{-1}x_i$，$\delta_i = a_i^{-1}a_i$

試依上述方法求 β_0，β_1 之 LSE

9.2 Gauss–Markov 定理

最佳線性不偏推定量

前一節我們用最小平方法對簡單線性迴歸模式 $Y = \alpha + \beta x + \varepsilon$ 之母數 α，β 進行推估，得到 $\hat{\beta} = \dfrac{\Sigma XY}{\Sigma (x - \bar{x})^2}$，$\hat{\alpha} = \bar{Y} - \hat{\beta}\bar{x}$，我們也證明了，$\hat{\alpha}$，$\hat{\beta}$ 均滿足二個性質：(1) 線性：即 $\hat{\alpha}$，$\hat{\beta}$ 均是 X_i 之線性組合，(2) 不偏性：即 $E(\hat{\beta}) = \beta$，$E(\hat{\alpha}) = \alpha$，下面之 Gauss–Markov 定理告訴我們這些 LSE 事實上均滿足**最佳線性不偏推定量**（best linear unbiased estimator 即 BLUE），**所有線性不偏推定量中它的變異數為最小**。這裡所稱之**最佳意指「變異數為最小」**。因此，在研究 BLUE 時，我們的注意力集中在(1)被估計之函數必須是 Y_i 之線性函數族(2) Y_i 之線性函數中須為不偏者。

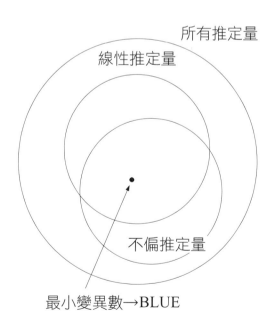

所有推定量

線性推定量

不偏推定量

最小變異數→BLUE

> **定義**
>
> **9.2-1**
>
> 自母體 $f(x;\theta)$ 中抽出一組隨機樣本 X_1，$X_2 \cdots X_n$ 以估計母數 θ。Y_1，$Y_2 \cdots Y_k$ 均為 X_1，$X_2 \cdots X_n$ 之線性組合，且 Y_1，$Y_2 \cdots Y_k$ 均為 θ 之不偏推定量（即 $E(Y_1) = E(Y_2) = \cdots = E(Y_k) = \theta$），若 $V(Y_i) \geq V(Y_j)$，$i = 1,2 \cdots k$，則稱 Y_j 為 θ 之最佳線性不偏推定量（BLUE）。

○ **例 1** 設 β^* 為 $Y_i = \alpha + \beta x_i + \varepsilon_i$ 中 β 之一個估計式，定義 $\beta^* = \dfrac{Y_2 - Y_1}{x_2 - x_1}$，$(x_1, y_1)$，$(x_2, y_2)$ 為 N 個觀測值中之首二個觀測值，假設簡單線性迴歸模式之所有假設均成立，(a)問 β^* 為 β 之一個不偏估計式？(b)證明 $\operatorname{Var}(\beta^*) = \dfrac{2\sigma^2}{(x_2 - x_1)^2}$，(c)說明何以 β^* 不是 β 之 BLUE？

解

(a)$E(\beta^*) = E\left(\dfrac{Y_2 - Y_1}{x_2 - x_1}\right) = \dfrac{(\alpha + \beta x_2) - (\alpha + \beta x_1)}{x_2 - x_1} = \beta$ $\therefore \hat{\beta}$ 為 β 之不偏推定量。

(b)$V(\beta^*) = V\left(\dfrac{Y_2 - Y_1}{x_2 - x_1}\right) = \dfrac{V(Y_2) + V(Y_1)}{(x_2 - x_1)^2} = \dfrac{2\sigma^2}{(x_2 - x_1)^2}$

(c)現在我們要說明 β^* 不為 BLUE，只需證明 $\operatorname{Var}(\beta^*) \geq \operatorname{Var}(\hat{\beta})$，

即 $\dfrac{\sigma^2}{\frac{1}{2}(x_2 - x_1)^2} \leq \dfrac{\sigma^2}{\sum(x - \bar{x})^2}$：

$\therefore \dfrac{1}{2}(x_2 - x_1)^2 = \dfrac{1}{2}[(x_2 - \bar{x}) - (x_1 - \bar{x})]^2$

$\qquad = \dfrac{1}{2}(x_1 - \bar{x})^2 + \dfrac{1}{2}(x_2 - \bar{x})^2 - (x_2 - \bar{x})(x_1 - \bar{x})$

$\therefore \sum_{i=1}^{n}(x - \bar{x})^2 - \dfrac{1}{2}(x_2 - x_1)^2$

$\qquad = (x_1 - \bar{x})^2 + (x_2 - \bar{x})^2 - \dfrac{1}{2}(x_2 - x_1)^2 + \sum_{i=3}^{n}(x_i - \bar{x})^2$

$\qquad = (x_1 - \bar{x})^2 + (x_2 - \bar{x})^2 - \dfrac{1}{2}[(x_2 - \bar{x}) - (x_1 - \bar{x})]^2$

$$= \frac{1}{2} \left[(x_1 - \bar{x})^2 + (x_2 - \bar{x})^2 + 2(x_1 - \bar{x})(x_2 - \bar{x}) \right] + \sum_{i=3}^{n} (x_i - \bar{x})^2 \geq 0$$

$$\Rightarrow \frac{\sigma^2}{\sum (x - \bar{x})^2} \leq \frac{2\sigma^2}{(x_2 - x_1)^2} \text{ , i. e. } \beta^* \text{ 不為 } \beta \text{ 之 BLUE}$$

○ 例 2　若 $\hat{\mu} = \dfrac{N\bar{X}}{N+2}$，在此

$\bar{X} = (\dfrac{1}{N})(X_1 + X_2 + \cdots + X_N)$，$X_i \sim n(\mu, \sigma^2)$，$i = 1, 2 \cdots N$

問 $\hat{\mu}$ 是否為 μ 之 BLUE？

解

$$E(\hat{\mu}) = E\left(\frac{N\bar{X}}{N+2}\right) = \frac{N}{N+2} E(\bar{X}) = \frac{N}{N+2}\mu \neq \mu \text{（} \hat{\mu} \text{ 不滿足不偏性）}$$

$\therefore \hat{\mu}$ 不為 BLUE

○ 例 3　自平均數為 μ，變異數為 σ^2 之母體中抽出 X_1，$X_2 \cdots X_n$ 為一組隨機

樣本，試證若 $a_i = \dfrac{1}{n}$，$i = 1, 2 \cdots n$ 則 $Y = \sum\limits_{i=1}^{n} a_i X_i$ 為 BLUE

解

$Y = \sum\limits_{i=1}^{n} a_i X_i$ 為線性：

(1)不偏性：$E\left(\sum\limits_{i=1}^{n} a_i X_i\right) = \sum\limits_{i=1}^{n} a_i \mu = \mu \sum\limits_{i=1}^{n} a_i = \mu \sum\limits_{i=1}^{n} \dfrac{1}{n} = \mu$　　　　(1)

(2)最小變異性：$V\left(\sum\limits_{i=1}^{n} a_i X_i\right) = \sigma^2 \sum\limits_{i=1}^{n} a_i^2$　　　　　　　　　(2)

利用 Lagrange 乘數，

$L = a_1^2 + a_2^2 + \cdots + a_n^2 + \lambda (a_1 + a_2 + \cdots + a_n - 1)$

$\dfrac{\partial L}{\partial a_i} = 2a_i + \lambda = 0$　　$\therefore a_i = -\dfrac{\lambda}{2}$，$i = 1, 2 \cdots n$　　　(3)

$\dfrac{\partial L}{\partial \lambda} = a_1 + \cdots + a_n = 1$　　　　　　　　　　　　　　(4)

代(5)入(4)得　$\lambda = -\dfrac{2}{n}$，$\therefore a_1 = a_2 = \cdots = a_n = \dfrac{1}{n}$　　(5)

由(5) $a_i = \dfrac{1}{n}$　$i = 1, 2 \cdots n$ 時變異數為最小

由(1)、(5)

$$\therefore a_i = \frac{1}{n} \text{ 時 , } Y = \sum_{i=1}^{n} a_i X_i \text{ 為 BLUE}$$

例 3 之最小變異性亦可用下法導出

$$\sum_{i=1}^{n} a_i^2 = \sum_{i=1}^{n} \left(a_i - \frac{1}{n} + \frac{1}{n} \right)^2 = \sum_{i=1}^{n} \left(a_i - \frac{1}{n} \right)^2 + \frac{2}{n} \sum_{i=1}^{n} \left(a_i - \frac{1}{n} \right) + \sum_{i=1}^{n} \frac{1}{n^2}$$

$$= \sum_{i=1}^{n} \left(a_n - \frac{1}{n} \right)^2 + \frac{1}{n}$$

$$\therefore a_1 = a_2 = \cdots = a_n = \frac{1}{n} \text{ 時變異數為最小。}$$

Gauss-Markov 定理

定理 9.2-1 （Gauss-Markov 定理）在簡單迴歸模式 $Y_i = \alpha + \beta x_i + \varepsilon_i$,其中 x_i 為非隨機變數, ε_i 為隨機變數, $\varepsilon_i \sim n(0, \sigma^2)$, $i = 1, 2, \cdots, n$,則 LSE $\hat{\alpha}$, $\hat{\beta}$ 均為 BLUE。

（分析）令 $\hat{\beta} = \Sigma c_i Y_i$ 則我們要證的是：① 不偏之條件是什麼：即 $E(\hat{\beta}) = E(\Sigma c_i Y_i) = \beta$ 時 c_i 需符合什麼條件？② 變異數最小之條件：由 ① 不偏之條件導出 $V(\hat{\beta}) = V(\Sigma c_i Y_i)$ 為最小時 $c_i = ?$ （需用 Lagrange 乘數）。

證

（我們只證 $\hat{\beta}$ 為 BLUE）

設 $\hat{\beta} = \Sigma c_i Y_i$

則 $\hat{\beta} = \Sigma c_i (\alpha + \beta x_i + \varepsilon_i) = \alpha \Sigma c_i + \beta \Sigma c_i x_i + \Sigma c_i \varepsilon_i$

(1)不偏條件：

$$E(\hat{\beta}) = \alpha \Sigma c_i + \beta \Sigma C_i x_i + \Sigma c_i E(\varepsilon_i) = \alpha \Sigma c_i + \beta \Sigma c_i x_i$$

$$\therefore E(\hat{\beta}) = \beta \text{ 之條件為 } \quad \Sigma c_i = 0 \quad \text{且} \quad \Sigma c_i x_i = 1 \quad \cdots\cdots\cdots\cdots\cdots\cdots ①$$

(2)不偏條件下變異數最小之條件：

$$V(\hat{\beta}) = \Sigma c_i^2 V(\varepsilon_i) = \sigma^2 \Sigma c_i^2 \text{ ,現在我們要用 Lagrange 實數法求變異數最小}$$

之條件。

取 $L = \sigma^2 \sum c_i^2 + \lambda(\sum C_i) + \ell(\sum c_i x_i - 1)$ ⋯⋯⋯⋯⋯②

$\dfrac{\partial L}{\partial c_i} = 2c_i\sigma^2 + \lambda + \ell x_i = 0$ ⋯⋯⋯⋯⋯⋯⋯③

$\dfrac{\partial L}{\partial \lambda} = \sum c_i = 0$ ⋯⋯⋯⋯⋯⋯⋯⋯④

$\dfrac{\partial L}{\partial \ell} = \sum c_i x_i = 1$ ⋯⋯⋯⋯⋯⋯⋯⑤

③乘 x_i 得

$2c_i\sigma^2 x_i + \lambda x_i + \ell x_i^2 = 0$

$2\sigma^2 \sum c_i x_i + \lambda \sum x_i + \ell \sum x_i^2 = 0$ （對上式加總）

但 $\sum c_i x_i = 1$ （由(5)）

$\therefore 2\sigma^2 = -\lambda \sum x_i - \ell \sum x_i^2$ ⋯⋯⋯⋯⋯⑥

對②加總得

$2\sigma^2 \sum c_i + n\lambda + \ell \sum x_i = 0$ ⋯⋯⋯⋯⋯⑦

但 $\sum c_i = 0$ （由④）

$\therefore \lambda = -\dfrac{\ell}{n} \sum x_i$⋯⋯⋯⋯⋯⋯⋯⑧

代⑧到⑥得　$2\sigma^2 = \dfrac{\ell}{n}(\sum x)^2 - \ell \sum x^2 = -\ell(\sum(x - \bar{x})^2)$

$\therefore \ell = -\dfrac{2\sigma^2}{\sum(x - \bar{x})^2}$ ⋯⋯⋯⋯⋯⋯⑨

由⑧・⑨知　$\lambda = \dfrac{2\sigma^2 \sum x}{n\sum(x - \bar{x})^2}$ ⋯⋯⋯⋯⑩

代⑨・⑩到③得

$2C_i\sigma^2 = -\lambda - \ell X_i = -\dfrac{2\sigma^2 \sum x}{n\sum(x - \bar{x})^2} + \dfrac{2\sigma^2 x_i}{\sum(x - \bar{x})^2}$

$\therefore C_i = \dfrac{x_i - \bar{x}}{\sum(x - \bar{x})^2}$ ∎

因此 $\hat{\beta} = \sum\limits_{i=1}^{n} c_i Y_i = \dfrac{\sum(x - \bar{x})Y}{\sum(x - \bar{x})^2}$

即 LSE $\hat{\beta}$ 為 BLUE

$\hat{\alpha}$ 為 BLUE 亦同法可證，留做習題 6.

由 Gauss-Markov 定理知簡單迴歸方程式母數之 LSE 滿足以下之特性：

⑴線性⑵不偏⑶最小變異數，在前面我們討論過 UMVUE，它是在所有不偏推定量中變異數最小者，而 BLUE 則是在所有線性不偏估計量中變異數最小者。

習題 *9-2*

1. 甲、乙、丙三人利用同樣的資料以最小平方法區別估計所建立之模型：

甲：$Y_i = \alpha_1 + \beta_1 x_i + \varepsilon_i$

乙：$(Y_i - \overline{Y}) = \alpha_2 + \beta_2(x_i - \bar{x}) + \varepsilon_i$

丙：$Y_i^* = \alpha_3 + \beta_3 x_i^* + \varepsilon_i$

此處 $\overline{X}, \overline{Y}$ 代表樣本平均數，S_x, S_y 代表樣本標準差，$x_i^* = \dfrac{x_i - \bar{x}}{S_x}$，$Y_i^* = \dfrac{Y_i - \overline{Y}}{S_y}$，

ε_i 代表誤差項

(a)試求 $\hat{\alpha_2} = ?$

(b)β_1 之估計值是否等於 β_2 之估計值，請說明之。

(c)試求 $\hat{\alpha_3} = ?$ $\hat{\beta_3} = ?$

2. 設迴歸模型為 $Y_i = \alpha + \beta x_i + \varepsilon_i$，其中 $E(\varepsilon_i) = 0$，$E(\varepsilon_i^2) = \sigma^2$，$E(\varepsilon_i \varepsilon_j) = 0$，$i \neq j$，$X_i$ 為非隨機變數，今有 20 個觀察點，依數值由小到大排列：

$$\hat{\beta} = \frac{\overline{Y}_2 - \overline{Y}_1}{\overline{X}_2 - \overline{X}_1}, \quad \bar{x}_1 = \frac{1}{10}\sum_{i=1}^{10} x_i, \quad \overline{Y}_1 = \frac{1}{10}\sum_{i=1}^{10} Y_i, \quad \bar{x}_2 = \frac{1}{10}\sum_{i=11}^{20} x_i, \quad \overline{Y}_2 = \frac{1}{10}\sum_{i=11}^{20} Y_i$$

(a)$\hat{\beta}$ 是否為不偏估計式，試說明之。

(b)$\hat{\beta}$ 是否為 BLUE？

3. (a)BLUE 估計式的變異數必較非 BLUE 估計式的變異數為小。（是非題）

(b)$\bar{x}$ 不但是 BLUE，且是 μ_x 的 MLE，因此它是 μ_x 的最有效的估計式。（是非題）

4. 設 $Y_1, Y_2, \cdots, Y_T$ 是自母體 Ω（均數為 β，變異數 σ^2）中隨機抽出之 T 個樣本。設 β^* 是 β 之一個統計量，即 $\beta^* = \dfrac{\sum i\, Y_i}{\sum i}$（或說 β^* 是 β 之一個估計）

試回答以下 5 個子題：

(1)證明 β^* 是一個線性估計。

(2)證明 β^* 具不偏性。

(3)試計算 β^* 之變異數。

(4)試證明 β^* 具一致性。

(5)設 $\hat{\beta}$ 為 β 之一個算術平均估計（即 $\hat{\beta} = \dfrac{\sum\limits_{i=1}^{T} Y_i}{T}$），試比較 β^* 與 $\hat{\beta}$ 之異同（或優劣）。

5.（承例 2）$\hat{\mu}$ 是否滿足一致性？

6.試證定理 9.2-1 之 $\hat{\alpha}$ 亦為 BLUE。

9.3 隨機矩陣之性質

期望值算子

設 X 為一行向量，$X=[X_1, X_2 \cdots X_n]'$，X 內之分量均為隨機變數（為便利計，我們稱 X 為隨機向量）則定義 $E(X)$：$\mu=E(X)=E([X_1, X_2 \cdots X_n]')=[E(X_1), E(X_2), \cdots E(X_n)]'$。「'」為矩陣**轉置**（transpose）

設 X 為一矩陣時，（為便利計，我們稱這種矩陣為隨機矩陣），$E(X)$ 亦可同法定義之，例如

$$X=\begin{bmatrix} X_{11} & X_{12} & X_{13} \\ X_{21} & X_{22} & X_{23} \end{bmatrix} \text{ 則 } E(X)=\begin{bmatrix} E(X_{11}) & E(X_{12}) & E(X_{13}) \\ E(X_{21}) & E(X_{22}) & E(X_{23}) \end{bmatrix}$$

變異數算子

變異數—共變異數矩陣（variance-covariance matrix）又稱**共變異數矩陣**（covariance matrix）或**分散矩陣**（dispersion matrix）通常以 V（或 Σ）表之。

$$V(X)=E[(X-\mu)(X-\mu)']=\begin{bmatrix} \sigma_{11}^2 & \sigma_{12} & \dots & \sigma_{1k} \\ \sigma_{21} & \sigma_{22}^2 & \dots & \sigma_{2k} \\ \dots & \dots & & \\ \sigma_{k1} & \sigma_{k2} & \dots & \sigma_{kk}^2 \end{bmatrix} = \Sigma$$

主對角線上之 σ_{ii}^2 為 *r.v.* X_i 之變異數，即 $\sigma_{ii}^2 = V(X_i)$，主對角線外（off diagonal）之元素 σ_{ij} 為 X_i 與 X_j 之共變數，即

$$\sigma_{ij}= Cov[(X_i - \mu_i), (X_j - \mu_j)]$$

因 $\sigma_{ij}= \sigma_{ji}$，故 V 為一對稱陣。

定理 9.3-1 變異數—共變數矩陣 V 為一半正定矩陣。

相關矩陣

二個 $r.v.X_i$，X_j 之相關係數 ρ_{ij} 定義為 $\rho_{ij} = \dfrac{\sigma_{ij}}{\sigma_i \sigma_j}$，若 $i=j$ 時 $\rho_{ij}=1$，故可定義相關矩陣 R 為：

$$R = \begin{bmatrix} 1 & \rho_{12} & \cdots & \rho_{1k} \\ \rho_{21} & 1 & \cdots & \rho_{2k} \\ \cdots\cdots & & & \\ \rho_{k1} & \rho_{k2} & \cdots & 1 \end{bmatrix}$$，顯然 $\rho_{ij}=\rho_{ji}$，又 $\rho_{ii}=1$，故 R 之主對角線元素均為 1

☼ 例 1　$X=[X_1, X_2, X_3]$，B 是否可能為變異數—共變異數矩陣，其中

$$B = \begin{bmatrix} 2 & -1 & 2 \\ -1 & 3 & 1 \\ 2 & 1 & 1 \end{bmatrix}$$

▓ 解

$\sigma_1 = \sqrt{2}$，$\sigma_3 = 1$，$\sigma_{13} = 2$，

但 $\rho_{13} = \dfrac{\sigma_{13}}{\sigma_1 \sigma_3} = \dfrac{2}{\sqrt{2} \cdot 1} > 1$

$\therefore B$ 不可能為變異數—共變異數矩陣

☼ 例 2　若 $B = \begin{bmatrix} 2 & -1 & 0 \\ -1 & 3 & 1 \\ 0 & 1 & 1 \end{bmatrix}$ 為 X 之變異數—共變異數矩陣，

$Y=2X_1 + X_2 - X_3$，求 $V(Y)$

▓ 解

我們可用兩種方法求 $V(Y)$

(一) $V(Y)=V(2X_1 + X_2 - X_3)$

$\qquad = 4\sigma_1^2 + \sigma_2^2 + \sigma_3^2 + 4Cov(X_1, X_2) - 4Cov(X_1, X_3)$

$\qquad - 2Cov(X_2, X_3) = 4 \cdot 2 + 3 + 1 + 4 \cdot (-1) - 4 \cdot 0 - 2 \cdot 1 = 6$

(二) $a = [2, 1, -1]$，$Y = aX$

$\qquad \therefore V(Y) = E[(aX)(aX)'] = aE(XX')a' = aV(X)a' = aBa'$

$$= [2, 1, -1] \begin{bmatrix} 2 & -1 & 0 \\ -1 & 3 & 1 \\ 0 & 1 & 1 \end{bmatrix} \begin{bmatrix} 2 \\ 1 \\ -1 \end{bmatrix} = 6$$

例 3　（承例 3）若 $Y_1 = X_1 + X_2 + X_3$ ，$Y_2 = X_1 + X_2$ ，$Y = [Y_1, Y_2]'$ ，求 Y 之變異數一共變異數矩陣，又 Y_1, Y_2 是否獨立？ $\rho_{Y_1, Y_2} = $ ？

解

$$Y_1 = aX , a = [1, 1, 1]$$

$$\therefore V(Y_1) = Cov(Y_1, Y_1) = E(aX(aX)') = aE(XX')a'$$

$$= [1, 1, 1] \begin{bmatrix} 2 & -1 & 0 \\ -1 & 3 & 1 \\ 0 & 1 & 1 \end{bmatrix} \begin{bmatrix} 1 \\ 1 \\ 1 \end{bmatrix} = 6$$

$$Y_2 = bX , b = [1, 1, 0]$$

$$\therefore V(Y_2) = Cov(Y_2, Y_2) = E(bX(bX)') = bE(XX')b'$$

$$= [1, 1, 0] \begin{bmatrix} 2 & -1 & 0 \\ -1 & 3 & 1 \\ 0 & 1 & 1 \end{bmatrix} \begin{bmatrix} 1 \\ 1 \\ 0 \end{bmatrix} = 3$$

$$\sigma_{12} = \sigma_{21} = Cov(Y_1, Y_2) = Cov(X_1 + X_2 + X_3, X_1 + X_2)$$

$$= Cov(X_1 + X_2, X_1 + X_2) + Cov(X_3, X_1 + X_2)$$

$$= V(Y_2) + Cov(X_1, X_3) + Cov(X_2, X_3) = 3 + 0 + 1 = 4$$

$\therefore Y$ 之變異數一共變異數矩陣為

$$V = \begin{bmatrix} 6 & 4 \\ 4 & 3 \end{bmatrix}$$

(b) $\because Cov(Y_1, Y_2) = 4 \neq 0$

$\therefore Y_1, Y_2$ 不獨立。

(c) $\rho_{Y_1, Y_2} = \dfrac{\sigma_{12}}{\sigma_1 \sigma_2} = \dfrac{4}{\sqrt{6}\sqrt{3}} = \dfrac{2\sqrt{2}}{3}$

習題 9-3

★ 1. $A = [a_{ij}]_{n \times n}$ 為一實對稱陣，λ_1，$\lambda_2 \cdots \lambda_n$ 為 A 之特徵值，試證 $\sum\limits_{i} \sum\limits_{j} a_{ij}^2 = \sum\limits_{i=1}^{n} \lambda_i^2$。

2. X, Y, μ, C 均為 n 維行向量，若 $Y = (X - \mu)'C$，試證 $E(Y^2) = C' \Sigma C$，又 $C' \Sigma C$ 是否半正定？

3. $X = [X_1，X_2，X_3]'$ 為一隨機向量，且變異數—共變數矩陣為
$$V = \begin{bmatrix} 1 & 2 & 1 \\ 2 & 1 & 0 \\ 1 & 0 & 2 \end{bmatrix}$$
求(a)$X_1 - 2X_2 + X_3$ 之變異數(b)$Y_1 = X_1 + X_2$，$Y_2 = X_1 + X_2 + X_3$，求 $Y = (Y_1，Y_2)'$ 之變異數—共變異數矩陣。

4. X, Y 分別為 $m \times 1$，$n \times 1$ 階隨機向量，A, B 為 $p \times m$，$q \times nP$ 階常數矩陣，試證 $Cov(AX, BY) = A\,Cov(X, Y)B'$

5. X, Y 分別為 $m \times 1$，$n \times 1$ 階隨機向量，a, b 分別為 $m \times 1$，$n \times 1$ 階實數向量，試證 $Cov[X - a, Y - b] = Cov(X, Y)$

6. 試證 $Cov(X, Y) = E(XY') - [E(X)][E(Y)]'$

7. 試證(a) $\sum\limits_{i=1}^{n} (X_i - \bar{X})^2 = X'CX$ (b) C 為**冪等陣**（idempotent matrix; $C^2 = C$）

其中；$C = \begin{bmatrix} 1 - \dfrac{1}{n} & -\dfrac{1}{n} & \cdots & -\dfrac{1}{n} \\ -\dfrac{1}{n} & 1 - \dfrac{1}{n} & \cdots & -\dfrac{1}{n} \\ \cdots & \cdots & & \\ -\dfrac{1}{n} & -\dfrac{1}{n} & \cdots & 1 - \dfrac{1}{n} \end{bmatrix}$

8. 令 D 為對角陣 $D = [\sigma_i^2]_{k \times k}$ 試證 $R = D^{-\frac{1}{2}} V D^{-\frac{1}{2}}$

★ 9.4　二次形式與 Cochran 定理

二次形式（quadratic forms）在一般線性模式中甚為重要，我們先從二次形式之矩陣定義談起，即 $Q = X'CX$，C 為對稱陣，$X' = [X_1，X_2 \cdots X_n]$，本書將循傳統線性模式理論，**假設每個 X_i 均獨立服從 $n(0,1)$**。

定義

9.4-1

Q 是變數 x_j，$j = 1, 2 \cdots n$ 之**齊次二次形式**（homogeneous quadratic form），$Q = \sum\limits_{i=1}^{n} \sum\limits_{j=1}^{n} C_{ij} x_i x_j$，$C_{ij} \in R$ 且 $C_{ij} = C_{ji}$，$i, j = 1, 2 \cdots n$。

若用矩陣表示，則 $Q = X'CX$，$X = (x_1，x_2 \cdots x_n)'$，$C = [C_{ij}]_{n \times n}$，$C' = C$（即 C 為對稱陣）

定義中之齊次二次形式

$n = 2$ 時　$Q = C_{11} x_1^2 + 2C_{12} x_1 x_2 + C_{22} x_2^2$

$n = 3$ 時　$Q = C_{11} x_1^2 + C_{22} x_2^2 + C_{33} x_3^2 + 2C_{12} x_1 x_2 + 2C_{13} x_1 x_3 + 2C_{23} x_2 x_3$

以此類推

○ **例 1**　(a)試將 $Q = x_1^2 + 2x_2^2 + x_3^2 + 2x_1 x_2 + 8x_1 x_3 + 4x_2 x_3$ 表示 $Q = X'CX$ 之形式

(b) 若 $Q = X'CX$，$X = (x_1，x_2，x_3)'$，$C = \begin{bmatrix} 1 & 2 & 3 \\ 2 & 2 & 1 \\ 3 & 1 & 1 \end{bmatrix}$ 試將 Q 表成 $Q = \sum\limits_{i=1}^{3} \sum\limits_{j=1}^{3} C_{ij} x_i x_j$ 之形式。

解

(a)$X = (x_1，x_2，x_3)'$

註：本節較艱深，初學者可略之。

$$C = \begin{bmatrix} 1 & 1 & 4 \\ 1 & 2 & 2 \\ 4 & 2 & 1 \end{bmatrix}, \ Q = X'CX$$

(b)$Q = x_1^2 + 2x_2^2 + x_3^2 + 4x_1 x_2 + 6x_1 x_3 + 2x_2 x_3$

二次形式之一些定理

本節我們將導出有關二次形式之一些基本定理，這些定理主要是討論二次形式之 Q 服從卡方分配之條件及二個二次形式為獨立之條件，我們就從源頭 Cochran 定理說起。本節之線性代數知識請參考拙著「基礎線性代數」。

定理 9.4-1	二次形式 $Q = X'CX$ 則 $\text{rank}(Q) = \text{rank}(C)$

定理 9.4-2	（Cochran 定理）若 $X' = [X_1, X_2 \cdots X_n]$，令 $X'X = \sum\limits_{i=1}^{k} Q_i$，$i = 1, 2 \cdots k$，$Q_i$ 均為 X 之二次形式，且 $\text{rank}(Q_i) = r_i$ 則 Q_i 獨立服從 $\chi^2(r_i)$ 之充要條件為 $\sum\limits_{i=1}^{k} r_i = n$。

證（略）

冪等陣在二次形式中很重要，我們特摘錄一些冪等陣之重要性質：

1. 若 A 為 n 階冪等陣則 A 之特徵值為 0 或 1，且 $A^n, I-A$ 亦均為冪等陣。

2. $A_1, A_2 \cdots A_m$ 均為 n 階對稱冪等陣且 $A_i A_j = \underset{\sim}{0}$，$i \neq j$ 則 $A_1 + A_2 + \cdots + A_m$ 亦為冪等陣，且 $\sum\limits_{j=1}^{m} \text{rank}(A_j) = \text{rank}\left(\sum\limits_{j=1}^{m} A_j\right)$

特例

(1) $\text{rank}(A_1) + \text{rank}(I - A_1) = n$

(2) $\text{rank}(A_1) + \text{rank}(A_2) + \text{rank}(I - A_1 - A_2) = n$

3.若 A_1，$A_2 \cdots A_m$ 為 m 個 n 階對稱冪等陣，且 $A_1 + A_2 + \cdots + A_m$ 亦為冪等陣，則

$$A_i A_j = \underset{\sim}{0} \quad i \neq j$$

定理 9.4-3 二次形式 $Q = X'CX$，$X' = (X_1，X_2 \cdots X_n)$，$X_i \sim n(0, 1)$，則 $Q \sim \chi^2(r)$ 之充要條件為 C 是對稱冪等陣（即 $C^2 = C$ 且 $C' = C$）且 rank $(C) = r$

■ 證（本定理之必要性證明過程較難，故只證明充分性）

C 為對稱冪等陣且 rank $(C) = r$ 則 $Q \sim \chi^2(r)$：

$\because$ rank $(C) +$ rank$(I - C) = n$

又 $X'X = \underbrace{X'CX}_{Q_1} + \underbrace{X'(I - C)X}_{Q_2}$，rank $(Q_1) +$ rank $(Q_2) = r + (n - r) = n$

$\therefore$ 根據 Cochran 定理：$Q = X'CX \sim \chi^2(r)$ ■

下面是判斷二個二次形式是否獨立之重要定理：

定理 9.4-4 A, B 為二個 n 階之對稱冪等陣，則二個二次形式，若 $X' = (X_1，X_2 \cdots X_n)$，$X_i \sim n(0, 1)$，$Q_1 = X'AX$ 與 $Q_2 = X'BX$ 獨立之充要條件為 $AB = \underset{\sim}{0}$。

■ 證

$(一)AB = \underset{\sim}{0} \Rightarrow Q_1$，$Q_2$ 為獨立：

設 $Q_1 = X'AX$ 則 $A^2 = A$ 且 rank $(A) = r_1$

$Q_2 = X'BX$ 則 $B^2 = B$ 且 rank $(B) = r_2$

因 A, B 為對稱陣且 $AB = \underset{\sim}{0} \therefore (AB)' = B'A' = BA = \underset{\sim}{0}$

同時可得

$A(I - A - B) = A - A^2 - AB = A - A - AB = \underset{\sim}{0}$

rank $(A) +$ rank $(B) +$ rank $(I - A - B) = n$

又 $X'X = X'AX + X'BX + X'(I - A - B)X$

由 Cochran 定理：

$Q_1 = X'AX$，$Q_2 = X'BX$ 及 $Q_3 = X'(I - A - B)X$ 為獨立。

(二)Q_1，Q_2 為獨立 $\Rightarrow AB = \underset{\sim}{0}$：

$Q_1 \sim \chi^2(r_1)$，$Q_2 \sim \chi^2(r_2)$ 且 Q_1，Q_2 為獨立 $\therefore Q_1 + Q_2 \sim \chi^2(r_1 + r_2)$

得 $Q_1 + Q_2 = X'(A + B)X \sim \chi^2(r_1 + r_2)$

又 $X'(A+B)X$ 是 X 之二次形式，且服從 $\chi^2(r_1 + r_2)$

$\therefore A + B$ 為對稱冪等陣，

既然 A，B，$A + B$ 均為對稱冪等陣，得 $AB = BA = \underset{\sim}{0}$。　■

例 2　若 X_1，$X_2 \cdots X_n$ 獨立服從 $n(0, 1)$，定義 $\overline{X} = \dfrac{1}{n} \sum\limits_{i=1}^{n} X_i$，

$S^2 = \dfrac{1}{n-1} \sum\limits_{i=1}^{n} (X_i - \overline{X})^2$，試用 Cochran 定理證明 S^2 與 $n\overline{X}^2$ 為獨立。

解

$\because (n-1)S^2 = X'BX$，$B = \begin{bmatrix} 1 - \dfrac{1}{n} & -\dfrac{1}{n} & \cdots & -\dfrac{1}{n} \\ -\dfrac{1}{n} & 1 - \dfrac{1}{n} & \cdots & -\dfrac{1}{n} \\ \cdots\cdots\cdots\cdots\cdots\cdots\cdots\cdots \\ -\dfrac{1}{n} & -\dfrac{1}{n} & \cdots & 1 - \dfrac{1}{n} \end{bmatrix}$

$n\overline{X}^2 = X'CX$，$C = \begin{bmatrix} \dfrac{1}{n} & \dfrac{1}{n} & \cdots & \dfrac{1}{n} \\ \dfrac{1}{n} & \dfrac{1}{n} & \cdots & \dfrac{1}{n} \\ \cdots\cdots\cdots\cdots\cdots\cdots \\ \dfrac{1}{n} & \dfrac{1}{n} & \cdots & \dfrac{1}{n} \end{bmatrix}$

又讀者可自行驗證：$BC = CB = \underset{\sim}{0}$

$\therefore S^2$ 與 $n\overline{X}^2$ 為獨立。

由例 2，我們易知要用定理 9.4-4，首先需將要證明之部分化成二次形式。

定理
9.4-5

$X' = (X_1, X_2 \cdots X_n)$，$X_i \sim n(0,1)$，$X'X = Q_1 + Q_2$，$Q_1$，$Q_2$ 為 X 之二次形式，若 $Q_1 \sim \chi^2(r)$ 則 Q_1，Q_2 獨立且 $Q_2 \sim \chi^2(n-r)$。

證

$\because Q_1 \sim \chi^2(r) \therefore$ 取 $Q_1 = X'C_1X$，其中 $C_1 = C_1^2$，$\text{rank}(C_1) = r$

又 $X'X = Q_1 + Q_2 \quad \therefore Q_2 = X'IX - X'C_1X = X'(I - C_1)X$

又 $C_1(I - C_1) = C_1 - C_1^2 = C_1 - C_1 = \underset{\sim}{0}$

知 $X'C_1X$ 與 $X'(I - C_1)X$ 為獨立，即 Q_1，Q_2 為獨立。

又 C_1 為冪等陣 $\therefore I - C_1$ 為冪等陣且 $\text{rank}(I - C_1) + \text{rank}(C_1) = n$

得 $\text{rank}(I - C_1) = n - \text{rank}(C_1) = n - r$

因此 $Q_2 \sim \chi^2(n-r)$ ∎

高維常態分配

第四章之二維常態分配可擴充到更高維，因高維常態分配所涉及之線性代數甚多，遠超過本書程度，故在此只列高維常態分配之定義以供參考。

定義

9.4-2

$$f(x) = \frac{1}{(2\pi)^{\frac{n}{2}}|\Sigma|^{\frac{1}{2}}} exp\left\{-\frac{1}{2}(x - \mu)'\Sigma^{-1}(x - \mu)\right\}$$

以 $X \sim N(\mu, \Sigma)$ 表之。$|\Sigma|$ 表 Σ 之行列式

例 3 用定義，求 $n = 2$ 時之高維常態分配。

解

$$\Sigma = \begin{bmatrix} \sigma_1^2 & \sigma_{12} \\ \sigma_{21} & \sigma_2^2 \end{bmatrix} = \begin{bmatrix} \sigma_1^2 & \sigma_1\sigma_2\rho \\ \sigma_1\sigma_2\rho & \sigma_2^2 \end{bmatrix}$$

$$\therefore |\Sigma| = \sigma_1^2\sigma_2^2(1 - \rho^2)$$

及 $\Sigma^{-1} = \dfrac{1}{\sigma_1^2\sigma_2^2(1 - \rho^2)} \begin{bmatrix} \sigma_2^2 & -\sigma_1\sigma_2\rho \\ -\sigma_1\sigma_2\rho & \sigma_1^2 \end{bmatrix}$

$$(x-\mu)'\Sigma^{-1}(x-\mu)$$

$$= (x_1-\mu, x_2-\mu) \cdot \frac{1}{\sigma_1^2\sigma_2^2(1-\rho^2)} \begin{bmatrix} \sigma_2^2 & -\sigma_1\sigma_2\rho \\ -\sigma_1\sigma_2\rho & \sigma_1^2 \end{bmatrix} \begin{pmatrix} x_1-\mu \\ x_2-\mu \end{pmatrix}$$

$$= \frac{1}{2(1-\rho^2)} \left[\left(\frac{x_1-\mu}{\sigma_1}\right)^2 - 2\left(\frac{x_1-\mu}{\sigma_1}\right)\left(\frac{x_2-\mu}{\sigma_2}\right) + \left(\frac{x_2-\mu}{\sigma_2}\right)^2 \right]$$

$$\therefore f(x_1, x_2) = \frac{1}{2\pi\sigma_1\sigma_2\sqrt{1-\rho^2}} exp\left\{ -\frac{1}{2(1-\rho^2)} \cdot \right.$$
$$\left. \left[\left(\frac{x_1-\mu}{\sigma_1}\right)^2 - 2\left(\frac{x_1-\mu}{\sigma_1}\right)\left(\frac{x_2-\mu}{\sigma_2}\right) + \left(\frac{x_2-\mu}{\sigma_2}\right)^2 \right] \right\}$$

若 $X \sim N(\underset{\sim}{0}, I)$，這表示 $X = [X_1, X_2 \cdots X_n]'$ 中任一分量 X_i 均服從 $n(0,1)$，顯然：

$$X'X = X_1^2 + X_2^2 + \cdots + X_n^2 \sim \chi^2(n)$$

$$\therefore 若 X \sim N(\underset{\sim}{0}, \sigma^2 I) 則 \frac{1}{\sigma^2} X'X \sim \chi^2(n)$$

現在我們要將此結果一般化：

定理　若 $X \sim N(\underset{\sim}{0}, \Sigma)$，$\Sigma$ 為一半正定方陣，則 $X'\Sigma^{-1}X \sim \chi^2(n)$
9.4-7

證

因 Σ 為正定　$\therefore$ 存在一個非奇異陣 P 使得 $\Sigma = PP'$

取 $Y = P^{-1}X$ 行變數變換：

$$E(Y) = E(P^{-1}X) = P^{-1}E(X) = P^{-1}\underset{\sim}{0} = \underset{\sim}{0}$$

$$V(Y) = V(P^{-1}X) = E[(P^{-1}X)(P^{-1}X)']$$
$$= E[P^{-1}XX'(P^{-1})']$$
$$= P^{-1}E(XX')(P^{-1})' = P^{-1}\Sigma(P^{-1})'$$
$$= P^{-1}(PP')(P^{-1})' = (P^{-1}P)[P'(P')^{-1}] = I$$

$$\therefore Y \sim N(\underset{\sim}{0}, I) \Rightarrow Y'Y \sim \chi^2(n)$$

代 $Y = P^{-1}X$ 代入上式：

$$(P^{-1}X)'(P^{-1}X) = X'(P^{-1})'P^{-1}X = X'(PP')^{-1}X = X'\Sigma^{-1}X$$

即 $X'\Sigma^{-1}X \sim \chi^2(n)$ ∎

> **推論**
> **9.4-7-1**　若 $X \sim N(0, \sigma^2 I)$，A 為冪等陣且 $\mathrm{rank}(A) = r < n$　則 $\dfrac{1}{\sigma^2}X'AX \sim \chi^2(r)$

習題 *9-4*

1. *X* 指出下列何者能形成卡分方配，其自由度為何？

$X' = (X_1, X_2, X_3, X_4)$，$X_i \sim n(0,1)$，$i = 1, 2, 3, 4$，$Q = X'A_i X$

(a) $A_1 = \begin{bmatrix} 1 & & & 0 \\ & 1 & & \\ & & 0 & \\ 0 & & & 0 \end{bmatrix}$ 　　　 (b) $A_2 = \begin{bmatrix} 1 & & & 0 \\ & -1 & & \\ & & 0 & \\ 0 & & & 0 \end{bmatrix}$

(c) $A_3 = \begin{bmatrix} 1 & & & 0 \\ & 1 & & \\ & & 1 & \\ 0 & & & 1 \end{bmatrix}$ 　　　 (d) $A_4 = \begin{bmatrix} 1 & & & 0 \\ & 0 & & \\ & & 0 & \\ 0 & & & 0 \end{bmatrix}$

2. 自 $n(0,1)$ 抽出 $X_1, X_2 \cdots X_n$ 為一組隨機樣本，試求

(a) $(\sqrt{n}\overline{X})^2$ 之二次形式表示法。

(b) $(\sqrt{n}\overline{X})^2$ 之機率分配是什麼？

(c) 證：$\sum_{i=1}^{n} X_i^2 = \sum_{i=1}^{n}(X_i - \overline{X})^2 + (\sqrt{n}\overline{X})^2$

(d) $\sum_{i=1}^{n}(X_i - \overline{X})^2$ 之二次形式之表示法。

(e) 試證 $Q_1 = (\sqrt{n}\overline{X})^2$ 與 $Q_2 = \Sigma(X - \overline{X})^2$ 為獨立。

(f) Q_2 之分配為何？

3. X_1, X_2, X_3 均為服從 $n(0,1)$ 之獨立隨機變數，$Q_1 = \frac{1}{6}(5X_1^2 + 2X_2^2 + 5X_3^2 + 4X_1X_2 - 2X_1X_3 + 4X_2X_3)$，試求 (a) Q_1 之機率分配，(b) $Q_2 = \Sigma X^2 - Q_1$，試證 Q_1, Q_2 為獨立，(c) Q_2 之機率分配為何？

4. $X \sim n(0, I_n)$ 且 $X'X = X'AX + X'BX$，若 $X'AX \sim X^2(r)$ 問 $X'BX$ 之機率分配為何？

5.由 9.3 節例 2 結果證明若 $Y \sim n(0, I_n)$ 則 $\sum_{i=1}^{n} (Y_i - \overline{Y})^2 \sim \chi^2(n-1)$

6.若相關矩陣 Σ 為 $\Sigma = \begin{bmatrix} \sigma^2 & \rho\sigma^2 \cdots\cdots \rho\sigma^2 \\ \rho\sigma^2 & \sigma^2 \cdots\cdots \rho\sigma^2 \\ \cdots\cdots & \cdots\cdots \\ \rho\sigma^2 & \rho\sigma^2 & \cdots\cdots \sigma^2 \end{bmatrix}$ （即除對角線元素為 σ^2 外，其餘

元素為 $\rho\sigma^2$）試證

(a)$\Sigma = [(1-\rho)I + \rho J]\sigma^2$，$J$ 之元素均為 1。

(b)$\sigma = 1$ 時，$|\Sigma| = (1-\rho)^{k-1}(1-\rho+k\rho)$

(c)$R^{-1} = \dfrac{1}{1-\rho}\left[I_k - \dfrac{\rho}{1-\rho+k\rho} J_k \right]$

(d)由(b)導出 $1 \geq \rho \geq -\dfrac{1}{k-1}$

9.5 一般線性模式

假設

設變數 Y 與 k 個解釋變數 X_1，X_2，……，X_k 以及干擾項 ε 之間存有直線關係。

$$\begin{cases} Y_1 = x_{11}\beta_1 + x_{21}\beta_2 + \cdots x_{k1}\beta_k + \varepsilon_1 \\ Y_2 = x_{12}\beta_1 + x_{22}\beta_2 + \cdots x_{k2}\beta_k + \varepsilon_2 \\ \cdots\cdots\cdots\cdots \\ Y_n = x_{1n}\beta_1 + x_{2n}\beta_2 + \cdots x_{kn}\beta_k + \varepsilon_n \end{cases}$$

上述聯立方程組可用矩陣表達：

$$Y = X\beta + \varepsilon$$

$$Y = \begin{bmatrix} Y_1 \\ Y_2 \\ \vdots \\ \vdots \\ Y_n \end{bmatrix} \quad X' = \begin{bmatrix} x_{11} & x_{21}\cdots x_{k1} \\ x_{12} & x_{22}\cdots x_{k2} \\ & \cdots\cdots \\ x_{k1} & x_{k2}\cdots x_{kn} \end{bmatrix} \quad \beta = \begin{bmatrix} \beta_1 \\ \beta_2 \\ \vdots \\ \vdots \\ \beta_k \end{bmatrix} \quad \varepsilon = \begin{bmatrix} \varepsilon_1 \\ \varepsilon_2 \\ \vdots \\ \vdots \\ \varepsilon_n \end{bmatrix}$$

為了便於以後理論之推展，假設：

(a) $E(\varepsilon_i) = 0$

(b) $E(\varepsilon\varepsilon') = \sigma^2 I_n$

(c) X 為一組固定數值

(d) X 的秩為 $k < n$（即 rank $(X) = < n$）

由假設(a)：所有之 ε_i 均為服從期望值為 0 之隨機變數；

由假設(b)：

$$E(\varepsilon\varepsilon') = \begin{bmatrix} E(\varepsilon_1^2) & E(\varepsilon_1\varepsilon_2) & \cdots & \cdots & E(\varepsilon_1\varepsilon_n) \\ E(\varepsilon_2\varepsilon_1) & E(\varepsilon_2^2) & \cdots & \cdots & E(\varepsilon_2\varepsilon_n) \\ \cdots\cdots\cdots\cdots & \cdots\cdots & \cdots & \cdots & \cdots\cdots\cdots \\ E(\varepsilon_n\varepsilon_1) & E(\varepsilon_n\varepsilon_2) & \cdots & \cdots & E(\varepsilon_n^2) \end{bmatrix} = \begin{bmatrix} \sigma^2 & 0 & \cdots & \cdots & 0 \\ 0 & \sigma^2 & \cdots & \cdots & 0 \\ \cdots & \cdots & \cdots & \cdots & \cdots \\ 0 & 0 & \cdots & \cdots & \sigma^2 \end{bmatrix}$$

在主對角線上各元素表示所有變數其變異數均為 σ^2，此一性質通常稱為

均齊變異（homoscedasticity）。主對角線外其他各項為 0（即當 $s \neq 0$ 時，則 $E(\varepsilon_t \varepsilon_{t+s}) = 0$），此表示該任意二相異干擾項為獨立。

由假設(c)：X 數陣為一固定數值，即表示 X 非隨機變數。

由假設(d)：即在說明 X 的觀察數目應大於所欲推定之母數的個數。當 X 為**全秩**（full rank）即 $\mathrm{rank}(X) = n$ 時，因 $\mathrm{rank}(X) = \mathrm{rank}(X'X) = n \therefore (X'X)^{-1}$ 存在。$(X'X)^{-1}$ 在推定過程中佔有極重要的地位。

最小平方推定量之推導

> **定理 9.5-1**　　$\hat{\beta} = (X'X)^{-1}X'Y$

證

$$Y = X\hat{\beta} + \varepsilon \text{ , } \varepsilon' = [\varepsilon_1, \ \varepsilon_2 \ \cdots \ \varepsilon_k]$$

$\therefore$ 所有干擾項平方和 $\sum\limits_{i=1}^{n} \varepsilon_i^2 = \varepsilon'\varepsilon$

$$= (Y - X\hat{\beta})'(Y - X\hat{\beta})$$
$$= (Y' - \hat{\beta}'X')(Y - X\hat{\beta})$$
$$= Y'Y - Y'X\hat{\beta} - \hat{\beta}'X'Y + \hat{\beta}'X'X\hat{\beta}$$
$$= Y'Y - 2\hat{\beta}'XY + \hat{\beta}'X'X\hat{\beta}$$

（因 $Y'X\hat{\beta}$，$\hat{\beta}'X'Y$ 均為純量 $\therefore Y'X\hat{\beta} = (Y'X\hat{\beta})' = \hat{\beta}'X'Y)$ ）

$$\frac{\partial}{\partial \hat{\beta}}(\varepsilon'\varepsilon) = -2X'Y + 2X'X\hat{\beta} = 0$$

得 $X'Y = X'X\hat{\beta}$

$\therefore \hat{\beta} = (X'X)^{-1}(X'Y)$（因由假設 $(X'X)$ 為全秩，故 $(X'X)^{-1}$ 存在）　■

下面之定理，即說明了最小平方法所得之解 $\hat{\beta}$ 會使平方和極小。

> **定理 9.5-2**　　$Y = X\beta + \varepsilon$ 之最小平方解為 $\hat{\beta}$，則 $\hat{\beta}$ 會使干擾項平方和 $\varepsilon'\varepsilon = (Y - X\beta)'(Y - X\beta)$ 為極小。

證

$$(Y-X\beta)'(Y-X\beta)=((Y-X\hat{\beta})+X(\hat{\beta}-\beta))'((Y-X\hat{\beta})+X(\hat{\beta}-\beta))$$
$$=(Y-X\hat{\beta})'(Y-X\hat{\beta})+(\hat{\beta}-\beta)'X'(Y-X\hat{\beta})+$$
$$(Y-X\hat{\beta})'X(\hat{\beta}-\beta)+(\hat{\beta}-\beta)'X'X(\hat{\beta}-\beta) \tag{1}$$

但 $(Y-X\hat{\beta})'X=(Y'-\hat{\beta}'X')X=Y'X-[(X'X)^{-1}X'Y]'X'X$ (由定理 9.5-1)

$$=Y'X-Y'X(X'X)^{-1}(X'X)=\underset{\sim}{0}$$

$$\therefore[(Y-X\hat{\beta})'X]'=X'(Y-X\hat{\beta})=\underset{\sim}{0} \tag{2}$$

代(2)入(1)得:

$$(Y-X\beta)'(Y-X\beta)=(Y-X\hat{\beta})'(Y-X\hat{\beta})+(\hat{\beta}-\beta)'X'X(\hat{\beta}-\beta)$$
$$=(Y-X\hat{\beta})'(Y-X\hat{\beta})+\underbrace{[X(\hat{\beta}-\beta)]'[X(\hat{\beta}-\beta)]}_{非負}$$

$$\therefore(Y-X\beta)'(Y-X\beta)\geq(Y-X\hat{\beta})'(Y-X\hat{\beta}) \qquad ∎$$

$E(\hat{\boldsymbol{\beta}})$ 及 $V(\hat{\boldsymbol{\beta}})$

定理 9.5-3　　$E(\hat{\beta})=\beta$

證

$$\hat{\beta}=(X'X)^{-1}X'Y=(X'X)^{-1}X'(X\beta+\varepsilon)=(X'X)^{-1}(X'X\beta)+(X'X)^{-1}X'\varepsilon$$
$$=\beta+(X'X)^{-1}X'\varepsilon \qquad\qquad *$$
$$E(\hat{\beta})=E[\beta+(X'X)^{-1}X'\varepsilon]$$
$$=E[\beta]+E[(X'X)^{-1}X'\varepsilon]=\beta+(X'X)^{-1}X\underbrace{E(\varepsilon)}_{0}$$
$$=\beta \qquad\qquad\qquad\qquad\qquad ∎$$

定理 9.5-4　　$V(\hat{\beta})=(X'X)^{-1}\sigma^2$

證

$$\because \hat{\beta} - \beta = (X'X)^{-1} X' \varepsilon \text{（由定理 9.5-3 之 ＊）}$$

$$\therefore V(\hat{\beta}) = E[(\hat{\beta} - \beta)(\hat{\beta} - \beta)']$$

$$= E\{[(X'X)^{-1} X' \varepsilon][(X'X)^{-1} X' \varepsilon]'\}$$

$$= E\{(X'X)^{-1} X' \varepsilon \varepsilon' X (X'X)^{-1}\} \text{（} \because X'X \text{為對稱陣）}$$

$$= (X'X)^{-1} X' E(\varepsilon \varepsilon') X (X'X)^{-1}$$

$$= (X'X)^{-1} X' \sigma^2 I X (X'X)^{-1}$$

$$= \sigma^2 (X'X)^{-1} (X'X)(X'X)^{-1}$$

$$= \sigma^2 (X'X)^{-1}$$

由定理 9.5-3 與 9.5-4 得 $\hat{\beta} \sim n(\beta, \sigma^2(X'X)^{-1})$

定理
9.5-5　　$E(e'e) = \sigma^2(n - k)$

證

$$Y - X\hat{\beta}$$

$$= (X\beta + \varepsilon) - X[(X'X)^{-1} X' Y]$$

$$= (X\beta + \varepsilon) - X[(X'X)^{-1} X'(X\beta + \varepsilon)]$$

$$= (X\beta + \varepsilon) - X[(X'X)^{-1} X' X \beta + (X'X)^{-1} X' \varepsilon]$$

$$= \varepsilon - X(X'X)^{-1} X' \varepsilon = [I - X(X'X)^{-1} X'] \varepsilon$$

令 $A = I - X(X'X)^{-1} X'$

則 $e = Au$，A 為對稱冪等陣（見習題 2）

$$\therefore E(e'e) = E[(Au)'(Au)] = E[u'A'Au] = E[u'AAu]$$

$$= E[u'Au]$$

$$= \sigma^2 tr(A) \text{（見習題 3.）}$$

$$= \sigma^2 tr[I_n - X(X'X)^{-1} X']$$

$$= \sigma^2 \{tr\, I_n - tr[X(X'X)^{-1} X']\}$$

$$= \sigma^2 \{ n - tr[\, (X'X)^{-1}(X'X)\,]\, \}$$
$$= \sigma^2 (n - k)$$

習題 9-5

1. 在一般線性模式 $Y = X\beta + \varepsilon$ 中，證明

   (a) $\underset{\sim}{1}'e = 0$　(b) $X'e = 0$　(c) $\hat{Y}'e = 0$; $1' = [1, 1\cdots\cdots]$

2. $A = I - X(X'X)^{-1}X'$ ，試證

   (a) A 為對稱陣　(b) A 為冪等陣

3. 設 X_1，$X_2 \cdots X_n$ 均為服從 $n(0, \sigma^2)$ 之獨立隨機變數，試證 $E(X'AX) = \sigma^2 tr(A)$ ，其中 $X = (X_1, X_2 \cdots X_n)'$

4. 若 $\hat{\beta}$ 與 $\tilde{\beta}$ 均為一般線性模式之兩個解，試證 $X\hat{\beta} = X\tilde{\beta}$ 從而證出 $\|Y - X\hat{\beta}\|^2 = \|Y - X\tilde{\beta}\|^2$ 。

5. 在一般線性模式 $Y = X\beta + \varepsilon$ 中，e 為殘差，$A = I - X(X'X)^{-1}X'$ ，求證 $e = A\varepsilon$ ，並以此求 $E(ee')$

6. 試用本節之矩陣方法導出 $Y_i = \alpha + \beta x_i + \varepsilon_i$，$\varepsilon_i \sim n(0, 1)$，$i = 1, 2 \cdots n$ 之簡單迴歸模式之 α，β 估計式 $\hat{\alpha}$，$\hat{\beta}$ 。

7. $Y_1 = \theta_1 + \varepsilon_1$

   $Y_2 = 2\theta - \phi + \varepsilon_2$　$E(\varepsilon_i) = 0$，$i = 1, 2, 3$，試求 θ 與 ϕ 之 LSE 。

   $Y_3 = \theta + 2\phi + \varepsilon_3$

8. $P = X(X'X)^{-1}X'$ ，試證 rank $(P) =$ rank (X)

9.若 $Y = X\beta + \varepsilon$，$\varepsilon \sim n(0, \sigma^2 I)$

(a)若 $\beta^* = \alpha'Y$ 為一不偏推定量，其中 α' 為一常數向量。求 $E(\beta^*)$。

(b)試證 $\alpha'X = 1$

(c)試證 $V(\beta^*) = \sigma^2 \alpha'\alpha$

(d)若 $\alpha = X(X'X)^{-1} + t$，求 $t'X$

(e)試證 $V(\beta^*) \geq \sigma^2(\beta)$

習題提示與略解

習題提示與略解

◆ 1-1 ◆

1.(a)0.3　(b)0.2　(c)0.7　(d)0.8　*2.*(a)$\frac{1}{3}$　(b)$\frac{1}{2}$　(c)0　(d)$\frac{1}{3}$

3.〈 提示：應用 $\begin{cases} P(A \cap B) \le P(A) \\ P(A \cap B) \le P(B) \end{cases}$ 及 $1 \ge P(A \cup B)$。〉

4.〈 提示：(a)應用及算術平均數 ≥ 幾何平均數 〉　　*7.*(a)，(b)

8.〈 提示：利用數學歸納法。〉　　*9.* $\dfrac{\binom{n}{2} n!}{n^n}$　　*11.* $\dfrac{b^k w}{(b+w)^{k+1}}$

◆ 1-2 ◆

1.(a)成立　(b)不成立。　*5.* $\dfrac{n}{m+n} + \dfrac{m N - n M}{(m+n)^2 (M+N+1)}$

*6.*提示：繪適當之 Venn 氏圖。對對獨立，但非獨立。

*7.*提示：利用 $1-x \le e^{-x}$。

9. $\dfrac{(4-j)j}{10}, j=1,2,3,4$; $\dfrac{2}{5}$

2-2

1. $-\dfrac{1}{3} \le c \le \dfrac{1}{4}$ *2.*(a)$\dfrac{5}{24}$ (b)$\dfrac{1}{8}$ (c)$\dfrac{19}{24}$ (d)$\dfrac{17}{24}$ (e)$\dfrac{17}{24}$ (f)$\dfrac{13}{24}$

3.(a)$\dfrac{1}{2}(1-e^{-2})$ (b)$e^{-1}-e^{-2}$ (c)$1-e^{-2}$ (d)$\dfrac{1}{2}e^{-2}$ (e)$\dfrac{1}{2}(e^{-1}-e^{-2})$

4. $f(x)=\dfrac{6-|x-7|}{36}$ ，$x=2,3\cdots\cdots 12$ *6.*(a)$k=\dfrac{1}{\pi}$ (b)$x=-1$

7.(a)$F(b)-F(a)$ (b)$F(b^-)-F(a^-)$ (c)$F(b)-F(a)$ (d)$F(b)-F(a)$
   (e)$1-F(b)$

8. $F(x)=\begin{cases}\dfrac{1}{2}e^x, & x<0 ; \\[2mm] \dfrac{1}{2}+\dfrac{x}{4}, & 0\le x<2 ; \\[2mm] 1, & x\ge 2 \text{。}\end{cases}$ *9.* $F(x)=\begin{cases}0 & x\le 0 \\[1mm] \dfrac{x}{3} & 0<x\le 1 \\[2mm] \dfrac{1}{3} & 1<x\le 2 \\[2mm] \dfrac{x-1}{3} & 2<x\le 4 \\[2mm] 1 & x\ge 4\end{cases}$

10.(a)$\dfrac{1}{4}$ (b)0 (c)$\dfrac{7}{8}$ (d)$\dfrac{1}{2}$ (e)$\dfrac{3}{8}$ (f)$\dfrac{3}{4}$

2-3

1.

y	1	16	8
$P(Y=y)$	$\dfrac{1}{6}$	$\dfrac{1}{3}$	$\dfrac{1}{2}$

2. $f(y) = \dfrac{e^{-\lambda}\lambda\sqrt[3]{\frac{y-1}{2}}}{\left(\sqrt[3]{\frac{y-1}{2}}\right)!}$ $\quad y = 1,3,17\cdots\cdots$ **3.** $f(y) = \begin{cases} \dfrac{1}{\sqrt{y}} & , \dfrac{1}{9} > y > 0 \\[2mm] \dfrac{1}{2\sqrt{y}} & , \dfrac{4}{9} > y > \dfrac{1}{9} \\[2mm] 0 & 其它 \end{cases}$

4. $f(y) = \begin{cases} 8(y-1) & , \dfrac{3}{2} > y > 1 \\[2mm] 0 & , 其它 \end{cases}$ **5.** $g(y) = \lambda e^{-\lambda y}$, $y > 0$

6. $P(Y = m) = e^{-\lambda m}(1 - e^{-\lambda})$, $m = 0,1,2\cdots\cdots$

7. $f(v) = \dfrac{3}{2\pi}\left[\left(\dfrac{3v}{4\pi}\right)^{-\frac{1}{3}} - 1\right]$, $\dfrac{4}{3}\pi > v > 0$ **8.** $f_Y(y) = \dfrac{1}{3}$, $10 > y > 7$

9. $K = 0.71$ **10.** $f_Y(y) = \begin{cases} \dfrac{1}{2\sqrt{y}}(f(\sqrt{y}) + f(-\sqrt{y})) & , y > 0 \\[2mm] 0 & , 其它 \end{cases}$

◆ 2-4

1. (a) $\mu = \dfrac{1}{\lambda}$ $\sigma^2 = \dfrac{1}{\lambda^2}$ (b) $1 - e^{-2}$ **2.** 不可能存在一個 $r.v.X$ 滿足 $P(\mu - 2\sigma < X < \mu + 2\sigma) = 0.7$ **3.** $m(t) = (pe^t + q)^n$, $\mu = np$, $\sigma^2 = npq$ **4.** $m(t) = \dfrac{1}{(1 - \beta t)^\alpha}$, $t < \dfrac{1}{\beta}$, $\mu = \alpha\beta$, $\sigma^2 = \alpha\beta^2$

5. (a) $f(x) = \begin{cases} 1 - x & 1 > x > 0 \\ 1 + x & 0 > x > -1 \end{cases}$ (b) $E(X) = 0$ (c) $V(X) = \dfrac{1}{6}$ (d) $a = 0$

6. (a) $g(y) = \dfrac{1}{2\sqrt{y}}$, $1 \geq y \geq 0$ (b) $E(Y) = \dfrac{1}{3}$ **7.** $E(Y) = c\mu$; $V(Y) = c(\sigma^2 + \mu^2)$

8. 〈提示：$m_n = \int_{-\infty}^{\infty} x^n f(x)\,dx = \int_{-\infty}^{\infty} [(x-\mu)+\mu]^n f(x)\,dx$〉

10.(a)$k = \dfrac{2}{5}$　(b)$E(X) = \dfrac{7}{5}$　(c)$\dfrac{2}{5}$　**11.**(a)$\dfrac{1}{1-t}$　(b)$f(x) = e^{-x}$，$x \geq 0$

12. 〈提示：應用$m(t) = \sum\limits_{n=0}^{\infty} E(X^n) \cdot \dfrac{t^n}{n!}$〉$\dfrac{(n+2)!}{2}$　**13.** 〈提示：$m(0) \neq 1$〉

14. 〈提示：$\sum\limits_{n=1}^{\infty} n\,P(X \geq n) = \sum\limits_{n=1}^{\infty} n\left(\sum\limits_{x=n}^{\infty} P(X = x)\right) = \cdots$〉　**15.**10

17. 〈提示：反復應用 Chebyshev 不等式。〉$V(X) \geq \dfrac{9}{2}$

18.(a)提示：求$E(X-p)^2$之極小值　(b)提示：用(a)之結果。

3-1

1.(a)$k = 6$　(b)$\dfrac{19}{64}$　**2.**(a)$k = 4$　(b)$\dfrac{1}{2}$　**3.**(a)$k = \dfrac{21}{2}$　(b)$\dfrac{3}{10}$

4.(a)$f(x,y) = e^{-(x+y)}$，$x > 0$，$y > 0$　(b)$1 - \dfrac{1}{e}$　(c)$1 - 3e^{-2}$

5. 提示：應用 $P(A \cap B) \leq P(A) + P(B) - 1$ 與 $P(X \leq x, Y \leq y) \leq P(Y \leq y)$

6.$F(x,y) = \begin{cases} \dfrac{x}{16}(y-2)(10-y-x)，& 2 \geq x \geq 0, 4 \geq y \geq 2 \\[2mm] \dfrac{1}{8}x(6-x) & ，2 \geq x \geq 0 \\[2mm] \dfrac{1}{8}(y-2)(8-y) & ，4 \geq y \geq 2, x \geq 2 \\[2mm] 1 & ，x \geq 2, y \geq 4 \end{cases}$

*7.*提示：應用第 5 題結果。

9.(1)$x<1, y<1$：$F(x,y)=0$

(2)$1 \leq x<2, 1 \leq y<2$：$F(x,y)=p_{11}$

(3)$1 \leq x<2, y \geq 2$：$F(x,y)=p_{11}+p_{12}$

(4)$x \geq 2, 1 \leq y<2$：$F(x,y)=p_{11}+p_{21}$

(5)$x \geq 2, y \geq 2$：$F(x,y)=1$

10.(a)$F(x,y)=\begin{cases} 0 & , x<0, y<0 \\ \dfrac{x^3}{3}y+\dfrac{1}{12}x^2y^2 & , 0 \leq x<1, 0 \leq y<2 \\ \dfrac{y}{3}+\dfrac{y^2}{12} & , x \geq 1, 0 \leq y<2 \\ \dfrac{2}{3}x^3+\dfrac{1}{3}x^2 & , 0 \leq x<1, y \geq 2 \\ 1 & , x \geq 1, y \geq 2 \end{cases}$ (b)$\dfrac{5}{192}$

◆ 3-2

1.$f(y|x)=\begin{cases} \dfrac{1}{2(1-x)} & , 0 \leq y<2(1-x) \\ 0 & , 其它 \end{cases}$

2.(a)$k=1$ (b)$f_1(x)=e^{-x}, \infty>x>0$ $f_2(y)=ye^{-y}, \infty>y>0$

(c)$f(x|y)=\dfrac{1}{y}, y>x>0$ (d)$f(y|x)=e^{-(y-x)}, \infty>y>x$ (e)$\dfrac{1}{3}$

3.(a)$f(x|y)=\dfrac{1}{x}, 0<y \leq x$；(b)$f(y|x)=\lambda e^{-\lambda(y-x)}, \infty>y \geq x$，(c)$1-e^{-2\lambda}$

4.(a)$f_1(x) = \begin{cases} 1-x & 1 > x > 0 \\ 1+x & 0 > x > -1 \end{cases}$ (b)$f_2(y) = \int_{-y}^{y} 1\, dx = 2y \quad 1 > y > 0$

(c)$f(x \mid y) = \dfrac{1}{2y}, \quad y > x > -y$

5.(a) $a = \dfrac{1}{12}$ $b = \dfrac{1}{6}$ $c = \dfrac{1}{12}$ $d = \dfrac{1}{6}$ $e = \dfrac{1}{3}$ $f = \dfrac{1}{6}$ (b)X, Y不為獨立。

6. $f = \dfrac{2}{20}$ $d = \dfrac{1}{5}$ $b = \dfrac{5}{20}$ $g = \dfrac{2}{20}$ $a = \dfrac{1}{4}$ $h = \dfrac{2}{20}$ $c = \dfrac{2}{5}$ $e = \dfrac{2}{20}$ $i = \dfrac{2}{20}$

7. $\dfrac{3}{4}$ 8.提示：$P(X \geq a \mid \min(X, Y) \leq a)$

$$= \frac{P(X \geq a \text{ 且 } \min(X, Y) \leq a)}{P(\min(X, Y) \leq a)} = \frac{P(X \geq a, \text{ 且 } Y \leq a)}{1 - P(\min(X, Y) \geq a)} \cdots\cdots$$

9.(a)$k = \lambda^2$ (b)$M(t) = (\dfrac{\lambda}{\lambda - t})^2, \, 0 \leq t < \lambda$ (c)X, Y不為獨立。

10.(a)$f_1(x) = \dfrac{3}{4} - \dfrac{3}{16}x^2$，$0 \leq x < 2$ (b)$\dfrac{3}{4}$ 11.(a)$f_1(x) = 2(2-x)$，$2 > x > 1$

(b)$E(X) = \dfrac{4}{3}$ (c)不獨立

12.(a)$k = 1$ (b)$f(y \mid x) = \begin{cases} \dfrac{1}{2x} & , \; -x < y < x \\ 0 & , \; 其它 \end{cases}$ (c)否。

13.(a) $k = 3$ (b) $\dfrac{11}{16}$ (c) $\dfrac{1}{2}$ 14.〈提 示：$P(X > Y) = \int_{-\infty}^{\infty} \int_{-\infty}^{x} f(x, y)\, dy\, dx =$

$\int_{-\infty}^{\infty} \int_{-\infty}^{x} h(x)\, h(y)\, dy\, dx = \cdots\cdots$〉 $\dfrac{1}{2}$ 15.〈提示：解法同上題〉$\dfrac{1}{3!}$

3-3

1.(a) $k=6$　(b) $f_1(x)=6x(1-x)$，$1>x>0$　(c) $f_2(y)=3(1-y)^2$，$1>y>0$　(d) $\frac{1}{2}$

(e) $\frac{1}{20}$　(f)否　*2.*(a) $f_1(x)=\begin{cases}1+x & -1<x<0\\1-x & 0<x<1\end{cases}$　(b) $f_2(y)=2y$，$0<y<1$　(c) 0

(d) 0　(e) X,Y不獨立。　*3.*(a) 1　(b) $E(X)=1$　(c) $E(Y)$ 不存在　(d) $E(XY)$ 不存在

6.(a) $f_1(x)=\begin{cases}\dfrac{2}{\pi}\sqrt{1-x^2}, & -1\le x\le 1\\0 & ，其它\end{cases}$，(b) $f_2(y)=\begin{cases}\dfrac{2}{\pi}\sqrt{1-y^2}, & -1\le y\le 1\\0 & ，其它\end{cases}$，

(c) $E(X)=0$　(d) $E(Y)=0$　(e) $E(XY)=0$　(f)充分條件。

3-4

1.(a)

y	0	1
$f(y\mid x=1)$	$\frac{4}{5}$	$\frac{1}{5}$

(b) $E(Y\mid X=1)=\frac{1}{5}$　(c) $V(Y\mid X=1)=\frac{24}{25}$　(d) $E[E(Y\mid X)]=\frac{1}{3}$

2. $E(X\mid Y=y)=\dfrac{5-4y}{8-6y}$　*3.*(a) $E(Y\mid X=x)=1+\dfrac{x}{2}$　(b) $V(Y\mid X=x)=\dfrac{(x-2)^2}{12}$

5.(a) $E(Y\mid x=-1)=\dfrac{8}{3}$　$E(Y\mid x=0)=3$　$E(Y\mid x=1)=\dfrac{5}{2}$

(b)

y	1	2	3	4
$P(Y=y)$	$\frac{7}{36}$	$\frac{9}{36}$	$\frac{7}{36}$	$\frac{13}{36}$

(c) $E(Y)=\dfrac{49}{18}$　(d) $E(E(Y\mid X))=\dfrac{49}{18}$

*6.*提示：$E(g(X,Y))=\int_{-\infty}^{\infty}\int_{-\infty}^{\infty}g(x,y)\,f(y\mid x)f_1(x)\,dxdy$

$7.E(Y|x=-1)=-\dfrac{1}{3}$ $V(Y|x=-1)=\dfrac{5}{9}$ $8.\dfrac{5}{4}$

$9.f(x,y)=\dfrac{1}{10(10-x)}$, $x=0,1,2\cdots9$, $y=x,x+1,\cdots9$ $10.\dfrac{n+3}{4}$

$11.$(a) $f_2(y)=e^{-y}$, $\infty>y>0$ (b) $f(x|y)=\dfrac{1}{y}$, $y>x>0$ (c) $\dfrac{1}{3}Y^2$

3-5

$1.\dfrac{-\sigma_2^2}{\sqrt{\sigma_1^2+\sigma_2^2}\sqrt{\sigma_2^2+\sigma_3^2}}$ $3.-1$

$5.$〈提示：$V\left(\dfrac{X-\mu_X}{\sigma_X}+\dfrac{Y-\mu_Y}{\sigma_Y}+\dfrac{Z-\mu_Z}{\sigma_Z}\right)\geq0$〉 6.0 $7.$(a)-0.2，(b)$E(X)=1$，$E(Y)=2$，

$\sigma_2=1$，$\sigma_1=2$ $8.\rho=\dfrac{1}{\sqrt{2}}$

$9.$〈提示：$\mathrm{Cov}\,[E(X|Y),Y]=E[E(X|Y)Y]-E[E(X|Y)]E(Y)\cdots\cdots$〉

11.0 $12.$〈提示：應用 $\rho(X,Y)=1$ $\therefore Y=aX+b$，解 a,b〉

3-6

$1.f_z(z)=\begin{cases} z & 1>z>0 \\ z-1 & 2>z>1 \end{cases}$ $2.f(z)=\begin{cases} \dfrac{1}{2} & 1>z>0 \\ \dfrac{1}{2z^2} & \infty>z>1 \end{cases}$ $3.f(z)=\dfrac{3}{2}(1-z^2)$ $1>z>0$

4. $f(w_1) = \begin{cases} \dfrac{1}{3} & , \ 0 \le w_1 \le 1 \\ \dfrac{1}{3} w_1^{-\frac{1}{2}} & , \ 1 < w_1 < \infty \end{cases}$
5. $f(z) = \begin{cases} 1 - e^{-z} & , \ 0 < z < 1 \\ (e-1)e^{-z} & , \ z > 1 \end{cases}$

6. 〈提示：應用極坐標求 $F_z(z)$〉 $f_z(z) = 2z^3 e^{-z^2}$，$\infty > z > 0$ $E(Z) = \dfrac{3\sqrt{\pi}}{4}$

$V(Z) = 2 - \dfrac{9\pi^2}{16}$ **7.** $f_z(z) = \begin{cases} \displaystyle\int_0^z e^{-(z-w)} \, dw = 1 - e^{-z} & , \ 1 > z \ge 0 \\ \displaystyle\int_0^1 e^{-(z-w)} \, dw = (e-1)e^{-z} & , \ \infty > z \ge 1 \end{cases}$

◆ 4-1

1. (a) $\dfrac{5}{21}$ (b) $\dfrac{1}{252}$ **2.** $\dfrac{\dbinom{32}{5} - \dbinom{12}{5}}{\dbinom{52}{5} - \dbinom{40}{5}}$ **3.** $\dfrac{45}{109}$

4. (a) 〈提示：比較 $(1+t)^a(1+t)^b$ 與 $(1+t)^{a+b}$ 之 t^n〉 (c) 〈提示：應用(b)之結果。〉

5. 〈提示：$p = \displaystyle\sum_{k=0}^{n} \dfrac{a-k}{a+b-n} \cdot \dfrac{\dbinom{a}{k}\dbinom{b}{n-k}}{\dbinom{a+b}{n}} = ?$〉

◆ 4-2

3. (a) $\dbinom{15}{3} p^3 (1-p)^{12}$ (b) $(1-p)^{14}p$ (c) $\dbinom{14}{4} p^5 (1-p)^{10}$ (d) $\dfrac{\dbinom{15}{8} P^8 (1-p)^7}{\displaystyle\sum_{k=4}^{15} \dbinom{15}{k} p^k (1-p)^{15-k}}$

(e) $(1-p)^{13}p^2$ (f) $\dfrac{15p}{1-(1-p)^{15}}$

4.$E(X)=6$ *5.*$\dfrac{8}{9}$ *6.*$[pt+(1-p)]^n$ *7.*$\dbinom{m}{k}\dbinom{n}{s-k}\bigg/\dbinom{m+n}{s}$ *8.*〈提示：先驗證$P(X+Y=n)$

$=(n+1)p^2q^n$〉 $\dfrac{1}{n+1}$ *10.*$\dfrac{pq^z}{1+q}$，$z \in I$

◆ 4-3

1.$1+\dfrac{1}{\lambda}$ *2.*(a)$F_Y(y)=\begin{cases}1, & y\geq 3 \\ 1-e^{-\lambda y}, & 0\leq y<3\end{cases}$ (b)$F_Y(y)$ 不是連續函數。   *3.*(a)X, Y為

獨立   (b)e^{-1} (c)$e^{-0.5}$ (d)$\dfrac{1}{2}$ *5.*(a)$P(X=m)=\dfrac{e^{-\lambda P}(\lambda p)^m}{m!}$，$m=0, 1, 2, \cdots\cdots$

(b)$P(Y=n)=\dfrac{\lambda^n e^{-\lambda}}{n!}$，$n=0, 1, 2\cdots\cdots$

6.$\dfrac{1}{\lambda}(1-e^{-\lambda})$ *7.*$P(X=k)=\dfrac{\theta^n}{x!\,\Gamma(n)}\dfrac{\Gamma(k+n)}{(\theta+1)^{(k+n)}}$ *8.*(a)e^{-1} (b)e^{-1}

9.$\dfrac{\lambda}{\mu+\lambda}$ *10.*$f_{Y_1}(y_1)=\dfrac{1}{(1+y_1)^2}, y_1>0$ $f_{Y_2}(y_2)=\lambda^2 y_2 e^{-\lambda y_2}, \; y_2>0$

11.(a)$\displaystyle\sum_{x=8}^{\infty}\dfrac{e^{-7}7^x}{x!}$ (b)$1-e^{-3}$ *12.*$f(z)=\begin{cases}e^{-\frac{z}{3}}(1-e^{-\frac{z}{6}})，& z>0 \\ 0 & ，其他\end{cases}$

13.$E(X)=\dfrac{\alpha}{\alpha+\beta}$ $\therefore V(X)=\dfrac{\beta}{(\alpha+\beta)^2(\alpha+\beta+1)}$ *14.*〈提示：應用數學歸納法及分

部積分法〉   *15.*〈提示：同上題〉

◆ 4-4

1.$\sqrt{\dfrac{2}{\pi}}\sigma$ *3.*$f_Y(y)=\dfrac{1}{\pi}\dfrac{1}{1+y^2}$，$\infty>y>0$（Cauchy 分配）

4.〈提示：驗證 $f_{Y,Z}(y,z) = \dfrac{1}{2\pi} \underbrace{e^{-\frac{y^2}{2}}}_{h_1(y)} \cdot \underbrace{\dfrac{1}{2\sqrt{1-z^2}}}_{h_2(z)}$ $\infty > y > \infty,\ 1 > z_1 > -1$〉

5. $f(y) = \dfrac{1}{y\sqrt{2\pi}\,\sigma} e^{-\frac{(\ln y - \mu)^2}{2\sigma^2}}$, $\infty > y > 0$ $\quad E(Y) = e^{\mu + \frac{1}{2}\sigma^2}$, $V(Y) = e^{2\mu}(e^{2\sigma^2} - e^{\sigma^2})$

6. $n(\mu,\sigma^2) \xrightarrow{\sigma \to 0} f(x) = \begin{cases} 1 & , x = \mu \\ 0 & , 其他 \end{cases}$

7.〈提示：$\max(X,Y) = \dfrac{1}{2}(X + Y + |X - Y|)$ $\quad W = X - Y(0, 2\sigma^2)$〉 $\mu + \dfrac{\sigma}{\sqrt{\pi}}$

4-5

1. $\dfrac{3}{8}a$ **2.**〈提示：z 之二次式 $z^2 + Xz + Y = 0$ 有實根之條為 $X^2 - 4Y \geq 0$〉 $\dfrac{13}{24}$

3.〈提示：考慮 $E(X+1)^k$ 與 EX^k 之關係〉 **4.** $Y \sim U(0,1)$ **5.** $f_Y(y) = \begin{cases} 1 & , 1 > y > 0 \\ 0 & , 其他 \end{cases}$

6.〈提示：$F_T(t) = P(T \leq t) = P(\max(X,Y) \leq t) = P(X \leq t, Y \leq t) = P(X \leq t)P(Y \leq t)$〉

$f_T(t) = \begin{cases} \dfrac{2(t-a)}{(b-a)^2} & , a \leq t \leq b \\ 0 & , 其他 \end{cases}$ **7.** $F_w(w) = \begin{cases} \dfrac{2(b-w)}{(b-a)^2} & , b > w > a \\ 0 & , 其他 \end{cases}$ **8.** $f_T(t) = \begin{cases} \dfrac{1}{2} & , 1 > t > 0 \\ \dfrac{1}{2t^2} & , \infty > t > 1 \end{cases}$

9. $\dfrac{1}{2}$

◆ 4-6

1.(a)0.4782　(b)$1 - e^{-\frac{1}{8}}$　**2.**〈提示：積分過程中須用配方法〉$X \sim n\left(0, \frac{16}{15}\right)$

3.(a)$E(Y \mid x) = \frac{3}{5}x + \frac{29}{5}$　(b)$V(Y \mid x) = \frac{81}{25}$　(c)$n(\frac{3}{5}x + \frac{29}{5}, \frac{81}{25})$　(d)$n(-3, 9)$

　(e)0.8185　(f)$Y \sim n(10, 9)$　(g)0.8185　(h)$E(X \mid y) = \frac{16}{15}y - \frac{109}{15}$　**4.**$Z \sim n$

$(a\mu_x + b\mu_Y + c, a^2\sigma_x^2 + b^2\sigma_Y^2 + 2ab\rho\sigma_x\sigma_Y)$

5.(a)X, Y, Z不為機率獨立。

6.(b)二個獨立常態隨機變數之結合密度函數未必是二元常態分配。

7.〈提示：$P(XY < 0) = P[(X < 0$ 且 $Y > 0) \cup (X > 0$ 且 $y < 0)]$〉

8.(a)$\frac{9}{25}x + \frac{277}{25}$　(b)$\frac{144}{25}$　(c)$n\left(\frac{9}{25}x + \frac{277}{25}, \frac{144}{25}\right)$　(d)$n(10, 9)$　(e)$y - 13$

　(f)16　(g)$n(y - 13, 16)$　(h)$n(-3, 25)$　(i)0.6006　(j)0.7888　(k)0.8185

　(l)0.9371

◆ 5-1

1.〈提示：$N\sigma^2 = \Sigma(x - \mu)^2$，$A$ 為樣本元素所成集合

$$= \sum_{x \in A}(x - \mu)^2 + \sum_{x \notin A}(x - \mu)^2 \geq \sum_{x \in A}(x - \mu)^2 〉$$

2.(a)$\mu = 2$　$\sigma^2 = \frac{2}{3}$

(b).∴$\overline{X}$之機率分配表

$\bar{x}$	1	$\dfrac{3}{2}$	2	$\dfrac{5}{2}$	3
$P(\overline{X}=\bar{x})$	$\dfrac{1}{9}$	$\dfrac{2}{9}$	$\dfrac{3}{9}$	$\dfrac{2}{9}$	$\dfrac{1}{9}$

(c)S^2之機率分配表

s^2	0	$\dfrac{1}{2}$	2
$P(S^2=s^2)$	$\dfrac{3}{9}$	$\dfrac{4}{9}$	$\dfrac{2}{9}$

(d)$E(\overline{X})=2$ (e)$E(S^2)=\dfrac{2}{3}$

3.(b)$\overline{X}$之機率分配表

$\bar{x}$	$\dfrac{3}{2}$	2	$\dfrac{5}{2}$
$P(\overline{X}=\bar{x})$	$\dfrac{1}{3}$	$\dfrac{1}{3}$	$\dfrac{1}{3}$

(c)S^2之機率分配表

s^2	$\dfrac{1}{2}$	2
$P(S^2=s^2)$	$\dfrac{2}{3}$	$\dfrac{1}{3}$

(d)$E(\overline{X})=2$　(e)$E(S^2)=1$　**4.**$f_{\overline{X}}(\bar{x})=\dfrac{e^{-n\lambda}(n\lambda)^{n\bar{x}}}{(n\bar{x})!}$,$\bar{x}=0,\dfrac{1}{n},\dfrac{2}{n},\cdots\cdots$

5.(a)$E(\Sigma X)^2=n\sigma^2+(n\mu)^2=n\sigma^2+n^2\mu^2$　(b)$E(\Sigma X^2)=n(\sigma^2+\mu^2)$

6.$\dfrac{1}{\sqrt{n}}$　**7.**〈提示：先証$V(X_i-\overline{X})=\dfrac{n-1}{n}\sigma^2$　同法$V(X_j-\overline{X})=\dfrac{n-1}{n}\sigma^2=-\dfrac{\sigma^2}{n}$　次証$Cov(X_j-\overline{X},X_j-\overline{X})$〉，$-\dfrac{1}{n-1}$

8.〈提示：先証$Cov(Y_1,Y_2)=n^2\sigma^2\rho$　次証$V(Y_1)=V(Y_2)=n\sigma^2[1+(n-1)\rho]$〉，$\dfrac{n\rho}{1+(n-1)\rho}$　**9.**$E\left(\dfrac{1}{\overline{Y}}\right)=\dfrac{n\lambda}{n-1}$　$E\left(\dfrac{1}{\overline{Y}}\right)^2=\dfrac{(\lambda n)^2}{(n-1)(n-2)}$

5-2

1.解

(a)$f(y_1,y_2)=2$, $1>y_2>y_1>0$

(b)$f(y_1)=2(1-y_1)$, $1>y_1>0$　　$f(y_2)=2y_2$, $1>y_2>0$

(c)$E(Y_1) = \dfrac{1}{3}$ $E(Y_2) = \dfrac{2}{3}$

(d)$f(z) = \displaystyle\int_0^{1-z} 2dz_1 = 2(1-z)$，$1 > z > 0$

2.(a) $\dfrac{1}{n+1}$ (b) $\dfrac{n}{n+1}$ (c) $\dfrac{1}{n+1}$ 3.(a)$\left(\dfrac{1}{2}\right)^n$ (b)$1 - \left(\dfrac{1}{2}\right)^n$

4.

u	0	1	2	3
$P(U=u)$	0.1	0.25	0.45	0.2

v	0	1	2
$P(V=v)$	0.52	0.38	0.10

5.(a) $\dfrac{r}{n+1}$ (b)$\dfrac{15}{16}$ 6. $\displaystyle\sum_{m=k}^{n} \binom{n}{m}\left(\dfrac{1}{2}\right)^n$

7. 〈提示：$Z = \max(X, Y)$ 則 $E(Z) = \displaystyle\int_0^\infty (1 - F_Z(z))\,dz$〉 ，$\dfrac{1}{\lambda_1} + \dfrac{1}{\lambda_2} - \dfrac{1}{\lambda_1 + \lambda_2}$

8. 〈提示：$g(y_1) = G(y_1) - G(y_1 - 1)$，$G(y_1)$ 為 Y_1 之分配函數〉 $g(y) = \left(\dfrac{7 - y_1}{6}\right)^5 - \left(\dfrac{6 - y_1}{6}\right)^5$

9.(a) $f(y_4) = 20y_4^3(1 - y_4)$ $1 > y_4 > 0$ (b)$\dfrac{3}{16}$ (c)$\dfrac{\left(\dfrac{1}{2}\right)^5 - \left(\dfrac{1}{3}\right)^5}{1 - \left(\dfrac{1}{3}\right)^5}$

10.(a)$P(Y_7 < 19.8) = \displaystyle\sum_{k=7}^{8} \binom{8}{k}(0.7)^k(0.3)^{8-k} = \displaystyle\sum_{k=0}^{1} \binom{8}{k}(0.3)^k(0.7)^{8-k}$

(b)$P(Y_5 < 19.8 < Y_8) = \displaystyle\sum_{k=5}^{7} \binom{8}{k}(0.7)^k(0.3)^{8-k} = \displaystyle\sum_{k=1}^{3} \binom{8}{k}(0.3)^k(0.7)^{8-k}$

（請注意(a)(b)之 $\displaystyle\sum_{k=7}^{8} \to \sum_{k=0}^{1}$ 及 $\displaystyle\sum_{k=5}^{7} \to \sum_{k=1}^{3}$ 之理由）

11.(a)提示：$P(Y_{20} < 8.3) \approx \sum_{k=20}^{72} \binom{72}{k} \left(\frac{1}{3}\right)^k \left(\frac{2}{3}\right)^{72-k} \approx P(X \geq 20) \approx 0.8697$

(b)$P(Y_{18} < 8.3 < Y_{30}) = \sum_{k=18}^{29} \binom{72}{k} \left(\frac{1}{3}\right)^k \left(\frac{2}{3}\right)^{72-k} \approx 0.8634$

12.$\dfrac{1}{n}$

13.$h(y_1, y_2) = 6y_1 y_2 (y_1 + y_2)$，$1 > y_2 > y_1 > 0$

14. W_1 與 W_2 為獨立。

15.$n \geq 4$ **16.**(a)$\sum\limits_{w=30}^{35} \binom{64}{w} \Big/ 2^{64}$ (b)0.5403   **17.** n 至少為 7   **18.**$\dfrac{5}{16}$

5-3

1.$n = 14$ **2.**〈提示：考慮由 $\lambda = 1$ 之 Poisson 分配抽出 $X_1, X_2, \cdots, X_n$ 為一隨機樣本，倣例 5 即得。〉**3.**提示：$P(180 < X < 220) \approx P\left(\dfrac{179.5 - 200}{10\sqrt{\frac{5}{3}}} < Z < \dfrac{220.5 - 200}{10\sqrt{\frac{5}{3}}}\right)$

$= 0.88$

4.(a)0.624   (b)0.691   (c)0.933   (d)0.054   **5.**0.4772   **6.**(a)250   (b)68

7.〈提示：應用 $\dfrac{(n-1)}{\sigma^2} S^2 \sim \chi^2(n-1)$〉

8.(a)$m_{Y_n}(t) = E[e^{Y_n t}] = \left[e^{\frac{t}{\sqrt{n}}} - \left(\dfrac{t}{\sqrt{n}}\right) e^{\frac{t}{\sqrt{n}}}\right]^{-n}$，$t < \sqrt{n}$ (b)$n(0, 1)$

9.3375　**10.**62

◆ 5-4

1.0.841　**2.**0.9　**3.**$\frac{1}{10}$　**4.**0.025　**5.**0.90　**6.**$\chi^2(2)$

7.〈提示：$Z_j=F_j(X_j)$，則$Z_j\sim\cup(0,1)$〉　**9.**$t(n-1)$　**10.**0.95　**11.**$t(2)$

13.(a)0.01　(b)0.94　**14.**0.01　**15.**0.94　**16.**(a)$n(0,1)$　(b)$t(1)$　(c)$F(1,1)$
(d)$\chi^2(1)$　(e)$t(1)$

18.〈提示：$m_X(t)=(1-2t)^{\frac{n}{2}}$，$m_Y(t)=E(e^{tY})=\left(1-2\frac{t}{\sqrt{2n}}\right)^{-\frac{n}{2}}e^{-\sqrt{\frac{n}{2}}t}$

$\therefore\ln m_Y(t)=\frac{t^2}{2}+\frac{1}{3}\frac{t^3}{n\sqrt{2n}}+\cdots$〉

19.(a)$m(t)=(1-2t)^{-\frac{n}{2}}$，$t<\frac{1}{2}$　(b)$\mu=n$，$\sigma^2=2n$　**20.**$F(2,2)$　**21.**$\chi^2(4)$

◆ 6-1

1.〈提示：應用$V(\overline{X})\geq0$〉　**2.**$\frac{1}{6}$　**3.**$c=\frac{1}{2(n-1)}$　**4.**$V\left(\frac{\Sigma X^2}{n}\right)=\frac{2\theta^2}{n}$

5.〈提示：$g(y_n)=\frac{n}{\theta^n}y^{n-1}$，$0<y<\theta$〉　**6.**$\frac{\sum_{i=1}^{n}E(X_i^2-S^2)}{n}$

7.〈提示：X為奇數時，$T(X)<0$無統計意義（何故？）。〉

8. 〈提示：利用反証法，即設 $T(X)$ 為 $d(\theta)=\theta^2$ 不偏推定量〉

9.(a) $\dfrac{\lambda^2}{n}$ (b) $\dfrac{1}{n}$ **10.** $\overline{X}$ 對 $\hat{\lambda}$ 效率為 100%；$\overline{X}$ 為 λ 之有效推定量

6-2

1. 〈提示：應用 $E(S^2)=\sigma^2$ 與 $V(S^2)=\dfrac{2\sigma^4}{n-1}$ 再用定義 6.2-1〉

2. 〈提示：驗證 $E(T)=\mu \lim\limits_{n\to\infty} V(T)=\lim\limits_{n\to\infty}\dfrac{\dfrac{n(n+1)(2n+1)}{6}\sigma^2}{4n^2(n+1)^2}$〉

3.(b) 〈提示：應用定義，証明 $P(|nY_1-\lambda|>\varepsilon)\neq 0$〉

4.(a) 〈提示：$f(y_n)=\dfrac{n}{\theta^n}y_n^{n-1}$，$0<y_n<\theta$〉   (b) 〈提示：取 $g(y)=\sqrt{y}$〉

10. 〈提示：$P(X=Y)=1$ 相當於 $P(|X-Y|>\varepsilon)=0$〉

11. 〈提示：應用 WLLN〉

12. 〈提示：應用 Chebyshev 不等式〉

15. 〈提示：$f(y_1)=ne^{-n(y_1-\theta)}$，$y_1>\theta$

$P(|Y_1-\theta|\geq\varepsilon)\leq\dfrac{E(Y_1-\theta)^2}{\varepsilon^2}\cdots\cdots$〉

6-3

1. $\hat{a} = \dfrac{\Sigma X}{n} - \sqrt{\dfrac{3\Sigma(X-\bar{X})^2}{n}}$　　$\hat{b} = \dfrac{\Sigma X}{n} + \sqrt{\dfrac{3\Sigma(X-\bar{X})^2}{n}}$　　**2.** $\hat{\alpha} = \dfrac{\bar{X}^2}{S^2}$, $\hat{\beta} = \dfrac{S^2}{\bar{X}}$

3. 449　　**4.** $\hat{\alpha} = \dfrac{1-2\bar{X}}{\bar{X}-1}$; $\hat{\alpha} = -0.33$

(b)提示：$-0.4, 2.1$ 均不在定義域中。

5. $\hat{\theta} = \sqrt{\dfrac{2}{\pi}} \cdot \bar{X}$

6-4

1. (a)F　　(b)F　　(c)T　　(d)T　　(e)F　　(f)F　　(g)F

3. (a)$\dfrac{\Sigma X^2}{n}$　　(b)$\sqrt{\dfrac{\Sigma X^2}{n}}$　　(c)3　　(d)6　　(e)$\sqrt{6}$　　**4.** $\hat{\theta} = \dfrac{-1 + \sqrt{1 + \dfrac{4\Sigma X^2}{n}}}{2}$

5. (a)$\hat{\theta} = -1 - \dfrac{n}{\Sigma \ln X}$　　(b)0.23　　(c)$1 + \dfrac{\Sigma \ln X}{n}$

6. (a)$\hat{\alpha}$ 不為 α 之不偏推定量　　(b)$\hat{\alpha}$ 為 α 之一致推定量　　**7.** $\hat{\alpha} = \min(|X_1|, |X_2| \cdots |X_n|)$

8. $\hat{\theta}$ 為 $\max(X_1, X_2 \cdots X_n) \dfrac{1}{2} \leq \theta \leq \min(X_1, X_2 \cdots X_n) + \dfrac{1}{2}$

9. $\hat{\theta} = \dfrac{2n - 2X_1 - X_2}{2n - X_1}$

10. 〈提示：$\theta = P(X \geq 2) = (1-p)^2$ 及利用 MLE 之不變性〉$\left(\dfrac{\overline{X}}{1+\overline{X}}\right)^2$

11. $[y_n - 1, y_1]$ 中均為 θ 之 MLE

12.(a) $\left[\dfrac{y_n}{2}, y_1\right]$ 中均為 θ 之 MLE   (b)$\theta < 0$ $\hat{\theta} = Y_1$ **13.** $\hat{\mu} = -1.08$

14. 提示 $P(T > t_0) = e^{-\alpha(t_0 - \beta)} \doteqdot \dfrac{N-S}{N}$

$\therefore \hat{\alpha} = \dfrac{1}{t_0 - \beta} \ln \dfrac{N}{N-S}$

◆ 6-5

1. $\dfrac{X+1}{n+2}$ **2.**(1)$R\left(\dfrac{1}{4}, d_1\right) = 0$；$R\left(\dfrac{3}{4}, d_1\right) = \dfrac{1}{4}$；$R\left(\dfrac{1}{4}, d_2\right) = \dfrac{1}{4}$；$R\left(\dfrac{3}{4}, d_2\right) = 0$；

$R\left(\dfrac{1}{4}, d_3\right) = \dfrac{9}{64}$；$R\left(\dfrac{3}{4}, d_3\right) = \dfrac{15}{64}$

3. $R(\theta, d_1) = 2$

$R(\theta, d_2) = \dfrac{2\theta^2 - 2\theta + 1}{16}$

4.(a)$R(\theta, a) = \dfrac{1}{n}$

(b)$r(\pi, a) = \dfrac{1}{n}$

5.(a)$R(\theta, a) = c^2 + \theta(c-1)^2$

(b)$r(\pi, a) = c^2 + \dfrac{1}{2}(c-1)^2$

6. $E(X) = \dfrac{\alpha}{\alpha+\beta}$ ， $V(X) = \dfrac{\alpha\beta}{(\alpha+\beta+1)(\alpha+\beta)^2}$

7-1

1. (a)ΣX　　(b)ΣX^2　　(c)$\Sigma \ln(1+x)$　　(d)Σe^{-X}

2. 〈提示：取 $X_1 = 1, X_2 = 1$ 求 $P(X_1 = 1, X_2 = 1 \mid X_1 + X_2 = 2)$。〉

4. (a)$[Y_1, Y_n]$ 為 θ 之充分統計量　　(b)$f(Y_1, Y_n)$　　(c)Y_1　　(d)$f[Y_1, Y_n]$

5. (a)$(\prod\limits_{i=1}^{n} X_i, \sum\limits_{i=1}^{n} X_i)$　　(b)ΣX　　(c)$\prod X$

6. (a)θ 無一維充分統計量

(b)(μ, σ^2) 之一組充分統計量為 $(\Sigma X, \Sigma X^2)$

(c)可以

7. 提示：$\int_a^b e^{p(\theta)K(x) + S(x) + q(\theta)} dx = 1$ 兩邊同時對 θ 微分即得。$E(K(X)) = -\dfrac{q'(\theta)}{p'(\theta)}$

8. 提示：$f(x, \theta) = B(\theta) h(x) e^{Q(\theta)R(x)}$ 兩邊同時對 θ 微分。$E(R(X)) = -\dfrac{B'(\theta)}{B(\theta)Q'(\theta)}$

10. ΣX_i

7-2

2. (a)$\dfrac{(\Sigma X)^2}{n(n+1)}$　　(b)〈提示：中位數 $m = \dfrac{\ln 2}{\mu}$〉，$\ln 2\,\overline{X}$。

3. $\dfrac{\Sigma X}{n}$ 4. $\dfrac{\Sigma X}{n\alpha}$ 5. $\dfrac{\Sigma X}{n}$

6. 〈提示：$r.v.\ X$ 之 pdf 為 $f(x,\theta)=\theta x^{\theta-1}$，取 $Y=-\ln X$ 則 $Y\sim G(1,\dfrac{1}{\theta})$〉

　(1) $\dfrac{\Sigma X}{n}$　(2)〈提示：試 $E(\dfrac{1}{T})$。〉$\dfrac{n-1}{-\Sigma\ln X}$

7. (a) 提示：取 $Y=\ln(1+X)$ 則 $Y\sim G(1,\dfrac{1}{\theta})$；$\dfrac{\Sigma\ln(1+X)}{n}$ 為 $\dfrac{1}{\theta}$ 之 UMVUE

　(b)〈提示：試 $E(\dfrac{1}{T})$。〉$\dfrac{n-1}{\Sigma\ln(1+X)}$

8. $\dfrac{(\Sigma X^2)^2}{n(n-2)}$　9. $\dfrac{n\alpha-1}{\Sigma X}$

10. 提示：Y_n 為 θ 之完全充分統計量，$g(y_n)=\dfrac{2n}{\theta^{2n}}y_n^{2n-1}$。$\dfrac{2n+1}{2n}Y_n$

11. $T_1=\Sigma X$　12. $T_2=\Sigma X^2$　13. $T_3=\Sigma X$

7-3

1. 提示：Y_4 為完全統計量，Z_1 為尺度統計量。

2. 提示：$T=\Sigma X$ 為 θ 之完全充分統計量，$u(x_1,x_2\cdots x_n)=x_1-\overline{x}$ 滿足位置不變性；應用 Basu 定理即得。

3. 提示：$T=\sum\limits_{i=1}^{n}X_i$ 為 θ 之完全充分統計量　又 $X_1+X_2+2X_3-4\overline{X}$ 為一附屬統計量　應用 Basu 定理。

7.提示：求 X, Y 之 pdf 與 X, Y 之 jpdf 前二者不含 θ，後者含 θ

8.提示：Y_n 為 θ 之完全充分統計量，$T = \dfrac{Y_1}{Y_n}$ 與 θ 無關。

又 beta 公式 $\displaystyle\int_0^1 x^n (1-\theta)^m \, dx = \dfrac{\Gamma(n+1)\,\Gamma(m+1)}{\Gamma(n+m+2)}$

7-4

1.(a)$824.32 < \mu < 855.68$ (b)$e = Z_{\frac{a}{2}} \dfrac{\sigma}{\sqrt{n}} = 15.68$ (c)$n = 576$

2.(a)$n = 24$ 或 25 (b)n 一定比 24 或 25 小。

3.$P\left(\bar{X} - t_{\frac{a}{2}}(n-1) \dfrac{S}{\sqrt{n}} < \mu < \bar{X} + t_{\frac{a}{2}}(n-1) \dfrac{S}{\sqrt{n}} \right) = 1 - a$

4.$n : m = 36 : 25$

5.$\left(\dfrac{\sum(X - \bar{x})^2}{\chi^2_{(1 - \frac{a}{2})}(n-1)} > \sigma^2 > \dfrac{\sum(X - \bar{x})^2}{\chi^2_{\frac{a}{2}}(n-1)} \right) = 1 - \alpha$

7.$P\left(\dfrac{S_1^2}{S_2^2} \dfrac{1}{F_{1-\frac{a}{2}}(n_1 - 1, n_2 - 1)} > \dfrac{\sigma_1^2}{\sigma_2^2} > \dfrac{S_1^2}{S_2^2} \dfrac{1}{F_{\frac{a}{2}}(n_1 - 1, n_2 - 1)} \right)$
$= 1 - a$

7-5

1.$e^{-\frac{1}{2}} - e^{-1}$

2.(a)樞紐量：利用：若 $Z \sim n(0,1)$，$Y \sim \chi^2(r)$，Y, Z 獨立則 $\dfrac{Z}{\sqrt{Y/(n-1)}} \sim t(n-1)$

$$\dfrac{(\overline{X}-\theta)/\sqrt{\dfrac{\theta}{n}}}{\sqrt{\dfrac{\Sigma(X-\overline{X})^2}{\theta}/(n-1)}} = \dfrac{\overline{X}-\theta}{S/\sqrt{n}} \sim t(n-1)，取 T = \dfrac{\overline{X}-\theta}{S/\sqrt{n}}$$

(b)$(\overline{X} - \dfrac{as}{n} < \theta < \overline{X} - \dfrac{bs}{n})$

3.(a)提示：$U(0,\theta)$ 之充分統計量為 Y_n

(b)$T = \dfrac{Y_n}{\theta}$

$P(Y_n < \theta < \dfrac{Y_n}{\sqrt[n]{\alpha}}) = 1 - \alpha$ 為在 $(1-\alpha)100\%$ 下之 θ 之最短信賴區間

4.(a)取 $T = \dfrac{\theta - X}{\theta}$ 為樞紐量

(b)最短信賴區間為 $P(\dfrac{X}{1-b} > \theta > \dfrac{X}{1-a}) = 1 - \alpha$

條件為：$\begin{cases} b^2 - a^2 = 1 - \alpha \\ a(1-a)^2 = b(1-b)^2 \end{cases}$

5.取 $T(X,\mu) = \dfrac{\overline{X}-\mu}{S/\sqrt{n}} \sim t(n-1)$ 為一樞紐量

$1 - \alpha = P\left(\overline{X} - t_{n-1,\frac{\alpha}{2}} \dfrac{S}{\sqrt{n}} < \mu < \overline{X} + t_{n-1,\frac{\alpha}{2}} \dfrac{S}{\sqrt{n}}\right)$

6.(a)$f(y_1) = n \quad n e^{-n(y_1 - \theta)}$，$y_1 > \theta$

(b)$P(b < T < a) = P(Y_1 - \dfrac{b}{2n} > \theta > Y_1 - \dfrac{a}{2n}) = 1 - \alpha$

◆ 8-1

1.(a) 可能棄卻域：$\{x:x=0\}, \{x:x=1\}, \{x:x=2\}$ 及 $\{x:x=1,2\}$

(b) $\{x:x=1,2\}$ 之 β 值最小

$2. C = \mu - 1.64 \dfrac{\sigma}{\sqrt{n}}$ $3.(a) 1 - \dfrac{5}{2} e^{-1}$ $(b) 5 e^{-2}$

$4.(a) K(\theta) = (1 - \theta)^{19} (1 + 19\theta)$

$(b) K'(\theta) < 0$

即 $K(\theta)$ 為 θ 之遞減函數

$5. f(y_6) = \dfrac{6 y_6^5}{\theta^6}$, $\theta > y_6 > 0$

$K(\theta) = P(Y_6 \leq \dfrac{1}{3} \text{或} Y_6 > 1)$

$$K(\theta) = \begin{cases} 1 & , 0 < \theta < \dfrac{1}{3} \\[2mm] \dfrac{1}{729 \theta^6} & , \dfrac{1}{3} < \theta < 1 \\[2mm] 1 - \dfrac{728}{729 \theta^6} & , \theta > 1 \end{cases}$$

$6.(a) k = 1 - \alpha^{\frac{1}{n}}$

$(b) K(\theta) = \begin{cases} (\alpha^n + \theta)^n, 0 < \theta < 1 - \alpha^{\frac{1}{n}} \\[2mm] 1 & , 1 - \alpha^{\frac{1}{n}} < \theta < \infty \end{cases}$

$7.(a) \alpha = \dfrac{1}{2}$ $\beta = \dfrac{1}{4}$ $(b) \alpha = 0$ $\beta = \dfrac{3}{4}$ $8. n \fallingdotseq 9$ $9. n = 54$，$c = 5.6$

$10. \{ x \,|\, x = 3 \}$ $11. n \approx 62$ $12. n$ 至少要 37 個

8-2

$1. \{ x \,|\, \sum x \geq c \}$ $2. \{ x \,|\, \sum x \geq c \}$ $3. \{ x \,|\, \sum \ln x_i \leq c \}$

4. $\{x \mid x \le \sqrt[3]{\alpha}\}$ **5.** $\{x \mid \Sigma x^2 \ge c\}$ **6.** $\{x \mid x \ge c\}$ 是為所求棄卻域

7. 提示：$\lambda = \dfrac{L(\theta_0)}{L(\theta_1)} = \dfrac{f(x_1, x_2 \cdots x_n, \theta_0)}{f(x_1, x_2 \cdots x_n, \theta_1)} = \dfrac{g(T, \theta_0)\, h(x_1, x_2 \cdots x_n)}{g(T, \theta_1)\, h(x_1, x_2 \cdots x_n)} = \dfrac{g(T, \theta_0)}{g(T, \theta_1)}$

8. $\{x \mid x \ge c\}$

9. (a) $\{x \mid \bar{x} \ge c\}$ (b) $c = 16.7$，$n = \dfrac{\sigma^2}{1.06}$

10. 提示：$\dfrac{L_{H_0}(\theta_1, \theta_2)}{L_{H_1}(\theta_1, \theta_2)} = \dfrac{\left(\dfrac{1}{\sqrt{2\pi}}\right)^n exp\left\{-\dfrac{1}{2}\Sigma x^2\right\}}{\left(\dfrac{1}{\sqrt{2\pi}2}\right)^n exp\left\{-\dfrac{1}{8}\Sigma(x-1)^2\right\}} \le k$。

$\{x \mid 3\,\Sigma x^2 + 2\,\Sigma x \ge c\}$ 是為所求棄卻域

11. (i) $a(\theta_0) > a(\theta_1)$：$\Sigma b(x_i) \le c$ (ii) $a(\theta_0) < a(\theta_1)$：$\Sigma b(x_i) \ge c$

12. (a) $R = \{(1, 2, 5), (2, 3, 4), (3, 5)\}$，(b) 最佳棄卻域為 $C = \{x = 3, 5\}$。

 8-3

1. (a) $\{x \mid \bar{x} \ge k\}$ (b) $\{x \mid \bar{x} \ge 10.43\}$ 是為所求之棄卻域

2. (a) 棄卻域為 $\{x \mid \Sigma x \ge k\}$

(b) 提示：解

$(1) K\left(\dfrac{3}{5}\right) = 1 - N\left(\dfrac{k - \dfrac{3}{5}n}{\sqrt{n \cdot \dfrac{3}{5} \cdot \dfrac{2}{5}}}\right) = 1 - N\left(\dfrac{5k - 3n}{\sqrt{6n}}\right) = 0.05$ 與

$(2) K(\frac{4}{5}) = 1 - N\left(\dfrac{k - \frac{4}{5}n}{\sqrt{n \cdot \frac{4}{5} \cdot \frac{1}{5}}}\right) = 1 - N\left(\dfrac{5k - 4n}{\sqrt{2n}}\right) = 0.90$。 $n \doteq 43$

3. $\left\{x \mid \sum x < c = \dfrac{\chi_\alpha^2(4n)}{2\theta_0}\right\}$ 是為所求棄卻域

4. 即 $\{x \mid \sum x \geq k\}$ 是為所求棄卻域

5.(a) $\{x \mid \sum x \geq k\}$ 是為所求棄卻域　(b) $k \geq 10$　(c)棄卻 $H_0 : \theta = 0.6$

6.(a) 提示：$\dfrac{(n-1)S^2}{\sigma^2} \sim \chi^2(n-1)$

7.(a) 棄卻域為 $\{x \mid |x| > k\}$　(b)檢定力 $= 1 - \dfrac{2}{\pi} \tan^{-1} z_{\frac{\alpha}{2}}$

8.(a) $\{x \mid \sum x \geq k\}$　(b) $\{x \mid \sum x^2 \geq k\}$

◆ 8-4

4. $C = \{x : x\ln x \geq K\}$　**5.** $\{x \mid x \geq 0.9\}$

6.(a)提示：由例 3，驗證

$$\lambda = \left[\dfrac{1}{1 + n(\bar{x} - \mu_0)^2 / \sum(x - \bar{x})^2}\right]^{\frac{n}{2}} = \left[1 + \dfrac{t^2}{n-1}\right]^{-\frac{n}{2}}$$

7.棄卻域為 $\{x \mid x\ln x > c\}$

其中 c 滿足 $P_{\theta=1}(x\ln x > c) = \alpha$

9. $\{x \mid |\bar{x} - \theta_0|^2 \geq c\}$ 是為棄卻域

9-1

2. $\hat{\beta} = \dfrac{\sum xY}{\sum x^2}$, $V(\hat{\beta}) = \dfrac{\sigma^2}{\sum x^2}$

6.(1) $\hat{\beta}$：提示：$\lim\limits_{n \to \infty} Var(\hat{b}) = \lim\limits_{n \to \infty} \dfrac{\sigma^2}{\sum(X - \overline{X})^2} = \lim\limits_{n \to \infty} \dfrac{\sigma^2/n}{\sum(X - \overline{X})^2/n} = 0$

8. 提示：取 $SSE = \sum[z_i - \alpha - \beta_1(x_i - \mu_1) - \beta_2(y_i - \mu_2)]^2$

9-2

1.(a) $\hat{\alpha}_2 = 0$　(b) $\hat{\beta}_2 = \beta_2$　(c) r, r 為 x, y 之相關係數

2.(a) $\hat{\beta}$ 為 β 之不偏估計式

(b) $\hat{\beta}$ 不為 BLUE（提示：利用若 A 則 B 與若非 B 則非 A 同義之邏輯命題）

3.(a)非。（∵BLUE 只是在線性不偏估計式中變異數為最小）

(b)非。（$\overline{X}$ 雖具不偏性，BLUE，μ 之 MLE，但這些結果並不能導致 $\overline{X}$ 為 μ 之 MVUE 之結果）

4.(3) $V(\beta^*) = \dfrac{2}{3} \dfrac{2T+1}{T(T+1)} \sigma^2$　(6) $T \geq 1$ 時 $V(\beta^*) \geq V(\hat{\beta})$　$T < 1$ 時 $V(\beta^*) < V(\hat{\beta})$

5. $\hat{\mu}$ 具有一致性

◆ 9-3

1. ∵ $\sum\limits_{i}\sum\limits_{j} a_{ij}^2 = tr(A'A)$

設 λ 為 A 之一特徵根，即 $Ax = \lambda x$，$A^T A x = \lambda A^T x = \lambda A X = \lambda(\lambda x) = \lambda^2 x$，

∴ $\sum \lambda_i^2 = tr(A'A)$，即 $\sum\limits_{i}\sum\limits_{j} a_{ij}^2 = \sum \lambda_i^2$

2. $E(Y^2) = E\{C'(X - \mu)(X - \mu)'C\} = C'E\{(X - \mu)(X - \mu)'\}C = C'\Sigma C$，$C'\Sigma C \geq 0$

∴ $C'\Sigma C$ 為半正定

3.(a) 1 (b) $\begin{bmatrix} 6 & 8 \\ 8 & 10 \end{bmatrix}$

◆ 9-4

1.(a)$\chi^2(2)$　(b)A_2不為冪等陣 $Q_2 = X'AX$ 不為卡方分配　(c)$\chi^2(4)$　(d)$\chi^2(1)$

2.(a) $X'\left(\dfrac{1}{n}J\right)X$，$J = [1]_{n \times n}$　(b) $X^2(1)$　(d)$X'\left(I - \dfrac{1}{n}J\right)X$

(e)提示：應用(a)，(d)之結果。　(f)$\chi^2(n-1)$

3.(a)提示：$Q_1 = X'AX$，驗證 $A^2 = A$，求 rank(A)。$\chi^2(2)$

(b)提示：$\sum X^2 - Q_1 = X'\underline{\quad ? \quad}X$。

(c)$\chi^2(1)$

4.$\chi^2(n-r)$　*5.*$\chi^2(n-1)$

6.(b)提示：利用行列式性質與 Chio 氏展開法（參考拙著基礎線性代數第二章）

(c)提示：$\left[(1-\rho)I_k+\rho J_k\right]\left[\dfrac{1}{1-\rho}\left(I_k-\dfrac{\rho}{1-\rho+k\rho}J_k\right)\right]=I_R$

(d)提示：Σ 為半定 $\overline{X}$　$\therefore|\Sigma|\geq 0$，利用(b)之結果即得。

◆ 9-5

1.(a)提示：$1'e=(1,1,\cdots 1)\begin{pmatrix}Y_1-\hat{Y}_1\\Y_2-\hat{Y}_2\\\vdots\\Y_n-\hat{Y}_n\end{pmatrix}$　(b)提示：$X'e=X'(Y-X\hat{\beta})$

(c)提示：$\hat{Y}'e=(X\hat{\beta})'(Y-X\hat{\beta})$

2.(a)提示：證明 $A'=A$　　(b)提示：證明 $A^2=A$

3.提示：$X'AX$ 為一純量　$\therefore E(X'AX)=tr[E(X'AX)]$

4.提示：設 $\hat{\beta}$ 與 $\tilde{\beta}$ 為 $Y=X\beta$ 之兩個解　$\therefore X'X\hat{\beta}=X'Y$，且 $X'X\tilde{\beta}=X'Y$

5.(a)提示：驗證 $e=(I-X(X'X)^{-1}X')Y=AY$　(b)$\sigma^2 A$

6.$\begin{bmatrix}\theta\\\phi\end{bmatrix}=\dfrac{1}{30}\begin{bmatrix}5\,Y_1+10\,Y_2+5\,Y_3\\-6\,Y_2+12\,Y_3\end{bmatrix}$

8.提示：取 $P=X(X'X)^{-1}X$，比較 P 與 X 以及 PX 與 X 之秩。

9.(a)$\alpha'X\beta$　(c)提示：$\beta^*=\beta+\alpha'\varepsilon$，$V(\beta^*)=E[(\beta^*-\beta)(\beta^*-\beta')]$

(d)$t'X=0$　(e)提示：應用(c)、(d)之結果。

附　錄

統計計算用表

A.1 卜瓦松機率總和 $\sum\limits_{x=0}^{r} p(x;\lambda)$

	λ								
r	0.1	0.2	0.3	0.4	0.5	0.6	0.7	0.8	0.9
0	0.9048	0.8187	0.7408	0.6730	0.6065	0.5488	0.4966	0.4493	0.4066
1	0.9953	0.9825	0.9631	0.9384	0.9098	0.8781	0.8442	0.8088	0.7725
3	0.9998	0.9989	0.9964	0.9921	0.9856	0.9769	0.9659	0.9256	0.9371
4	1.0000	0.9999	0.9997	0.9992	0.9982	0.9966	0.9942	0.9909	0.9865
5		1.0000	1.0000	0.9999	0.9998	0.9996	0.9992	0.9986	0.9977
6				1.0000	1.0000	1.0000	0.9999	0.9998	0.9997
							1.0000	1.0000	1.0000

	λ								
r	1.0	1.5	2.0	2.5	3.0	3.5	4.0	4.5	5.0
0	0.3679	0.2231	0.1353	0.0821	0.0498	0.0302	0.0183	0.0111	0.0067
1	0.7358	0.5578	0.4060	0.2873	0.1991	0.1359	0.0916	0.0611	0.0404
2	0.9197	0.8088	0.6767	0.5438	0.4243	0.3208	0.2331	0.1736	0.1247
3	0.9810	0.9344	0.8571	0.7576	0.6472	0.5366	0.4335	0.3423	0.2650
4	0.9963	0.9814	0.9473	0.8912	0.8153	0.7254	0.6288	0.5321	0.4405
5	0.9994	0.9955	0.9834	0.9580	0.9161	0.8576	0.7851	0.7029	0.6160
6	0.9999	0.9991	0.9955	0.9858	0.9665	0.9347	0.8893	0.8311	0.7622
7	1.0000	0.9998	0.9989	0.9958	0.9881	0.9733	0.9489	0.9134	0.8666
8		1.0000	0.9998	0.9989	0.9962	0.9901	0.9786	0.9597	0.9319
9			1.0000	0.9997	0.9989	0.9967	0.9919	0.9829	0.9682
10				0.9999	0.9997	0.9990	0.9972	0.9933	0.9863
11				1.0000	0.9999	0.9997	0.9991	0.9976	0.9945
12					1.0000	0.9999	0.9997	0.9992	0.9980
13						1.0000	0.9999	0.9997	0.9993
14							1.0000	0.9999	0.9998
15								1.0000	0.9999
16									1.0000

A.1　卜瓦松機率總和 $\sum\limits_{x=0}^{r} p(x;\lambda)$ （續）

r	λ								
	5.5	6.0	6.5	7.0	7.5	8.0	8.5	9.0	9.5
0	0.0041	0.0025	0.0015	0.0009	0.0006	0.0003	0.0002	0.0001	0.0001
1	0.0266	0.0174	0.0113	0.0073	0.0047	0.0030	0.0019	0.0012	0.0008
2	0.0884	0.0620	0.0430	0.0296	0.0203	0.0138	0.0093	0.0062	0.0042
3	0.2017	0.1512	0.1118	0.0818	0.0591	0.0424	0.0301	0.0212	0.0149
4	0.3575	0.2851	0.2237	0.1730	0.1321	0.0996	0.0744	0.0550	0.0403
5	0.5289	0.4457	0.3690	0.3007	0.2414	0.1912	0.1496	0.1157	0.0885
6	0.6860	0.6063	0.5265	0.4497	0.3782	0.3134	0.2562	0.2068	0.1649
7	0.8095	0.7440	0.6728	0.5987	0.5246	0.4530	0.3856	0.3239	0.2687
8	0.8944	0.8472	0.7916	0.7291	0.6620	0.5925	0.5231	0.4557	0.3918
9	0.9462	0.9161	0.8774	0.8305	0.7764	0.7166	0.6530	0.5874	0.5218
10	0.9747	0.9574	0.9332	0.9015	0.8622	0.8159	0.7634	0.7060	0.6453
11	0.9890	0.9799	0.9661	0.9466	0.9208	0.8881	0.8487	0.8030	0.7520
12	0.9955	0.9912	0.9840	0.9730	0.9573	0.9362	0.9091	0.8758	0.8364
13	0.9983	0.9964	0.9929	0.9872	0.9784	0.9658	0.9486	0.9261	0.8981
14	0.9994	0.9986	0.9970	0.9943	0.9897	0.9827	0.9726	0.9585	0.9400
15	0.9998	0.9995	0.9988	0.9976	0.9954	0.9918	0.9862	0.9780	0.9665
16	0.9999	0.9998	0.9996	0.9990	0.9980	0.9963	0.9934	0.9889	0.9823
17	1.0000	0.9999	0.9998	0.9996	0.9992	0.9984	0.9970	0.9947	0.9911
18		1.0000	0.9999	0.9999	0.9997	0.9994	0.9987	0.9976	0.9957
19			1.0000	1.0000	0.9999	0.9997	0.9995	0.9989	0.9980
20					1.0000	0.9999	0.9998	0.9996	0.9991
21						1.0000	0.9999	0.9998	0.9996
22							1.0000	0.9999	0.9999
23								1.0000	0.9999
24									1.0000

A.1　卜瓦松機率總和 $\sum\limits_{x=0}^{r} p(x\,;\mu)$ 　（續）

r	\multicolumn{9}{c}{μ}
	10.0	11.0	12.0	13.0	14.0	15.0	16.0	17.0	18.0
0	0.0000	0.0000	0.0000						
2	0.0005	0.0002	0.0001	0.0000	0.0000				
3	0.0028	0.0012	0.0005	0.0002	0.0001	0.0000	0.0000		
4	0.0103	0.0049	0.0023	0.0010	0.0005	0.0002	0.0001	0.0000	0.0000
5	0.0293	0.0151	0.0076	0.0037	0.0018	0.0009	0.0004	0.0002	0.0001
6	0.0671	0.0375	0.0203	0.0107	0.0055	0.0028	0.0014	0.0007	0.0003
7	0.1301	0.0786	0.0458	0.0259	0.0142	0.0076	0.0040	0.0021	0.0010
8	0.2202	0.1432	0.0895	0.0540	0.0316	0.0180	0.0100	0.0054	0.0029
9	0.3328	0.2320	0.1550	0.0998	0.0621	0.0374	0.0220	0.0126	0.0071
10	0.4579	0.3405	0.2424	0.1658	0.1094	0.0699	0.0433	0.0261	0.0154
11	0.5830	0.4599	0.3472	0.2517	0.1757	0.1185	0.0774	0.0491	0.0304
12	0.6968	0.5793	0.4616	0.3532	0.2600	0.1848	0.1270	0.0847	0.0549
13	0.7916	0.6887	0.5760	0.4631	0.3585	0.2676	0.1931	0.1350	0.0917
14	0.8645	0.7813	0.6815	0.5730	0.4644	0.3632	0.2745	0.2009	0.1426
15	0.9165	0.8540	0.7720	0.6751	0.5704	0.4657	0.3675	0.2808	0.2081
16	0.9513	0.9074	0.8444	0.7636	0.6694	0.5681	0.4667	0.3715	0.2867
17	0.9730	0.9441	0.8987	0.8355	0.7559	0.6641	0.5660	0.4677	0.3750
18	0.9857	0.9678	0.9370	0.8905	0.8272	0.7489	0.6593	0.5640	0.4686
19	0.9928	0.9823	0.9626	0.9302	0.8826	0.8195	0.7423	0.6550	0.5622
20	0.9965	0.9907	0.9787	0.9573	0.9235	0.8752	0.8122	0.7363	0.6509
21	0.9984	0.9953	0.9884	0.9750	0.9521	0.9170	0.8682	0.8055	0.7307
22	0.9993	0.9988	0.9939	0.9859	0.9712	0.9469	0.9108	0.8615	0.7991
23	0.9997	0.9990	0.9970	0.9924	0.9833	0.9673	0.9418	0.9047	0.8551
24	0.9999	0.9995	0.9985	0.9960	0.9907	0.9805	0.9633	0.9367	0.8989
25	1.0000	0.9998	0.9993	0.9980	0.9950	0.9888	0.9777	0.9594	0.9317
26		0.9999	0.9997	0.9990	0.9974	0.9938	0.9869	0.9748	0.9554
27		1.0000	0.9999	0.9995	0.9987	0.9967	0.9925	0.9848	0.9718
28			0.9999	0.9998	0.9994	0.9983	0.9959	0.9912	0.9827
29			1.0000	0.9999	0.9997	0.9991	0.9978	0.9950	0.9897
30				1.0000	0.9999	0.9996	0.9989	0.9973	0.9941
31					0.9999	0.9998	0.9994	0.9986	0.9967
32					1.0000	0.9999	0.9997	0.9993	0.9982
33						1.0000	0.9999	0.9996	0.9990
34							0.9999	0.9998	0.9995
35							1.0000	0.9999	0.9998
36								1.0000	0.9999
37									1.0000

A.2　常態曲線下之面積

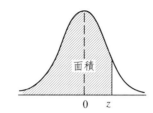

z	0.00	0.01	0.02	0.03	0.04	0.05	0.06	0.07	0.08	0.09
−3.4	0.0003	0.0003	0.0003	0.0003	0.0003	0.0003	0.0003	0.0003	0.0003	0.0002
−3.3	0.0005	0.0005	0.0005	0.0004	0.0004	0.0004	0.0004	0.0004	0.0004	0.0003
−3.2	0.0007	0.0007	0.0006	0.0006	0.0006	0.0006	0.0006	0.0005	0.0005	0.0005
−3.1	0.0010	0.0009	0.0009	0.0009	0.0008	0.0008	0.0008	0.0008	0.0007	0.0007
−3.0	0.0013	0.0013	0.0013	0.0012	0.0012	0.0011	0.0011	0.0011	0.0010	0.0010
−2.9	0.0019	0.0018	0.0017	0.0017	0.0016	0.0016	0.0015	0.0015	0.0014	0.0014
−2.8	0.0026	0.0025	0.0024	0.0023	0.0023	0.0022	0.0021	0.0021	0.0020	0.0019
−2.7	0.0035	0.0034	0.0033	0.0032	0.0031	0.0030	0.0029	0.0028	0.0027	0.0026
−2.6	0.0047	0.0045	0.0044	0.0043	0.0041	0.0040	0.0039	0.0038	0.0037	0.0036
−2.5	0.0062	0.0060	0.0059	0.0057	0.0055	0.0054	0.0052	0.0051	0.0049	0.0048
−2.4	0.0082	0.0080	0.0078	0.0075	0.0073	0.0071	0.0069	0.0068	0.0066	0.0064
−2.3	0.0107	0.0104	0.0102	0.0099	0.0096	0.0094	0.0091	0.0089	0.0087	0.0084
−2.2	0.0139	0.0136	0.0132	0.0129	0.0125	0.0122	0.0119	0.0116	0.0113	0.0110
−2.1	0.0197	0.0174	0.0170	0.0166	0.0162	0.0158	0.0154	0.0150	0.0146	0.0143
−2.0	0.0228	0.0222	0.0217	0.0212	0.0207	0.0202	0.0197	0.0192	0.0188	0.0183
−1.9	0.0287	0.0281	0.0274	0.0268	0.0262	0.0256	0.0250	0.0244	0.0239	0.0233
−1.8	0.0359	0.0352	0.0344	0.0336	0.0329	0.0322	0.0314	0.0307	0.0301	0.0294
−1.7	0.0146	0.0436	0.0427	0.0418	0.0409	0.0401	0.0392	0.0384	0.0375	0.0367
−1.6	0.0548	0.0537	0.0526	0.0516	0.0505	0.0495	0.0485	0.0475	0.0465	0.0455
−1.5	0.0668	0.0655	0.0643	0.0630	0.0618	0.0606	0.0594	0.0582	0.0571	0.0559
−1.4	0.0808	0.0793	0.0778	0.0764	0.0749	0.0735	0.0722	0.0708	0.0694	0.0681
−1.3	0.0968	0.0951	0.0934	0.0918	0.0901	0.0885	0.0869	0.0853	0.0838	0.0823
−1.2	0.1151	0.1131	0.1112	0.1093	0.1075	0.1056	0.1038	0.1020	0.1003	0.0985
−1.1	0.1357	0.1335	0.1314	0.1292	0.1271	0.1251	0.1230	0.1210	0.1190	0.1170
−1.0	0.1587	0.1562	0.1539	0.1515	0.1492	0.1469	0.1446	0.1423	0.1401	0.1379
−0.9	0.1841	0.1814	0.1788	0.1762	0.1736	0.1711	0.1685	0.1660	0.1635	0.1611
−0.8	0.2119	0.2090	0.2061	0.2033	0.2005	0.1977	0.1949	0.1922	0.1894	0.1867
−0.7	0.2420	0.2389	0.2358	0.2327	0.2296	0.2266	0.2236	0.2206	0.2177	0.2148
−0.6	0.2743	0.2709	0.2676	0.2643	0.2611	0.2578	0.2546	0.2514	0.2483	0.2451
−0.5	0.3085	0.3050	0.3015	0.2981	0.2946	0.2912	0.2877	0.2843	0.2810	0.2776
−0.4	0.3446	0.3409	0.3372	0.3336	0.3300	0.3264	0.3228	0.3192	0.3156	0.3121
−0.3	0.3821	0.3783	0.3745	0.3717	0.3669	0.3632	0.3594	0.3557	0.3520	0.3483
−0.2	0.4207	0.4168	0.4129	0.4090	0.4052	0.4013	0.3974	0.3936	0.3897	0.3859
−0.1	0.4602	0.4562	0.4522	0.4483	0.4443	0.4404	0.4364	0.4325	0.4286	0.4247
−0.0	0.5000	0.4960	0.4920	0.4880	0.4840	0.4801	0.4761	0.4721	0.4681	0.4641

A.2　常態曲線下之面積（續）

0.0	0.5000	0.5040	0.5080	0.5120	0.5160	0.5199	0.5239	0.5279	0.5319	0.5359
0.1	0.5398	0.5438	0.5478	0.5517	0.5557	0.5596	0.5636	0.5675	0.5714	0.5753
0.2	0.5793	0.5832	0.5871	0.5910	0.5948	0.5987	0.6026	0.6064	0.6103	0.6141
0.3	0.6179	0.6217	0.6255	0.6293	0.6331	0.6368	0.6406	0.6443	0.6430	0.6517
0.4	0.6554	0.6591	0.6628	0.6664	0.6700	0.6736	0.6772	0.6806	0.6844	0.6879
0.5	0.6915	0.6950	0.6985	0.7019	0.7054	0.7088	0.7123	0.7157	0.7190	0.7224
0.6	0.7257	0.7291	0.7324	0.7357	0.7389	0.7422	0.7454	0.7486	0.7517	0.7549
0.7	0.7580	0.7611	0.7642	0.7673	0.7704	0.7734	0.7764	0.7794	0.7823	0.7852
0.8	0.7881	0.7910	0.7939	0.7967	0.7995	0.8023	0.8051	0.8078	0.8106	0.8133
0.9	0.8159	0.8186	0.8212	0.8238	0.8264	0.8289	0.8315	0.8340	0.8365	0.8389
1.0	0.8413	0.8438	0.8461	0.8485	0.8508	0.8531	0.8554	0.8577	0.8599	0.8621
1.1	0.8643	0.8665	0.8686	0.8708	0.8729	0.8749	0.8770	0.8790	0.8810	0.8830
1.2	0.8849	0.8869	0.8888	0.8907	0.8925	0.8944	0.8962	0.8980	0.8997	0.9015
1.3	0.9032	0.9049	0.9066	0.9082	0.9099	0.9115	0.9131	0.9147	0.9162	0.9177
1.4	0.9192	0.9207	0.9222	0.9236	0.9251	0.9265	0.9278	0.9292	0.9306	0.9319
1.5	0.9332	0.9345	0.9357	0.9370	0.9382	0.9394	0.9406	0.9418	0.9429	0.9441
1.6	0.9452	0.9463	0.9474	0.9484	0.9495	0.9505	0.9515	0.9525	0.9535	0.9545
1.7	0.9554	0.9564	0.9573	0.9582	0.9591	0.9599	0.9608	0.9616	0.9625	0.9633
1.8	0.9641	0.9649	0.9656	0.9664	0.9671	0.9678	0.9686	0.9693	0.9699	0.9706
1.9	0.9713	0.9719	0.9726	0.9732	0.9738	0.9744	0.9750	0.9756	0.9761	0.9767
2.0	0.9772	0.9778	0.9783	0.9788	0.9793	0.9798	0.9803	0.9808	0.9812	0.9817
2.1	0.9821	0.9826	0.9830	0.9834	0.9818	0.9842	0.9846	0.9850	0.9854	0.9857
2.2	0.9861	0.9864	0.9868	0.9871	0.9875	0.9878	0.9881	0.9884	0.9887	0.9890
2.3	0.9893	0.9896	0.9898	0.9901	0.9904	0.9906	0.9909	0.9911	0.9913	0.9916
2.4	0.9918	0.9920	0.9922	0.9923	0.9927	0.9929	0.9931	0.9932	0.9934	0.9936
2.5	0.9930	0.9940	0.9941	0.9943	0.9945	0.9946	0.9948	0.9949	0.9951	0.9952
2.6	0.9953	0.9955	0.9956	0.9957	0.9959	0.9960	0.9961	0.9962	0.9963	0.9964
2.7	0.9963	0.9966	0.9967	0.9968	0.9969	0.9970	0.9971	0.9972	0.9973	0.9974
2.8	0.9974	0.9975	0.9976	0.9977	0.9977	0.9978	0.9979	0.9979	0.9980	0.9981
2.9	0.9981	0.9982	0.9982	0.9983	0.9984	0.9984	0.9985	0.9985	0.9980	0.9986
3.0	0.9987	0.9987	0.9987	0.9988	0.9988	0.9989	0.9989	0.9989	0.9990	0.9990
3.1	0.9990	0.9991	0.9991	0.9991	0.9992	0.9992	0.9992	0.9992	0.9993	0.9993
3.2	0.9993	0.9993	0.9994	0.9994	0.9994	0.9994	0.9994	0.9995	0.9995	0.9995
3.3	0.9995	0.9995	0.9995	0.9996	0.9996	0.9996	0.9996	0.9996	0.9996	0.9997
3.4	0.9997	0.9997	0.9997	0.9997	0.9997	0.9997	0.9997	0.9997	0.9997	0.9998

A.3　*t* 分配之臨界值

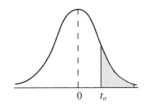

v	α				
	0.10	0.05	0.025	0.01	0.005
1	3.078	6.314	12.706	31.821	63.657
2	1.886	2.920	4.303	6.965	9.925
3	1.638	2.353	3.182	4.541	5.841
4	1.533	2.132	2.776	3.747	4.604
5	1.476	2.015	2.571	3.365	4.032
6	1.440	1.943	2.447	3.143	3.707
7	1.415	1.895	2.365	2.998	3.499
8	1.397	1.860	2.306	2.896	3.355
9	1.383	1.833	2.262	2.821	3.250
10	1.372	1.812	2.228	2.764	3.169
11	1.363	1.796	2.201	2.718	3.106
12	1.356	1.782	2.179	2.681	3.055
13	1.350	1.771	2.160	2.650	3.012
14	1.345	1.761	2.145	2.624	2.977
15	1.341	1.753	2.131	2.602	2.947
16	1.337	1.746	2.120	2.583	2.921
17	1.333	1.740	2.110	2.567	2.898
18	1.330	1.734	2.101	2.552	2.878
19	1.328	1.729	2.093	2.539	2.861
20	1.325	1.725	2.086	2.528	2.845
21	1.323	1.721	2.030	2.518	2.831
22	1.321	1.717	2.074	2.508	2.819
23	1.319	1.714	2.069	2.500	2.807
24	1.318	1.711	2.064	2.492	2.797
25	1.316	1.708	2.060	2.485	2.787
26	1.315	1.706	2.056	2.479	2.779
27	1.314	1.703	2.052	2.473	2.771
28	1.313	1.701	2.048	2.467	2.763
29	1.311	1.699	2.045	2.462	2.756
inf.	1.282	1.645	1.960	2.326	2.576

A.4　卡方分配之臨界值

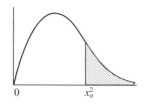

v	α							
	0.995	0.99	0.975	0.95	0.05	0.025	0.01	0.005
1	0.0^4393	0.0^3157	0.0^3982	0.0^2383	3.841	5.024	6.635	7.879
2	0.0100	0.0201	0.0506	0.103	5.991	7.378	9.210	10.597
3	0.0717	0.115	0.216	0.352	7.815	9.348	11.345	12.838
4	0.207	0.297	0.484	0.711	9.488	11.143	13.277	14.860
5	0.412	0.554	0.831	1.145	11.070	12.832	15.086	16.750
6	0.676	0.872	1.237	1.635	12.592	14.449	16.812	18.548
7	0.989	1.239	1.690	2.167	14.067	16.013	18.475	20.278
8	1.344	1.646	2.180	2.733	15.507	17.535	20.090	21.955
9	1.735	2.088	2.700	3.325	16.919	19.023	21.666	23.589
10	2.156	2.558	3.247	3.940	18.307	20.483	23.209	25.188
11	2.603	3.053	3.816	4.575	19.675	21.920	24.725	26.757
12	3.074	3.571	4.404	5.226	21.026	23.337	26.217	28.300
13	3.565	4.107	5.009	5.892	22.362	24.736	27.688	29.819
14	4.075	4.660	5.629	6.571	23.685	26.119	29.141	31.319
15	4.601	5.229	6.262	7.261	24.996	27.488	30.578	32.801
16	5.142	5.812	6.908	7.962	26.296	28.845	32.000	34.267
17	5.697	6.408	7.564	8.672	27.587	30.191	33.409	35.718
18	6.265	7.015	8.231	9.390	28.869	31.526	34.805	37.156
19	6.844	7.633	8.907	10.117	30.144	32.852	36.191	38.582
20	7.434	8.260	9.591	10.851	31.410	34.170	37.566	39.997
21	8.034	8.897	10.283	11.591	32.671	35.479	38.932	41.401
22	8.643	9.542	10.982	12.338	33.924	36.076	40.289	42.796
23	9.260	10.196	11.689	13.091	33.172	38.076	41.638	44.181
24	9.886	10.856	12.401	13.848	36.415	39.364	42.980	45.558
25	10.520	11.524	13.120	14.611	37.652	40.646	44.314	46.928
26	11.160	12.198	13.844	15.379	38.885	41.923	45.642	48.290
27	11.808	12.879	14.573	16.151	40.113	43.194	46.963	49.645
28	12.461	13.565	15.308	16.928	41.337	44.461	48.278	50.993
29	13.121	14.256	16.047	17.708	42.557	45.722	49.588	52.336
30	13.787	14.953	16.791	18.493	43.773	46.979	50.892	53.672

A.5　*F*分配之臨界值

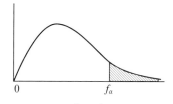

$$f_{0.05}(v_1, v_2)$$

v_2	v_1								
	1	2	3	4	5	6	7	8	9
1	161.4	199.5	215.7	224.6	230.2	234.0	236.8	238.9	240.5
2	18.51	19.00	19.16	19.25	19.30	19.33	19.35	19.37	19.38
3	10.13	9.55	9.28	9.12	9.01	8.94	8.89	8.85	8.81
4	7.71	6.94	6.59	6.39	6.26	6.16	6.09	6.04	6.00
5	6.61	5.79	5.41	5.19	5.05	4.95	4.88	4.82	4.77
6	5.99	5.14	4.76	4.53	4.39	4.28	4.21	4.15	4.10
7	5.59	4.74	4.35	4.12	3.97	3.87	3.79	3.73	3.68
8	5.32	4.46	4.07	3.84	3.69	3.58	3.50	3.44	3.39
9	5.12	4.26	3.86	3.63	3.48	3.37	3.29	3.23	3.18
10	4.96	4.10	3.71	3.48	3.33	3.22	3.14	3.07	3.02
11	4.84	3.98	3.59	3.36	3.20	3.09	3.01	2.95	2.90
12	4.75	3.89	3.49	3.26	3.11	3.00	2.91	2.85	2.80
13	4.67	3.81	3.41	3.18	3.03	2.92	2.83	2.77	2.71
14	4.60	3.74	3.34	3.11	2.96	2.85	2.76	2.70	2.65
15	4.56	3.68	3.29	3.06	2.90	2.79	2.71	2.64	2.59
16	4.49	3.63	3.24	3.01	2.85	2.74	2.66	2.59	2.54
17	4.45	3.59	3.20	2.96	2.81	2.70	2.61	2.55	2.49
18	4.41	3.55	3.16	2.93	2.77	2.66	2.58	2.51	2.46
19	4.38	3.52	3.13	2.90	2.74	2.63	2.54	2.48	2.42
20	4.35	3.49	3.10	2.87	2.71	2.60	2.51	2.45	2.39
21	4.32	3.47	3.07	2.84	2.68	2.57	2.49	2.42	2.37
22	4.30	3.44	3.05	2.82	2.66	2.55	2.46	2.40	2.34
23	4.28	3.42	3.03	2.80	2.64	2.53	2.44	2.37	2.32
24	4.26	3.40	3.01	2.78	2.62	2.51	2.42	2.36	2.30
25	4.24	3.39	2.99	2.76	2.60	2.49	2.40	2.34	2.28
26	4.23	3.37	2.98	2.74	2.59	2.47	2.39	2.32	2.27
27	4.21	3.35	2.96	2.73	2.57	2.46	2.37	2.31	2.25
28	4.20	3.34	2.95	2.71	2.56	2.45	2.36	2.29	2.24
29	4.18	3.33	2.93	2.70	2.55	2.43	2.35	2.28	2.22
30	4.17	3.32	2.92	2.69	2.53	2.42	2.33	2.27	2.21
40	4.08	3.23	2.94	2.61	2.45	2.34	2.25	2.18	2.12
60	4.00	3.15	2.76	2.53	2.37	2.25	2.17	2.10	2.04
120	3.92	3.07	2.68	2.45	2.29	2.17	2.09	2.02	1.96
∞	3.84	3.00	2.60	2.37	2.21	2.10	2.01	1.94	1.88

A.5 F分配之臨界值（續）

$$f_{0.05}(v_1, v_2)$$

v_2	v_1									
	10	12	15	20	24	30	40	60	120	∞
1	241.9	243.9	245.9	248.0	249.1	250.1	251.1	252.2	253.3	254.3
2	19.40	19.41	19.43	19.45	19.45	19.46	19.47	19.48	19.49	19.50
3	8.79	8.74	8.70	8.66	8.64	8.62	8.59	8.57	8.55	8.53
4	5.96	5.91	5.86	5.80	5.77	5.75	5.72	5.69	5.66	5.63
5	4.74	4.68	4.62	4.56	4.53	4.50	4.46	4.43	4.40	4.36
6	4.06	4.00	3.94	3.87	3.84	3.81	3.77	3.74	3.70	3.67
7	3.64	3.57	3.51	3.44	3.41	3.38	3.34	3.30	3.27	3.23
8	3.35	3.28	3.22	3.15	3.12	3.08	3.04	3.10	2.97	2.93
9	3.14	3.07	3.01	2.94	2.90	2.86	2.83	2.79	2.75	2.71
10	2.98	2.91	2.85	2.77	2.74	2.70	2.66	2.62	2.58	2.54
11	2.85	2.79	2.72	2.65	2.61	2.57	2.53	2.49	2.45	2.40
12	2.75	2.69	2.62	2.54	2.51	2.47	2.43	2.38	2.34	2.30
13	2.67	2.60	2.53	2.46	2.42	2.38	2.34	2.30	2.25	2.21
14	2.60	2.53	2.46	2.39	2.35	2.31	2.27	2.22	2.18	2.13
15	2.54	2.48	2.40	2.33	2.29	2.25	2.20	2.16	2.11	2.07
16	2.49	2.42	2.35	2.28	2.24	2.19	2.15	2.11	2.06	2.01
17	2.45	2.38	2.31	2.23	2.19	2.15	2.10	2.06	2.01	1.96
18	2.41	2.34	2.27	2.19	2.15	2.11	2.06	2.02	1.97	1.92
19	2.38	2.31	2.23	2.16	2.11	2.07	2.03	1.98	1.93	1.88
20	2.35	2.28	2.20	2.12	2.08	2.04	1.99	1.95	1.90	1.84
21	2.32	2.25	2.18	2.10	2.05	2.01	1.96	1.92	1.87	1.81
22	2.30	2.23	2.15	2.07	2.03	1.98	1.94	1.89	1.84	1.78
23	2.27	2.20	2.13	2.05	2.01	1.96	1.91	1.86	1.81	1.76
24	2.25	2.18	2.11	2.03	1.98	1.94	1.89	1.84	1.79	1.73
25	2.24	2.16	2.09	2.01	1.96	1.92	1.87	1.82	1.77	1.71
26	2.22	2.15	2.07	1.99	1.95	1.90	1.85	1.80	1.75	1.69
27	2.20	2.13	2.06	1.97	1.93	1.88	1.84	1.79	1.73	1.67
28	2.19	2.12	2.04	1.96	1.91	1.87	1.82	1.77	1.71	1.65
29	2.18	2.10	2.03	1.94	1.90	1.85	1.81	1.75	1.70	1.64
30	2.16	2.09	2.01	1.93	1.89	1.84	1.79	1.74	1.68	1.62
40	2.08	2.00	1.92	1.84	1.79	1.74	1.96	1.64	1.58	1.51
60	1.99	1.92	1.84	1.75	1.70	1.65	1.59	1.53	1.47	1.39
120	1.91	1.83	1.75	1.66	1.61	1.55	1.50	1.43	1.35	1.25
∞	1.83	1.75	1.67	1.57	1.52	1.46	1.39	1.32	1.22	1.00

A.5　F分配之臨界值（續）

$$f_{0.01}(v_1, v_2)$$

v_2	v_1								
	1	2	3	4	5	6	7	8	9
1	4052	4999.5	5403	5625	5764	5859	5928	5981	6022
2	98.50	99.00	99.17	99.25	99.30	99.33	99.36	99.37	99.39
3	34.12	30.82	29.46	28.71	28.24	27.91	27.67	27.49	27.35
4	21.20	18.00	16.69	15.98	15.52	15.21	14.98	14.80	14.66
5	16.26	13.27	12.06	11.39	10.97	10.67	10.46	10.29	10.16
6	13.75	10.92	9.78	9.15	8.75	8.47	8.26	8.10	7.98
7	12.25	9.55	8.45	7.85	7.46	7.19	6.99	6.84	6.72
8	11.26	8.65	7.59	7.01	6.63	6.37	6.18	6.03	5.91
9	10.56	8.02	6.99	6.42	6.06	5.80	5.61	5.47	5.35
10	10.04	7.56	6.55	5.99	5.64	5.39	5.20	5.06	4.94
11	9.65	7.21	6.22	5.67	5.32	5.07	4.89	4.74	4.63
12	9.33	6.93	5.95	5.41	5.06	4.82	4.64	4.50	4.39
13	9.07	6.70	5.74	5.21	4.86	4.62	4.44	4.30	4.19
14	8.86	6.51	5.56	5.04	4.69	4.46	4.28	4.14	4.03
15	8.68	6.36	5.42	4.89	4.56	4.32	4.14	4.00	3.89
16	8.53	6.23	5.29	4.77	4.44	4.20	4.03	3.89	3.78
17	8.40	6.11	5.18	4.67	4.34	4.10	3.93	3.79	3.68
18	8.29	6.01	5.09	4.58	4.25	4.01	3.84	3.71	3.60
19	8.18	5.93	5.01	4.50	4.17	3.94	3.77	3.63	3.52
20	8.10	5.85	4.94	4.43	4.10	3.87	3.70	3.56	3.46
21	8.02	5.78	4.87	4.37	4.04	3.81	3.64	3.51	3.40
22	7.95	5.72	4.82	4.31	3.99	3.76	3.59	3.45	3.35
23	7.88	5.66	4.76	4.26	3.94	3.71	3.54	3.41	3.30
24	7.82	5.61	4.72	4.22	3.90	3.67	3.50	3.36	3.25
25	7.77	5.57	4.68	4.18	3.85	3.63	3.46	3.32	3.22
26	7.72	5.53	4.64	4.14	3.82	3.59	3.42	3.29	3.18
27	7.68	5.49	4.60	4.11	3.78	3.56	3.39	3.26	3.15
28	7.64	5.45	4.57	4.07	3.75	3.53	3.36	3.23	3.12
29	7.60	5.42	4.54	4.04	3.73	3.50	3.33	3.20	3.09
30	7.56	5.39	4.51	4.02	3.70	3.47	3.30	3.17	3.07
40	7.31	5.18	4.31	3.83	3.51	3.29	3.12	2.99	2.89
60	7.08	4.98	4.13	3.65	3.34	3.12	2.95	2.82	2.72
120	6.85	4.79	3.95	3.48	3.17	2.96	2.79	2.66	2.56
∞	6.63	4.61	3.78	3.32	3.02	2.80	2.64	2.51	2.41

A.5 F分配之臨界值（續）

$f_{0.01}(v_1, v_2)$

v_2	v_1									
	10	12	15	20	24	30	40	60	120	∞
1	6056	6106	6157	6209	6235	6261	6287	6313	6339	6366
2	99.40	99.42	99.43	99.45	99.46	99.47	99.47	99.48	99.49	99.50
3	27.23	27.05	26.87	26.69	26.60	26.50	66.41	26.32	26.22	26.13
4	14.55	14.37	14.20	14.02	13.93	13.84	13.75	13.65	13.56	13.46
5	10.05	9.89	9.72	9.55	9.47	9.38	9.29	9.20	9.11	9.02
6	7.87	7.72	7.56	7.40	7.31	7.23	7.14	7.06	6.97	6.88
7	6.62	6.47	6.31	6.16	6.07	5.99	5.91	5.82	5.74	5.65
8	5.81	5.67	5.52	5.36	5.28	5.20	5.12	5.03	4.95	4.86
9	5.26	5.11	4.96	4.81	4.73	4.65	4.57	4.48	4.40	4.31
10	4.85	4.71	4.56	4.41	4.33	4.25	4.17	4.08	4.00	3.91
11	4.54	4.40	4.25	4.10	4.02	3.94	3.86	3.78	3.69	3.60
12	4.30	4.16	4.01	3.86	3.78	3.70	3.62	3.54	3.45	3.36
13	4.10	3.96	3.82	3.66	3.59	3.51	3.43	3.34	3.25	3.17
14	3.94	3.80	3.66	3.51	3.43	3.35	3.27	3.18	3.09	3.00
15	3.80	3.67	3.52	3.37	3.29	3.21	3.13	3.05	2.96	2.87
16	3.69	3.55	3.41	3.26	3.18	3.10	3.02	2.93	2.84	2.75
17	3.59	3.46	3.31	3.16	3.08	3.00	2.92	2.83	2.75	2.65
18	3.51	3.37	3.23	3.08	3.00	2.92	2.84	2.75	2.66	2.57
19	3.43	3.30	3.15	3.00	2.92	2.84	2.76	2.67	2.58	2.49
20	3.37	3.23	3.09	2.94	2.86	2.78	2.69	2.61	2.52	2.42
21	3.31	3.17	3.03	2.88	2.80	2.72	2.64	2.55	2.46	2.36
22	3.26	3.12	2.98	2.83	2.75	2.67	2.58	2.50	2.40	2.31
23	3.21	3.07	2.93	2.78	2.70	2.62	2.54	2.45	2.35	2.26
24	3.17	3.03	2.89	2.74	2.66	2.58	2.49	2.40	2.31	2.21
25	3.13	2.99	2.85	2.70	2.62	2.54	2.45	2.36	2.27	2.17
26	3.09	2.96	2.81	2.66	2.58	2.50	2.42	2.33	2.23	2.13
27	3.06	2.93	2.78	2.63	2.55	2.47	2.38	2.29	2.20	2.10
28	3.03	2.90	2.75	2.60	2.52	2.44	2.35	2.26	2.17	2.06
29	3.00	2.87	2.73	2.57	2.49	2.41	2.33	2.23	2.14	2.03
30	2.98	2.84	2.70	2.55	2.47	2.39	2.30	2.21	2.11	2.01
40	2.80	2.66	2.52	2.37	2.29	2.20	2.11	2.02	1.92	1.80
60	2.63	2.50	2.35	2.20	2.12	2.03	1.94	1.84	1.73	1.60
120	2.47	2.34	2.19	2.03	1.95	1.86	1.76	1.66	1.53	1.38
∞	2.32	2.18	2.04	1.88	1.79	1.70	1.59	1.47	1.32	1.00

國家圖書館出版品預行編目資料

基礎數理統計學／黃學亮著. 一二版.一臺北市：
五南，2013.08
　面；　公分.
I S B N 978-957-11-7260-6（平裝）
1.數理統計
319.5　　　　　　　　　　　　102015166

5H05

基礎數理統計學

作　　者 － 黃學亮

發 行 人 － 楊榮川

總 編 輯 － 王翠華

主　　編 － 王正華

責任編輯 － 金明芬

封面設計 － 童安安

出 版 者 － 五南圖書出版股份有限公司

地　　址：106 台北市大安區和平東路二段 339 號 4 樓

電　　話：(02)2705-5066　傳　　真：(02)2706-6100

網　　址：http://www.wunan.com.tw

電子郵件：wunan@wunan.com.tw

劃撥帳號：01068953

戶　　名：五南圖書出版股份有限公司

台中市駐區辦公室 ／ 台中市中區中山路 6 號

電　　話：(04)2223-0891　傳　　真：(04)2223-3549

高雄市駐區辦公室 ／ 高雄市新興區中山一路 290 號

電　　話：(07)2358-702　傳　　真：(07)2350-236

法律顧問　林勝安律師事務所　林勝安律師

出版日期　2005 年 7 月初版一刷
　　　　　2013 年 8 月二版一刷

定　　價　新臺幣 500 元